南昌航空大学学术文库

组织管理系统动力学反馈理论与应用

贾伟强　贾仁安　著

科学出版社

北　京

内 容 简 介

本书是作者团队针对系统组织管理中的理论应用前沿问题，聚焦系统动力学创新研究的新成果。

本书的主要内容包括作者团队提出的系统发展基本原理、反馈环开发原理与管理对策生成原理等三个组织管理系统动力学研究的基本原理，流率基本入树建模法、枝向量行列式反馈环计算法、关键变量关联反馈环分析技术、顶点赋权图分析技术、全部反馈环关键因果链分析法、消除增长上限制约管理对策生成法、极小反馈基模集入树组合生成法、极小反馈基模集入树组合删除生成法、极小反馈基模传递效应分析法、运算过程图分析法、表函数方程六步建立法、系统关键变量主导结构确定技术、反馈环极性与主导结构转移分析技术、逐树仿真分析技术等，还包括作者团队应用反馈理论对实际案例的研究成果。

本书可作为从事系统组织管理理论与应用研究的科研人员及实际工作者的管理参考书，也可作为系统动力学相关专业本科生与研究生的教材。

图书在版编目(CIP)数据

组织管理系统动力学反馈理论与应用/贾伟强，贾仁安著. —北京：科学出版社，2020.12

ISBN 978-7-03-067026-7

Ⅰ.①组… Ⅱ.①贾… ②贾… Ⅲ.①系统动态学-研究 Ⅳ.①N941.3

中国版本图书馆 CIP 数据核字(2020)第 234840 号

责任编辑：李 欣 范培培／责任校对：彭珍珍
责任印制：吴兆东／封面设计：陈 敬

科学出版社 出版
北京东黄城根北街 16 号
邮政编码：100717
http://www.sciencep.com

北京凌奇印刷有限责任公司印刷
科学出版社发行 各地新华书店经销
*
2020 年 12 月第 一 版 开本：720×1000 1/16
2025 年 1 月第四次印刷 印张：16 1/2
字数：329 000

定价：128.00 元

(如有印装质量问题，我社负责调换)

前　　言

系统工程是组织管理的技术，是组织管理“系统”的规划、研究、设计、制造、实验和施用的科学方法，是一种对所有“系统”都具有普遍意义的科学方法。系统动力学是系统科学理论与计算机仿真紧密结合，研究系统反馈结构和行为的一门学科。系统动力学是 20 世纪 50 年代由美国麻省理工学院 (MIT) 的 Jay W. Forrester 教授创立，是最早最有代表性的系统工程方法。

反馈环结构是系统的核心结构，是系统内生性的关键。认清系统结构中众多的正、负反馈环的交互作用，才能了解系统的复杂性行为，才能进行反馈环开发管理。系统动力学的创始人 Forrester 在系统动力学创建 50 周年年会上强调：系统动力学前 50 年对反馈环技术研究存在不足，下一个 50 年系统动力学研究特别要进行反馈结构的深入研究。作者所在研究团队在对系统动力学反馈环、反馈环基模的研究中取得了大量的原创性成果：① 在反馈环研究方面，提出了枝向量行列式反馈环计算法，实现代数方法计算系统全部反馈环与新增反馈环的目的。进而，创新系统反馈环分析技术，提出了关键变量关联反馈环分析技术、顶点赋权图分析技术与全部反馈环关键因果链分析技术，并结合创新的反馈环分析技术进行应用研究。② 在反馈基模研究方面，提出了系统极小反馈基模集入树组合生成法与系统极小反馈基模集入树组合删除生成法，从两个视角进行一个确定复杂系统的基模生成问题的规范化方法研究。进而，创新系统反馈基模分析技术，提出了消除增长上限制约管理对策生成法、极小基模反馈传递效应分析法，并结合创新的反馈基模分析技术进行应用研究。

系统动力学是一门严谨的建模学科，该学科提供了规范的计算机仿真复杂系统的工具，以此可以设计与制定出更有效的系统开发政策。研究团队在对系统动力学建模技术与仿真分析技术的研究中取得了大量的原创性成果：① 在系统动力学建模技术研究方面，提出了流率基本入树建模法与逐树深入仿真技术，实现规范性、可靠性强的复杂系统建模目的，并结合创新的系统动力学建模技术进行应用研究；② 在仿真分析技术方面，提出了系统动力学运算过程图分析法、表函数六步建立法、系统关键变量主导结构确定技术、反馈环与主导结构转移分析技术与仿真评价分析技术，并结合创新的仿真分析技术进行应用研究。

规模养殖污染治理是一个世界性的难题，研究团队长期致力于此问题的实践研究。研究中秉承“顶天立地”的研究方法：针对规模养殖污染治理系统发展的实践提炼出研究的科学前沿问题，获得创新研究理论成果并应用于实践系统发展问题的解决，促进系统发展。创新理论成果应用实践的同时，再提升成果创新性，不断反馈循环。在规模养殖污染治理实践研究中，创建生态能源经济区研究基地，对泰华生态经济区二次污染治理、德邦生态经济区场户合作发展模式、银河杜仲生态经济区有机农产品开发、明鑫农场生态经济区农产品供给侧改革问题聚焦研究，利用创新的反馈理论进行系统开发管理，探索经济发展与环境保护共赢的现代生态农业经济区建设路径，为现代生态农业经济区建设提供新的系统工程实施方案和管理技术，为服务“三农”贡献团队微薄力量。

作者始终参加上述反馈环、建模、基地建设研究，其研究成果是本书的核心内容。

本书将系统动力学反馈理论与实践应用研究相结合，提出了系统发展基本原理、反馈环开发原理、管理对策生成原理三个系统动力学研究的基本原理，三个基本原理对复杂系统开发具有较好的指导意义。

本书的出版，得到了南昌航空大学科研成果专项基金出版资助。本书的内容是国家自然科学基金项目 (项目编号分别是 71861028、71361022、71061011、70142016、70361002、70761004、71261018、79860002、79942024、71774182) 的研究成果。

期待本书对从事系统组织管理和系统动力学的科研教学人员和实际工作者有所帮助，感谢国家自然科学基金委员会的支持！感谢南昌航空大学科研成果专项基金出版资助！

书中难免存在不妥之处，恳请读者多提宝贵意见。

贾伟强

2020 年 4 月

目 录

第 1 章 引　　论

1.1　系统动力学概念与分析技术理论框架

在历史的各个不同阶段，科学的发展和技术的进步皆会提出一些急需解决的重大科研问题，系统复杂性研究就是当今急需解决的一个重大问题。1984 年，在诺贝尔物理学奖获得者盖尔曼 (Murray Gell-Mann) 和安德逊 (Philip Anderson)、经济学奖获得者阿诺 (Kenneth Arrow) 等人的支持下组建，并在美国成立了 Santa Fe Institute (SFI) 等系统研究组织。该组织在人脑系统、经济系统、生态系统方面都进行了大量的研究工作，特别是将计算机应用到上述方面的研究中取得了一定的进展。但他们遇到了复杂性困难，用 Gell-Mann 的话来说，“对于复杂的、高度非线性的系统，系统的整体行为并不是简单地与部分的行为相联系，要求有勇气广泛地从各方面关注整体的情况，而不是注意个别方面的细节”。这样，复杂科学的方法论及其应用领域就成了研究的主题。从 20 世纪 80 年代开始，美国研究复杂性科学有五派 (贾仁安和丁荣华，2002)：第一派是以微分方程为理论工具的系统动力学学派；第二派是以偏微分方程为理论工具的适应系统学派；第三派是以非线性常微分方程为理论工具的混沌学派；第四派是结构基础学派，以集合论、关系论、图论、布尔方法、分叉代数等为理论工具；第五派是暧昧学派，以学科交叉或后现代主义方法为理论工具。

系统动力学的出现始于 1956 年，创始人为美国麻省理工学院福瑞斯特 (Jay W. Forrester) 教授。初期主要应用于工业企业管理，处理诸如生产与雇员情况的波动，股票与市场增长的不稳定性等问题。1958 年 Forrester 在哈佛商业评论上发表了系统动力学的奠基之作，1961 年出版的《工业动力学》是系统动力学理论与方法的经典论著，此学科早期的称呼——“工业动力学”即因此而得名。而后，系统动力学的应用范围日益扩大，几乎遍及各类系统，深入各种领域。显然此学科的应用已远远超越“工业动力学”的范畴，所以改称为“系统动力学”。

1.1.1　系统动力学

1. 系统

关于系统的概念，现有的表述不一。

现代系统研究开创者贝塔朗菲的定义是，系统是“相互作用的多元素的复合体”。

福瑞斯特在《系统原理》中的定义是，“系统是为了一个共同的目的而一起运行的各部分的组合”。

本书采用钱学森所提出的定义，即：系统就是由许多部分所组成的整体。此定义表明系统是由相互作用和相互依赖的若干组成部分相结合的具有特定功能的有机整体。

把组合的整体称为系统的内部，整体以外的部分称为该系统的环境。在系统内部与其环境之间可以勾画出该系统的边界。

系统科学以这样一个命题为前提：系统是一切事物的存在方式之一，因而都可以用系统的观点来考察，用系统方法来描述。

2. 系统科学

系统科学是把事物看作系统，从系统结构和功能、系统的演化研究各学科系统 (如物理系统、化学系统、生物系统、经济系统、社会系统) 的共性规律的科学，如：整体大于部分、反馈理论、熵理论等共同规律。

系统科学是数学科学这样的横断性科学。系统科学以哲学为指导，以系统学为基础理论，以运筹学、控制论、信息论为技术基础，以各门系统工程、自动化工程、通信工程为应用工程技术构成体系结构的科学 (图 1.1)。

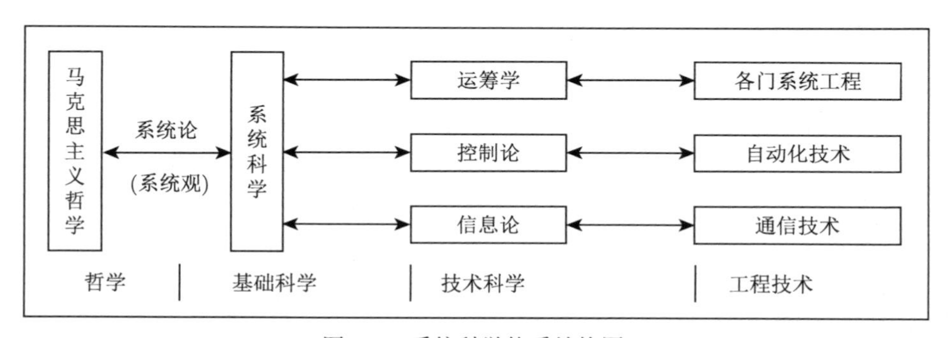

图 1.1 系统科学体系结构图

3. 系统工程

系统工程是组织系统的规划、研究、设计、制造、试验和使用的科学方法，是一门对所有系统都具有普遍意义的科学方法。简单地说，系统工程是一门组织管理的技术。

1978 年，钱学森、许国志、王云发表了“组织管理的技术——系统工程”一文，开启了中国研究应用系统工程的新时代。

系统工程是从总体出发，合理开发、运行和革新一个大规模复杂系统的思想、理论、方法论、方法与技术总称，属于一门综合性的工程技术。

美国著名学者切斯纳 (Chestnut) 指出："系统工程认为虽然每个系统都由许多不同的特殊功能部分所组成，而这些功能部分之间又存在着相互关系，但是每一个系统都是完整的整体，每一个系统都要求有一个或若干个目标。系统工程则是按照各个目标进行权衡，全面求得最优解 (或满意解) 的方法，并使各组成部分能够最大限度地互相适应。"

日本工业标准 (JIS) 界定："系统工程是为了更好地达到系统目标，而对系统的构成要素、组织结构、信息流动和控制机制等进行分析与设计的技术。"

日本学者三浦武雄指出："系统工程与其他工程学的不同之处在于它是跨越许多学科的科学，而且是填补这些学科边界空白的边缘科学。系统工程的目的是研究系统，因为系统不仅涉及工程学的领域，还涉及政治、经济和社会等领域。为了圆满解决这些交叉领域的问题，除了需要某些纵向的专门技术以外，还要有一种技术从横的方向把它们组织起来。这种横向技术就是系统工程，也就是研究系统所需的思想、技术、方法和理论等体系化的总称。"

4. 系统动力学

系统动力学 (system dynamics) 是系统科学理论和计算机仿真紧密结合，研究系统反馈结构和行为的一门科学。系统工程是一门组织管理的技术，系统动力学是最早和最有代表性的系统工程方法。

系统动力学具有以下特点：

(1) 应用系统动力学研究社会系统，能够容纳大量变量，一般可以达到数十个，而这正好符合社会系统研究的需要。

(2) 系统动力学模型，既有描述系统各个要素之间因果关系的结构模型，又有专门形式表现的数学模型，由此进行仿真试验和计算，以掌握系统的未来动态行为。因此，系统动力学是一种定性分析和定量分析相结合的技术。

(3) 系统动力学的仿真试验能起到实际政策实验室的作用。它通过人和计算机的结合，既能发挥人对社会系统的了解、分析、推理、评价、创造等能力的优势，又能利用计算机高速计算和迅速跟踪的功能，以此试验和剖析实际系统，从而获得丰富而深化的信息，为选择最优或者满意的决策提供有力的依据。

(4) 系统动力学通过模型进行试验结果的仿真，可以仿真未来一定时期内各种变量随时间而变化的数据和曲线。因此，系统动力学能处理高阶次、非线性、多种反馈的复杂时变社会系统的相关问题。

1.1.2　反馈动态复杂性概念

1. 因果链

Forrester 创建了系统动力学的一个核心新概念——因果链概念，一个分析变量互相关联变化关系的核心新方法。

定义 1.1.1　在确定的变量集合中，根据两个变量的实际直接相对变化关联标准，若时间区间 T 内任一 t 时刻要素变量 $V_j(t)$ 随 $V_i(t)$ 而变化，则称 $V_i(t)$ 到 $V_j(t)$ 存在因果链 $V_i(t) \rightarrow V_j(t)$，$t \in T$。

定义 1.1.2　设存在因果链 $V_i(t) \rightarrow V_j(t)$，$t \in T$。① 若任一 $t \in T$，当 $V_i(t)$ 任一增量 $\Delta V_i(t) > 0$ 时，存在对应 $\Delta V_j(t) > 0$，则称在时间区间 T 内，$V_i(t)$ 到 $V_j(t)$ 的因果链为正，记为：$V_i(t) \xrightarrow{+} V_j(t)$，$t \in T$。② 若任一 $t \in T$，当 $V_i(t)$ 任一增量 $\Delta V_i(t) > 0$ 时，存在对应 $\Delta V_j(t) < 0$，则称在时间区间 T 内，$V_i(t)$ 到 $V_j(t)$ 的因果链为负，记为：$V_i(t) \xrightarrow{-} V_j(t)$，$t \in T$。

系统动力学的研究中，除常量外，一切变量都随时间 t 变化，并且因果链的极性也会随时间 t 的变化发生改变。

如在高新开发区建设时期用地模型研究中，已建占用土地比 $N(t)$ 与年建面积影响因子 $M(t)$ 之间存在因果链关联关系 $N(t) \rightarrow M(t)$。随时间 t 的变化，因果链 $N(t) \rightarrow M(t)$ 极性从正因果链向负因果链变化。

此因果链极性变化的原因为：在建设初期，区域内有充足的土地可供开发，开发建设程度越高 ($N(t)$ 增加)，表示区域内基础设施、居住环境等方面不断改善，导致建设速度增加 ($M(t)$ 增加)，因果链为 $N(t) \xrightarrow{+} M(t)$，$t \in T_1$；当开发到一定程度时 ($N(t)$ 增加)，区域内可供开发土地不足，建设速度减小 ($M(t)$ 减小)，因果链为 $N(t) \xrightarrow{-} M(t)$，$t \in T_2$。

根据增减函数的定义：$V_i(t) \xrightarrow{+} V_j(t)$，$t \in T$，对任一 $t \in T$，$V_i(t)$ 与 $V_j(t)$ 的函数关系为增函数；$V_i(t) \xrightarrow{-} V_j(t)$，$t \in T$，对任一 $t \in T$，$V_i(t)$ 与 $V_j(t)$ 的函数关系为减函数。因此命题 1.1.1 成立。

命题 1.1.1　① 在时间区间 T 内，$V_i(t) \xrightarrow{+} V_j(t)$，当且仅当，对任一 $t \in T$，$V_j(t)$ 依赖于 $V_i(t)$，且满足 $\Delta V_i(t)$ 与 $\Delta V_j(t)$ 同时为正或同时为负 (同方向变化变量)；② 在时间区间 T 内，$V_i(t) \xrightarrow{-} V_j(t)$，$t \in T$，当且仅当，对任一 $t \in T$，$V_j(t)$ 依赖于 $V_i(t)$，且满足 $\Delta V_i(t)$ 与 $\Delta V_j(t)$ 一个为正且另一个为负 (反方向变量)。

2. 反馈环

定义 1.1.3　在一个系统中，n 个不同要素变量的闭合因果链序 $V_1(t) \rightarrow V_2(t) \rightarrow \cdots \rightarrow V_n(t) \rightarrow V_1(t)$(因果链正、负符号省略) 称为此系统中的反馈环。

定义 1.1.4　设反馈环中任一变量 $V_i(t)$，若在给定的时间区间内的任意时刻，$V_i(t)$ 相对增加，且由它开始经过一个反馈后导致 $V_i(t)$ 量相对再增加，则称这个反馈环为在给定时间区间内的正反馈环；相对减少则称为负反馈环。

由因果链极性与反馈环极性定义，用数学归纳法可证明存在以下定理。

定理 1.1.1　反馈环的极性为反馈环内因果链极性的乘积。

由正 (负) 反馈环的定义，可得以下两个命题。

命题 1.1.2　正反馈环中任一变量 $V_i(t)$，若在给定的时间区间内的任意时刻，$V_i(t)$ 相对减少，且由它开始经过一个反馈后导致 $V_i(t)$ 量相对再减少。

命题 1.1.3　负反馈环中任一变量 $V_i(t)$，若在给定的时间区间内的任意时刻，$V_i(t)$ 相对减少，且由它开始经过一个反馈后导致 $V_i(t)$ 量相对再增加。

由以上两个命题，可以得到正、负反馈环存在以下动态变化特性：正反馈环具有同增性和同减性，负反馈环具有反增性和反减性。

图 1.2 给出正、负反馈环回路的例子。

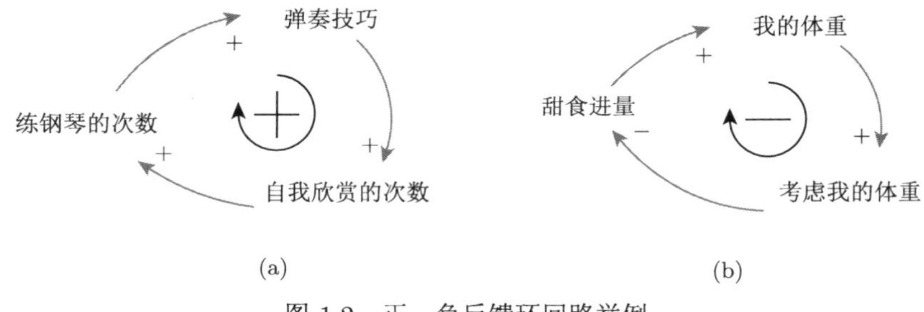

图 1.2　正、负反馈环回路举例

图 1.2(a) 刻画了一个自得其乐的正反馈环回路：练习钢琴的次数增加 (减少)，导致个体的弹奏技巧增加 (减少)，进而自我欣赏的次数增加 (减少)，反馈到练习钢琴的次数再增加 (减少)；图 1.2(b) 刻画了一个饮食有度的负反馈环回路：甜食进量增加 (减少)，导致个体我的体重增加 (减少)，进而考虑我的体重增加 (减少)，反馈到甜食进量减少 (增加)。

由正、负反馈环的动态变化特性，可以得到正、负反馈环有以下的运作效应。

正反馈结构可以形成良性或恶性两种循环。在良性循环中，当反馈环中某一变量所刻画的状况改善时，正反馈的作用将使该部分的情况得到进一步的改善；反之，在恶性循环中，系统中恶化的部分的情况将愈加恶化。

负反馈结构具有制约或调节作用，即在给定的时间区间内，若反馈环中任一变量相对增加，在经过一个反馈后将导致此变量相对减少。

正、负反馈环的运作效应，是反馈环开发管理的重要依据，反馈环开发管理的本质是改善反馈环的运作效应，实现系统功能提升的管理。即当正反馈环形成恶性循环效应时，管理的方针是改善恶性循环的正反馈效应，形成良性循环的正反馈效应；当负反馈环形成制约效应，抑制系统发展时，管理的方针是消除负反馈环的制约效应；当正反馈环形成良性循环效应，负反馈环形成对系统发展恶化状况的调节效应时，管理的方针是继续提升此运作效应。

3. 反馈动态复杂性

在系统中，变量的反馈环因果关系称为反馈因果互动关系，由反馈因果互动关系 (包括延迟) 产生的系统复杂性称为动态性复杂。

另外，在系统中，变量的开环式因果链关系称为线段式因果关系，由线段式因果关系产生的复杂性称为细节性复杂。

此两种复杂性可以用图 1.3 表示，图 1.3(a) 表示细节性复杂，图 1.3(b) 表示动态性复杂。

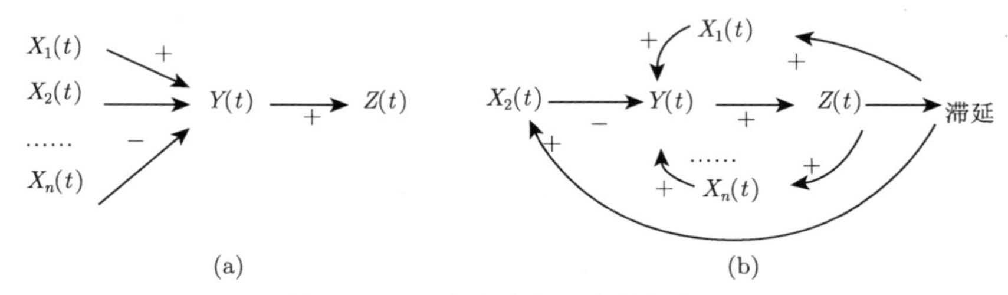

图 1.3　细节性复杂与动态性复杂图

动态性复杂与细节性复杂存在本质的区别，社会经济系统中出现的复杂现象常是由动态性复杂造成的。在动态性复杂研究领域还存在大量的理论与实际问题需要研究。系统动力学为刻画系统动态性复杂提供了有力的理论与方法。

1.1.3　系统动力学分析技术理论框架

研究团队在长期从事系统动力学反馈理论与沼气生态能源工程的实践研究中，提出系统动力学研究的 3 个基本原理与 14 项核心分析技术理论 (图 1.4)。

如图 1.4 所示，3 个基本原理包括：反馈环开发原理、系统发展基本原理与管理对策生成原理。14 项核心分析技术包括：

(1) 复杂系统建模技术：流率基本入树建模法。

(2) 4 项反馈环分析技术：① 枝向量行列式反馈环计算法；② 关键变量关联反馈环分析法；③ 顶点赋权图分析技术；④ 全部反馈环关键因果链分析法。

(3) 4 项反馈基模分析技术：① 消除增长上限制约管理对策生成法；② 极小反馈基模集入树组合生成法；③ 极小反馈基模集入树组合删除生成法；④ 极小反馈基模传递效应分析法。

(4) 5 项系统仿真分析技术：① 运算过程图及参调延迟分析法；② 表函数方程六步建立法；③ 系统关键变量主导结构确定技术；④ 反馈环极性与主导结构转移分析技术；⑤ 逐树深入仿真技术。

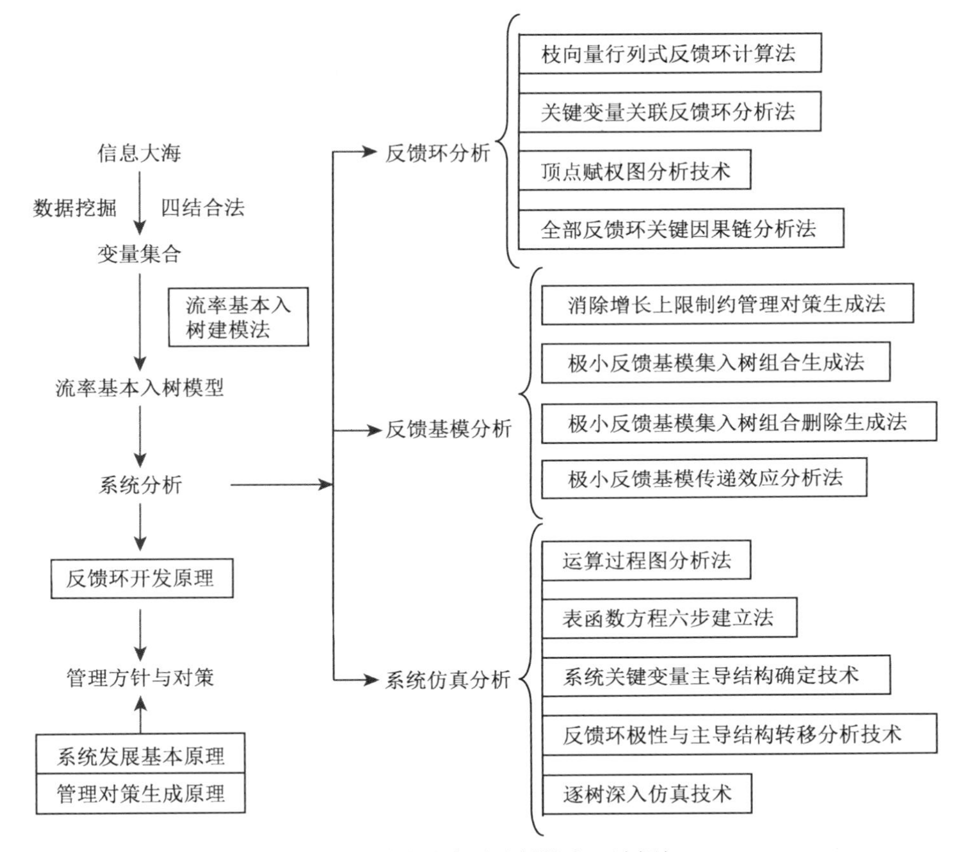

图 1.4 系统动力学分析技术理论框架

1.2 研究的理论与应用创新

1. 理论创新

(1) 提出了系统动力学研究的 3 个基本原理。

结合实践研究，本书提出了系统发展基本原理、反馈环开发原理与管理对策生成原理。

系统发展基本原理 通过各子系统目标责任的实现，实现系统发展的总目标。

当系统的元素很多、彼此差异不可忽略时，不再按照单一模式对元素进行整合，需要划分为不同部分，分别按照各自的模式组织整合起来，形成若干子系统。

在对复杂反馈系统研究中，系统中往往含不同主体、部门、单位等，彼此差异不可忽略，需按照子系统进行整合。各子系统的行为所表现的目标不同，但目标的实现影响系统整体的发展；各子系统在促进系统整体发展中所负责任、所做贡献不同，共同维持系统整体的生存发展。由此，在系统动力学的研究中提出系统发展基本原理，即通过落实各子系统的目标责任，实现系统发展的总目标。

反馈环开发原理 反馈环开发是充分认识系统反馈结构，利用反馈环的动态变化特性生成并实施管理对策，改善反馈结构运作效应，增强系统的功能。

反馈环是系统的核心结构，反馈环的交互作用及其运作效应是决定系统功能提升的关键。在对各类复杂系统发展管理的理论与应用研究中，团队解决了反馈环、反馈基模的计算难题。以此为基础，可充分认识复杂系统各类层次结构。

在此基础上，创新反馈环与反馈基模分析技术，利用反馈环的动态变化特性生成改善其运作效应的管理对策，实现系统开发、增强系统功能的目的。

由此，在系统动力学的研究中提出反馈环开发原理。

管理对策生成原理 根据改善反馈结构运作效应目标生成管理方针，由相应反馈结构的因果链分析生成符合方针的管理对策集，再经系统发展目标、对策可实践性筛选确定管理对策。

在系统反馈环开发管理的研究中，对策制定是以改善反馈结构运作效应、增强系统的功能为最终目标，以反馈环动态变化特性为基础，以关键因果链为对策生成的杠杆点。

在系统多目标发展的情形下，实现某一发展目标的管理对策，亦会经反馈环运作效应传递影响其他发展目标的实现。因此，管理对策需经系统发展的多目标筛选。

管理对策的实施是在确定的社会、经济、技术发展水平下，对策需经可实践性筛选。

由此，在研究中，提出管理对策生成原理。

(2) 创建了系统动力学研究的 14 项核心分析技术。

结合实践研究，本书创建了复杂系统建模技术、反馈环与反馈基模分析技术及系统仿真分析技术，共 14 项核心分析技术 (图 1.4)。

2. 应用创新

(1) 泰华二次污染治理系统实践应用创新。

本书针对系统内沼气和沼液的二次污染带来的四大严重问题，进行系统动力学分析技术创新应用研究；创建了沼液三级延迟分流技术，实现系统出水达标，彻底解决沼液过量排放导致水稻青苗减产问题；开发五项养种生物链技术，发展蔬菜种植产业，同时实现沼液污染治理；进行沼气复合式开发利用，实现沼气发电与炊事沼气能源双产出，消除沼气污染。通过以上技术实施，减少生猪疾病风险。在生态环境治理保护同时，发挥致富带头人与“公司 + 农户”模式的作用，实现农民增收与区域经济发展。

(2) 德邦场户合作发展系统实践应用创新。

以消除场猪粪尿严重污染与农户沼气池原料严重短缺矛盾为突破点，进行系统动力学分析技术创新应用研究；创建养殖企业、农户、政府部门与高校研究部门的四目标责任制，实现德邦生态经济区建设总目标；成立了德安县高塘乡沼气沼液开发利用专业合作社，促进执行四目标责任制。明确系统各主体的目标责任制：政府部门政策支持、高校创新工程实施方案和管理技术、公司与农户实施系统开发管理对策，促进德邦生态经济区系统工程建设不断持续发展。

(3) 银河杜仲有机农产品开发系统实践应用创新。

以消除特色有机农产品原料严重短缺与养种脱节严重污染矛盾为突破点，进行系统动力学分析技术创新应用研究；建设沼气发电驱动的山地沼液杜仲种植生物质种植循环网络，沼液自然流入山下的蔬菜与饲料生物质种植循环网络；进行杜仲有机生猪生产、沼液能源开发与沼液生物质种植循环经济子系统构建，消除系统内双污染，创建双有机生态产品的特色有机杜仲生猪有机食品生产基地。

(4) 明鑫乡村养种融合振兴供给侧结构性改革试验实践应用创新。

明鑫农场地处赣湘边界，由江西省和湖南省共同支持开发。农场占地面积 5200 余亩，其中山地面积 4200 余亩，水塘、水库 42 口，水面面积 1000 亩；是一家具养殖、种植、科研、土地资源条件为一体的农业产业化龙头企业；是研究团队 2013 年建立的跨两省的乡村振兴特色农产品开发试验基地。针对乡村振兴特色农产品开发的需要，依据明鑫农场的土地资源优势和团队系统动力学研究基础，团队已在明鑫特色农产品开发试验基地进行三项有机农产品供给侧结构性改革试验实践应用创新研究。第一项，沼肥雷竹笋产业开发有机农产品试验。应用新建的社会经济系统反馈环群球结构制度责任制管理法，建立了基地有机肥雷竹笋产业充分必要条件反馈环群的球结构模型，建立了基地有机肥雷竹笋产业制度责任制因果关系图，建立了基地有机肥雷竹笋产业反馈环群球结构的制度责任制管理模型及评价模型，促进沼肥雷竹笋产业试验开发。第二项，沼肥鱼青饲料种植有机鱼产业开发试验。第三项，沼肥猪青饲料种植放养有机猪产业开发试验。三项都在不断推进。研究团队为此在明鑫建立了明鑫农场供给侧结构性改革展厅，展示理论与应用成果。

第 2 章　复杂系统流率基本入树建模理论

2.1　流率基本入树建模法背景与理论基础

2.1.1　流率基本入树建模法的提出背景

系统动力学的已有建模方法是通过因果关系图，再至流图建立仿真模型的方法。此方法层次分明，是系统动力学广泛采用的一个通用方法。但由于社会经济管理系统复杂，系统动力学通过因果关系图建立流图模型的建模方法在发展中提出了新问题。

1. 因果关系图的建立及转化为整体流图缺少规范性方法

复杂管理系统常包含几十个变量，直接建立整个系统因果关系图缺少规范性、操作性强的方法。建立因果关系图常用的是从访谈信息中形成因果关系图，即根据访谈对象的陈述提炼出因果结构，再使用其他信息源补充额外因果链。在确定流位流率系后，因果关系图转化至流图也需逐步添加因果链。此种方法缺乏规范性，建模者常因思路不清多次反复修改，实践中操作困难。

2. 建立整个系统的可靠性仿真分析模型的困难

在整个复杂前期流图结构模型中建立方程，需同时建立涉及几十个变量、几十条因果链的几十个方程。在建立方程出现问题时，建模者难以准确识别。另外，整体方程全部完成才仿真，常常只要有一处出现问题，整个仿真结果便不能出来，或者仿真结果不符合实际。而从几十个变量、几十条因果链、几十个方程排查问题比较困难，常常不知从何处入手。因此，需要建立更规范、操作性更强的建模方法，分解整体建立仿真方程的复杂性。

3. 认识系统反馈结构进行反馈环开发管理存在困难

反馈环是系统的核心结构，是系统整体产生涌现性的关键，是充分认识系统结构，进行系统开发管理的关键。应用建立的系统动力学流图模型，无法有效确定系统全部反馈环。尽管在 Vensim 软件中，单击流图顶点可显示该顶点所经过的反馈环，但很难确定整个流图的全部反馈环，只有准确地确定整个流图的全部反馈环，才能更清楚地认清系统的反馈结构，进行反馈环开发管理。

根据系统的层次性原理，复杂系统不可能一次性完成从元素性质到系统整体性质的涌现，需要通过一系列中间等级的整合而逐步涌现出来。一个确定复杂系统的反馈基模、子系统是其重要的层次结构，根据整个流图模型，难以找到有效的方法确定系统中的反馈基模、子系统，无法利用反馈基模、子系统进行反馈环开发管理。

2.1.2 流率基本入树建模法的理论基础与功能

1. 流率基本入树建模法的理论基础

1) 流位流率系理论

Forrester 指出，任何社会经济复杂系统皆存在 n 个积累性质的流位变量和对应变化速度的 n 个流率变量构成的核心结构，系统运行皆是各流位变量通过辅助变量控制各流率变量，在环境变量的支持与制约下发生动态反馈变化。

根据此系统运行的基本原理，系统中流率变量受流位变量直接控制或通过辅助变量控制，或者由环境变量控制。因此，在确定系统流位流率系的前提下，确定流率变量及其受控制的因果链是系统建模的关键，此理论是流率基本入树建模法的逐枝建模思想的根据。

2) 系统论

系统论：整体论与还原论结合，利用还原论分解整体的复杂性。

流率基本入树建模法是基于整体论与还原论相结合的思想对问题进行研究。复杂系统由 n 个流率变量受不同流位变量控制的依赖环境的 n 个子系统构成，对应流率基本入树建模法中的 n 棵流率基本入树。利用 n 棵流率基本入树分解整体流图的复杂性，系统由子系统构成，整体流图由流率基本入树嵌运算复合而成。同样，系统可分解为子系统，流图可分解为流率基本入树。在整体论与还原论结合思想指导下，流率基本入树模型与流图模型是等价的。

3) 生成树理论

生成树理论是图论、离散数学的重要理论，图论、离散数学皆是先阐述“树”模型，然后进行复杂结构模型研究。流率基本入树建模法是应用图论、离散数学的生成树理论研究复杂网络流图，将整体模型先分解为树模型进行研究。

2. 流率基本入树建模法的功能

1) 提出了系统动力学规范化建模的新方法

流率基本入树建立的模型是与流图模型等价的模型。流率基本入树建模法提供了规范的建模过程：“四结合”法分析确定流位流率系，结合实际建立二部分图，逐枝或逐层分析建立流率基本入树。此方法思路清晰，又具科学性与严谨性，对初学者和有经验的建模专家来说，实践操作都简单方便。

流率基本入树建模法分散了流图建模法的难点，在紧密结合整体论确定流位流率系与二部分图的基础上，结合还原论分别建立入树、树枝，实现整体论与还原论的统一。

同样，流率基本入树建模法可分散建立整体仿真流图模型的困难。

2) 为反馈环、反馈基模的代数运算奠定基础

反馈环、反馈基模对应复杂系统不同的层次结构，流率基本入树理论为其代数运算奠定了基础。

在流率基本入树理论中，根据研究的需要，入树可用树向量表示、树枝可用枝向量表示，嵌运算的过程可用对应的向量乘法表示。因此，可根据反馈环、反馈基模生成原理，研究具体的代数算法，实现反馈环、反馈基模的计算工作。

进一步，利用反馈环、反馈基模为分析工具，为复杂系统结构分析技术的创新提供广阔的空间。

3) 夯实了系统动力学的学科基础

系统科学是研究系统结构、行为与功能的科学，反馈结构是系统的核心结构。而系统动力学前期发展中对反馈环的研究存在不足，即对系统反馈结构的研究不足。流率基本入树建模法实现了反馈环、反馈基模的代数运算，打开了系统反馈结构分析的大门，加强了系统动力学与系统科学的紧密联系。

系统动力学又是与计算机紧密结合，进行系统行为仿真研究的一门科学。在对系统反馈结构研究的基础上，可结合系统科学理论成果，丰富系统仿真研究的内容、视角。

2.2　流率基本入树建模法

2.2.1　流率基本入树建模法的基本概念与步骤

定义 2.2.1　在系统研究中，若变量 $\mathrm{LEV}(t)$ 满足 $\mathrm{LEV}(t) = \mathrm{LEV}(t-\Delta t) + \Delta\mathrm{LEV}(t-\Delta t)$，其中 $\Delta t > 0$，$\Delta\mathrm{LEV}(t-\Delta t)$ 为从 $t-\Delta t$ 到 t 时 $\mathrm{LEV}(t)$ 的增量，变量 $\mathrm{LEV}(t)$ 为积累变量，系统动力学称研究的积累变量为流位变量。积累变量对应的单位时间变化量 $R(t)$ 称为流率变量。

定义 2.2.2　若流位变量 $\mathrm{LEV}(t)$ 和变量 $R_1(t), R_2(t)$ 满足 $\mathrm{LEV}(t) = \mathrm{LEV}(t-\Delta t) + \Delta t \times (R_1(t-\Delta t) - R_2(t-\Delta t))$，$\Delta t > 0$，在 t 的变化范围内有 $R_i(t) \geqslant 0 (i = 1, 2)$，则 $R_1(t)$ 为流位变量 $\mathrm{LEV}(t)$ 的流入率，$R_2(t)$ 为流位变量 $\mathrm{LEV}(t)$ 的流出率。

定义 2.2.3　研究的动态系统中 n 个流位变量，设为 $L_1(t), L_2(t), \cdots, L_n(t)$，$n$ 个流位变量对应 n 个流率变量，设为 $R_1(t), R_2(t), \cdots, R_n(t)$。则各流位变量

$L_i(t)$ 与对应流率变量 $R_i(t)$ 的二元组的集合：$\{(L_1(t),R_1(t)),(L_2(t),R_2(t)),\cdots,(L_n(t),R_n(t))\}$ 称为此研究动态系统的流位流率系。

定义 2.2.4 以流率变量 $R(t)$ 为树根，以流位变量 LEV(t) 为树尾，或不进反馈环的变量为树尾，且枝中间不含流位变量的入树 $T(t)$ 称为流率基本入树。

定义 2.2.5 以流率为树根，以流位、流率为树尾，或不进反馈环的变量为树尾，枝中间不含流位变量, 且每棵树尾流率可通过树模型中的变量代换，实现通过辅助变量依赖于流位变量，此类入树 $T(t)$ 称为流率基本入树。

定义 2.2.6 以 n 棵流率基本入树 $T_1(t)$，$T_2(t)$，$\cdots$，$T_n(t)$ 组成的模型，称为 n 阶流率基本入树模型。

定义 2.2.5 是根据系统动力学流率基本入树模型建立仿真方程的实际需求，将流率入树由原来仅以流位变量 $L_i(t)$ 为树尾扩充为以流位变量 $L_i(t)$ 或流率变量 $R_i(t)$ 为树尾。定义的实践、理论背景如下：

在模型建立方程中，常出现一个流率或辅助变量直接依赖于流率的情形。例如，某产品 $t+DT$ 年的收入为 $A_i(t+DT)$，设 $L_i(t)$ 为 t 年的产品数，$R_i(t)$ 为 $[t,\ t+DT]$ 时期产品数的变化量，则有 $A_i(t+DT)=[L_i(t)+R_i(t)]\times$ 产品价格。因此，树尾中增加流率变量 $R_i(t)$ 有利于方程的建立。

系统动力学仿真计算是在流位流率系下进行的，系统的微分方程组模型为

$$\begin{cases} \dfrac{dL_i(t)}{dt}=R_i(t), \\ L_i(t)|_{t=t_0}=L_i(t_0), \end{cases} \qquad i=1,2,\cdots,m。$$

由此可见，只有流位变量有初始值。因此，将流率基本入树模型只能以流位变量 $L_i(t)$ 为树尾扩充为以流位变量 $L_i(t)$ 或流率变量 $R_i(t)$ 为树尾，需具备以下条件：

以流位变量 $L_i(t)$ 或流率变量 $R_i(t)$ 为树尾的流率基本入树中，每个流率变量 $R_i(t)$ 可通过树模型中的变量代换，实现流率变量只通过辅助变量依赖于流位变量。

综上，给出流率基本入树新定义：

定义 2.2.7 在系统动力学流图中，以流率为树根，通过辅助变量，以流位、流率为树尾的入树 $T(t)$ 称为流率基本入树。

流率基本入树建模法的建模步骤如下。

步骤 1：通过科学理论、数据、经验和专家判断力四结合进行系统分析，建立研究系统的流位流率系：$\{(L_1(t),R_1(t)),(L_2(t),R_2(t)),\cdots,(L_n(t),R_n(t))\}$。

步骤 2：结合实际，建立 $R_i(t)(i=1,2,\cdots,n)$ 依赖 $L_i(t)(i=1,2,\cdots,n)$，$R_k(t)(k\in 1,2,\cdots,n)(k\neq i)$ 及环境变量的因果链二部分图。

步骤 3：分别建立以各流率变量 $R_i(t)(i=1,2,\cdots,n)$ 为根，流率变量 $R_i(t)$ 依赖的流位变量 $L_i(t)(i=1,2,\cdots,n)$、其他流率变量 $R_k(t)$ 及环境变量为尾的，且树尾变量直接或仅通过辅助变量控制流率变量 $R_i(t)(i=1,2,\cdots,n)$ 的流率基本入树，得到系统的流率基本入树模型。

2.2.2 德邦场户合作发展模式系统建模实例

1. 德邦生态经济区系统概况

德邦牧业有限公司 (简称德邦牧业) 地处江西省鄱阳湖地区九江市德安县高塘乡，是由公司、大学、政府、农户共同参与建设的生态能源经济区，建设面积 66.67 公顷。该生态能源经济区由德邦牧业于 2005 年投资 178 万元建立，后逐步扩大规模发展而成的生猪养殖公司。对德邦牧业规模养种系统发展的研究，涉及农业生态环境保护、农产品供给侧结构性改革、解决“三农”问题等社会性问题。

规模养殖过程中粪尿等养殖废弃物过度集中排放，带来规模养殖的初次污染。沼气工程可有效解决养殖废弃物污染，但厌氧发酵产出物沼液、沼气会造成二次污染，在养殖区土壤、水源、空气受污染事件时有发生，养殖污染治理是关系农业生态环境保护的社会性问题。

沼液生物质资源综合开发利用，创新养种循环经济模式，建设“猪—沼液—特色农产品”沼液种植工程，生产绿色有机农产品，是农业供给侧结构性改革的社会性问题。

分散经营的农户规模小、力量弱，在提升养殖区养种循环生态农业经济效益方面受到制约。发挥企业带动、支持作用，实现场户合作发展，事关“三农”问题解决的社会性问题。

1) 德邦区域规模养殖与沼气工程建设概况

2015 年德邦牧业日均存栏 552 头，年出栏生猪 6579 头，实现利润 99 万元。为治理养殖废弃物初次排放污染制约系统发展，养殖场建立了 800 米^3 立式和 1200 米^3 塑料沼气池分级生产子系统，建立 200 米^3 立式储气柜和 150 米^3 塑料储气柜及 1.6 公里山地沼气管道储存和输送沼气，建立 40 千瓦沼气发电站开发利用沼气能源。表 2.1 为德邦牧业规模养殖与沼气工程厌氧发酵产出物相关数据。

2) 德邦沼液资源生物链工程开发实施概况

德邦牧业为消除沼液二次污染制约系统发展，利用系统动力学三阶延迟原理，建立了一级 100 米^3、二级 80 米^3 与三级 70 米^3 的三个同类圆形沼液净化池，2.7 公里山地沼液管道，构成沼液三级储存、净化、延迟传输子系统。基于此，利用沼液生物质资源种植红薯、蔬菜、水稻、板栗、苗木、棉花等，建立“猪—沼液—苗木”“猪—沼液—粮”“猪—沼液—菜”等沼液种植工程子系统。表 2.2 为 2015 年德邦牧业猪粪尿沼液资源利用情况相关数据。

表 2.1 2010—2015 年德邦牧业规模养殖与沼气工程压氧发酵产出物相关数据

年份	日均存栏/头	年出栏/头	利润/万元	年产猪粪/吨	年产猪尿/吨	猪粪尿年产沼液/吨	猪粪尿年产沼气/米^3
2010	516	6044	98	271	429	912	15862
2011	528	6285	126	277	439	933	16231
2012	535	6428	77	281	445	946	16446
2013	542	6638	78	285	451	958	16661
2014	482	5858	15	253	401	852	14816
2015	552	6579	99	290	459	975	16968

表 2.2 2015 年德邦牧业猪粪尿沼液资源利用情况数据 (单位：公顷)

	红薯	蔬菜	水稻	板栗	苗木	饲料	棉花	雷公竹
种植面积	4.0	8.0	53.3	4.0	666.7	0.67	20.0	1.3
施沼肥面积	3.3	2.0	13.3	1.3	576.0	0.67	20.0	1.3

另外，2013 年德邦牧业种植玉米 8.0 公顷，由于经济效益低，2015 年不再自营种植玉米。2015 年公司试点种植经济效益高的雷公竹 1.3 公顷，规划未来种植雷公竹 8.0 公顷/年。

3) 德邦场户合作促进户用沼气池发展概况

德邦牧业所在地的德安县高塘乡由政府支持建立 300 余户地下式沼气池，但大部分沼气池因缺乏原料未能正常运行。2009 年初，九江市科技局、德安县农业局、德邦牧业、农户联合成立德安县高塘乡沼气沼液开发利用专业合作社，合作社提供进出料车配置、配件供应、沼气池及管路故障维修等服务，促进全乡户用沼气池开发。德邦牧业建立原料发酵贮存池，会员每年付 40 元会费 (作为原料运费) 即可免费获得德邦牧业猪粪发酵原料，由合作社统一免费运输至户用沼气池。

由于户用沼气池使用效益低、成本高、缺乏维护与生产管理技术等原因，造成大量户用沼气池闲置或报废。从 2009 年养殖场扶持户用沼气池发展以来，至 2015 年高塘乡户用沼气池闲置率达 95%以上，如何提高户用沼气池使用率是目前面临的一个难题。

2. 建立德邦场户合作发展系统流率基本入树模型

1) 四结合法确定德邦规模养种系统流位流率系

基于科学理论、数据、经验及专家判断力四结合分析，建立德邦规模养种系统流位流率系：

基于循环经济理论，德邦养种循环经济模式是构造“资源—产品—再生资源”的反馈式生产活动流程。德邦规模养殖的废弃物为猪粪尿，再生资源为沼气、沼液。因此，场年产猪粪尿量、场猪粪尿年产沼液量、场猪粪尿年产沼气量为系统模型中的流位变量。

德邦现代农业区是团队的生态农业系统工程科研教学基地，国家自然科学基金委员会管理学部领导以及中国系统工程学会的理事长、多位副理事长等专家参观、指导基地建设，认同德邦牧业规模养殖是系统的核心，养殖利润增加是系统发展的动力，剩余粪肥及沼气工程厌氧发酵产出物二次污染制约规模养殖的发展。基于专家判断力，在以上流位变量基础上，增加日均存栏量、养殖企业利润、场猪粪及沼肥未利用量、场沼气未利用量为系统模型中的流位变量。

基于德邦牧业总经理的经验交流，实践中德邦牧业利用沼气发电为养殖场提供生活用能，为猪舍照明及冬季保暖，实现全部沼气能源的综合开发利用。系统二次污染治理问题为如何综合开发利用沼液资源。因此，场猪粪尿年产沼气量、场沼气未利用量可不设置为系统流位变量。

基于德邦牧业管理信息系统 2010 年至 2015 年统计数据，高塘乡户用沼气池建设的数据，在以上流位变量基础上种植业规模、户猪粪年产沼液量、户猪粪年产沼气量为设置流位变量时需考虑的变量。种植业规模可由辅助变量猪粪沼肥施用面积刻画，户猪粪年产沼液量及户猪粪年产沼气量均可以刻画户用沼气工程发展规模，选择户猪粪年产沼液量为流位变量。

综上，确定如下德邦规模养种系统基本结构的六组流位、流率对：

$L_1(t), R_1(t)$：日均存栏量 $L_1(t)$(头)、日均存栏变化量 $R_1(t)$(头/年)；

$L_2(t), R_2(t)$：养殖企业利润 $L_2(t)$(万元)、养殖利润变化量 $R_2(t)$(万元/年)；

$L_3(t), R_3(t)$：场年产猪粪尿量 $L_3(t)$(吨)、场年产猪粪尿变化量 $R_3(t)$(吨/年)；

$L_4(t), R_4(t)$：场猪粪尿年产沼液量 $L_4(t)$(吨)、场猪粪尿年产沼液变化量 $R_4(t)$(吨/年)；

$L_5(t), R_5(t)$：场猪粪及沼肥未利用量 $L_5(t)$(吨)、场沼肥未利用量变化量 $R_5(t)$(吨/年)；

$L_6(t), R_6(t)$：户猪粪年产沼液量 $L_6(t)$(吨)、户猪粪年产沼液变化量 $R_6(t)$(吨/年)。

建立流位变量、流率变量间的二部分图 (图 2.1)，下文将对二部分图进行具体说明。

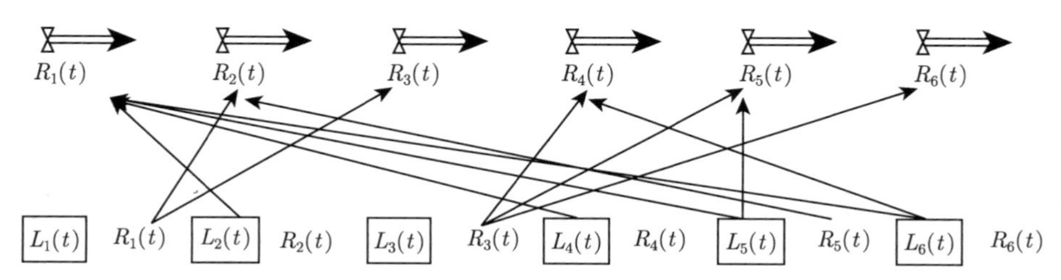

图 2.1 德邦场户合作发展模式系统因果链二部分图

2) 逐枝建立 6 棵流率基本入树

(1) 逐枝建立流率变量日均存栏变化量 $R_1(t)$ 流率基本入树 $T_1(t)$。

第一步，建立流率变量 $R_1(t)$ 因果链二部分图 (图 2.2)。

在流位流率系的二部分图中，养殖企业利润 $L_2(t)$ 增加，企业有动力扩大生产规模，因此存在养殖企业利润 $L_2(t) \xrightarrow{+}$ 日均存栏变化量 $R_1(t)$ 正因果链。场猪粪尿年产沼液量 $L_4(t)$，刻画的是对猪粪尿初次污染环境的治理，可消除猪粪尿污染对养殖规模的制约，因此存在场猪粪尿年产沼液量 $L_4(t) \xrightarrow{+}$ 日均存栏变化量 $R_1(t)$ 正因果链。场猪粪及沼肥未利用量 $L_5(t)$ 越大，环境污染对规模增加的制约越大，因此存在场猪粪及沼肥未利用量 $L_5(t) \xrightarrow{-}$ 日均存栏变化量 $R_1(t)$ 负因果链。户猪粪年产沼液量 $L_6(t)$ 越大，户沼气工程发展越好，利用场猪粪越多，粪便污染得到治理，因此存在户猪粪年产沼液量 $L_6(t) \xrightarrow{+}$ 日均存栏变化量 $R_1(t)$ 正因果链；在污染及利润无变化时，企业的养殖规模也会随外部经济发展而增加，因此存在正常年存栏变化因子 $A_{11}(t) \xrightarrow{+}$ 日均存栏变化量 $R_1(t)$ 正因果链。

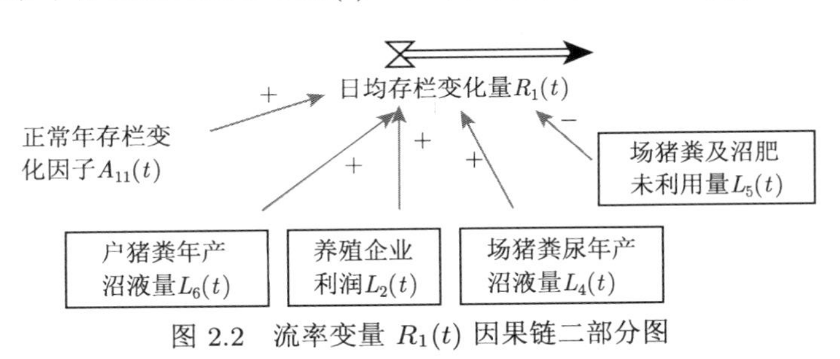

图 2.2 流率变量 $R_1(t)$ 因果链二部分图

第二步，基于二部分图逐枝建立流率变量 $R_1(t)$ 流率基本入树 $T_1(t)$ (图 2.3)。

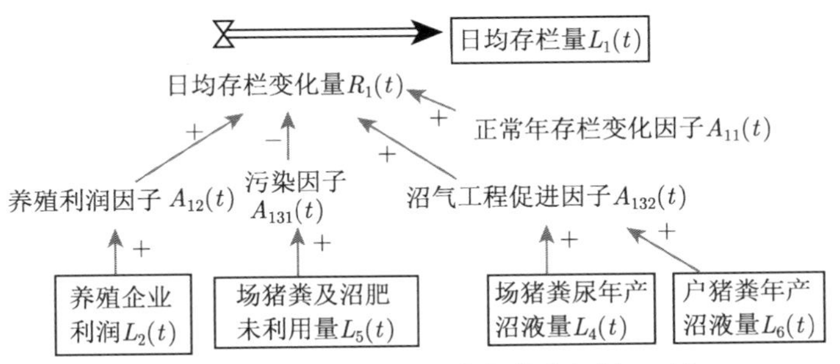

图 2.3 流率变量 $R_1(t)$ 流率基本入树 $T_1(t)$

紧密联系实际分析，建立养殖企业利润 $L_2(t) \xrightarrow{+}$ 养殖利润因子 $A_{12}(t) \xrightarrow{+}$ 日均存栏变化量 $R_1(t)$ 综合正因果链枝；建立场猪粪尿年产沼液量 $L_4(t) \xrightarrow{+}$ 沼气工程促进因子 $A_{132}(t) \xrightarrow{+}$ 日均存栏变化量 $R_1(t)$ 综合正因果链枝；建立场猪

粪及沼肥未利用量 $L_5(t) \xrightarrow{+}$ 污染因子 $A_{131}(t) \xrightarrow{-}$ 日均存栏变化量 $R_1(t)$ 综合负因果链枝；建立户猪粪年产沼液量 $L_6(t) \xrightarrow{+}$ 沼气工程促进因子 $A_{132}(t) \xrightarrow{+}$ 日均存栏变化量 $R_1(t)$ 综合正因果链枝。

在建枝时，可初步考虑如何建立变量方程，从中得到启发。如在建立入树 $T_1(t)$ 时，日均存栏变化量 $R_1(t)$ 的方程适合采用乘积式：

日均存栏变化量 $R_1(t)$ = 日均存栏量 $L_1(t)$×(养殖利润因子 $A_{12}(t)$ + 沼气工程促进因子 $A_{132}(t)$ + 正常年存栏变化因子 $A_{11}(t)$ − 污染因子 $A_{131}(t)$)。

因此，引入辅助变量养殖利润因子 $A_{12}(t)$、沼气工程促进因子 $A_{132}(t)$、污染因子 $A_{131}(t)$，辅助变量由其控制的流位变量建立方程，为表函数形式。由此，养殖企业利润 $L_2(t)$、场猪粪及沼肥未利用量 $L_5(t)$、场猪粪尿年产沼液量 $L_4(t)$、户猪粪年产沼液量 $L_6(t)$ 控制流率变量 $R_1(t)$。

此方法，既有助于定性结构模型的建立，又为定量模型的建立提供基础。建立以下入树时，方法同。

(2) 逐枝建立流率变量养殖利润变化量 $R_2(t)$ 流率基本入树 $T_2(t)$。

第一步，建立流率变量 $R_2(t)$ 因果链二部分图 (图 2.4)。

在流位流率系的二部分图中，外生变量猪的单位利润越大，养殖利润越高，因此存在猪的单位利润 $A_{21}(t) \xrightarrow{+}$ 养殖利润变化量 $R_2(t)$ 正因果链；存栏生猪与出栏生猪 (销售) 存在一个比例，这个比例由建模时既定的生猪繁殖技术决定，存栏生猪数乘以这个比例得到出栏生猪数，因此存栏生猪数与养殖利润变化量存在正因果链。为了方便方程建立，采用流率基本入树新定义，用日均存栏变化量 $R_1(t)$ 代换日均存栏量，则存在日均存栏变化量 $R_1(t) \xrightarrow{+}$ 养殖利润变化量 $R_2(t)$ 正因果链；另外，场猪粪及沼肥未利用量 $L_5(t)$ 越多，沼肥生物质资源越多，年种植有机肥施用量越多，沼肥获得的经济效益越高。为了方便方程建立，用场沼肥未利用量变化量 $R_5(t)$ 代换 $L_5(t)$，存在场沼肥未利用量变化量 $R_5(t) \xrightarrow{+}$ 养殖利润变化量 $R_2(t)$ 正因果链。

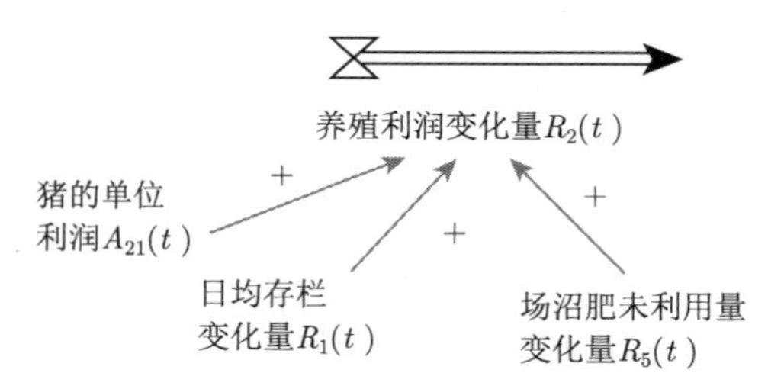

图 2.4 流率变量 $R_2(t)$ 因果链二部分图

第二步，基于二部分图逐枝建立流率变量 $R_2(t)$ 流率基本入树 $T_2(t)$ (图 2.5)。

紧密联系实际分析，建立猪的单位利润 $A_{21}(t) \xrightarrow{+}$ 养殖利润变化量 $R_2(t)$ 正因果链枝；建立日均存栏变化量 $R_1(t) \xrightarrow{+}$ 养殖利润变化量 $R_2(t)$ 正因果链枝；建立沼肥未利用量变化量 $R_5(t) \xrightarrow{+}$ 猪粪沼肥经济效益 $A_{23}(t) \xrightarrow{+}$ 养殖利润变化量 $R_2(t)$ 正因果链枝。

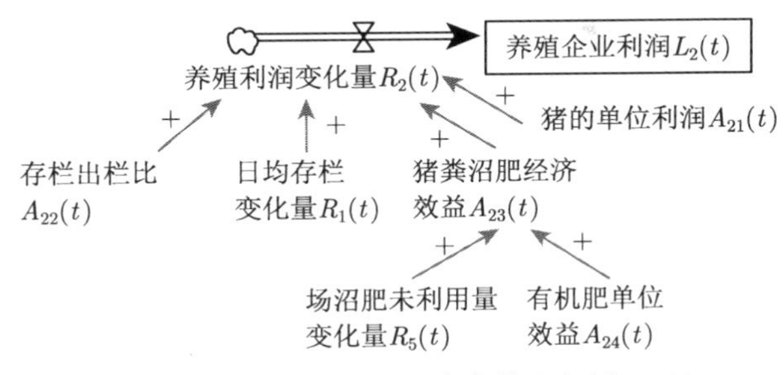

图 2.5 流率变量 $R_2(t)$ 流率基本入树 $T_2(t)$

(3) 逐枝建立流率变量场年产猪粪尿变化量 $R_3(t)$ 流率基本入树 $T_3(t)$。

第一步，建立流率变量 $R_3(t)$ 因果链二部分图 (图 2.6)。

在流位流率系的二部分图中，日均存栏量的改变，引起场年产猪粪尿的改变，存在日均存栏变化量 $R_1(t) \xrightarrow{+}$ 场年产猪粪尿变化量 $R_3(t)$ 正因果链；单位生猪年产猪粪尿量 $A_{31}(t)$ 越多，场年产猪粪尿变化量 $R_3(t)$ 越多，存在单位生猪年产猪粪尿量 $A_{31}(t) \xrightarrow{+}$ 场年产猪粪尿变化量 $R_3(t)$ 正因果链。

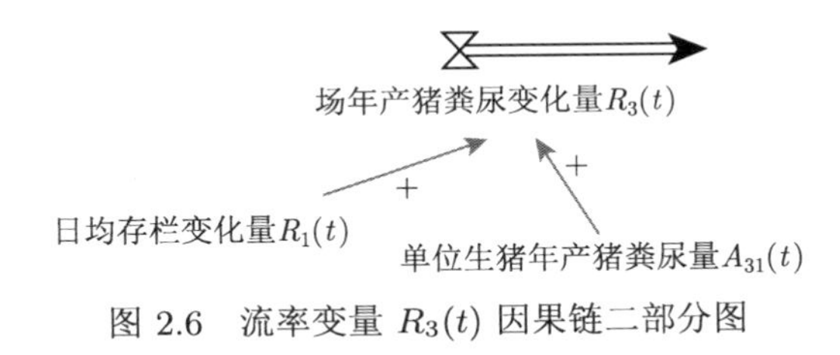

图 2.6 流率变量 $R_3(t)$ 因果链二部分图

第二步，基于二部分图逐枝建立流率变量 $R_3(t)$ 流率基本入树 $T_3(t)$ (图 2.7)。

因为流率变量 $R_3(t)$ 因果链二部分图中，日均存栏变化量 $R_1(t)$、单位生猪年产猪粪尿量 $A_{31}(t)$ 分别至场年产猪粪尿变化量 $R_3(t)$ 的因果链不含辅助变量，因此图 2.7 为流率变量 $R_3(t)$ 流率基本入树 $T_3(t)$。

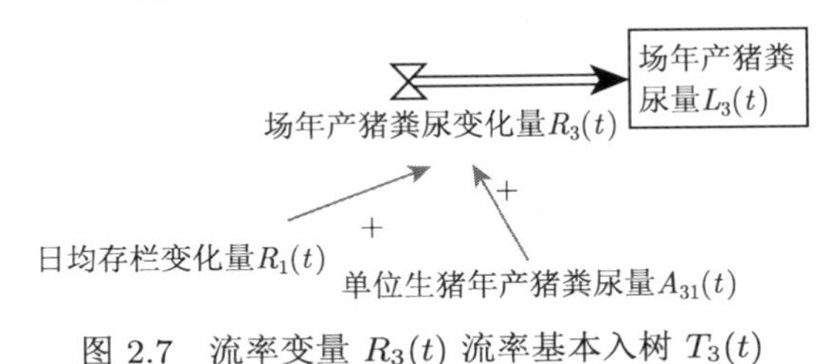

图 2.7 流率变量 $R_3(t)$ 流率基本入树 $T_3(t)$

(4) 逐枝建立流率变量场猪粪尿年产沼液变化量 $R_4(t)$ 流率基本入树 $T_4(t)$。

第一步，建立流率变量 $R_4(t)$ 因果链二部分图 (图 2.8)。

在流位流率系的二部分图中，户猪粪年产沼液量越多，户沼气工程用猪粪尿越多，场猪粪尿发酵原料越少。因此，存在户猪粪年产沼液量 $L_6(t) \xrightarrow{-}$ 场猪粪尿年产沼液变化量 $R_4(t)$ 的负因果链；场猪粪尿越多，用于场沼气工程原料越多，为方便建立方程，用场年产猪粪尿变化量 $R_3(t)$ 代替场年产猪粪尿量 $L_3(t)$，存在场年产猪粪尿变化量 $R_3(t) \xrightarrow{+}$ 场猪粪尿年产沼液变化量 $R_4(t)$ 的正因果链；猪粪尿干物率因子越大，产沼液越多。因此，存在猪粪尿干物率因子 $A_{41}(t) \xrightarrow{+}$ 场猪粪尿年产沼液变化量 $R_4(t)$ 的正因果链。

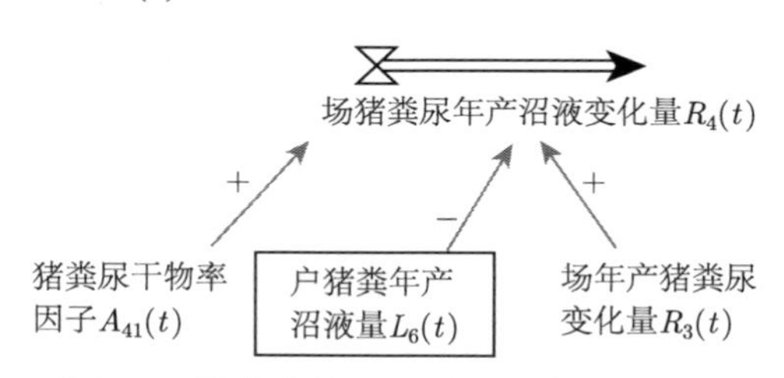

图 2.8 流率变量 $R_4(t)$ 因果链二部分图

第二步，基于二部分图逐枝建立流率变量 $R_4(t)$ 流率基本入树 $T_4(t)$ (图 2.9)。

由于流率变量 $R_4(t)$ 因果链二部分图中，猪粪尿干物率因子 $A_{41}(t)$、场年产猪粪尿变化量 $R_3(t)$ 分别至场猪粪尿年产沼液变化量 $R_4(t)$ 的因果链不含辅助变量，户猪粪年产沼液量 $L_6(t)$ 通过户沼气工程用粪比 $A_{61}(t)$，作用至场猪粪尿年产沼液变化量 $R_4(t)$。因此，建立流率变量 $R_4(t)$ 流率基本入树 $T_4(t)$ (图 2.9)。

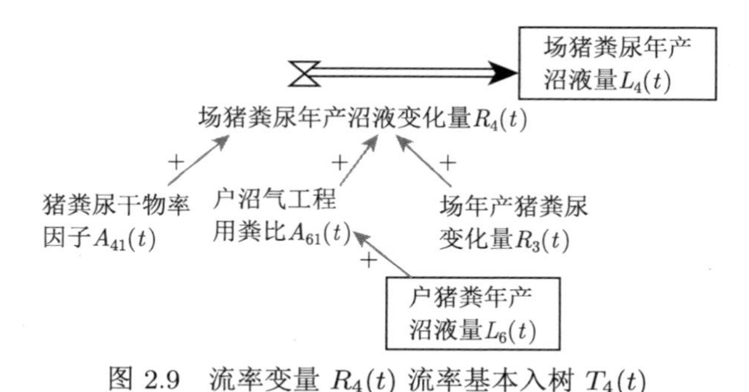

图 2.9 流率变量 $R_4(t)$ 流率基本入树 $T_4(t)$

(5) 逐枝建立场沼肥未利用量变化量 $R_5(t)$ 流率基本入树 $T_5(t)$。

第一步，建立流率变量场沼肥未利用量变化量 $R_5(t)$ 因果链二部分图 (图 2.10)。

在流位流率系的二部分图中，场年产猪粪尿 $L_3(t)$ 越多，年猪尿产沼肥量越多，场沼肥未利用量变化量 $R_5(t)$ 越多。为建立方程方便，以场年产猪粪尿变化量 $R_3(t)$ 代换场年产猪粪尿量 $L_3(t)$。存在场年产猪粪尿变化量 $R_3(t) \xrightarrow{+}$ 场沼肥未利用量变化量 $R_5(t)$ 正因果链。同入树 $T_4(t)$ 分析，存在猪尿干物率及产沼液因子 $A_{52}(t) \xrightarrow{+}$ 场沼肥未利用量变化量 $R_5(t)$ 正因果链。户沼气工程用猪粪越多，场用猪粪越少，所以，存在户沼气工程用粪比 $A_{61}(t) \xrightarrow{-}$ 场沼肥未利用量变化量 $R_5(t)$ 负因果链。猪粪尿中猪尿比 $A_{51}(t)$ 越大，场沼气工程住尿原料越多，因此，存在猪粪尿中猪尿比 $A_{51}(t) \xrightarrow{+}$ 场沼肥未利用量变化量 $R_5(t)$ 正因果链。种植业用肥越多，场沼肥未利用量变化量 $R_5(t)$ 越少，因此，存在单位面积施用量 $A_{54}(t) \xrightarrow{-}$ 场沼肥未利用量变化量 $R_5(t)$ 负因果链。场猪粪及沼肥未利用量 $L_5(t)$ 越多，越需开发利用场沼肥，因此，存在场猪粪及沼肥未利用量 $L_5(t) \xrightarrow{-}$ 场沼肥未利用量变化量 $R_5(t)$ 负因果链。

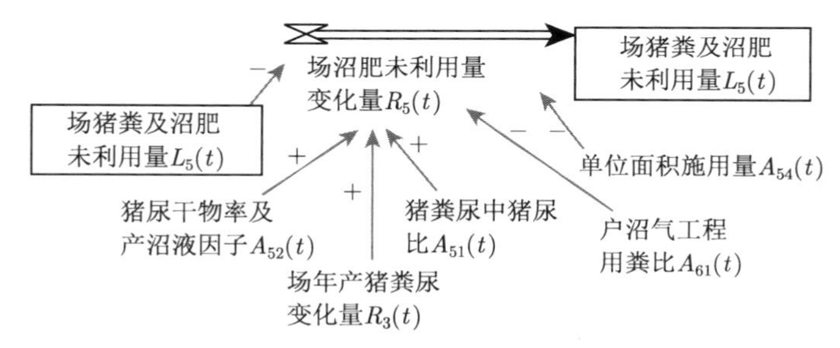

图 2.10 流率变量 $R_5(t)$ 因果链二部分图

第二步，基于二部分图逐枝建立流率变量 $R_5(t)$ 流率基本入树 $T_5(t)$ (图 2.11)。

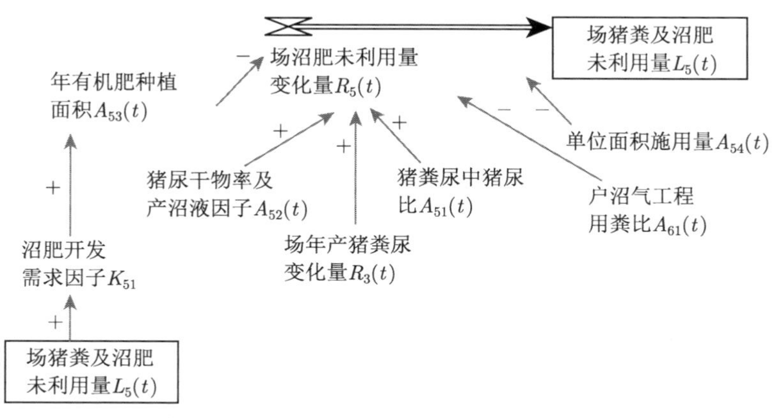

图 2.11 流率变量 $R_5(t)$ 流率基本入树 $T_5(t)$

紧密联系实际，建立场猪粪及沼肥未利用量 $L_5(t) \xrightarrow{-}$ 场沼肥未利用量变化量 $R_5(t)$ 负因果链枝。考察发现无法由场猪粪及沼肥未利用量 $L_5(t)$ 建立场沼肥

未利用量变化量 $R_5(t)$ 方程。进一步分析，场猪粪及沼肥未利用量 $L_5(t)$ 越多，沼肥开发需求因子 K_{51} 越大，开发的年有机肥种植面积 $A_{53}(t)$ 越大，场沼肥未利用量变化量 $R_5(t)$ 越少。因此，添加沼肥开发需求因子 $K_{51} \xrightarrow{+}$ 年有机肥种植面积 $A_{53}(t) \xrightarrow{-}$ 场沼肥未利用量变化量 $R_5(t)$ 因果链。考察二部分图中其他变量，均为常量或已经可由其他变量建立方程，且因果链不需添加辅助变量。因此，建立流率变量 $R_5(t)$ 流率基本入树 $T_5(t)$。

(6) 逐枝建立流率变量户猪粪年产沼液变化量 $R_6(t)$ 流率基本入树 $T_6(t)$。

第一步，建立流率变量 $R_6(t)$ 因果链二部分图 (图 2.12)。

在流位流率系的二部分图中，户猪粪年产沼液变化量 $R_6(t)$，由户沼气工程利用场年产猪粪尿量 $L_3(t)$ 的多少决定，同样，为方便建立方程，以场年产猪粪尿变化量 $R_3(t)$ 代换场年产猪粪尿量 $L_3(t)$，存在场年产猪粪尿变化量 $R_3(t) \xrightarrow{+}$ 户猪粪年产沼液变化量 $R_6(t)$ 正因果链、户沼气工程用粪比 $A_{61}(t) \xrightarrow{+}$ 户猪粪年产沼液变化量 $R_6(t)$ 正因果链。户沼气工程最终用猪粪量，还与猪粪尿中猪尿比 $A_{51}(t)$ 有关。因此，存在猪粪尿中猪尿比 $A_{51}(t) \xrightarrow{+}$ 户猪粪年产沼液变化量 $R_6(t)$ 正因果链。同上文分析，存在猪粪干物产沼液因子 $A_{63}(t) \xrightarrow{+}$ 户猪粪年产沼液变化量 $R_6(t)$ 正因果链、猪粪干物率因子 $A_{62}(t) \xrightarrow{+}$ 户猪粪年产沼液变化量 $R_6(t)$ 正因果链。

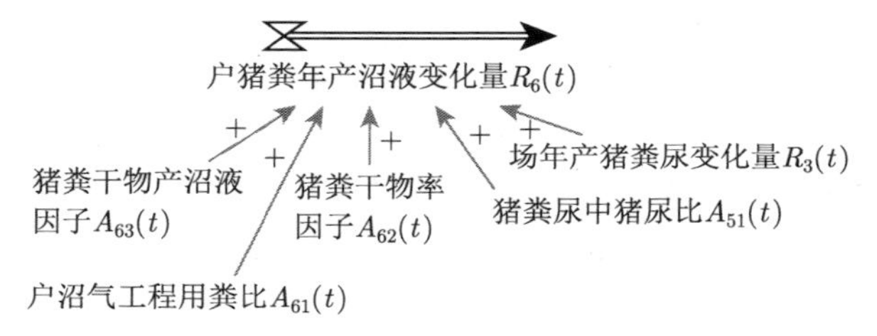

图 2.12 流率变量 $R_6(t)$ 因果链二部分图

第二步，基于二部分图逐枝建立流率变量 $R_6(t)$ 流率基本入树 $T_6(t)$ (图 2.13)。

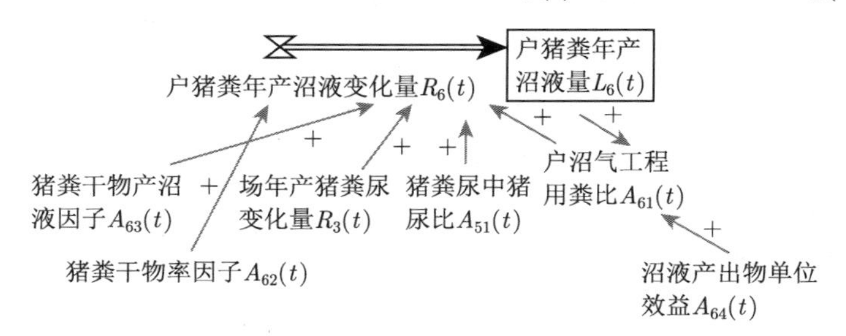

图 2.13 流率变量 $R_6(t)$ 流率基本入树 $T_6(t)$

紧密联系实际，户沼气工程用粪比 $A_{61}(t)$ 非常量，需建立户沼气工程用粪比

$A_{61}(t)$ 的方程。进一步分析，户沼气工程用粪比 $A_{61}(t)$ 由户沼气工程规模、沼液产出物效益决定。因此，建立液产出物单位效益 $A_{64}(t) \xrightarrow{+}$ 户沼气工程用粪比 $A_{61}(t)$ 正因果链，建立户猪粪年产沼液量 $L_6(t) \xrightarrow{+}$ 户沼气工程用粪比 $A_{61}(t)$ 正因果链。考察二部分图中其他变量，均为常量或已经可由其他变量建立方程，且因果链不需添加辅助变量。因此，建立流率变量 $R_6(t)$ 流率基本入树 $T_6(t)$。

至此，完成德邦场户合作发展模式系统建模工作，其流率基本入树模型由 6 棵流率基本入树构成。

进一步，可以逐一建立每个变量的仿真方程，得到德邦场户合作发展模式系统仿真模型。本书关于仿真方程的建立，将在第 6 章详述。

第 3 章 反馈环分析技术创新应用

3.1 枝向量行列式反馈环计算法

3.1.1 枝向量行列式反馈环计算法的创新原理与基本概念

1. 枝向量行列式反馈环计算法创新原理

流图是系统的反馈结构模型，反馈环是造成系统反馈动态复杂性的根本原因，因此反馈环分析是研究系统反馈动态复杂性的重要内容和工具，反馈环分析包括反馈环计算、反馈环结构分析等。

团队提出的枝向量行列式反馈环计算法，可实现计算模型中全部反馈环、新增一棵入树全部新增反馈环的目的。

创新的枝向量行列式反馈环计算法基本原理如下：

(1) 流率基本入树模型与流图的等价原理。

流率基本入树模型与流图等价是枝向量行列式反馈环计算法的基础，此算法实现流率基本入树模型反馈环计算，等价于实现流图中反馈环的计算。

枝向量行列式反馈环计算法以流率基本入树模型为基础，将流率基本入树中的树枝以枝向量表示，将树枝与树枝的嵌运算以枝向量乘法表示，将嵌运算生成反馈环的过程以代数运算的方式实现。

(2) n 阶行列式的结构原理。

枝向量行列式反馈环计算法中，构造的行列式的每一行对应一棵流率基本入树，每一行的各元素 (枝向量) 分别对应入树的一条以流位变量或流率变量为树尾的树枝。n 棵流率基本入树模型的全部各阶反馈环，由 n 棵取自不同入树的树枝链接而成，在枝向量行列式反馈环计算法中，对应于取 n 阶行列式不同行不同列的 n 个元素的代数和。

(3) 对角置 1 原理。

算法中，枝向量行列式对角元素置 1，可实现计算全体 2 阶到 n 阶反馈环 (1 阶反馈环可以直接由入树观察得到)。

2. 枝向量行列式反馈环计算法基本概念

定义 3.1.1 以流率基本入树 $T_1(t), T_2(t), \cdots, T_n(t)$ 的枝中变量为元素，依次排列构成的向量 $(R_i(t), \pm, A_{ij}(t), L_j(t))$ 或 $(R_i(t), \pm, B_{ij}(t), R_j(t))$ 称为枝向量，

其中 $R_i(t)$，$R_j(t)$ 为流率变量，$L_j(t)$ 为流位变量，$A_{ij}(t)$，$B_{ij}(t)$ 为入树枝的辅助变量依次排列的组合，"±"表示枝向量极性，为枝向量因果链极性的乘积。

枝向量的概念涵盖了入树树枝的全部信息，将树枝以向量的形式表示，是实现树枝间根尾关联转化为向量乘法运算的关键。

定义 3.1.2 在 $T_i(t)$，$T_j(t)$ 两棵流率基本入树中，$T_i(t)$ 的枝 $(R_i(t), A_{ij}(t), L_j(t))$ 与 $T_j(t)$ 的枝 $(R_j(t), B_{jk}(t), L_k(t))$，其中 $R_j(t)$，$L_j(t)$ 构成流位流率对，$A_{ij}(t), B_{jk}(t)$ 是辅助变量的缩写，则称枝 $(R_j(t), B_{jk}(t), L_k(t))$ 对枝 $(R_i(t), A_{ij}(t), L_j(t))$ 根关联。

若 $k=i$，则称枝 $(R_j(t), B_{jk}(t), L_k(t))$ 与枝 $(R_i(t), A_{ij}(t), L_j(t))$ 相互根关联。

定义 3.1.3 已知 3 棵流率基本入树，不妨设为 $T_1(t)$，$T_2(t)$，$T_3(t)$，若入树 $T_1(t)$ 存在枝 $(R_1(t), A_{12}(t), L_2(t))$，入树 $T_2(t)$ 存在枝 $(R_2(t), A_{23}(t), L_3(t))$，则称：

$(R_2(t), A_{23}(t), L_3(t))$ 为入树 $T_3(t)$ 的一阶根关联枝；

$(R_1(t), A_{12}(t), L_2(t), L_2(t), A_{23}(t), L_3(t))$ 为入树 $T_3(t)$ 的二阶根关联枝。

$T_3(t)$ 的二阶根关联枝是 $T_3(t)$ 的一阶根关联枝 $(R_2(t), A_{23}(t), L_3(t))$ 与 $(R_1(t), A_{12}(t), L_2(t))$ 再次根关联构成。

定义 3.1.4 枝向量乘法。

$$
\begin{aligned}
&(R_i(t), A_{ij}(t), L_j(t)) \times (R_t(t), B_{tp}(t), L_p(t)) \\
&= \begin{cases}
(R_i(t), A_{ij}(t), L_j(t), R_t(t), B_{tp}(t), L_p(t)), \\
\qquad R_t(t) \text{ 是} L_j(t) \text{ 流率,} \quad A_{ij}(t) \text{ 与 } B_{tp}(t) \text{ 中无相同变量,} \\
(R_t(t), B_{tp}(t), L_p(t), R_i(t), A_{ij}(t), L_j(t)), \\
\qquad R_i(t) \text{ 是 } L_p(t) \text{ 流率,} \quad A_{ij}(t) \text{ 与 } B_{tp}(t) \text{ 中无相同变量,} \\
0, \quad \text{其他情形;}
\end{cases}
\end{aligned}
$$

$$
\begin{aligned}
&(R_i(t), A_{ij}(t), R_j(t)) \times (R_t(t), B_{tp}(t), R_p(t)) \\
&= \begin{cases}
(R_i(t), A_{ij}(t), R_j(t), R_t(t), B_{tp}(t), R_p(t)), \\
\qquad R_j(t) = R_t(t), \quad A_{ij}(t) \text{ 与 } B_{tp}(t) \text{中无相同变量,} \\
(R_t(t), B_{tp}(t), R_p(t), R_i(t), A_{ij}(t), R_j(t)), \\
\qquad R_p(t) = R_i(t), \quad A_{ij}(t) \text{ 与 } B_{tp}(t) \text{ 中无相同变量,} \\
0, \quad \text{其他情形;}
\end{cases}
\end{aligned}
$$

$$(R_i(t), A_{ij}(t), L_j(t)) \times (R_t(t), B_{tp}(t), R_p(t))$$
$$= \begin{cases} (R_i(t), A_{ij}(t), L_j(t), R_t(t), B_{tp}(t), R_p(t)), \\ \qquad R_t(t) \text{ 是 } L_j(t) \text{ 流率}, \quad A_{ij}(t) \text{ 与 } B_{tp}(t) \text{ 中无相同变量}, \\ (R_t(t), B_{tp}(t), R_p(t), R_i(t), A_{ij}(t), L_j(t)), \\ \qquad R_p(t) = R_i(t), \quad A_{ij}(t) \text{ 与 } B_{tp}(t) \text{ 中无相同变量}, \\ 0, \quad \text{其他情形。} \end{cases}$$

说明：

(1) 枝向量乘法三种形式分别对应入树枝的以下三种情形：① $(R_i(t), A_{ij}(t), L_j(t)) \times (R_t(t), B_{tp}(t), L_p(t))$ 为两枝树尾均为流位变量的情形；② $(R_i(t), A_{ij}(t), R_j(t)) \times (R_t(t), B_{tp}(t), R_p(t))$ 为两枝树尾均为流率变量的情形；③ $(R_i(t), A_{ij}(t), L_j(t)) \times (R_t(t), B_{tp}(t), R_p(t))$ 为两枝树尾分别为流位变量、流率变量的情形。

(2) 此定义可以推广为 $n(n \geqslant 3)$ 个枝向量相乘的情况，对应 $n(n \geqslant 3)$ 条树枝的根尾关联情形。

定义 3.1.5 枝向量加法。

$(R_i(t), A_{ij}(t), L_j(t)) + (R_t(t), B_{tp}(t), L_p(t))$ 仅表示在基本入树中存在 $(R_i(t), A_{ij}(t), L_j(t))$ 和 $(R_t(t), B_{tp}(t), L_p(t))$ 对应的两枝。

3.1.2 枝向量行列式反馈环的具体计算方法

定义 3.1.6 枝向量行列式

$$\begin{vmatrix} T_1(t) \\ T_2(t) \\ \vdots \\ T_n(t) \end{vmatrix}$$
$$= \begin{vmatrix} L_1(t)/R_1(t) & L_2(t)/R_2(t) & \cdots & L_n(t)/R_n(t) \\ (R_1(t), \pm, A_{11}(t), L_1(t)) & \begin{matrix}(R_1(t), \pm, A_{12}(t), L_2(t)) \\ +(R_1(t), \pm, B_{12}(t), R_2(t))\end{matrix} & \cdots & \begin{matrix}(R_1(t), \pm, A_{1n}(t), L_n(t)) \\ +(R_1(t), \pm, B_{1n}(t), R_n(t))\end{matrix} \\ \begin{matrix}(R_2(t), \pm, A_{21}(t), L_1(t)) \\ +(R_2(t), \pm, B_{21}(t), R_1(t))\end{matrix} & (R_2(t), \pm, A_{22}(t), L_2(t)) & \cdots & \begin{matrix}(R_2(t), \pm, A_{2n}(t), L_n(t)) \\ +(R_2(t), \pm, B_{2n}(t), R_n(t))\end{matrix} \\ \vdots & \vdots & & \vdots \\ \begin{matrix}(R_n(t), \pm, A_{n1}(t), L_1(t)) \\ +(R_n(t), \pm, B_{n1}(t), R_1(t))\end{matrix} & \begin{matrix}(R_n(t), \pm, A_{n2}(t), L_2(t)) \\ +(R_n(t), \pm, B_{n2}(t), R_2(t))\end{matrix} & \cdots & (R_n(t), \pm, A_{nn}(t), L_n(t)) \end{vmatrix}。$$

说明：

(1) 枝向量行列式具有交换两行或两列行列式不变的性质，按行列展开除全部为加号外，皆与数字代数行列式的性质一样。

(2) 若行列式中某个元素 a_{ij} 为 0，则表示不存在 $L_j(t)$ 或 $R_j(t)$ 为尾，$R_i(t)$ 为根的枝；若行列式中某个元素 a_{ij} 设置为 1，且存在元素 a_{ij} 对应的枝，则表示再计算反馈环时，不考虑此枝参与生成的反馈环。

(3) 枝向量行列式穷举了流率基本入树模型中取自不同入树的枝的所有组合，因此可计算出模型的全部反馈环。

1. 全部反馈环计算公式

作 $T_1(t), T_2(t), \cdots, T_n(t)$ 的枝向量构成的对角置 1 树枝向量行列式

$$A_n(t) = \begin{vmatrix} 1 & \cdots & \begin{matrix}(R_1(t),\pm,A_{1j}(t),L_j(t))\\+(R_1(t),\pm B_{1j}(t),R_j(t))\end{matrix} & \cdots & \begin{matrix}(R_1(t),\pm,A_{1n}(t),L_n(t))\\+(R_1(t),\pm B_{1n}(t),R_n(t))\end{matrix} \\ \vdots & & \vdots & & \vdots \\ \begin{matrix}(R_i(t),\pm,A_{i1}(t),L_1(t))\\+(R_i(t),\pm,B_{i1}(t),R_1(t))\end{matrix} & \cdots & 1 & \cdots & \begin{matrix}(R_i(t),\pm,A_{in}(t),L_n(t))\\+(R_i(t),\pm,B_{in}(t),R_n(t))\end{matrix} \\ \vdots & & \vdots & & \vdots \\ \begin{matrix}(R_n(t),\pm,A_{n1}(t),L_1(t))\\+(R_n(t),B_{n1}(t),R_1(t))\end{matrix} & \cdots & \begin{matrix}(R_n(t),\pm,A_{nj}(t),L_j(t))\\+(R_n(t),\pm,B_{nj}(t),R_j(t))\end{matrix} & \cdots & 1 \end{vmatrix}。$$

计算行列式值，可得到流率基本入树模型中 2 阶至 n 阶全部反馈环。

对角置 1 树枝向量行列式中，对角线上的元素为 1，因此不能求解模型中 1 阶反馈环。实际上，模型中的 1 阶反馈环可以由观察法求出。

2. 新增反馈环计算公式

作 $T_1(t), T_2(t), \cdots, T_n(t)$ 的树枝向量构成的对角置 1-0 枝向量行列式

$$B_n(t) = \begin{vmatrix} 1 & \cdots & \begin{matrix}(R_1(t),\pm,A_{1j}(t),L_j(t))\\+(R_1(t),\pm B_{1j}(t),R_j(t))\end{matrix} & \cdots & \begin{matrix}(R_1(t),\pm,A_{1n}(t),L_n(t))\\+(R_1(t),\pm B_{1n}(t),R_n(t))\end{matrix} \\ \vdots & & \vdots & & \vdots \\ \begin{matrix}(R_i(t),\pm,A_{i1}(t),L_1(t))\\+(R_i(t),\pm,B_{i1}(t),R_1(t))\end{matrix} & \cdots & 1 & \cdots & \begin{matrix}(R_i(t),\pm,A_{in}(t),L_n(t))\\+(R_i(t),\pm,B_{in}(t),R_n(t))\end{matrix} \\ \vdots & & \vdots & & \vdots \\ \begin{matrix}(R_n(t),\pm,A_{n1}(t),L_1(t))\\+(R_n(t),B_{n1}(t),R_1(t))\end{matrix} & \cdots & \begin{matrix}(R_n(t),\pm,A_{nj}(t),L_j(t))\\+(R_n(t),\pm,B_{nj}(t),R_j(t))\end{matrix} & \cdots & 0 \end{vmatrix}。$$

计算行列式值，可得到增加第 n 棵树时，系统中新增的全体反馈环集合。

由此计算公式，可以求出任一棵树的全体反馈环。如：求第 k 棵树的全体反馈环，只需将对角置 1 树枝向量行列式中 a_{kk} 元素置 0，其他位置的元素保持不变。

此两个公式的数学证明略。

3.1.3 王禾丘生态能源系统反馈环计算法算例

江西省是中国的一个丘陵缺能大省。江西省的王禾丘村是一个典型的丘陵缺能区域。村里的农民不注重生物质能源的再次利用，村民生活用能短缺，大量砍

伐薪柴，造成森林植被破坏，严重限制了农村经济的发展。为此，1992 年中国科学技术委员会立项进行王禾丘农村能源系统生态工程研究。

王禾丘村是一个商品猪生产基地，户户养猪，主要销往广州等发达地区。但该村能源结构单一，无煤、无水电、无油汽、无太阳能，风能的直接利用技术经济指标低，未能开发。1992 年以前，生活用能基本上来自生物质能源，主要是薪柴、牛粪、秸秆。该村旧系统能源生态经济主要问题是人、猪、牛的粪尿问题，特别是人、猪粪尿次级能没有合理地开发利用，并且种养未进行优化组合。因此造成了以下情况：① 村民生活用能短缺，大量砍伐薪柴，造成林业生态失稳，水土流失严重；② 粪尿没有得到合理地开发利用，加重了种植业对外界化肥需求，影响了土壤结构质量，影响了种植业乃至养殖业的发展。

通过研究，确定王禾丘村生态能源系统流位流率系如下：

$L_1(t), R_1(t)$：人口数 $L_1(t)$(人)、人口变化量 $R_1(t)$(人/年)；

$L_2(t), R_2(t)$：山地薪柴林面积 $L_2(t)$(公顷)、山地薪柴林面积变化量 $R_2(t)$(公顷/年)；

$L_3(t), R_3(t)$：沼气量 $L_3(t)$(米 ^{3})、沼气变化量 $R_3(t)$(米 ^{3}/年)；

$L_4(t), R_4(t)$：猪头数 $L_4(t)$(头)、猪头数变化量 $R_4(t)$(头/年)；

$L_5(t), R_5(t)$：稻谷产量 $L_5(t)$(头)、稻谷产量变化量 $R_5(t)$(吨/年)。

研究建立了如下刻画王禾丘村生态能源系统的流率基本入树模型 (图 3.1)。

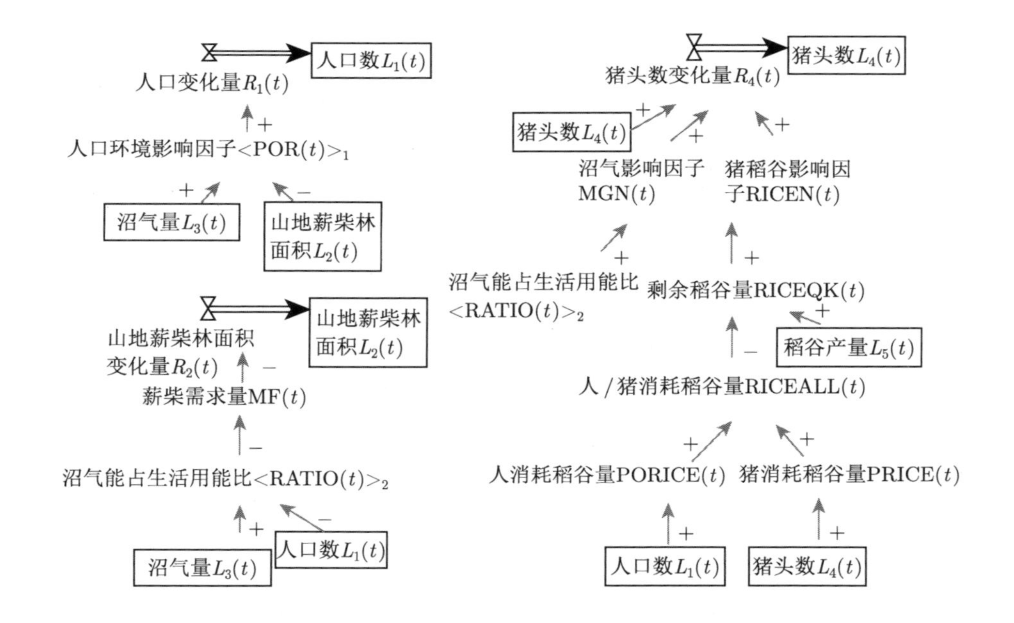

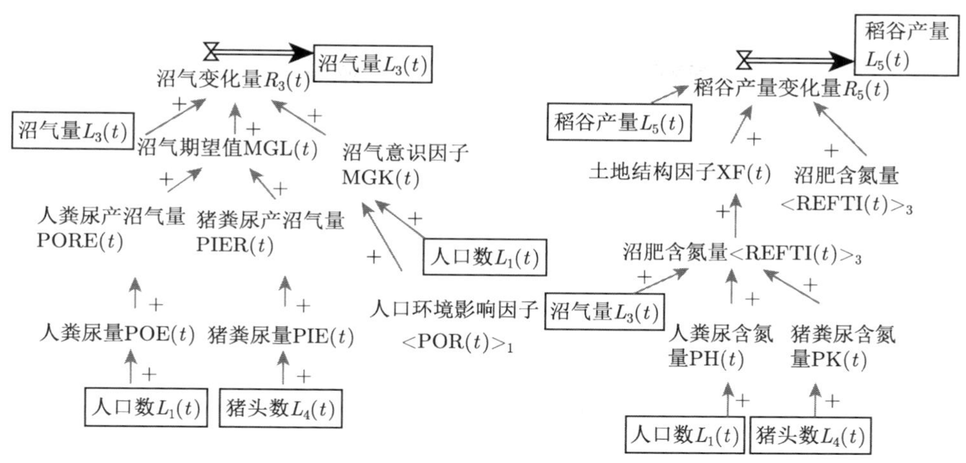

图 3.1 王禾丘村生态能源系统流率基本入树模型

1. 计算全体反馈环

计算系统 2 阶到 5 阶全体反馈环，作 $T_1(t), T_2(t), \cdots, T_5(t)$ 的枝向量构成的对角置 1 树枝向量行列式为

$$\begin{vmatrix} 1 & (R_1(t),1,L_2(t)) & (R_1(t),1,L_3(t)) & 0 & 0 \\ (R_2(t),2,L_1(t)) & 1 & (R_2(t),2,L_3(t)) & 0 & 0 \\ 2(R_3(t),L_1(t)) & (R_3(t),1,L_2(t)) & 1 & (R_3(t),L_4(t)) & 0 \\ (R_4(t),2,L_1(t))+(R_4(t),L_1(t)) & 0 & (R_4(t),2,L_3(t)) & 1 & (R_4(t),L_5(t)) \\ 2(R_5(t),3,L_1(t)) & 0 & 2(R_5(t),3,L_3(t)) & 2(R_5(t),3,L_4(t)) & 1 \end{vmatrix}。$$

说明：

(1) 枝向量表示时省略了中间辅助变量。又因为枝向量相乘不为 0 时，各枝向量不含有相同的辅助变量，为清晰，枝向量括号内的 1，2，3 分别表示重复出现的辅助变量 $<\mathrm{POR}(t)>_1$，$<\mathrm{RATIO}(t)>_2$，$<\mathrm{REFTI}(t)>_3$，当其中两枝向量同时含相同辅助变量时，乘积为 0；

(2) $2(R_3(t), L_1(t))$ 表示有两条不同的以 $R_3(t)$ 为根，以 $L_1(t)$ 为尾的枝，但两条枝间的辅助变量不同；

(3) $(R_4(t), 2, L_1(t)) + (R_4(t), L_1(t))$ 表示有两条不同的以 $R_4(t)$ 为根，以 $L_1(t)$ 为尾的枝。两条枝间的辅助变量不同，且其中一枝含重复出现的辅助变量 $<\mathrm{RATIO}(t)>_2$。

按照枝向量计算法，计算共得到 2 阶至 5 阶反馈环共 18 条。

1) 二阶正反馈环 1

$(R_1(t), 1, L_2(t), R_2(t), 2, L_1(t))$: 人口变化量 $R_1(t) \xrightarrow{+}$ 人口数 $L_1(t) \xrightarrow{-}$ 沼气能占生活用能比 $<\mathrm{RATIO}(t)>_2 \xrightarrow{-}$ 薪柴需求量 MF$(t) \longrightarrow$ 山地薪柴林面积变

化量 $R_2(t) \xrightarrow{+}$ 山地薪柴林面积 $L_2(t) \xrightarrow{-}$ 人口环境影响因子 $< \text{POR}(t) >_1 \xrightarrow{+}$ 人口变化量 $R_1(t)$。

2) 二阶正反馈环 2

$(R_1(t), 1, L_3(t), R_3(t), L_1(t))_1$：人口变化量 $R_1(t) \xrightarrow{+}$ 人口数 $L_1(t) \xrightarrow{+}$ 人粪尿量 $\text{POE}(t) \xrightarrow{+}$ 人粪尿产沼气量 $\text{POER}(t) \xrightarrow{+}$ 沼气期望值 $\text{MGL}(t) \xrightarrow{+}$ 沼气变化量 $R_3(t) \xrightarrow{+}$ 沼气 $L_3(t) \xrightarrow{+}$ 人口环境影响因子 $< \text{POR}(t) >_1 \xrightarrow{+}$ 人口变化量 $R_1(t)$。

3) 二阶正反馈环 3

$(R_1(t), 1, L_3(t), R_3(t), L_1(t))_2$：人口变化量 $R_1(t) \xrightarrow{+}$ 人口数 $L_1(t) \xrightarrow{+}$ 沼气意识因子 $\text{MGK}(t) \xrightarrow{+}$ 沼气变化量 $R_3(t) \xrightarrow{+}$ 沼气量 $L_3(t) \xrightarrow{+}$ 人口环境影响因子 $< \text{POR}(t) >_1 \xrightarrow{+}$ 人口变化量 $R_1(t)$。

4) 二阶正反馈环 4

$(R_2(t), 2, L_3(t), R_3(t), 1, L_2(t))$：山地薪柴林面积变化量 $R_2(t) \xrightarrow{+}$ 山地薪柴林面积 $L_2(t) \xrightarrow{+}$ 人口环境影响因子 $< \text{POR}(t) >_1 \xrightarrow{+}$ 沼气意识因子 $\text{MGK}(t) \xrightarrow{+}$ 沼气变化量 $R_3(t) \xrightarrow{+}$ 沼气量 $L_3(t) \xrightarrow{+}$ 沼气能占生活用能比 $< \text{RATIO}(t) >_2 \xrightarrow{-}$ 薪柴需求量 $\text{MF}(t) \xrightarrow{-}$ 山地薪柴林面积变化量 $R_2(t)$。

5) 三阶负反馈环 5

$(R_3(t), L_1(t), R_1(t), 1, L_2(t), R_2(t), 2, L_3(t))_1$：沼气变化量 $R_3(t) \xrightarrow{+}$ 沼气量 $L_3(t) \xrightarrow{+}$ 沼气能占生活用能比 $< \text{RATIO}(t) >_2 \xrightarrow{-}$ 薪柴需求量 $\text{MF}(t) \xrightarrow{-}$ 山地薪柴林面积变化量 $R_2(t) \xrightarrow{+}$ 山地薪柴林面积 $L_2(t) \xrightarrow{-}$ 人口环境影响因子 $< \text{POR}(t) >_1 \xrightarrow{+}$ 人口变化量 $R_1(t) \xrightarrow{+}$ 人口数 $L_1(t) \xrightarrow{+}$ 人粪尿量 $\text{POE}(t) \xrightarrow{+}$ 人粪尿产沼气量 $\text{POER}(t) \xrightarrow{+}$ 沼气期望值 $\text{MGL}(t) \xrightarrow{+}$ 沼气变化量 $R_3(t)$。

6) 三阶负反馈环 6

$(R_3(t), L_1(t), R_1(t), 1, L_2(t), R_2(t), 2, L_3(t))_2$：沼气变化量 $R_3(t) \xrightarrow{+}$ 沼气量 $L_3(t) \xrightarrow{+}$ 沼气能占生活用能比 $< \text{RATIO}(t) >_2 \xrightarrow{-}$ 薪柴需求量 $\text{MF}(t) \xrightarrow{-}$ 山地薪柴林面积变化量 $R_2(t) \xrightarrow{+}$ 山地薪柴林面积 $L_2(t) \xrightarrow{-}$ 人口环境影响因子 $< \text{POR}(t) >_1 \xrightarrow{+}$ 人口变化量 $R_1(t) \xrightarrow{+}$ 人口 $L_1(t) \xrightarrow{+}$ 沼气意识因子 $\text{MGK}(t) \xrightarrow{+}$ 沼气变化量 $R_3(t)$。

7) 二阶正反馈环 7

$(R_3(t), L_4(t), R_4(t), 2, L_3(t))$：沼气变化量 $R_3(t) \xrightarrow{+}$ 沼气量 $L_3(t) \xrightarrow{+}$ 沼气能占生活用能比 $< \text{RATIO}(t) >_2 \xrightarrow{+}$ 沼气影响因子 $\text{MGN}(t) \xrightarrow{+}$ 猪头数改变量 $R_4(t) \xrightarrow{+}$ 猪头数 $L_4(t) \xrightarrow{+}$ 猪粪尿量 $\text{PIE}(t) \xrightarrow{+}$ 猪粪尿产沼气量 $\text{PIER}(t) \xrightarrow{+}$ 沼气期望值 $\text{MGL}(t) \xrightarrow{+}$ 沼气变化 $R_3(t)$。

8) 三阶负反馈环 8

$(R_4(t), 2, L_1(t), R_1(t), 1, L_3(t), R_3(t), L_4(t))$: 猪头数变化量 $R_4(t) \xrightarrow{+}$ 猪头

数 $L_4(t)$ $\xrightarrow{+}$ 猪粪尿量 PIE(t) $\xrightarrow{+}$ 猪粪尿产沼气量 PIER(t) $\xrightarrow{+}$ 沼气期望值 MGL(t) $\xrightarrow{+}$ 沼气变化量 $R_3(t)$ $\xrightarrow{+}$ 沼气量 $L_3(t)$ $\xrightarrow{+}$ 人口环境影响因子 $< \mathrm{POR}(t) >_1 \xrightarrow{+}$ 人口变化量 $R_1(t)$ $\xrightarrow{+}$ 人口数 $L_1(t)$ $\xrightarrow{-}$ 沼气能占生活用能比 $< \mathrm{RATIO}(t) >_2 \xrightarrow{+}$ 沼气影响因子 MGN(t) $\xrightarrow{+}$ 猪头数变化量 $R_4(t)$。

9) 三阶负反馈环 9

$(R_4(t), L_1(t), R_1(t), 1, L_3(t), R_3(t), L_4(t))$: 猪头数变化量 $R_4(t)$ $\xrightarrow{+}$ 猪头数 $L_4(t)$ $\xrightarrow{+}$ 猪粪尿量 PIE(t) $\xrightarrow{+}$ 猪粪尿产沼气量 PIER(t) $\xrightarrow{+}$ 沼气期望值 MGL(t) $\xrightarrow{+}$ 沼气变化量 $R_3(t)$ $\xrightarrow{+}$ 沼气量 $L_3(t)$ $\xrightarrow{+}$ 人口环境影响因子 $< \mathrm{POR}(t) >_1 \xrightarrow{+}$ 人口变化量 $R_1(t)$ $\xrightarrow{+}$ 人口数 $L_1(t)$ $\xrightarrow{+}$ 人消耗的稻谷量 PORICE(t) $\xrightarrow{+}$ 人/猪消耗的稻谷量 RICEALL(t) $\xrightarrow{-}$ 剩余稻谷量 RICEQK(t) $\xrightarrow{+}$ 猪稻谷影响因子 RICEN(t) $\xrightarrow{+}$ 猪头数变化量 $R_4(t)$。

10) 四阶正反馈环 10

$(R_4(t), L_1(t), R_1(t), 1, L_2(t), R_2(t), 2, L_3(t), R_3(t), L_4(t))$:猪头数变化量 $R_4(t)$ $\xrightarrow{+}$ 猪头数 $L_4(t)$ $\xrightarrow{+}$ 猪粪尿量 PIE(t) $\xrightarrow{+}$ 猪粪尿产沼气量 PIER(t) $\xrightarrow{+}$ 沼气期望值 MGL(t) $\xrightarrow{+}$ 沼气变化量 $R_3(t)$ $\xrightarrow{+}$ 沼气量 $L_3(t)$ $\xrightarrow{+}$ 沼气能占生活用能比 $< \mathrm{RATIO}(t) >_2 \xrightarrow{-}$ 薪柴需求量 MF(t) $\xrightarrow{-}$ 山地薪柴林面积变化量 $R_2(t)$ $\xrightarrow{+}$ 山地薪柴林面积 $L_2(t)$ $\xrightarrow{-}$ 人口环境影响因子 $< \mathrm{POR}(t) >_1 \xrightarrow{+}$ 人口变化量 $R_1(t)$ $\xrightarrow{+}$ 人口数 $L_1(t)$ $\xrightarrow{+}$ 人消耗稻谷量 PORICE(t) $\xrightarrow{+}$ 人/猪消耗稻谷量 RICEALL(t) $\xrightarrow{-}$ 剩余稻谷量 RICEQK(t) $\xrightarrow{+}$ 猪稻谷影响因子 RICEN(t) $\xrightarrow{+}$ 猪头数变化量 $R_4(t)$。

11) 二阶正反馈环 11

$(R_4(t), L_5(t), R_5(t), 3, L_4(t))_1$: 猪头数变化量 $R_4(t)$ $\xrightarrow{+}$ 猪头数 $L_4(t)$ $\xrightarrow{+}$ 猪粪尿含氮量 PK(t) $\xrightarrow{+}$ 沼肥含氮量 $< \mathrm{REFTI}(t) >_3 \xrightarrow{+}$ 土地结构因子 XF(t) $\xrightarrow{+}$ 稻谷变化量 $R_5(t)$ $\xrightarrow{+}$ 稻谷产量 $L_5(t)$ $\xrightarrow{+}$ 剩余稻谷量 RICEQK(t) $\xrightarrow{+}$ 猪稻谷影响因子 RICEN(t) $\xrightarrow{+}$ 猪头数变化量 $R_4(t)$。

12) 二阶正反馈环 12

$(R_4(t), L_5(t), R_5(t), 3, L_4(t))_2$: 猪头数变化量 $R_4(t)$ $\xrightarrow{+}$ 猪头数 $L_4(t)$ $\xrightarrow{+}$ 沼肥含氮量 $< \mathrm{REFTI}(t) >_3 \xrightarrow{+}$ 稻谷产量变化量 $R_5(t)$ $\xrightarrow{+}$ 稻谷产量 $L_5(t)$ $\xrightarrow{+}$ 剩余稻谷量 RICEQK(t) $\xrightarrow{+}$ 猪稻谷影响因子 RICEN(t) $\xrightarrow{+}$ 猪头数变化量 $R_4(t)$。

13) 三阶正反馈环 13

$(R_4(t), L_5(t), R_5(t), 3, L_3(t), R_3(t), L_4(t))_1$: 猪头数变化量 $R_4(t)$ $\xrightarrow{+}$ 猪头数 $L_4(t)$ $\xrightarrow{+}$ 猪粪尿量 PIE(t) $\xrightarrow{+}$ 猪粪尿产沼气量 PIER(t) $\xrightarrow{+}$ 沼气期望值 MGL(t) $\xrightarrow{+}$ 沼气变化量 $R_3(t)$ $\xrightarrow{+}$ 沼气量 $L_3(t)$ $\xrightarrow{+}$ 沼肥含氮量 $< \mathrm{REFTI}(t) >_3 \xrightarrow{+}$ 土地结构因子 XF(t) $\xrightarrow{+}$ 稻谷产量变化量 $R_5(t)$ $\xrightarrow{+}$ 稻谷产量 $L_5(t)$ $\xrightarrow{+}$ 剩余稻谷量 RICEQK(t) $\xrightarrow{+}$ 猪稻谷影响因子 RICEN(t) $\xrightarrow{+}$ 猪头数变化量 $R_4(t)$。

14) 三阶正反馈环 14

$(R_4(t), L_5(t), R_5(t), 3, L_3(t), R_3(t), L_4(t))_2$：猪头数变化量 $R_4(t) \xrightarrow{+}$ 猪头数 $L_4(t) \xrightarrow{+}$ 猪粪尿量 $\mathrm{PIE}(t) \xrightarrow{+}$ 猪粪尿产沼气量 $\mathrm{PIER}(t) \xrightarrow{+}$ 沼气期望值 $\mathrm{MGL}(t) \xrightarrow{+}$ 沼气变化量 $R_3(t) \xrightarrow{+}$ 沼气量 $L_3(t) \xrightarrow{+}$ 沼肥含氮量 $< \mathrm{REFTI}(t) >_3 \xrightarrow{+}$ 稻谷产量变化量 $R_5(t) \xrightarrow{+}$ 稻谷产量 $L_5(t) \xrightarrow{+}$ 剩余稻谷量 $\mathrm{RICEQK}(t) \xrightarrow{+}$ 猪稻谷影响因子 $\mathrm{RICEN}(t) \xrightarrow{+}$ 猪头数变化量 $R_4(t)$。

15) 四阶正反馈环 15

$(R_5(t), 3, L_1(t), R_1(t), 1, L_3(t), R_3(t), L_4(t), R_4(t), L_5(t))_1$：稻谷产量变化量 $R_5(t) \xrightarrow{+}$ 稻谷产量 $L_5(t) \xrightarrow{+}$ 剩余稻谷量 $\mathrm{RICEQK}(t) \xrightarrow{+}$ 猪稻谷影响因子 $\mathrm{RICEN}(t) \xrightarrow{+}$ 猪头数变化量 $R_4(t) \xrightarrow{+}$ 猪头数 $L_4(t) \xrightarrow{+}$ 猪粪尿量 $\mathrm{PIE}(t) \xrightarrow{+}$ 猪粪尿产沼气量 $\mathrm{PIER}(t) \xrightarrow{+}$ 沼气期望值 $\mathrm{MGL}(t) \xrightarrow{+}$ 沼气变化量 $R_3(t) \xrightarrow{+}$ 沼气量 $L_3(t) \xrightarrow{+}$ 人口环境影响因子 $< \mathrm{POR}(t) >_1 \xrightarrow{+}$ 人口变化量 $R_1(t) \xrightarrow{+}$ 人口数 $L_1(t) \xrightarrow{+}$ 沼肥含氮量 $< \mathrm{REFTI}(t) >_3 \xrightarrow{+}$ 稻谷产量变化量 $R_5(t)$。

16) 四阶正反馈环 16

$(R_5(t), 3, L_1(t), R_1(t), 1, L_3(t), R_3(t), L_4(t), R_4(t), L_5(t))_2$：稻谷产量变化量 $R_5(t) \xrightarrow{+}$ 稻谷产量 $L_5(t) \xrightarrow{+}$ 剩余稻谷量 $\mathrm{RICEQK}(t) \xrightarrow{+}$ 猪稻谷影响因子 $\mathrm{RICEN}(t) \xrightarrow{+}$ 猪头数改变量 $R_4(t) \xrightarrow{+}$ 猪头数 $L_4(t) \xrightarrow{+}$ 猪粪尿量 $\mathrm{PIE}(t) \xrightarrow{+}$ 猪粪尿产沼气量 $\mathrm{PIER}(t) \xrightarrow{+}$ 沼气期望值 $\mathrm{MGL}(t) \xrightarrow{+}$ 沼气变化量 $R_3(t) \xrightarrow{+}$ 沼气量 $L_3(t) \xrightarrow{+}$ 人口环境影响因 $< \mathrm{POR}(t) >_1 \xrightarrow{+}$ 人口变化量 $R_1(t) \xrightarrow{+}$ 人口数 $L_1(t) \xrightarrow{+}$ 人粪尿含氮量 $\mathrm{PH}(t) \xrightarrow{+}$ 沼肥含氮量 $< \mathrm{REFTI}(t) >_3 \xrightarrow{+}$ 土地结构因子 $\mathrm{XF}(t) \xrightarrow{+}$ 稻谷产量变化量 $R_5(t)$。

17) 五阶正反馈环 17

$(R_5(t), 3, L_1(t), R_1(t), 1, L_2(t), R_2(t), 2, L_3(t), R_3(t), L_4(t), R_4(t), L_5(t))_1$:稻谷产量变化量 $R_5(t) \xrightarrow{+}$ 稻谷产量 $L_5(t) \xrightarrow{+}$ 剩余稻谷量 $\mathrm{RICEQK}(t) \xrightarrow{+}$ 猪稻谷影响因子 $\mathrm{RICEN}(t) \xrightarrow{+}$ 猪头数变化量 $R_4(t) \xrightarrow{+}$ 猪头数 $L_4(t) \xrightarrow{+}$ 猪粪尿量 $\mathrm{PIE}(t) \xrightarrow{+}$ 猪粪尿产沼气量 $\mathrm{PIER}(t) \xrightarrow{+}$ 沼气期望值 $\mathrm{MGL}(t) \xrightarrow{+}$ 沼气变化量 $R_3(t) \xrightarrow{+}$ 沼气量 $L_3(t) \xrightarrow{+}$ 沼气能占生活用能比 $< \mathrm{RATIO}(t) >_2 \xrightarrow{-}$ 薪柴需求量 $\mathrm{MF}(t) \xrightarrow{-}$ 山地薪柴林面积变化量 $R_2(t) \xrightarrow{+}$ 山地薪柴林面积 $L_2(t) \xrightarrow{-}$ 人口环境影响因子 $< \mathrm{POR}(t) >_1 \xrightarrow{+}$ 人口变化量 $R_1(t) \xrightarrow{+}$ 人口数 $L_1(t) \xrightarrow{+}$ 沼肥含氮量 $< \mathrm{REFTI}(t) >_3 \xrightarrow{+}$ 稻谷产量变化量 $R_5(t)$。

18) 五阶正反馈环 18

$(R_5(t), 3, L_1(t), R_1(t), 1, L_2(t), R_2(t), 2, L_3(t), R_3(t), L_4(t), R_4(t), L_5(t))_2$:稻谷产量变化量 $R_5(t) \xrightarrow{+}$ 稻谷产量 $L_5(t) \xrightarrow{+}$ 剩余稻谷量 $\mathrm{RICEQK}(t) \xrightarrow{+}$ 猪稻谷影响因子 $\mathrm{RICEN}(t) \xrightarrow{+}$ 猪头数变化量 $R_4(t) \xrightarrow{+}$ 猪头数 $L_4(t) \xrightarrow{+}$ 猪粪尿量 $\mathrm{PIE}(t) \xrightarrow{+}$ 猪粪尿产沼气量 $\mathrm{PIER}(t) \xrightarrow{+}$ 沼气期望值 $\mathrm{MGL}(t) \xrightarrow{+}$ 沼气变化量

$R_3(t) \xrightarrow{+}$ 沼气量 $L_3(t) \xrightarrow{+}$ 沼气能占生活用能比 $< \mathrm{RATIO}(t) >_2 \xrightarrow{-}$ 薪柴需求量 $\mathrm{MF}(t) \xrightarrow{-}$ 山地薪柴林面积变化量 $R_2(t) \xrightarrow{+}$ 山地薪柴林面积 $L_2(t) \xrightarrow{-}$ 人口环境影响因子 $< \mathrm{POR}(t) >_1 \xrightarrow{+}$ 人口变化量 $R_1(t) \xrightarrow{+}$ 人口数 $L_1(t) \xrightarrow{+}$ 人粪尿含氮量 $\mathrm{PH}(t) \xrightarrow{+}$ 沼肥含氮量 $< \mathrm{REFTI}(t) >_3 \xrightarrow{+}$ 土地结构因子 $\mathrm{XF}(t) \xrightarrow{+}$ 稻谷产量变化量 $R_5(t)$。

2. 计算新增反馈环

利用枝向量构成的对角置 1-0 枝向量行列式，可计算新增反馈环。例如在王禾丘村生态能源系统中，要计算新增入树 $T_5(t)$ 的新增反馈环，可构造对角置 1-0 枝向量行列式 (1)：

$$\begin{vmatrix} 1 & (R_1(t),1,L_2(t)) & (R_1(t),1,L_3(t)) & 0 & 0 \\ (R_2(t),2,L_1(t)) & 1 & (R_2(t),2,L_3(t)) & 0 & 0 \\ 2(R_3(t),L_1(t)) & (R_3(t),1,L_2(t)) & 1 & (R_3(t),L_4(t)) & 0 \\ (R_4(t),2,L_1(t))+(R_4(t),L_1(t)) & 0 & (R_4(t),2,L_3(t)) & 1 & (R_4(t),L_5(t)) \\ 2(R_5(t),3,L_1(t)) & 0 & 2(R_5(t),3,L_3(t)) & 2(R_5(t),3,L_4(t)) & 0 \end{vmatrix}。\tag{1}$$

说明：新增任一入树的新增反馈环均可计算，如若计算新增入树 $T_3(t)$ 的新增反馈环 (不再计算)，则构造对角置 1-0 枝向量行列式 (2)：

$$\begin{vmatrix} 1 & (R_1(t),1,L_2(t)) & (R_1(t),1,L_3(t)) & 0 & 0 \\ (R_2(t),2,L_1(t)) & 1 & (R_2(t),2,L_3(t)) & 0 & 0 \\ 2(R_3(t),L_1(t)) & (R_3(t),1,L_2(t)) & 0 & (R_3(t),L_4(t)) & 0 \\ (R_4(t),2,L_1(t))+(R_4(t),L_1(t)) & 0 & (R_4(t),2,L_3(t)) & 1 & (R_4(t),L_5(t)) \\ 2(R_5(t),3,L_1(t)) & 0 & 2(R_5(t),3,L_3(t)) & 2(R_5(t),3,L_4(t)) & 1 \end{vmatrix}。\tag{2}$$

计算对角置 1-0 枝向量行列式 (1)，得到新增入树 $T_5(t)$ 的新增反馈环 (即前文计算中含 $R_5(t)$ 与 $L_5(t)$ 的全部反馈环)。

1) 二阶正反馈环 1

$(R_4(t), L_5(t), R_5(t), 3, L_4(t))_1$：猪头数变化量 $R_4(t) \xrightarrow{+}$ 猪头数 $L_4(t) \xrightarrow{+}$ 猪粪尿含氮量 $\mathrm{PK}(t) \xrightarrow{+}$ 沼肥含氮量 $< \mathrm{REFTI}(t) >_3 \xrightarrow{+}$ 土地结构因子 $\mathrm{XF}(t) \xrightarrow{+}$ 稻谷产量变化量 $R_5(t) \xrightarrow{+}$ 稻谷产量 $L_5(t) \xrightarrow{+}$ 剩余稻谷量 $\mathrm{RICEQK}(t) \xrightarrow{+}$ 猪稻谷影响因子 $\mathrm{RICEN}(t) \xrightarrow{+}$ 猪头数改变量 $R_4(t)$。

2) 二阶正反馈环 2

$(R_4(t), L_5(t), R_5(t), 3, L_4(t))_2$：猪头数变化量 $R_4(t) \xrightarrow{+}$ 猪头数 $L_4(t) \xrightarrow{+}$ 沼肥含氮量 $< \mathrm{REFTI}(t) >_3 \xrightarrow{+}$ 稻谷产量变化量 $R_5(t) \xrightarrow{+}$ 稻谷产量 $L_5(t) \xrightarrow{+}$ 剩余稻谷量 $\mathrm{RICEQK}(t) \xrightarrow{+}$ 猪稻谷影响因子 $\mathrm{RICEN}(t) \xrightarrow{+}$ 猪头数变化量 $R_4(t)$。

3) 三阶正反馈环 3

$(R_4(t), L_5(t), R_5(t), 3, L_3(t), R_3(t), L_4(t))_1$：猪头数变化量 $R_4(t) \xrightarrow{+}$ 猪头数 $L_4(t) \xrightarrow{+}$ 猪粪尿量 $\mathrm{PIE}(t) \xrightarrow{+}$ 猪粪尿产沼气量 $\mathrm{PIER}(t) \xrightarrow{+}$ 沼气期望值 $\mathrm{MGL}(t)$

$\xrightarrow{+}$ 沼气变化量 $R_3(t)$ $\xrightarrow{+}$ 沼气量 $L_3(t)$ $\xrightarrow{+}$ 沼肥含氮量 $< \text{REFTI}(t) >_3 \xrightarrow{+}$ 土地结构因子 XF(t) $\xrightarrow{+}$ 稻谷产量变化量 $R_5(t)$ $\xrightarrow{+}$ 稻谷产量 $L_5(t)$ $\xrightarrow{+}$ 剩余稻谷量 RICEQK(t) $\xrightarrow{+}$ 猪稻谷影响因子 RICEN(t) $\xrightarrow{+}$ 猪头数变化量 $R_4(t)$。

4) 三阶正反馈环 4

$(R_4(t), L_5(t), R_5(t), 3, L_3(t), R_3(t), L_4(t))_2$：猪头数变化量 $R_4(t)$ $\xrightarrow{+}$ 猪头数 $L_4(t)$ $\xrightarrow{+}$ 猪粪尿量 PIE(t) $\xrightarrow{+}$ 猪粪尿产沼气量 PIER(t) $\xrightarrow{+}$ 沼气期望值 MGL(t) $\xrightarrow{+}$ 沼气变化量 $R_3(t)$ $\xrightarrow{+}$ 沼气量 $L_3(t)$ $\xrightarrow{+}$ 沼肥含氮量 $< \text{REFTI}(t) >_3 \xrightarrow{+}$ 稻谷产量变化量 $R_5(t)$ $\xrightarrow{+}$ 稻谷产量 $L_5(t)$ $\xrightarrow{+}$ 剩余稻谷量 RICEQK(t) $\xrightarrow{+}$ 猪稻谷影响因子 RICEN(t) $\xrightarrow{+}$ 猪头数变化量 $R_4(t)$。

5) 四阶正反馈环 5

$(R_5(t), 3, L_1(t), R_1(t), 1, L_3(t), R_3(t), L_4(t), R_4(t), L_5(t))_1$：稻谷产量变化量 $R_5(t)$ $\xrightarrow{+}$ 稻谷产量 $L_5(t)$ $\xrightarrow{+}$ 剩余稻谷量 RICEQK(t) $\xrightarrow{+}$ 猪稻谷影响因子 RICEN(t) $\xrightarrow{+}$ 猪头数变化量 $R_4(t)$ $\xrightarrow{+}$ 猪头数 $L_4(t)$ $\xrightarrow{+}$ 猪粪尿量 PIE(t) $\xrightarrow{+}$ 猪粪尿产沼气量 PIER(t) $\xrightarrow{+}$ 沼气期望值 MGL(t) $\xrightarrow{+}$ 沼气变化量 $R_3(t)$ $\xrightarrow{+}$ 沼气量 $L_3(t)$ $\xrightarrow{+}$ 人口环境影响因子 $< \text{POR}(t) >_1 \xrightarrow{+}$ 人口变化量 $R_1(t)$ $\xrightarrow{+}$ 人口数 $L_1(t)$ $\xrightarrow{+}$ 沼肥含氮量 $< \text{REFTI}(t) >_3 \xrightarrow{+}$ 稻谷产量变化量 $R_5(t)$。

6) 四阶正反馈环 6

$(R_5(t), 3, L_1(t), R_1(t), 1, L_3(t), R_3(t), L_4(t), R_4(t), L_5(t))_2$：稻谷产量变化量 $R_5(t)$ $\xrightarrow{+}$ 稻谷产量 $L_5(t)$ $\xrightarrow{+}$ 剩余稻谷量 RICEQK(t) $\xrightarrow{+}$ 猪稻谷影响因子 RICEN(t) $\xrightarrow{+}$ 猪头数变化量 $R_4(t)$ $\xrightarrow{+}$ 猪头数 $L_4(t)$ $\xrightarrow{+}$ 猪粪尿量 PIE(t) $\xrightarrow{+}$ 猪粪尿产沼气量 PIER(t) $\xrightarrow{+}$ 沼气期望值 MGL(t) $\xrightarrow{+}$ 沼气变化量 $R_3(t)$ $\xrightarrow{+}$ 沼气量 $L_3(t)$ $\xrightarrow{+}$ 人口环境影响因子 $< \text{POR}(t) >_1 \xrightarrow{+}$ 人口变化量 $R_1(t)$ $\xrightarrow{+}$ 人口数 $L_1(t)$ $\xrightarrow{+}$ 人粪尿含氮量 PH(t) $\xrightarrow{+}$ 沼肥含氮量 $< \text{REFTI}(t) >_3 \xrightarrow{+}$ 土地结构因子 XF(t) $\xrightarrow{+}$ 稻谷产量变化量 $R_5(t)$。

7) 五阶正反馈环 7

$(R_5(t), 3, L_1(t), R_1(t), 1, L_2(t), R_2(t), 2, L_3(t), R_3(t), L_4(t), R_4(t), L_5(t))_1$:稻谷产量变化量 $R_5(t)$ $\xrightarrow{+}$ 稻谷产量 $L_5(t)$ $\xrightarrow{+}$ 剩余稻谷量 RICEQK(t) $\xrightarrow{+}$ 猪稻谷影响因子 RICEN(t) $\xrightarrow{+}$ 猪头数变化量 $R_4(t)$ $\xrightarrow{+}$ 猪头数 $L_4(t)$ $\xrightarrow{+}$ 猪粪尿量 PIE(t) $\xrightarrow{+}$ 猪粪尿产沼气量 PIER(t) $\xrightarrow{+}$ 沼气期望值 MGL(t) $\xrightarrow{+}$ 沼气变化量 $R_3(t)$ $\xrightarrow{+}$ 沼气量 $L_3(t)$ $\xrightarrow{+}$ 沼气能占生活用能比 $< \text{RATIO}(t) >_2 \xrightarrow{-}$ 薪柴需求量 MF(t) $\xrightarrow{-}$ 山地薪柴林面积变化量 $R_2(t)$ $\xrightarrow{+}$ 山地薪柴林面积 $L_2(t)$ $\xrightarrow{-}$ 人口环境影响因子 $< \text{POR}(t) >_1 \xrightarrow{+}$ 人口变化量 $R_1(t)$ $\xrightarrow{+}$ 人口数 $L_1(t)$ $\xrightarrow{+}$ 沼肥含氮量 $< \text{REFTI}(t) >_3 \xrightarrow{+}$ 稻谷产量变化量 $R_5(t)$。

8) 五阶正反馈环 8

$(R_5(t), 3, L_1(t), R_1(t), 1, L_2(t), R_2(t), 2, L_3(t), R_3(t), L_4(t), R_4(t), L_5(t))_2$:稻谷

产量变化量 $R_5(t) \xrightarrow{+}$ 稻谷量 $L_5(t) \xrightarrow{+}$ 剩余稻谷量 RICEQK$(t) \xrightarrow{+}$ 猪稻谷影响因子 RICEN$(t) \xrightarrow{+}$ 猪头数变化量 $R_4(t) \xrightarrow{+}$ 猪头数 $L_4(t) \xrightarrow{+}$ 猪粪尿量 PIE$(t) \xrightarrow{+}$ 猪粪尿产沼气量 PIER$(t) \xrightarrow{+}$ 沼气期望值 MGL$(t) \xrightarrow{+}$ 沼气变化量 $R_3(t) \xrightarrow{+}$ 沼气量 $L_3(t) \xrightarrow{+}$ 沼气能占生活用能比 $<$ RATIO$(t) >_2 \xrightarrow{-}$ 薪柴需求量 MF$(t) \xrightarrow{-}$ 山地薪柴林面积变化量 $R_2(t) \xrightarrow{+}$ 山地薪柴林面积 $L_2(t) \xrightarrow{-}$ 人口环境影响因子 $<$ POR$(t) >_1 \xrightarrow{+}$ 人口变化量 $R_1(t) \xrightarrow{+}$ 人口数 $L_1(t) \xrightarrow{+}$ 人粪尿含氮量 PH$(t) \xrightarrow{+}$ 沼肥含氮量 $<$ REFTI$(t) >_3 \xrightarrow{+}$ 土地结构因子 XF$(t) \xrightarrow{+}$ 稻谷产量变化量 $R_5(t)$。

3. 王禾丘生态能源系统反馈环结构特性与管理对策

综合以上结果，得系统两反馈环结构表：表 3.1 为户沼气工程反馈环结构表，表 3.2 为户沼气工程受环境作用反馈环结构表。

表 3.1 户沼气工程反馈环结构表

序	含流位变量	反馈环性质	阶，极性
1	$L_1(t), L_2(t)$	人需薪柴与薪柴影响环境互制约反馈环	2 阶，负
2	$L_1(t), L_4(t)$	户沼气工程与人沼气意识互促反馈环	2 阶，正
3	$L_1(t), L_4(t)$	人粪尿资源开发与户沼气工程互促反馈环	2 阶，正
4	$L_2(t), L_4(t)$	沼气减少薪柴需求与薪柴影响沼气意识互促反馈环	2 阶，正
5	$L_3(t), L_4(t)$	户猪粪尿资源开发沼气与户沼气工程能源互促反馈环	2 阶，正
6, 7	$L_3(t), L_5(t)$	猪沼肥直接效应及改土质与稻谷养猪互促反馈环 1,2	2 阶，正
8	$L_1(t), L_3(t), L_4(t)$	沼气工程增人数减剩稻养殖影沼原料制约反馈环	3 阶，负
9	$L_1(t), L_2(t), L_4(t)$	沼气少薪柴促人口增沼意识互促反馈环	3 阶，正
10	$L_1(t), L_2(t), L_4(t)$	沼气少薪柴促人口增沼气原料互促反馈环	3 阶，正
11	$L_1(t), L_3(t), L_4(t)$	沼气促人口增能源影响沼气原料制约反馈环	3 阶，负
12, 13	$L_3(t), L_4(t), L_5(t)$	沼气工程增沼肥改土质种稻增养殖增沼原料互促反馈环 1,2	3 阶，正
14	$L_1(t), L_2(t), L_3(t), L_4(t)$	沼气减薪柴促民生但减剩稻谷养殖影沼原料制约反馈环	4 阶，负
15, 16	$L_1(t), L_3(t), L_4(t), L_5(t)$	沼气促民生则直间接促稻谷促养殖增沼原料互促反馈环 1,2	4 阶，正
17, 18	$L_1(t), L_2(t), L_3(t), L_4(t), L_5(t)$	沼气工程减薪柴促民生增沼肥改土质促种养增沼原料互促反馈环 1,2	5 阶，正

1) 有效开发户沼气工程作用

(1) 表 3.1 中，14 条正反馈环，占 78%。

14 条正反馈环揭示，开发户生态能源系统，使户沼气工程、村民、薪柴地、改土质、养殖、种植不断反馈，互促发展。

(2) 表 3.1 中，4 条负反馈环，占 22%。

“人需薪柴与砍伐薪柴影响环境”互相制约二阶负反馈环揭示，开发王禾丘户能源生态吸引的必要性。“沼气工程增人数减剩稻养殖影响沼气原料” 互相制约三阶负反馈环，“沼气减薪柴促民生但减剩余稻谷养殖影响沼气原料” 互相制约负反馈环，此两条负反馈环也揭示山村人用稻谷为主粮与养殖用稻谷的矛盾产生的制约作用，现在已不是主要矛盾。

表 3.2　户沼气工程受环境作用反馈环结构表

序	煤及液化气稳定性与经济承受度	户养猪效益	反馈环性质	阶，极性
1			人需薪柴与薪柴影响环境互制约反馈环	2 阶，负
2	制约		户沼气工程与人沼气意识互促反馈环	2 阶，正
3	制约		人粪尿资源开发与户沼气工程互促反馈环	2 阶，正
4	制约		沼气减少薪柴需求与薪柴影响沼气意识互促反馈环	2 阶，正
5	制约	制约	户猪粪尿资源开发沼气与户沼气工程能源互促反馈环	2 阶，正
6, 7		制约	猪沼肥直接效应及改土质与稻谷养猪互促反馈环 1,2	2 阶，正
8	制约	制约	沼气工程增人数减剩稻养殖影沼原料制约反馈环	3 阶，负
9	制约		沼气少薪柴促人口增沼意识互促反馈环	3 阶，正
10	制约		沼气少薪柴促人口增沼气原料互促反馈环	3 阶，正
11	制约		沼气促人口增能源影响沼气原料制约反馈环	3 阶，负
12, 13	制约	制约	沼气工程增沼肥改土质种稻增养殖增沼原料互促反馈环 1,2	3 阶，正
14	制约	制约	沼气减薪柴促民生但减剩稻谷养殖影沼原料制约反馈环	4 阶，负
15, 16	制约	制约	沼气促民生则直间接促稻谷促养殖增沼原料互促反馈环 1,2	4 阶，正
17, 18	制约	制约	沼气工程减薪柴促民生增沼肥改土质促种养增沼原料互促反馈环 1,2	5 阶，正

2) 农村户用沼气工程不能有效发展的主要矛盾

表 3.2 所示，15 条反馈环皆受环境变量 “煤及液化气稳定性与经济承受度” 制约，揭示了：

(1) 由于沼气稳定性不及煤及液化气稳定性，所以农村不关注户沼气池建设。

(2) 由于外出打工，经济收入增加，可承受煤及液化气的付出，所以不关心户沼气池开发。

由分析，得到系统发展管理对策：

(1) 以养殖场的猪粪为原料 (方便运输) 促进户沼气池开发，且农户实施沼液种植，实施场促全乡户用沼气池开发为主体的典型生态农业模式，解除户养猪效益低养猪少，缺沼气原料的矛盾。

(2) 从沼气开发和组织管理两方面解决沼气能源的稳定性，增强沼气发展动力。

(3) 加大创新力度解除农民种养利润低问题。

(4) 开发户用沼气池新原料。

3.2 关键变量关联反馈环分析技术

3.2.1 关键变量关联反馈环分析技术内涵及步骤

1. 关键变量关联反馈环分析技术建立背景

1) 关键变量与反馈环结构双聚焦研究的依据

团队在主导反馈环转移的研究过程中，根据研究需要给出关键变量关联反馈环的概念。此概念首次将关键变量与反馈环紧密结合，为双聚焦研究提供了新的视角、思路与任务。

任何系统皆存在关键变量。复杂动态反馈系统含众多变量，变量在系统发展中的作用与贡献不同，根据系统研究的目的与任务，往往仅需聚焦关键变量进行研究。系统动力学中的变量分为流位变量、流率变量、辅助变量、增补变量、外生变量及常量等，研究中一般聚焦关键的流位变量或其流率变量进行分析。

反馈环是系统的核心结构，是系统内生性的关键。认清系统结构中众多的正、负反馈环的交互作用，才能了解系统的复杂性行为，进行反馈环开发管理。聚焦反馈环结构分析，是确定系统发展具体管理对策的关键。

2) 关键变量与反馈环结构双聚焦研究的基础

根据枝向量行列式反馈环计算法，可以计算出系统的全部反馈环。根据研究的需要，可以对全体反馈环进行分类研究，可以选择部分反馈环进行聚焦研究，可以对反馈环 (组) 间的相互关联效应进行研究，等等。为反馈环分析技术的创新研究提供基础。

管理对策生成原理为双聚焦研究提供理论基础。在此原理下，以改善反馈环运作效用为目标，聚焦关键变量的关联反馈环，再通过关联反馈环中的主导反馈环与其关键因果链分析生成管理对策，实现关键变量关联反馈环开发管理。

2. 关键变量关联反馈环分析技术定义与步骤

1) 关键变量关联反馈环分析技术定义

定义 3.2.1 若存在 $K(K>1)$ 条反馈环相交于同一变量 $V(t)$，则称此 $K(K>1)$ 条反馈环为变量 $V(t)$ 的关联反馈环。

定义 3.2.2 若变量 $V(t)$ 关联 $K(K>1)$ 条反馈环，某一时间区间内在系统动态变化中起主要支撑作用的反馈环，称为变量 $V(t)$ 在此时间区间内的主导反馈环。

定义 3.2.3 在复杂系统发展的反馈环开发管理中，建立系统流率基本入树模型，确定研究的关键变量，确定关键变量的主导反馈环，最后确定系统发展管理对策的分析方法称为关键变量关联反馈环分析法。

2) 关键变量关联反馈环分析法的步骤

步骤 1：构建系统流率基本入树模型。首先，通过科学理论、数据、经验及专家判断力四结合进行系统分析，确定描述系统状态的流位变量；然后，利用流率基本入树建模法构建系统流率基本入树模型。

步骤 2：根据系统发展目标，确定研究的关键变量。

步骤 3：确定关键变量的主导反馈环。首先，用枝向量行列式计算法计算出系统结构中全部反馈环；其次，确定关键变量的关联反馈环结构流图。最后，确定关联反馈环结构流图主导反馈环。

步骤 4：确定系统发展的管理对策。

3) 关键变量关联反馈环分析法的逻辑性与科学性

关键变量关联反馈环四步骤分析法，分析步骤的逻辑性强 (图 3.2)。

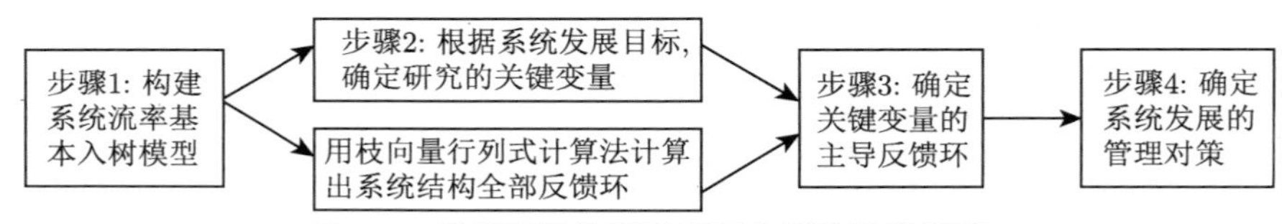

图 3.2 关键变量关联反馈环分析法的逻辑图

在明确系统流位流率系，构建流率基本入树模型的基础上，才可以根据系统发展目标确定研究的关键变量，才可以用枝向量行列式算法计算出系统结构全部反馈环；依据关键变量及全部反馈环，才可以确定关键变量的关联反馈环结构流图，确定关键变量主导反馈环；依据关键变量主导反馈环，才可以进行主导反馈环分析，确定管理对策。

关键变量关联反馈环四步骤分析法，具有科学性：

(1) 步骤 1 中，以科学理论、数据、经验及专家判断力四结合进行系统分析，确定研究问题的变量边界，建立流位流率系。以流率基本入树建模法建立刻画包括系统边界的全体变量的流率基本入树模型，实现还原论与整体论相结合原理，提高模型的可靠性；

(2) 步骤 2 中，以系统发展实践为基础，依据系统发展的目标，在流率基本入树模型中，对包括边界的全体变量进行深入比较分析，确定关键变量；

(3) 步骤 3 中，在已建包括边界中全体变量的流率基本入树模型的基础上，用经数学严格证明的枝向量行列式算法计算出系统结构中全部反馈环，确定关键变量的关联反馈环结构流图，确定关联反馈环结构流图主导反馈环；

(4) 步骤 4 中，依据反馈环结构是复杂系统发生动态变化的核心结构，主导反馈环又是动态变化中的起主要支撑作用的反馈环，对关键变量起主导作用的反馈环进行分析，确定管理对策。因此，关键变量关联反馈环四步骤分析法具有科学性。

3.2.2 德邦场户合作发展模式关键变量关联反馈环分析

1. 计算系统中全体反馈环

以第 2 章德邦场户合作模式发展系统为例，在研究中，对模型进行开发研究。此系统发展过程中，要解决的一个关键问题是二次污染治理，由于系统中沼气作为生活用能、沼气发电全部开发利用，二次污染治理主要是沼液肥开发利用。

为突出对沼液肥开发利用的研究，对刻画场沼肥利用情况的流率变量进行进一步开发，修正后的系统流位流率系如下：

$L_1(t), R_1(t)$：日均存栏量 $L_1(t)$(头)、日均存栏变化量 $R_1(t)$(头/年)；

$L_2(t), R_2(t)$：养殖企业利润 $L_2(t)$(万元)、养殖利润变化量 $R_2(t)$(万元/年)；

$L_3(t), R_3(t)$：场年产猪粪尿量 $L_3(t)$(吨)、场年产猪粪尿变化量 $R_3(t)$(吨/年)；

$L_4(t), R_4(t)$：场猪粪尿年产沼液量 $L_4(t)$(吨)、场猪粪尿年产沼液变化量 $R_4(t)$(吨/年)；

$L_5(t), R_{5k}(t)(k = 1, 2, 3)$：场猪粪及沼肥未利用量 $L_5(t)$(吨)、年猪尿产沼肥量 $R_{51}(t)$(吨) + 年猪粪肥量 $R_{52}(t)$(吨) − 年种植有机肥施用量 $R_{53}(t)$(吨)；

$L_6(t), R_6(t)$：户猪粪年产沼液量 $L_6(t)$(吨)、户猪粪年产沼液变化量 $R_6(t)$(吨/年)。

利用流率基本入树建模法，对修正后的流位流率系，建立德邦场户合作发展模式系统流率基本入树模型如下 (图 3.3)。

由流率基本入树模型，观察各流率基本入树中的流位变量对其对应流率变量的控制关系，可得系统流图结构中全部一阶反馈环：

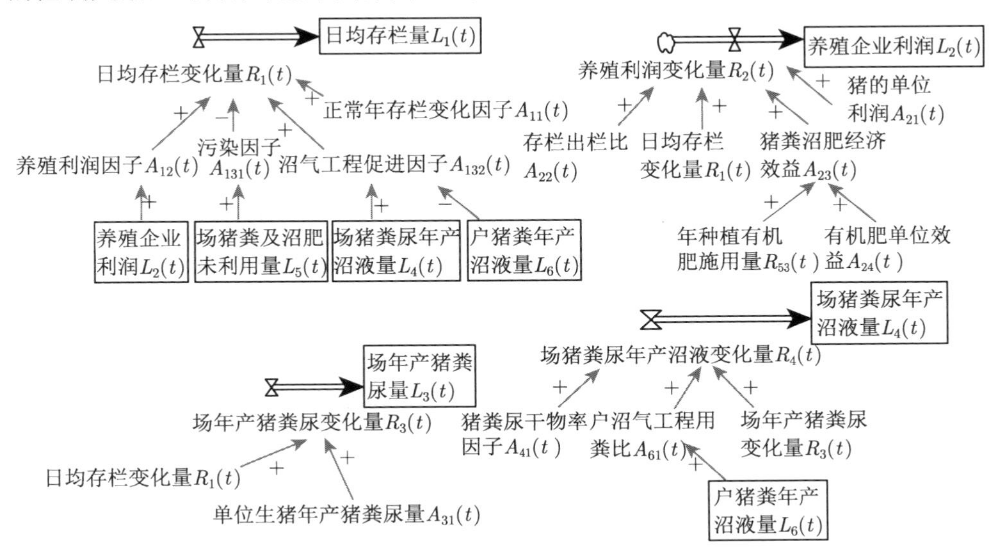

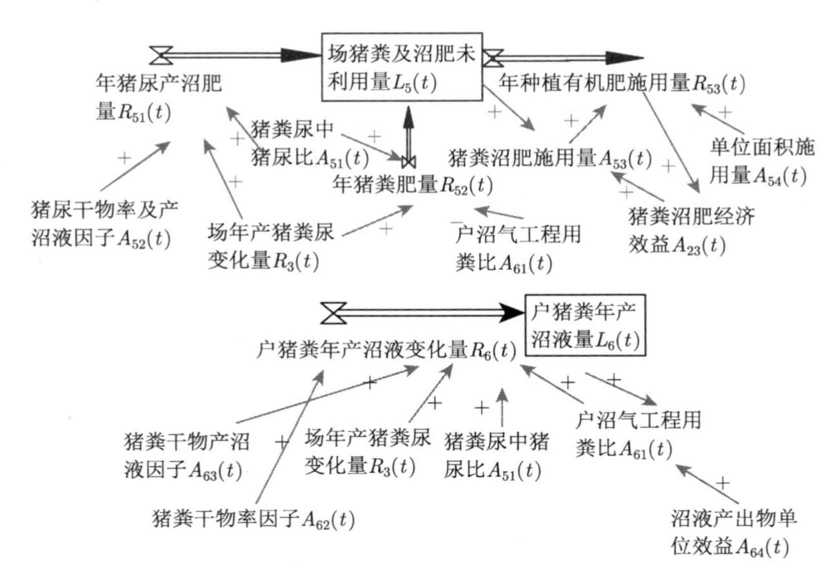

图 3.3　德邦场户合作发展模式系统流率基本入树结构模型

(1) 一阶正反馈环：年种植有机肥施用量 $R_{53}(t) \xrightarrow{+}$ 猪粪沼肥经济效益 $A_{23}(t) \xrightarrow{+}$ 年种植有机肥施用量 $R_{53}(t)$；

(2) 一阶负反馈环：年种植有机肥施用量 $R_{53}(t) \xrightarrow{-}$ 场猪粪及沼肥未利用量 $L_5(t) \xrightarrow{+}$ 猪粪沼肥经济效益 $A_{23}(t) \xrightarrow{+}$ 年种植有机肥施用量 $R_{53}(t)$；

(3) 一阶正反馈环：户猪粪年产沼液变化量 $R_6(t) \xrightarrow{+}$ 户猪粪年产沼液量 $L_6(t) \xrightarrow{+}$ 户沼气工程用粪比 $A_{61}(t) \xrightarrow{+}$ 户猪粪年产沼液变化量 $R_6(t)$。

系统二阶 (含二阶) 以上全部反馈环计算可利用枝向量行列式反馈环计算法计算得到

$$\begin{vmatrix}
1 & (R_1(t),L_2(t)) & 0 & (R_1(t),L_4(t)) & (R_1(t),L_5(t)) & (R_1(t),L_6(t)) \\
(R_2(t),R_1(t)) & 1 & 0 & 0 & (R_2(t),R_{53}(t)) & 0 \\
(R_3(t),R_1(t)) & 0 & 1 & 0 & 0 & 0 \\
0 & 0 & (R_4(t),R_3(t)) & 1 & 0 & (R_4(t),L_6(t)) \\
0 & 0 & (R_{51}(t),R_3(t))+(R_{52}(t),R_3(t)) & 0 & 1 & (R_{52}(t),L_6(t)) \\
0 & 0 & (R_6(t),R_3(t)) & 0 & 0 & 1
\end{vmatrix}。$$

计算得到 8 条二阶及二阶以上的反馈环如下：

(4) 二阶正反馈环：日均存栏变化量 $R_1(t) \xrightarrow{+}$ 养殖利润变化量 $R_2(t) \xrightarrow{+}$ 养殖企业利润 $L_2(t) \xrightarrow{+}$ 养殖利润因子 $A_{12}(t) \xrightarrow{+}$ 日均存栏变化量 $R_1(t)$；

(5) 三阶正反馈环：日均存栏变化量 $R_1(t) \xrightarrow{+}$ 场年产猪粪尿变化量 $R_3(t) \xrightarrow{+}$ 户猪粪年产沼液变化量 $R_6(t) \xrightarrow{+}$ 户猪粪年产沼液量 $L_6(t) \xrightarrow{+}$ 沼气工程促进因子 $A_{132}(t) \xrightarrow{+}$ 日均存栏变化量 $R_1(t)$；

(6) 四阶负反馈环：日均存栏变化量 $R_1(t) \xrightarrow{+}$ 场年产猪粪尿变化量 $R_3(t) \xrightarrow{+}$ 户猪粪年产沼液变化量 $R_6(t) \xrightarrow{+}$ 户猪粪年产沼液量 $L_6(t) \xrightarrow{+}$ 户沼气工程用粪比 $A_{61}(t) \xrightarrow{+}$ 场猪粪尿年产沼液变化量 $R_4(t) \xrightarrow{+}$ 场猪粪尿年产沼液量 $L_4(t) \xrightarrow{+}$ 沼气工程促进因子 $A_{132}(t) \xrightarrow{+}$ 日均存栏变化量 $R_1(t)$；

(7) 四阶正反馈环：日均存栏变化量 $R_1(t) \xrightarrow{+}$ 场年产猪粪尿变化量 $R_3(t) \xrightarrow{+}$ 户猪粪年产沼液变化量 $R_6(t) \xrightarrow{+}$ 户猪粪年产沼液量 $L_6(t) \xrightarrow{+}$ 户沼气工程用粪比 $A_{61}(t) \xrightarrow{-}$ 年猪粪肥量 $R_{52}(t) \xrightarrow{+}$ 场猪粪及沼肥未利用量 $L_5(t) \xrightarrow{+}$ 污染因子 $A_{131}(t) \xrightarrow{-}$ 日均存栏变化量 $R_1(t)$；

(8) 六阶正反馈环：日均存栏变化量 $R_1(t) \xrightarrow{+}$ 场年产猪粪尿变化量 $R_3(t) \xrightarrow{+}$ 户猪粪年产沼液变化量 $R_6(t) \xrightarrow{+}$ 户猪粪年产沼液量 $L_6(t) \xrightarrow{+}$ 户沼气工程用粪比 $A_{61}(t) \xrightarrow{-}$ 年猪粪肥量 $R_{52}(t) \xrightarrow{+}$ 场猪粪及沼肥未利用量 $L_5(t) \xrightarrow{+}$ 年种植有机肥施用量 $R_{53}(t) \xrightarrow{+}$ 猪粪沼肥经济效益 $A_{23}(t) \xrightarrow{+}$ 养殖利润变化量 $R_2(t) \xrightarrow{+}$ 养殖企业利润 $L_2(t) \xrightarrow{+}$ 养殖利润因子 $A_{12}(t) \xrightarrow{+}$ 日均存栏变化量 $R_1(t)$；

(9) 三阶正反馈环：日均存栏变化量 $R_1(t) \xrightarrow{+}$ 场年产猪粪尿变化量 $R_3(t) \xrightarrow{+}$ 场猪粪尿年产沼液变化量 $R_4(t) \xrightarrow{+}$ 场猪粪尿年产沼液量 $L_4(t) \xrightarrow{+}$ 沼气工程促进因子 $A_{132}(t) \xrightarrow{+}$ 日均存栏变化量 $R_1(t)$；

(10) 五阶正反馈环：日均存栏变化量 $R_1(t) \xrightarrow{+}$ 场年产猪粪尿变化量 $R_3(t) \xrightarrow{+}$ 年猪尿产沼肥量 $R_{51}(t) \xrightarrow{+}$ 场猪粪及沼肥未利用量 $L_5(t) \xrightarrow{+}$ 猪粪沼肥施用量 $A_{53}(t) \xrightarrow{+}$ 年种植有机肥施用量 $R_{53}(t) \xrightarrow{+}$ 猪粪沼肥经济效益 $A_{23}(t) \xrightarrow{+}$ 养殖利润变化量 $R_2(t) \xrightarrow{+}$ 养殖企业利润 $L_2(t) \xrightarrow{+}$ 养殖利润因子 $A_{12}(t) \xrightarrow{+}$ 日均存栏变化量 $R_1(t)$；

(11) 五阶正反馈环：日均存栏变化量 $R_1(t) \xrightarrow{+}$ 场年产猪粪尿变化量 $R_3(t) \xrightarrow{+}$ 年猪粪肥量 $R_{52}(t) \xrightarrow{+}$ 场猪粪及沼肥未利用量 $L_5(t) \xrightarrow{+}$ 猪粪沼肥施用量 $A_{53}(t) \xrightarrow{+}$ 年种植有机肥施用量 $R_{53}(t) \xrightarrow{+}$ 猪粪沼肥经济效益 $A_{23}(t) \xrightarrow{+}$ 养殖利润变化量 $R_2(t) \xrightarrow{+}$ 养殖企业利润 $L_2(t) \xrightarrow{+}$ 养殖利润因子 $A_{12}(t) \xrightarrow{+}$ 日均存栏变化量 $R_1(t)$。

2. 依据系统发展目标确定系统研究的关键变量

德邦规模养种系统发展目标主要有规模养殖增收与生态环境保护。另外，系统发展中要解决“场猪粪尿严重污染”与“户用沼气池原料严重短缺”矛盾。因此，场支持户用沼气池建设为系统发展目标。

考察德邦规模养种系统的流位流率系中的流位变量、流率变量：规模养殖增收表现为养殖业利润的增加，选取养殖企业利润 $L_2(t)$ 为刻画实现规模养殖增收目标的关键变量；生态环境保护通过养殖废弃物初次污染治理与厌氧发酵产出物二次污染治理实现，场全部猪粪尿作为沼气工程发酵原料，消除了初次污染。实践中，场沼气能源全部开发利用，不存在沼气二次污染问题。因此，二次污染治理主要是沼液资源开发利用，选取年种植有机肥施用量 $R_{53}(t)$ 为刻画实现生态环境保护目标的关键变量；户猪粪年产沼液量可刻画户用沼气池规模，选取户猪粪年产沼液量 $L_6(t)$ 为刻画实现场支持户用沼气池建设目标的关键变量。

3. 关键变量关联反馈环分析生成系统发展的管理对策

1) 关键变量养殖企业利润 $L_2(t)$ 关联反馈环分析

(1) 在系统全部 11 条反馈环中，含流位变量养殖企业利润 $L_2(t)$ 的全部反馈环有 4 条，组成的关联反馈环结构图 (图 3.4，为清晰省略图中的辅助变量) 如下：

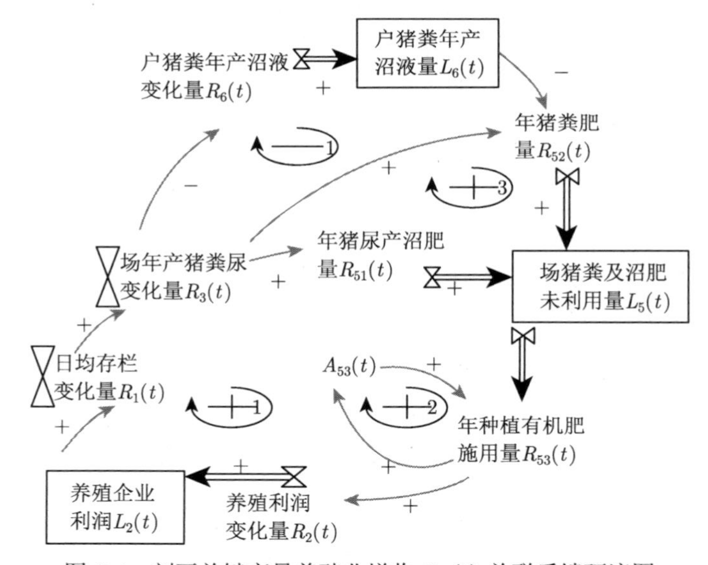

图 3.4　刻画关键变量养殖业增收 $L_2(t)$ 关联反馈环流图

反馈环 (+1)：$(R_1(t), L_2(t))(R_2(t), R_1(t))$；

反馈环 (+2)：$(R_3(t), R_1(t))(R_1(t), L_2(t))(R_2(t), R_{53}(t))(R_{53}(t), L_5(t), R_{51}(t))$ $(R_{51}(t), R_3(t))$；

反馈环 (+3)：$(R_3(t), R_1(t))(R_1(t), L_2(t))(R_2(t), R_{53}(t))(R_{53}(t), L_5(t), R_{52}(t))$ $(R_{52}(t), R_3(t))$；

反馈环 (−1)：$(R_3(t), R_1(t))(R_1(t), L_2(t))(R_2(t), R_{53}(t))(R_{53}(t), L_5(t), R_{52}(t))$ $(R_{52}(t), L_6(t))(R_6(t), R_3(t))$。

(2) 确定关键变量的主导反馈环。

反馈环 (+1) 为刻画日均存栏量与养殖企业利润同增、同减反馈变化规律的正反馈环。结合实践及历史数据可得：在研究的时间区间 2010 年到 2015 年，日均存栏量与养殖利润间无显著的反馈同增、同减变化规律，养殖企业利润 $L_2(t)$ 主要受外生变量价格制约下每头猪的养殖利润因子 $A_{12}(t)$ 影响，引起日均存栏量 $L_1(t)$ 小幅波动，此正反馈环不是关键变量 $L_2(t)$ 的主导反馈环。

反馈环 (+2，+3) 为刻画场周边沼液资源种植工程面积与养殖企业利润同增、同减反馈变化规律的正反馈环。结合实践与两条正反馈环在入树 $T_1(t)$，$T_2(t)$，$T_3(t)$ 中的枝结构：污染因子 $A_{131}(t)$、沼气工程促进因子 $A_{132}(t)$ 是影响日均存栏变化量 $R_1(t)$ 的关键变量，猪粪沼肥经济效益 $A_{23}(t)$ 是影响养殖企业利润变化量 $R_2(t)$ 的关键变量，即提高沼液资源种植工程经济效益、消除厌氧发酵产出物二次污染，是德邦规模养种系统发展的关键。因此，反馈环 (+2，+3) 是关键变量 $L_2(t)$ 的主导反馈环。

反馈环 (−1) 为刻画户猪粪年产沼液量与养殖企业利润反增、反减变化规律的负反馈环。结合实践分析：2009 年场开始支持户用沼气池发展，至 2015 年高塘乡户用沼气池闲置率达 95%以上，且户沼气工程用粪量只占场产猪粪量小部分。因此，此反馈环 (−1) 不是关键变量 $L_2(t)$ 的主导反馈环。

(3) 确定系统发展的管理对策。

由以上分析，得系统发展管理对策作用的“杠杆点”在反馈环 (+2，+3) 上。结合实践分析：2010 年至 2015 年，德邦牧业无偿为周边红薯、水稻、苗木、板栗等种植业提供沼液资源，2013 年德邦牧业自营种植玉米 8.0 公顷，因经济效益原因至 2015 年不再种植玉米，此 2 条正反馈环因场自营种植业经济效益低，场周边沼液资源种植工程面积与养殖企业利润形成恶性循环的正反馈效应。

因此，反馈环 (+2，+3) 开发管理方针为：消除反馈环 (+2，+3) 恶性循环的正反馈效应，形成良性循环的正反馈效应。

反馈环 (+2，+3) 恶性循环效应的关键因果链为猪粪沼肥经济效益 $A_{23}(t) \xrightarrow{+}$ 养殖利润变化量 $R_2(t)$，由关键因果链分析生成养殖企业利润 $L_2(t)$ 关联反馈环开发管理对策为：

管理对策 1：养殖企业试点种植经济效益高的特色短缺农产品，创建特色农产品品牌，增加特色农产品的价格优势，实现溢价收益，构建养种经济效益互促发展的循环经济发展模式。

2) 关键变量年种植有机肥施用量 $R_{53}(t)$ 关联反馈环分析

(1) 在系统全部 11 条反馈环中，含流率变量年种植有机肥施用量 $R_{53}(t)$ 的全部反馈环有 5 条，组成的关联反馈环结构图 (图 3.5) 如下：

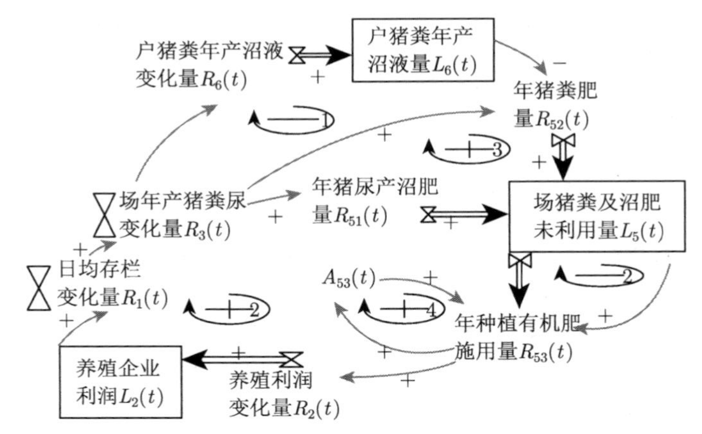

图 3.5 刻画关键变量年种植有机肥施用量 $R_{53}(t)$ 关联反馈环流图

反馈环 (−1)：$(R_3(t), R_1(t))(R_1(t), L_2(t))(R_2(t), R_{53}(t))(R_{53}(t), L_5(t), R_{52}(t))$ $(R_{52}(t), L_6(t))(R_6(t), R_3(t))$；

反馈环 (−2)：$(R_{53}(t), L_5(t), R_{53}(t))$；

反馈环 (+2)：$(R_3(t), R_1(t))(R_1(t), L_2(t))(R_2(t), R_{53}(t))(R_{53}(t), L_5(t), R_{51}(t))$ $(R_{51}(t), R_3(t))$；

反馈环 (+3)：$(R_3(t), R_1(t))(R_1(t), L_2(t))(R_2(t), R_{53}(t))(R_{53}(t), L_5(t), R_{52}(t))$ $(R_{52}(t), R_3(t))$；

反馈环 (+4)：$(R_{52}(t), +, R_{52}(t))$。

(2) 确定关键变量的主导反馈环。

反馈环 (+2，+3，+4) 为刻画场周边沼液资源种植工程面积与年种植有机肥施用量同增、同减反馈变化规律的正反馈环。结合实践：2010 年至 2015 年，德邦牧业沼液种植面积稳中减少，场周边沼液资源种植工程面积与年种植有机肥施用量形成恶性循环的正反馈效应。此效应导致场猪粪及沼肥未利用量 $L_5(t)$ 在养殖区不断累积污染，而系统此动态发展阶段管理的关键是消除沼液二次污染制约，因此反馈环 (+2，+3，+4) 是关键变量 $R_{53}(t)$ 的主导正反馈环。

同图 3.3 中的分析，图 3.4 中反馈环 (−1) 不是关键变量 $R_{53}(t)$ 的主导负反馈环。

反馈环 (−2) 为刻画场周边沼液资源种植工程面积与年种植有机肥施用量反增、反减变化规律的负反馈环。结合实践分析：2010 年至 2015 年，德邦牧业沼液种植面积稳中减少，场周边沼液资源种植工程面积与年种植有机肥施用量形成调节效应，而实践中沼液资源种植工程面积减少，并没有显著调节年种植有机肥施用量增加，因此，反馈环 (-2) 不是关键变量 $R_{53}(t)$ 的主导负反馈环。

(3) 确定系统发展的管理对策。

由以上分析，得系统发展管理对策作用的“杠杆点”在反馈环 $(+2, +3, +4)$ 上。

结合上文分析，主导反馈环 $(+2, +3, +4)$ 形成恶性循环的正反馈效应。因此，反馈环 $(+2, +3, +4)$ 开发管理的方针为：消除反馈环 $(+2, +3, +4)$ 恶性循环的正反馈效应，形成良性循环的正反馈效应。

反馈环 $(+2, +3, +4)$ 中形成恶性循环正反馈效应的关键因果链为：猪粪沼肥施用面积 $A_{53}(t) \xrightarrow{+}$ 年种植有机肥施用量 $R_{53}(t)$。由关键因果链分析生成年种植有机肥施用量 $R_{53}(t)$ 关联反馈环开发管理对策为：

管理对策 2：养殖企业履行环境保护责任，综合开发利用猪粪沼肥生物质资源。通过企业自营、与养殖场周边农户合作、与区域内种植企业合作等多种途径开发各种沼液种植工程，增加猪粪沼肥施用面积。

3) 关键变量户猪粪年产沼液量 $L_6(t)$ 关联反馈环分析

(1) 构建关键变量关联反馈环流图。

在系统全部 11 条反馈环中，含流位变量户猪粪年产沼液量 $L_6(t)$ 全部反馈环有 5 条，组成的关联反馈环结构图 (图 3.6) 如下：

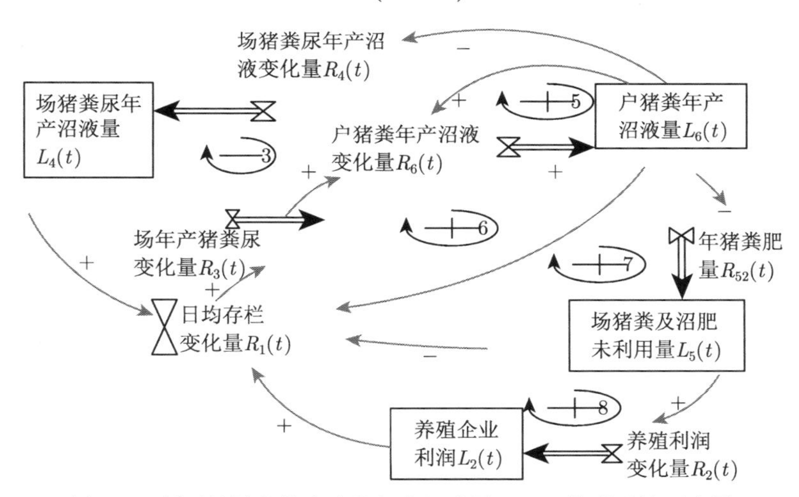

图 3.6 刻画关键变量户猪粪年产沼液量 $L_6(t)$ 关联反馈环流图

反馈环 $(+5)$：$(L_6(t), R_6(t), L_6(t))$；

反馈环 $(+6)$：$(R_3(t), R_1(t))(R_1(t), L_6(t))(R_6(t), R_3(t))$；

反馈环 $(+7)$：$(R_3(t), R_1(t))(R_1(t), L_5(t))(R_{52}(t), L_6(t))(R_6(t), R_3(t))$；

反馈环 $(+8)$：$(R_3(t), R_1(t))(R_1(t), L_2(t))(R_2(t), R_{53}(t))(R_{53}(t), L_5(t), R_{52}(t))$ $(R_{52}(t), L_6(t))(R_6(t), R_3(t))$；

反馈环 (−3)：$(R_3(t), R_1(t))(R_1(t), L_4(t))(R_4(t), L_6(t))(R_6(t), R_3(t))$。

(2) 确定关键变量的主导反馈环。

反馈环 (+5) 为刻画户沼气工程用粪比 $A_{61}(t)$，户猪粪年产沼液量 $L_6(t)$ 之间同增、同减反馈变化规律的正反馈环；反馈环 (+6，+7，+8) 刻画的是场户合作模式下，场支持户用沼气池发酵原料与户沼气工程规模之间同增、同减反馈变化规律的正反馈环。结合实践分析：一方面，德邦规模养种系统发展规划目标之一是场支持户用沼气池建设，解决“场猪粪尿严重污染”与“户用沼气池原料严重短缺”矛盾；另一方面，系统此动态发展阶段管理的关键是消除沼液二次污染制约，户用沼气工程是二次污染治理的一种重要途径。因此，反馈环 (+5，+6，+7，+8) 是关键变量 $L_6(t)$ 的主导正反馈环。

反馈环 (−3) 为刻画户猪粪年产沼液量 $L_6(t)$ 与场猪粪尿年产沼液量 $L_4(t)$ 之间反增、反减反馈变化规律的负反馈环。结合实践分析：高塘乡户用沼气池闲置率达 95%以上，反馈环 (−3) 中变量间反复调节的作用不显著，反馈环 (−3) 不是关键变量 $L_6(t)$ 的主导反馈环。

(3) 确定系统发展的管理对策。

由以上分析，得系统发展管理对策作用的“杠杆点”在反馈环 (+5，+6，+7，+8) 上。

结合实践分析，由于户用沼气池使用过程中维护及维修费用高、冬季产气不稳定等因素影响，高唐乡 300 余户沼气池大量废弃不用，闲置率达 95%以上，主导反馈环 (+5，+6，+7，+8) 形成恶性循环的正反馈效应。

因此，反馈环 (+5，+6，+7，+8) 开发管理方针为：消除反馈环 (+5，+6，+7，+8) 恶性循环的正反馈效应，形成良性循环的正反馈效应。

反馈环 (+5，+6，+7，+8) 中形成恶性循环正反馈效应的关键因果链为：户沼气工程用粪比 $A_{61}(t) \xrightarrow{+}$ 户猪粪年产沼液变化量 $R_6(t)$。由关键因果链分析生成户猪粪年产沼液量 $L_6(t)$ 关联反馈环开发管理对策为：

管理对策 3：通过政府财政补贴、成立专业合作社统一管理等方式，减少户用沼气池使用成本。通过与高校科研院所合作，解决户用沼气建设与运营中的技术问题。通过发展区域特色种植业，提高农户沼气工程运营的经济收益。

4. 德邦场户合作发展模式的系统发展管理对策实践

(1) 实施管理对策 1，养殖企业建设养种互促发展的循环经济模式。

2013 年至 2015 年间，场不断试点“猪—沼液—玉米”“猪—沼液—马铃薯”等沼液种植工程，由于经济效益原因，养殖场自营的沼液种植工程效益不佳。在多次、多地调研考察后，2015 年养殖场新开发“猪—沼液—雷公竹”沼液种植工程。雷公竹种植经济效益高，2015 年每亩可获利润 5 万元左右，每年可消纳沼液 180

吨/公顷。目前场试点种植 2.0 公顷雷公竹，未来规划种植 8.0 公顷雷公竹。

此管理对策的实施，是通过养殖企业创新养种循环经济模式，发挥企业在农业供给侧结构性改革中的带动、示范作用，实现企业增收目标。

(2) 实施管理对策 2，场履行环境责任与周边企业、农户共同开发沼液种植工程。

场已建且不断运行沼液三级储存、净化、传输系统。与周边企业合作，为江苏阳光集团 576.0 公顷苗木种植提供沼液肥料，开发“猪—沼液—苗木”沼液种植工程。与周边农户合作，为周边农户蔬菜、水稻、棉花等种植业提供沼液肥料，开发“猪—沼液—蔬菜”“猪—沼液—水稻”等沼液种植工程。通过以上工程，2015 年共开发猪粪沼肥施用面积 616.6 公顷。

此管理对策的实施，在养殖企业实现增收目标的同时，落实了企业生态环境保护的社会责任，发挥了养殖企业带动农户增收、促进种植企业发展中的社会作用。

(3) 实施管理对策 3，落实多主体目标责任，扶持户用沼气池发展。

2009 年成立高塘乡沼气沼液开发利用专业合作社，配备原料粪车等设备，合作社无偿为无养殖农户和临时缺料农户提供猪粪发酵原料，极大地促进了户用沼气池的发展。2015 年，科研院所深入实地研究提供户沼气工程实施方案和管理技术，合作社将原料运输、进出料责任落实到人，共同解决户用沼气池生产、管理技术难题。政府部门为每户沼气池提供 30 元/年的补贴，促进户用沼气池发展。2015 年末 168 户农户使用户用沼气池，户沼气池使用率从 5%提高到 56%。

此管理对策的实施，实现了政府支持企业、农户增收，促进农村经济发展的目标，落实了政府财政补贴、引导成立专业合作社的责任；实现了高校科研院所科研成果创新与服务社会的目标，落实了高校科研院所解决户用沼气建设与运营中的技术难题的责任；实现了农户利用沼气能源、沼液资源增加经济收益的目标，落实了农户支持养殖企业生态环境保护中的责任。

3.3 顶点赋权图分析技术

3.3.1 顶点赋权图分析法的概念及步骤

顶点赋权图分析法是在系统因果关系图定性分析的基础上，赋予因果关系图各顶点的某一时刻值，定量分析因果关系图的运作机理，此方法不仅实现了因果关系图定性定量相结合分析的目的，还为变量间关联方程的建立积累了信息。

定义 3.3.1 设 $G(t) = (V(t), X(t))$ 是一个有向图，其中 $V(t)$ 为有向图中顶点的集合，$X(t)$ 为有向图中弧的集合，若存在映射 $F(t): X(t) \to \{-, +\}$，则 $G(t)$ 连同映射 $F(t)$ 称为因果关系图，记为 $D(t) = (V(t), X(t), F(t))$。

定义 3.3.2　已知时间区间 T 上的因果关系图 $G(t)=(V(t),X(t),F(t))$，若从系统关键变量顶点开始，基于系统发展实际分析，将科学理论、数据、经验和专家判断力相结合，由顶点因果链关联关系、实验测试数据、顶点的实际意义等，计算出 T 上某一时刻顶点集 $V(t)$ 上所有顶点的值，代入因果关系图，所得的具有顶点值的因果关系图称为该时刻的关键变量顶点赋权因果关系图，简称系统顶点赋权图，记为 $D(t)=(V(t),X(t),F(t))$。

顶点赋权图分析法的基本步骤：

步骤 1：定性分析，确定系统边界；

步骤 2：建立系统在时间区间 T 上的因果关系图 $G(t)=(V(t),X(t),F(t))$；

步骤 3：对于给定的 $t_1\in T$，从系统关键变量顶点开始，基于系统发展实际分析，将科学理论、数据、经验和专家判断力相结合，通过关联因果链 $x_{ij}(t)$ 方程或实验数据或实际意义等，计算出 t_1 时点各顶点的值；

步骤 4：将所有顶点的值 $V_1(t)=\{v_1(t_1),v_2(t_1),\cdots,v_n(t_1)\}$ 代入其因果关系图，得到系统在 t_1 时的顶点赋权图 $D(t)=(V(t),X(t),F(t))$。通过顶点赋权图定量揭示复杂反馈系统 $t=t_1\in T$ 时的定量变化规律；

步骤 5：分别计算出 $t=t_i\in T,i=2,3,\cdots,m$ 时各顶点的值，建立 m 个反馈基模顶点赋权图 $D(t_i)=(V(t_i),X(t_i),F(t_i))$，$t_i\in T,i=2,3,\cdots,m$，定量揭示复杂反馈系统各 t_i 时的定量变化规律；

步骤 6：通过 m 个顶点赋权图 $D(t_i),i=1,2,\cdots,m$ 的定量反馈环分析，揭示复杂反馈系统各不同时刻定量变化规律，寻找解决该系统问题的杠杆解，形成具体的管理方针及复杂反馈系统发展对策。同时，为建立仿真方程与定量仿真未来对策效应提供信息积累。

3.3.2　泰华生猪规模养殖系统因果关系图

1. 研究案例的基本情况

泰华猪场是农户彭玉权新建的中型规模生猪养殖场，地处江西省萍乡市湘东区排上镇兰坡村，萍乡地区位于井冈山西域、湘赣边境，境内多属低山丘陵，年均气温 17.3℃。2005 年，兰坡村总面积 150 公顷，全村共有农户 113 户，人口 424 人。同我国多数农村一样，全村大部分劳动力外出打工，系统内的经济活动主要是生猪养殖、稻谷种植，以及少量的旱地农户自给蔬菜种植。由于养殖的市场和疫病风险及留守劳动力缺乏等原因，绝大多数农户已放弃养猪，目前全村的生猪养殖主要是泰华猪场。该猪场是排上镇养猪协会的龙头，彭玉权是排上镇养猪协会的会长，其养殖行为及管理模式在排上镇乃至整个湘东区具有一定示范效应。泰华猪场实行自繁自养，2005 年出栏生猪 3000 余头，目前还在考虑扩大养殖规模。猪舍建在自然村较高的坡地上，面积约 2.1 公顷，猪舍南面有一个面积约 0.4 公顷的池塘，池塘下有清水灌溉沟渠，沟渠流经全村的 13.3 公顷水稻田，邻近有未开垦旱地近 16.7 公顷。猪场先后建设了共计 270 米^3 的三个小型沼气池，对养殖粪便进行治理，猪粪水的直接污染问题已基本解决。但其厌氧发酵产生的沼气和沼液因资金、土地、技术、环保意识等主客观原因，未能完全加以综合利用，沼气直接排入大气，沼液大部分流进沟渠，与灌溉用水混流不断进入沿途的稻田，沼液中有机养分累积在区域环境中，年复一年形成环境污染。农田和水体富营养现象严重，水稻由于过肥而“青苗”减产甚至不产，沼液还对沿途及下游水域造成了严重污染。

通过分析得到以下结论。

泰华生猪规模养殖生态系统是一个由生猪规模养殖、水稻和农作物 (蔬菜、青饲料、林果) 种植、自然环境 (土壤、水域、大气等)、管理等子系统构成的，且以生猪养殖为核心的农业生态系统。

系统运行中存在的主要问题有：

问题 1：沼液与灌溉用水混合排灌造成水稻苗发青、稻谷减产 (实践调研发现，减产约 45%)；

问题 2：一方面区域内农田土地资源短缺，另一方面长达 7 个月的水稻冬闲田大量存在，造成土地资源的利用率低下，也造成了规模养殖污染在冬季的季节性加剧；

问题 3：猪场年出栏生猪 3000 头，年产沼气量 42979 (米^3/年)，沼气存储、供气设施缺乏，供气不稳定，农户对沼气能源的价值及其直接排放造成的温室污染缺乏认识，沼气利用率低下，仅 1/3 沼气产量供养殖场及附近少数农户用作炊事燃料，绝大部分直接对外排放，对大气产生污染；

问题 4：养殖污染的存在加剧生猪养殖疫病风险。

上述四个问题构成一个复杂的反馈信息系统，单靠一个学科的科学技术难以解决。需以系统科学、系统动力学与农学、环保工程学、生物学、运筹学等科学理论结合，通过建立新的科学技术和科学管理理论，集成创新，解决规模养殖沼气工程系统中存在的上述四大问题。

2. 建立泰华生猪规模养殖系统因果关系图

设定时间区间 T 为泰华猪场 270 米^3 沼气池已建成并投入使用的时间区间，系统的反馈环基模因果关系图 $G(t) = (V(t), X(t), F(t))$ (图 3.7) 由 14 个变量顶点构成。

其中 4 条正反馈环分别为：

(1) 猪头数 $V_1(t) \xrightarrow{+}$ 规模养殖利润 $V_2(t) \xrightarrow{+}$ 猪头数 $V_1(t)$；

(2) 猪头数 $V_1(t) \xrightarrow{+}$ 猪粪尿量 $V_3(t) \xrightarrow{+}$ 产沼气量 $V_4(t) \xrightarrow{+}$ 沼气能源效益

$V_5(t) \xrightarrow{+}$ 猪头数 $V_1(t)$；

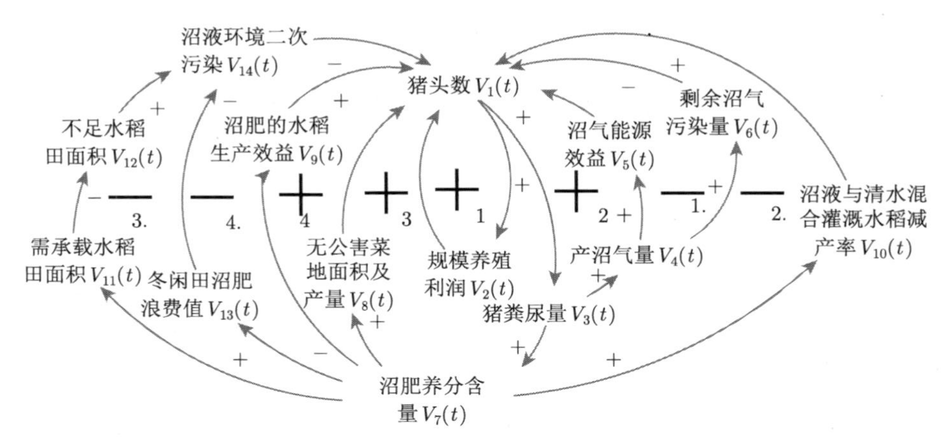

图 3.7　泰华生猪规模养殖系统因果关系图

(3) 猪头数 $V_1(t) \xrightarrow{+}$ 猪粪尿量 $V_3(t) \xrightarrow{+}$ 沼肥养分含量 $V_7(t) \xrightarrow{+}$ 无公害菜地面积及产量 $V_8(t) \xrightarrow{+}$ 猪头数 $V_1(t)$；

(4) 猪头数 $V_1(t) \xrightarrow{+}$ 猪粪尿量 $V_3(t) \xrightarrow{+}$ 沼肥养分含量 $V_7(t) \xrightarrow{+}$ 沼肥的水稻生产效益 $V_9(t) \xrightarrow{+}$ 猪头数 $V_1(t)$。

四条正反馈环刻画了泰华生猪规模养殖生态系统良性运转的促进因素：规模养殖的利润、沼气能源效益及蔬菜、水稻生产有机肥的取得，是养殖业废弃物生物质能源开发再利用、污染治理模式运行发展的动力，构成了泰华生猪规模养殖生态系统的增长子系统。

4 条负反馈环分别为：

(1) 猪头数 $V_1(t) \xrightarrow{+}$ 猪粪尿量 $V_3(t) \xrightarrow{+}$ 产沼气量 $V_4(t) \xrightarrow{+}$ 剩余沼气直接排放对大气的污染量 $V_6(t) \xrightarrow{-}$ 猪头数 $V_1(t)$；

(2) 猪头数 $V_1(t) \xrightarrow{+}$ 猪粪尿量 $V_3(t) \xrightarrow{+}$ 沼肥养分含量 $V_7(t) \xrightarrow{+}$ 沼液与清水混合灌溉水稻减产率 $V_{10}(t) \xrightarrow{-}$ 猪头数 $V_1(t)$；

(3) 猪头数 $V_1(t) \xrightarrow{+}$ 猪粪尿量 $V_3(t) \xrightarrow{+}$ 沼肥养分含量 $V_7(t) \xrightarrow{+}$ 需承载水稻田面积 $V_{11}(t) \xrightarrow{+}$ 不足水稻田面积 $V_{12}(t) \xrightarrow{+}$ 沼液环境二次污染 $V_{14}(t) \xrightarrow{-}$ 猪头数 $V_1(t)$；

(4) 猪头数 $V_1(t) \xrightarrow{+}$ 猪粪尿量 $V_3(t) \xrightarrow{+}$ 沼肥养分含量 $V_7(t) \xrightarrow{+}$ 冬闲沼肥浪费值 $V_{13}(t) \xrightarrow{+}$ 沼液环境二次污染 $V_{14}(t) \xrightarrow{-}$ 猪头数 $V_1(t)$。

4 条负反馈环揭示了由于沼气污染、沼液与灌溉清水混流、消纳沼液所需水稻田面积不足、冬闲季节沼肥浪费造成严重二次污染对养殖规模的制约反馈关系，构成了泰华生猪规模养殖生态系统的限制子系统。

于是有结论：泰华生猪规模养殖生态系统是一个增长上限反馈系统。系统中沼气污染、沼液与灌溉清水混流、消纳沼液所需水稻田面积不足、冬闲季节沼肥浪费造成严重二次污染四个问题构成了泰华生猪规模养殖生态系统发展的上限系统。

3.3.3　泰华生猪规模养殖系统顶点赋权图

1. 泰华生猪规模养殖系统顶点赋权图顶点权值的确定

为深入刻画已建成沼气池并投入使用后的规模养殖生态系统问题，在图 3.7 所示的增长上限因果关系图 $G(t) = (V(t), X(t), F(t))$ 基础上，取 $t = 2005$ 年，对图 3.7 所示的增长上限因果关系图从关键变量顶点“猪头数”开始，通过关联方程或实验数据或实际意义等，确定各顶点 $V_i(t)$ 的指标并计算出该年度的对应值，建立泰华生猪规模养殖生态系统的关键变量顶点赋权图模型。

(1) 已知 2005 年泰华猪场年出栏猪 3000 头，即猪头数 $V_1(t)|_{t=2005} = 3000$ 头/年。

这是规模养殖系统的一个关键变量，也是系统运行分析的初始值。

(2) 规模养殖年利润值 $V_2(t)$ 的计算与分析。

顶点 $V_2(t)$ 的关联因果链为猪头数 $V_1(t) \xrightarrow{+}$ 规模养殖利润 $V_2(t)$，计算规模养殖利润 $V_2(t)$ 的值。根据泰华猪场实行的是自繁自养模式，建立其自繁自养模式下的养殖利润公式：

平均每头猪的利润(元/头)
= 商品猪价格(元/千克)×平均每头猪重量(千克/头)
−[平均每头饲料成本(元/头)+平均每头人工成本(元/头)
+平均每头水电成本(元/头)+平均每头防疫成本(元/头)
+平均每头母猪平摊成本(元/头)+平均每头设备折旧平台成本(元/头)]。

根据泰华猪场近十年的养殖数据，得

泰华猪场平均每头猪的利润(元/头)
=7.6元/千克×105 千克/头−[235千克/头×2.1元/千克
+45元/头 +10元/头 +12元/头 +130元/头 +30元/头]
=77.5元/头。

因此，泰华猪场年出栏 3000 头生猪的年销售利润为

$$V_2(t)|_{t=2005} = 77.5\text{元/头} \times 3000\text{头/年} = 23.25\text{万元/年}。$$

由此可见，虽然每头猪的利润只有 77.5 元，但实行规模养殖，年出栏 3000 头猪的泰华猪场年利润达 23 万余元。这就证明了生猪的规模养殖是农民增收的一条途径，规模养殖的可观收入反过来又会促进农民扩大生猪养殖的规模，形成正反馈，因此利润是农民发展生猪规模养殖的直接动力。

(3) 规模养殖猪粪尿量 $V_3(t)$ 的计算与分析。

由因果链猪头数 $V_1(t) \xrightarrow{+}$ 猪粪尿量 $V_3(t)$，计算猪粪尿量 $V_3(t)$ 的值。

猪日排泄粪、尿量与饲料结构及环境有关，实测结果显示：泰华猪场一头猪日排粪量平均为 1.5 千克，排尿量为 2.6 千克。另外，泰华猪场由于养殖管理效益高，生猪出栏重量为 100—110 千克，饲养期为 160 天。

按此生长期及日排量系数，计算泰华猪场年出栏 3000 头时的年猪粪尿排泄量。

猪粪尿量 $V_3(t)$

$=$[1.5 千克/(天 · 头)+2.6 千克/(天 · 头)]×160 天 ×3000 头/年

$=$1968000 千克/年 =1968 吨/年。

进一步分析，猪粪尿中含有大量生物质资源，如营养成分氮 (N)，磷 (P)，钾 (K)。查阅相关文献猪粪尿中 N，P，K 含量，按如下公式计算：

年产猪粪 (尿) 含 N 量 (吨/年)

$=$年产猪粪 (尿) 量 (吨/年)× 猪粪尿含 N 率 0.56%(0.31%)；

年产猪粪 (尿) 含 P 量 (吨/年)

$=$年产猪粪 (尿) 量 (吨/年)× 猪粪尿含 P 率 0.4%(0.12%)；

年产猪粪 (尿) 含 K 量 (吨/年)

$=$年产猪粪 (尿) 量 (吨/年)× 猪粪尿含 K 率 0.44%(0.95%)。

由上述公式，得到

$$V_3(t)|_{t=2005} = \begin{cases} \text{粪尿量 1968 吨/年}, \\ \text{含 N 量 7.9 吨/年}, \\ \text{含 P 量 4.38 吨/年}, \\ \text{含 K 量 15 吨/年。} \end{cases}$$

$V_3(t)$ 的值揭示了一方面猪场粪尿是一个大的生物质资源库，但另一方面巨量的猪粪尿若集中排放，将造成严重的污染。

(4) 规模养殖沼气工程年生物质开发年产沼气量 $V_4(t)$ 的计算与分析。

泰华猪场为了治理猪粪尿污染，开发生物质能源，先后建立了共计 270 米^{3}的沼气池，对猪粪尿进行处理。沼气发酵产气量的计算一般有 3 种计算方式，本文采用原料干物率及干物质 (TS) 产气率计算。

顶点 $V_4(t)$ 因果链方程为：猪粪尿量 $V_3(t) \xrightarrow{+}$ 年产沼气量 $V_4(t)$，由文献得如下计算公式：

猪粪年产沼气量 (米^3/年)

=鲜猪粪量 (吨/年)×18%(干粪率)×257.3 米^3/吨 (干猪粪产气量)，

猪尿年产沼气量 (米^3/年)

=鲜猪尿量 (吨/年)×3%(干粪率)×257.3 米^3/吨 (干猪粪产气量)。

于是，泰华养殖场规模养殖猪粪尿年产沼气量。

猪粪尿产沼气量 $V_4(t)$

=720 吨/年 ×18%×257.3 米^3/吨 +1248 吨/年 ×3%×257.3 米^3/吨

=42979 米^3/年 (117.8 米^3/天)≈ 4.3 万米^3/年。

沼气是以甲烷 (CH_4) 为主要成分的一种可燃的混合气体，沼气作为一种清洁高效的能源，可替代薪柴、煤炭作为生活用燃料，既有利于减少对不可再生能源的消耗，又为农民节约购买商品燃料的支出，而且能避免薪柴、煤炭燃烧产生过量烟尘及二氧化碳对大气的污染，提升农村生活用能的质量，改善农村生态环境。

(5) 年产沼气能源效益 $V_5(t)$ 的计算与分析。

目前我国中部地区农村生活用燃料主要以煤炭、薪柴为主。因此可以从以下三个方面计算泰华猪场每年产生的 42979 米^3 沼气的能源效益。

① 替代燃煤、利于能源的可持续发展。

1 米^3 沼气有效能值 (吉焦/年)(注：1 吉焦 =10^9 焦)

=0.02092 吉焦/米^3(沼气能值)×60%(沼气热能转换系数)

=0.012552 吉焦/米^3，

1 千克煤的有效能值 (吉焦/千克)

=0.0136 吉焦/千克 (煤的能值)×29.4%(煤的热能转换率)

=0.0039984 吉焦/千克。

所以：1 米^3 沼气煤当量 (吉焦/米^3) = 0.012552 吉焦/米^3÷ 0.0039984 吉焦/千克

=3.1318 千克/米^3，

3000 头猪年产沼气煤当量 (吨/米^3)

$= 42979$ 米^3/年 $\times 3.1318$ 千克/米$^3 \times 10^{-3}$
$= 134.6$ 吨/年。

以上计算结果显示，规模养殖年出栏 3000 头时，每年猪场粪尿可产生的沼气相当于 134.6 吨煤燃烧的热值，每日可替代 368.7 千克的燃煤。煤是不可再生的资源，在当今能源短缺，农村生活用能紧缺的背景下，通过沼气技术对猪场粪尿物质资源的二次开发利用，具有保障国家能源安全，促进能源可持续发展的战略意义。

② 减少薪柴砍伐，有利于农村水土保持、环境治理。

1 千克薪柴的有效能值 (吉焦/千克)
$= 0.0167$ 吉焦/千克 (薪柴的能值)$\times 25\%$(柴灶热效率)
$= 0.004175$ 吉焦/千克，
1 米^3 沼气薪柴当量 (千克/米^3)
$= 0.012552$ 千克/米$^3 \div 0.004175$ 千克/米^3
$= 3.006$ 千克/米^3，
3000 头猪年产沼气薪柴当量 (吨/米^3)
$= 42979$ 米^3/年 $\times 3.006$ 千克/米$^3 \times 10^{-3}$
$= 129.2$ 吨/年。

薪柴的过度砍伐是造成许多地区水土流失的重要原因，上述数据表明 3000 头猪的粪尿，通过沼气发酵，每年可产生的沼气相当于 129.2 吨薪柴燃烧的热值，每日可替代 354 千克的薪柴。可见，通过沼气技术对猪场粪尿生物质资源的二次开发利用有利于农村水土的保持。

③ 减少农民生活用能支出，减轻农民负担。

由于沼气商品化在我国还不成熟，无法得知其市场价格，一般沼气价值按与其等量用能的农家燃料的费用替代，因此，按照当地的煤价格折算沼气价值。实地调查得当地农户平均每户每天烧煤球 5 个，煤球价格为 0.04 元/个，每个煤球重 0.75 千克，则每户平均每天生活用煤 3.75 千克，费用 2 元。将每日所需燃煤折算成沼气，为

平均每户每天所需沼气量 (米^3/(户 · 天))
$= 3.75$ 千克/(户 · 天)$\div 3.1318$ 千克/米^3(沼气煤当量)
$= 1.2$ 米^3/(户 · 天)，

所以泰华猪场年产沼气可供 98 户 (117.8 米^3/天 ÷1.2 米^3/(户 · 天)) 农家生活用燃料。

由煤球价格折算的沼气价格为

$$(0.40 \text{ 元/个} \times 5 \text{ 个}) \div 1.2 \text{ 米}^3 = 1.67 \text{ 元/米}^3。$$

于是，泰华猪场年猪粪尿产沼气的价值为

$$42979 \text{ 米}^3\text{/年} \times 1.67 \text{ 元/米}^3 \times 10^{-4} = 7.2 \text{ 万元/年}。$$

综上，年出栏 3000 头时，每年的猪粪尿通过沼气工程生物质能源开发所有潜在的沼气能源效益值

$$V_5(t)|_{t=2005} = \begin{cases} \text{年产沼气的煤炭当量 134.6 吨/年,} \\ \text{年产沼气的薪柴当量 129.2 吨/年,} \\ \text{沼气能源收入 7.2 万元/年。} \end{cases}$$

沼气的这一潜在的能源效益值表明沼气工程生物质能源开发在猪场粪尿生物质能源开发中重要的经济、社会、生态效益。这一效益促使规模养殖数量 $V_1(t)$ 的增加，形成正反馈环。

(6) 剩余沼气直接排放对大气的污染量 $V_6(t)$ 的计算与分析。

虽然沼气存在可观的潜在能源效益，但沼气的主要成分甲烷 (CH_4) 和二氧化碳 (CO_2) 是温室气体，系统内使用不完的沼气直接排放，对大气产生污染。

泰华猪场目前年出栏 3000 头规模下，只有 1/3 的沼气得到有效利用。其具体使用数据结构如下：至 2006 年 8 月，猪场职工做饭、洗澡水加热全使用沼气燃料，相当于 7 户普通农家用气量。另外猪场还为附近 24 户农家架设了沼气输气管道，安装了燃气灶具，为其提供生活燃气，因此按前述 1.2(米^3/户) 计，

$$\begin{aligned} &\text{日均用气量} \\ &= 1.2 \text{ 米}^3\text{/(户 · 天)} \times 31 \text{ 户} = 37.2 \text{ 米}^3\text{/天,} \end{aligned}$$

则

$$\begin{aligned} &\text{日均外排沼气量 (米}^3\text{/天)} \\ &= \text{日产沼气量 (米}^3\text{/天)} - \text{日均用气量 (米}^3\text{/天)} \\ &= 117.8 \text{ 米}^3\text{/天} - 37.2 \text{ 米}^3\text{/天} \\ &= 80.6 \text{ 米}^3\text{/天,} \end{aligned}$$

年外排沼气量 (万米^3/年)

=日均外排沼气量 (米^3/天)×365 天/年 ×10^{-4}

=2.94 万米^3/年，

年外排沼气含 CH_4 量 (万米^3/年)

=年外排沼气量 (万米^3/年)× 沼气中甲烷 (CH_4) 含量 (%)

=2.94 万米^3/年 ×(55~70)%

=(1.62~2.06) 万米^3/年 =1.84 万米^3/年 (取均值)，

年外排沼气含 CO_2 量 (万米^3/年)

=年外排沼气量 (万米^3/年)× 沼气中 CO_2 含量 (%)

=2.94 万米^3/年 ×(25~40)%

=(0.735~1.18) 万米^3/年 =0.96 万米^3/年 (取均值)。

综上，得剩余沼气直接排放对大气的污染量：

$$V_6(t)|_{t=2005}=\begin{cases}\text{外排沼气量：2.94 万米}^3\text{/年，}\\ \text{外排沼气含 CH}_4\text{ 量：1.84 万米}^3\text{/年，}\\ \text{外排沼气含 CO}_2\text{ 量：0.96 万米}^3\text{/年。}\end{cases}$$

每年 2.94 万米^3/年剩余沼气的直接排放，其对大气产生的污染，制约着养殖规模的扩大，形成了顶点赋权负反馈环。

(7) 沼肥养分含量 $V_7(t)$ 的计算与分析。

泰华猪场沼气工程生物质能源开发对养殖粪便的污染治理产生了很好的效益，2006 年 5 月，对猪场原厌氧发酵液 (沼液) 实地采样，经南昌大学环境工程实验室检测，得其主要污染物的浓度含量指标为：化学需氧量 (COD_{cr})：334 毫克/升，氨氮 (NH_3-N)：12.7 毫克/升，磷 (P)：19.2 毫克/升，较猪粪尿直接排放 (COD_{cr}：1000 毫克/升，NH_3-N：134 毫克/升，P：326 毫克/升) 有很好的改善。《畜禽养殖业污染物排放标准》规定最高允许排放浓度要求 (COD_{cr}：400 毫克/升，NH_3-N：80 毫克/升，P：8.0 毫克/升)，可见沼液中 COD_{cr} 的浓度、NH_3-N 的浓度已达到最高允许排放浓度标准。

沼肥所含的种植业所需的养分可以其中所含的 N，P，K 量表示。资料显示，沼肥中 N，P，K 的收集率，N 和 P 一般可达 95%，K 一般可达 90%。所以，其年产沼肥中 N，P，K 含量分别为

猪场年产沼肥含 N 量 (吨/年)

=猪场年产猪粪尿含 N 量 (吨/年)×95%=7.9 吨/年 ×95%=7.5 吨/年，

猪场年产沼肥含 P 量 (吨/年)

= 猪场年产猪粪尿含 P 量 (吨/年)×95% = 4.4 吨/年 ×95% = 4.18 吨/年，

猪场年产沼肥含 K 量 (吨/年)

= 猪场年产猪粪尿含 K 量 (吨/年)×90% = 25 吨/年 ×90% = 22.5 吨/年。

所以，泰华猪场年出栏 3000 头猪时，其猪粪尿经厌氧发酵所产沼肥养分含量为

$$V_7(t)|_{t=2005} = \begin{cases} \text{N：7.5 吨/年,} \\ \text{P：4.18 吨/年,} \\ \text{K：22.5 吨/年。} \end{cases}$$

(8) *沼液灌溉无公害菜地面积及产量* $V_8(t)$ *的计算与分析。*

从顶点 $V_7(t)$ 的值可知沼液含有丰富的 N，P，K 基本营养元素。沼液的综合利用功能不断被揭示和证明，其所含的 N，P，K 都是以速效养分的形式存在的，因此速效营养能力很强，养分可利用率高，是一种多元的速效复合肥。用沼肥浇灌蔬菜，可减少农药、化肥的使用，还能增加作物产量、提高品质，同时增强抗病和防冻能力。而且长期施用沼肥，可明显改善土壤性状，优化土壤生态环境，达到永续利用。

泰华猪场附近 38 家农户皆用沼肥在自家房前屋后零散的自用蔬菜地种植蔬菜。

种植的无公害蔬菜地面积

= 人均自给蔬菜地面积 × 平均每户人数 (人/户)× 户数 (户)

= 0.08 亩/人 ×5 人/户 ×38 户 = 15.2 亩 ≈ 1 公顷，

年自给无公害蔬菜量 (千克/年)

= 蔬菜地面积 (亩)× 平均每亩蔬菜量 (千克/亩)

= 蔬菜地面积 (亩)×[每人每天蔬菜量 (千克/人 · 天)× 自给系数

× 年天数 (天/年) ÷ 人均自给蔬菜地面积 (亩)]×365 天/年

= 29127 千克/年 ≈ 2.9 吨/年。

由此得无公害菜地面积及产量

$$V_8(t)|_{t=2005} = \begin{cases} \text{无公害菜地面积 1 公顷,} \\ \text{无公害蔬菜 2.9 吨/年。} \end{cases}$$

此结构揭示，实行规模养殖，可为农户蔬菜种植提供有机肥源。以沼气工程进行生物质能源开发，使规模养殖与无公害农产品生产形成一个互动的顶点赋权正反馈环。

(9) 沼肥用于水稻的化肥农业效益 $V_9(t)$ 的计算与分析。

中部是我国水稻主产区，以养殖业为核心，以沼气工程生物质能源开发为纽带的“猪—沼液—水稻”生态农业模式具有重要现实意义。调研得，当地种植水稻每亩约需施用 180 ~ 200 元化肥，50 ~ 70 元农药，以沼肥替代化肥用于水稻种植，可以节约化肥支出，同时由于沼肥具较好的抗病虫害能力，施用沼肥后农药使用减半。分别取其平均值，得泰华猪场沼肥用于 200 亩水稻生产的化肥农药效益值。

沼肥用于水稻生产的化肥、农药效益值 $V_9(t)$(万元/年)

=[每亩节约的化肥支出 (元/(亩 · 年))+ 每亩节约的农药支出 (元/(亩 · 年))]

×农田面积 (亩)$\times 10^{-4}$

=[190 元/(亩 · 年)+30 元/(亩 · 年)]×200 亩 $\times 10^{-4}$ = 4.4 万元/年。

水稻生产使用沼肥，可替代化肥、节约农药，规模养殖与水稻生产形成正反馈。

(10) 沼液与灌溉用水混流，致使水稻减产率 $V_{10}(t)$ 的计算与分析。

以沼肥替代化肥用于水稻种植，可以节约化肥、农药支出，改善土壤土质，但不合理的沼肥灌溉方式又使水稻减产。泰华猪场所在地水稻原平均为 8250 千克/公顷，后因猪场沼液与灌溉用水混流还田，造成水稻青苗过肥而发青，使猪场周边 13.3 公顷水稻田平均产量仅为 4500 千克/公顷，减产率 $V_{10}(t)|_{t=2005} = 45.5\%$ 。

长江中下游地区是中国乃至世界的水稻主产区，水稻如此高的减产率必然危及粮食安全。这是制约实施“猪—沼液—水稻”工程的一条重要的负反馈环。

(11) 消纳沼液所需水稻面积 $V_{11}(t)$ 的计算与分析。

据全国化肥试验网的肥料定位实验结果表明，要达到 600 ~ 800 千克/亩的粮食产量，并提高土壤肥力、保持合理的施肥量，其中 N 每季施 150 ~ 180 千克/公顷，P 每季施 45 ~ 75 千克/公顷。实地调查得，兰坡自然村小流域水稻每年双季种植比单季种植仅多 100 千克，增加收入 100 余元，考虑劳动力成本，农户大多选择每年只种一季稻。由沼肥养分含量 $V_7(t)$ 的值 (N：7.5 吨/年；P：4.8 吨/年)，得泰华猪场

消纳沼肥中的 N 需农田面积 (公顷)

=7500 千克/公顷 ÷(150 ~ 180) 千克/公顷 =41.7 公顷 (取其下限)，

消纳沼肥中的 P 需农田面积 (公顷)

=4180 千克/公顷 ÷(45 ~ 75) 千克/公顷 =55.7 公顷 (取其下限)。

综合考虑对 N，P 的承载量，消纳沼液所需水稻面积 $V_{11}(t) = 55.7$ 公顷。

(12) 消纳沼液水稻不足面积 $V_{12}(t)$ 的计算与分析。

泰华规模养殖生态系统内现有水稻田 13.3 公顷。由于目前蔬菜种植为农户自给自足，菜地量少且分散，所用沼液是农户肩挑浇灌，消纳沼液量非常少，所以消纳沼液水稻田不足面积近似为

$$V_{12}(t)|_{t=2005} = 55.7\text{ 公顷 } - 13.3\text{ 公顷 } = 42.4\text{ 公顷。}$$

(13) 冬闲季节沼肥资源浪费值 $V_{13}(t)$ 的计算与分析。

泰华猪场所在地水稻每年 5 月播种，9 月底收割，种植期约为 5 个月，其余近 7 个月时间，稻田一般荒存闲置。冬闲田的存在，对人均耕地不足的江西省而言，是一种极大的浪费。同时，冬闲季节水田不需灌溉，沼肥极少部分被农户用于闲散菜地浇灌外，每年有近 7/12 的沼肥不被利用，其浪费值

$$V_{13}(t)|_{t=2005} = \begin{cases} \text{N：}7.5\text{ 吨/年 } \times 7/12 = 4.375\text{ 吨/年,} \\ \text{P：}4.18\text{ 吨/年 } \times 7/12 = 2.43\text{ 吨/年,} \\ \text{K：}22.5\text{ 吨/年 } \times 7/12 = 13.125\text{ 吨/年。} \end{cases}$$

如此大量的有机养分得不到有效利用，不仅浪费资源，而且对环境造成污染。

(14) 沼液二次环境污染量 $V_{14}(t)$ 的计算与分析。

由于消纳猪场所产沼液水稻田面积的不足以及水稻生产用肥的季节性变化，大量的沼液不能在系统内消化，尤其是在这 7 个月冬闲季节中，仍有大量沼液的水沿水渠直接流往下游，其中所含的 N，P，K 及化学需氧量 (COD_{cr}) 等使沿途及下游水体出现富营养化，发黑、变臭、水质恶化，甚至渗入地下水，污染了下游饮用水源。以过剩沼液中所含的 N，P 量及氨氮 (NH_3-N) 和 COD_{cr} 浓度作为沼液二次环境污染量指标。按如下公式计算：

每年过剩沼液总 N 量(吨/年)

= 水稻种植季节过剩沼液含 N 量(吨/年) + 冬闲季节沼液中 N 总量(吨/年)

= 种植季节中 N 总量(吨/年) − 水稻田面积(公顷)

× 农田每季合理地施 N 肥量(吨/(公顷 · 年)) + 冬闲季节沼液中 N 总量(吨/年)

= (5/12)×7.5 吨/年 − 13.3 公顷 ×0.18 吨/(公顷 · 年) + 7.5×(7/12) 吨/年

= 5.106 吨/年 ≈ 5.1 吨 /年，

每年过剩沼液总 P 量(吨/年)

= 水稻种植季节过剩沼液含 P 量(吨/年)+冬闲季节沼液中 P 含量(吨/年)

= 种植季节沼液中 P 总量(吨/年)−水稻田面积(公顷)

×农田每季合理的施 P 肥量(吨/(公顷 · 年))+冬闲季节沼液中 P 总量(吨/年)

=(5/12)×4.18 吨/年 −13.3 公顷 ×0.075 吨/(公顷 · 年)+4.18×(7/12) 吨/年
=3.18 吨/年。

沼液中氨氮 (NH_3-N) 和化学需氧量 (COD_{cr}) 浓度由 2006 年 5 月实地采样检测得：NH_3-N 浓度 =12.7 毫克/升，COD_{cr} 浓度 =334 毫克/升，因此沼液环境二次污染量的值为

$$V_{14}(t)|_{t=2005} = \begin{cases} \text{过剩沼液总 N 量：5.1 吨/年,} \\ \text{过剩沼液总 P 量：3.18 吨/年,} \\ COD_{cr}\ \text{浓度：334 毫克/升,} \\ NH_3\text{-N 浓度：12.7 毫克/升。} \end{cases}$$

这个顶点值反映了剩余沼液的污染程度，每年 5.1 吨 N、3.18 吨 P 的盈余，且虽然沼液 COD_{cr} 浓度、NH_3-N 浓度已达到《畜禽养殖业污染物排放标准》规定的最高允许排放标准要求 (COD_{cr}：400 毫克/升；NH_3-N：80 毫克/升；P：80 毫克/升)，但常年排放，它们对土壤水体富营养化的作用仍不可小视。

2. 系统 $t = 2005$ 年时的顶点赋权图模型

将上文计算的各顶点的对应值代入图 3.6，得泰华规模养殖为年出栏生猪 3000 头时的关键变量顶点赋权图 $D_1(t) = (V_1(t), X_1(t), F_1(t))$ (图 3.8)。

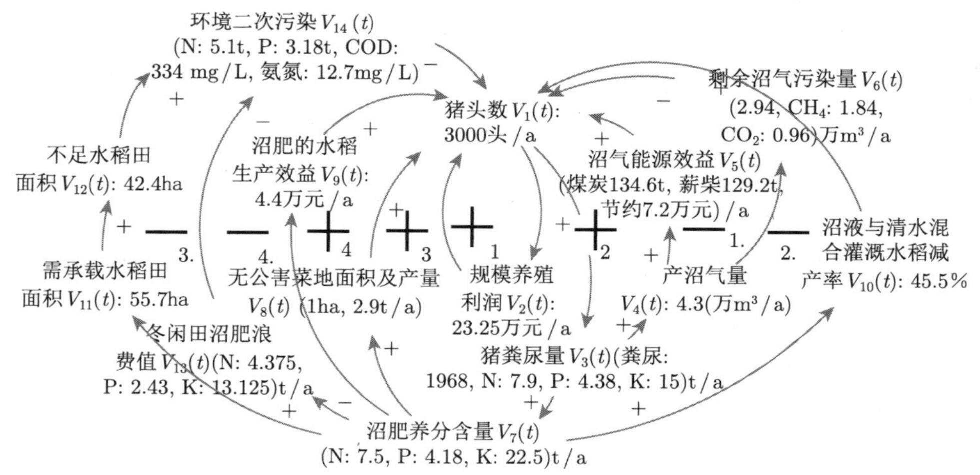

图 3.8　年出栏 3000 头时泰华生猪规模养殖生态系统反馈环基模顶点赋权图

图 3.8 中四个正反馈环各顶点值深刻揭示了年出栏 3000 头时，可获利 23.25 万元，同时对每年产生的 1968 吨猪粪尿采用沼气技术厌氧发酵，能产生 42979

米³ 的沼气及含 N，P，K 分别为 7.5 吨、4.18 吨、22.5 吨的高品质有机肥，沼气可替代 134.6 吨燃煤或 129.2 吨薪柴作生活用燃料，沼肥可替代化肥、农药用于水稻及蔬菜的种植，促进种植业的发展。四个负反馈环各顶点值以实际的数据，具体刻画了泰华猪场规模养殖生态系统年出栏 3000 头养殖规模下，存在的剩余 2/3 的沼气排放产生大气污染、沼液与清水混流使水稻减产 45.5%，由于承载农田的面积不足 (缺 42.4 公顷/年) 以及冬闲季节农田的闲置等原因产生严重的二次污染，这四方面的负反馈作用，成为生猪规模养殖业发展的制约。

此顶点赋权因果关系图从定量的角度，深刻揭示了下面结论。

结论：年出栏 3000 头生猪的养殖规模，其对养殖利润、沼气能源、沼肥替代化肥、农药用于无公害蔬菜、水稻产生的正反馈作用，以及由于剩余沼气排放对大气的污染、沼液与清水混流使水稻减产、农田面积不足及冬季农田的闲置等原因产生的二次污染对养殖业发展的抑制作用都与养殖规模之间存在严格的定量依赖关系。

3.3.4 基于顶点赋权图分析的管理对策研究

1. 系统反馈作用变化规律的顶点赋权分析

当猪头数量增加时，系统各顶点值将随之改变。同样方法可计算出当关键变量猪头数取其他值，如年出栏 4000 头、5000 头时各顶点的值，并得到相应关键变量顶点赋权模型。

目前泰华猪场正规化将养殖规模扩大到年出栏 1 万头，即 $V_1(t) = 1$ 万头/年，计算出此时各顶点值代入因果关系图得泰华猪场养殖规模为年出栏 1 万头时的关键变量顶点赋权图 $D_2(t) = (V_2(t), X_2(t), F_2(t))$ (图 3.9)。

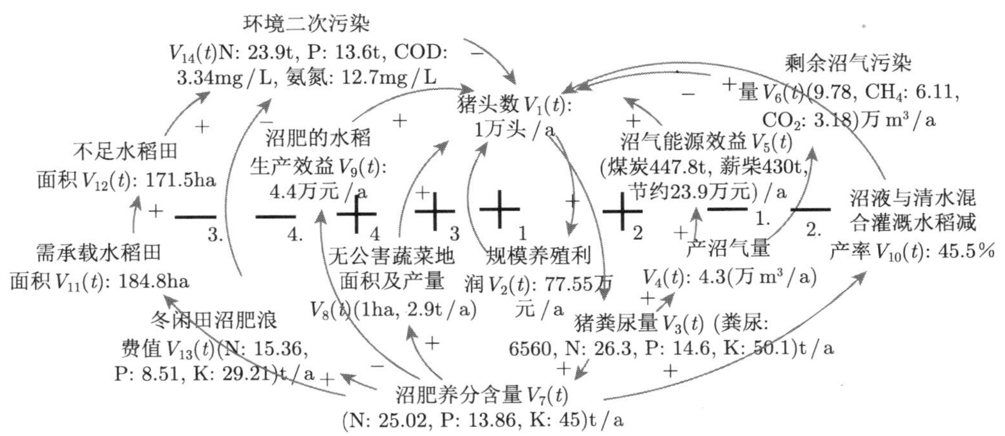

图 3.9 年出栏 1 万头时泰华生猪规模养殖生态系统反馈环基模顶点赋权图

1) 四条正反馈环的变化

(1) 正反馈环 1 中，当生猪养殖规模由年出栏 3000 头增至 1 万头，增长 233% 时，反馈环中的利润 $V_2(t)$ 由 23.25 万元/年增至 77.55 万元/年，增长率为 233%。这揭示出在商品猪市场售价稳定的条件下，养殖利润与生猪出栏数同比例增长，这是此正反馈环的一个重要特性。

(2) 正反馈环 2 为沼气能源效益正反馈环。当养殖规模由年出栏 3000 头增至 1 万头时，反馈环中沼气潜在的能源效益为 $V_5(t)$，其年产沼气的煤炭当量由 134.6 吨/年增至 447.8 吨/年，薪柴当量由 129.2 吨/年增至 430 吨/年，沼气潜在能源收入由 7.2 万元/年增至 23.9 万元/年，三项增长率均约 233%，与生猪出栏数按同比例增长，说明此反馈环中生猪出栏数与沼气能源效益的正反馈作用按同比例加强。

(3) 正反馈环 3 为无公害蔬菜地面积及产量正反馈环。此反馈环中，由于农户自给蔬菜地面积保持不变，3000 头猪规模产出的沼液已足够蔬菜种植的需要，其产量也保持不变，所以养殖规模由年出栏 3000 头增至 1 万头时，此正反馈环失去正反馈作用。

(4) 正反馈环 4 为沼肥替代化肥、农药用于水稻生产正反馈环。同样由于水稻田面积未因生猪养殖规模的增加而改变，仍保持 13.3 公顷不变，当养殖规模由年出栏 3000 头增至 1 万头时，沼肥替代化肥、农药用于水稻生产效益也保持 4.4 万元/年不变，此反馈环失去正反馈作用。

2) 四条负反馈环的变化

(1) 负反馈环 1 为剩余沼气污染量制约反馈环。当养殖规模由年出栏 3000 头增至 1 万头时，反馈环中剩余沼气量由 2.94 万米^3/年增至 9.78 万米^3/年，增长率约 233%，其中所含 CH_4，CO_2 按同比例增长，即剩余沼气污染量对养殖规模扩大的制约作用按同比例增强。

(2) 负反馈环 2 为沼液与清水混流灌溉使水稻减产负反馈环。反馈环中年出栏 3000 头时减产率 45.5%为一实测数据，当养殖规模增至 1 万头时，其值暂不能确定，但可以肯定若不采取任何其他有效措施，此值一定会大于 45.5%，即此负反馈环的制约作用将加强。

(3) 负反馈环 3 为因消纳沼液水稻田面积不足造成环境二次污染负反馈环。此反馈环中，由于水稻田面积未因生猪养殖规模的增加而增加，致使消纳沼液水稻田的不足面积由 42.4 公顷增至 171.5 公顷，增长率约 336%，对生猪养殖规模扩大的制约力度增加。

(4) 负反馈环 4 为冬闲季节沼肥浪费，N，P 流失造成环境二次污染而制约生猪养殖规模扩大的负反馈环。近 7 个月的冬闲季节，水田不需灌溉，沼肥除极少一部分被当地农户用于闲散菜地浇灌外，绝大部分不被利用，造成极大的资源浪费。当养殖规模由年出栏 3000 头增至 1 万头时，浪费流失的 N 由每年 4.375 吨增至 15.36 吨，P 由每年 2.43 吨增至 8.51 吨，对生猪养殖规模扩大的制约力度增加。

综上所述，当养殖规模由年出栏 3000 头增至 1 万头时，在市场价格不变的条件下，利润、沼气能源正反馈效益增强，但由于土地资源有限，水稻的沼肥、蔬菜的化肥、农药替代效益正反馈作用消失。同时四条负反馈环对生猪规模养殖的制约作用增强。

由此动态分析，得出结论：

在增长上限反馈系统中，正反馈环的促进作用和负反馈环的抑制作用与系统关键变量值的大小相关，开发资源促进正反馈环的发展，消除负反馈环的制约作用是解决该系统问题的杠杆解。

2. 规模养殖生态系统发展管理对策

比较各时点顶点值的变化，可动态分析各增长正反馈环与各制约负反馈环的反馈作用力度变化规律，寻找减弱甚至去除上限子系统各负反馈环对系统增长制约作用的杠杆解。对于增长上限系统，Peter M. Senge 博士在其著作 *The Fifth Discipline: The Art and Practice of the Learning Organization* 中，提出了相应的管理方针："此时不要尝试去推动增长，而要除掉限制增长的因素"。此管理方针的核心是消除上限子系统中负反馈环的制约，但并没有提出如何有效消除负反馈环的制约。而如何有效消除负反馈环的制约，是提出有效管理对策的关键，因此，这里对此进行了反复研究，提出如下消除负反馈制约上限的原理：

建立有共同利益、目标和责任的子系统实行消除各负反馈制约上限的子对策，通过子系统利益、目标和责任的实现，实现消除众多负反馈环制约上限总目标，发展循环经济建设和谐社会。

依据上述原理，提出如下管理对策。

对策 1：加大资金与技术投入，解决沼气燃料供气不稳定的问题，铺设适合当地的供气管道，有条件的还可以考虑沼气发电，促进沼气能源的充分利用，消除沼气污染。

顶点 $V_2(t)$ 的值，反映出由于沼气用户有限，每年 2.94 万米^3 的剩余沼气被直接排放到大气，造成污染，且随生猪养殖规模扩大，产出的沼气量同比例增加。资料显示，沼气直接排放，其对大气的温室污染比猪粪尿直接排放更严重，而从能源的角度来看，这又是能源的巨大浪费。根据泰华猪场的实际，提出增加投入、扩大用户、充分利用沼气能源、消除沼气污染的对策。对策于 2005 年初开始逐步实施，2006 年又投入 20 万元，建立了 200 米^3 储气柜，将沼气用户范围扩大到 1.5 公里至 2 公里范围内，除原先的周边 29 户农户，另外又向镇敬老院、陶瓷厂供应生活用气，目前正规化开发沼气发电工程。这一对策的实施能保证年出栏 1 万头生猪规模下沼气的充分利用，消除沼气过剩产生的二次污染的制约，同时为农户带来沼气能源效益。

对策 2：实施沼液与灌溉用水分流净化工程，从根本上解决农田富营养水稻青苗减产的问题。

根据消除增长制约、促进发展的管理原则，提出建设专用沼液管道，实施沼液与灌溉用水分流，同时对沼液实施多级净化的对策。泰华生态能源试点项目在 2005 年投资 12 万元建成沼液与灌溉用清水分流排灌工程，2006 年实地调查显示，青苗问题已解决，水稻增产、规模养殖废弃物综合利用的“猪–沼液–水稻”生态模式正常运行，得到农民一致好评。

对策 3：提高系统内土地资源利用效率，开发冬闲田和荒山旱地，建立养殖和水稻种植、冬闲田与旱地蔬菜、果树或生猪粗饲料种植相结合的生态工程，农牧结合。

系统内消纳沼肥的农田严重不足以及水稻用肥的季节性 (中部地区水稻单季种植农田冬闲近七个月)，造成严重的二次污染，其后果是农业生态环境恶化、系统内及下游水体富营养化、水稻减产甚至危及饮用水安全，与农户纠纷冲突不断。为消除这一制约因素，提出对策：提高系统内土地资源利用效率，建立养殖和水稻种植、冬闲田与旱地种植相结合的生态工程，促进养殖业与种植业一体化发展。

此对策于 2005 年和 2006 年在泰华规模养殖循环经济系统实施应用，利用养殖区内还未开发的 16.7 公顷的旱地和 13.3 公顷冬闲田，开发“猪–沼液–蔬菜”工程，在 30 余亩冬闲田中，开发了以马铃薯和包心菜为主要品种的冬闲田蔬菜种植工程，取得初步成效。2006 年 10 月，在 2005 年实施的基础上，利用 100 余亩冬闲田，开发以榨菜为主要品种的沼肥蔬菜种植工程。对策的系列实施将消除增长制约，促进循环经济系统发展。

对策 4：在发展生猪规模经营，实现农民增收时，考虑生态成本，强调适度规模。

规模养殖有利于提高养殖利润，但是在计算养殖利润时，未考虑环境污染治理成本，长期以来人类无成本地利用自然资源，肆意地向环境排放废弃物，致使生态环境急剧恶化。为此建议在发展生猪规模经营，计算养殖利润时计入生态成本，考虑环境对废弃物的吸纳能力，强调养殖的适度规模。

对策 5：政府、高校和科研机构积极投入，对以沼气工程为纽带的养殖废弃物综合利用给予技术、资金和政策上的扶持。

养殖业是一个市场风险大而利润不高的产业，但综合利用的技术和资金门槛较高。在中国的农村，一项技术或成果只有能为农民带来切实的利益，才能得到广泛的接受和应用。因此，建议各方尤其是政府部门加强对综合利用公益性质的认识，对实施综合利用模式的养殖户在土地、贷款、税收等方面给予足够扶持，加大对农村经济落后地区中小型养殖场沼气工程建设的投入。同时建议高等院校及科研机构加强综合利用的基础理论与技术成果研发、科普宣传，增强农户新技术的接受能力和经济承受力，消除资金、技术对规模养殖污染物综合利用有效运行和发展的制约，使其能为农民带来实惠因而得以推广实施。

3.4 全部反馈环关键因果链分析法

3.4.1 全部反馈环关键因果链分析法原理与步骤

1. 全部反馈环关键因果链分析法原理

反馈环与反馈基模分析可生成改善运作效应的管理方针，如何在确定管理方针的前提下，生成促进系统开发的管理对策是一个值得研究的问题。

(1) 因果链结构是系统变量间关联最基本的层次结构。

因果链、反馈环、反馈基模在系统中属于从低到高不同的层次结构。一般来说，低层次隶属和支撑高层次，即反馈环与反馈基模的运作效应由低层次的因果链支撑。

因此，可根据改善反馈环、反馈基模运作效应的管理方针，由相应反馈结构的因果链分析生成具体管理对策，支撑反馈结构运作效应的改善。

(2) 关键因果链更能有效贯彻管理方针。

不同的因果链，对高层次的反馈环与反馈基模的作用与贡献不同。因此，需聚焦关键因果链分析。关键因果链对运作效应改善有制约和促进两种不同的作用，管理对策制定的重点是对制约作用的因果链分析。

基于以上原理，提出全部反馈环关键因果链分析法。

2. 全部反馈环关键因果链分析法步骤

步骤 1：建立系统流率基本入树模型，通过枝向量行列式计算出系统全体反馈环。

步骤 2：针对系统发展问题，对每个反馈环逐条进行因果链作用分析，揭示该反馈环中制约运作效应改善的因果链或促进核心因果链，其中包括进行环境影响变量因果链作用力分析。

步骤 3：基于各反馈环的不协调制约作用因果链、促进核心因果链、环境影响变量因果链，构成“关键因果链集”。针对系统发展问题，对关键作用因果链分类。

步骤 4：分别对各类因果链作用进行深入分析与管理对策的生成研究。

3.4.2 建立转型期电力供应系统流率基本入树模型

1. 案例研究的背景

20 世纪 80 年代以来，世界上有 50 多个国家先后实施了旨在引入竞争机制的电力市场化改革。从各国运行情况看，既有英国、法国、澳大利亚、美国宾州等电力市场建设成功的经验，也有 2003 年美国、加拿大大停电，巴西改革初期电价上升，2012 年印度大停电等失败的教训。如何推进电力市场化改革是一个世界性难题。我国同样进行了系列电力市场化改革，我国电力市场化改革的历程：1985 ~ 1997 年为集资办电阶段，1997 ~ 2002 年为单一购买者模式形成阶段，2002 年至今为向批发竞争过渡的转型期阶段。自 2002 年实行厂网分离以来，我国目前正处于由单一购买者向批发竞争过渡的转型期。其间，在尝试引入竞争机制的同时，为适应国内外经济发展和未来电力市场建设的需要，先后实施系列市场结构、价格、投资和环境的经济性管制政策。

火电电力供应链就是发电商采购电力生产的原料，将它们转化为电能，通过电网销售给用户的电力生产销售网链。转型期电力供应链的基本特征为：

(1) 在原料采购环节，煤电为主的发电市场结构决定了电力生产的原料采购主要是煤炭采购；单一国有产权的多发电主体市场结构和厂网分离后发电商基本丧失煤炭价格话语的局面，使得发电商只能被动接受煤炭价格的上涨，且任何条件下，都必须采购足够的煤炭，保证电力生产的需要。

(2) 在电力生产、输送和配售方面，按照现有技术，电力能不能大规模有效储存，电力的产供销必须同步完成，电力的生产能力、输送能力和配售能力统称为电力生产供应能力。对于相对独立省级电网而言，跨省电力输送相对固定，省网内部输送和配售由省级电力公司垄断经营，矛盾相对不显现，电力生产供应能力就表现为发电市场装机容量和实际发电能力。

(3) 在电力销售方面，电力产品的公共服务属性，使得销售直接取决于电力需求，而电力需求受电力价格和供求关系影响的同时，更多的是无条件满足社会经济发展的需要。

按照现行电网运行管理体制，以单个省级电网作为研究对象，省级电力交换作为外生变量处理。这里将以华中地区某省电网作为研究对象。根据转型期电力市场产能管理目标，本章将转型期电力供应链产能管理系统划分为电价管理、电力需求、机组审核建设和机组容量四个子系统，并对系统边界作如下假定：

(1) 在电价管理子系统中，重点分析燃煤机组实施的煤电价格联动政策和标杆电价政策下，电价的调整过程，将反映煤价水平的标煤单价作为外生变量。电价管理子系统中核心变量是标杆电价。

(2) 在电力需求子系统中，以统调最大负荷作为系统的电力需求变量。

(3) 在机组审核建设子系统中，根据电力结构以火电为主的特性，重点分析投资核准政策的实施过程及影响。机组审核建设子系统中火电在建容量为核心变量。

(4) 在机组容量子系统中，重点分析核准机组建成投产和“上大压小”关停政策对火电装机容量变化的影响，而将水电、新能源及外购电等其他电力供应能力作为外生变量处理。机组容量子系统中核心变量是火电在建容量。

2. 转型期电力供应系统流率基本入树模型

基于上述转型期电力供应链产能管理系统边界 4 点分析，建立转型期电力供应链产能管理系统模型流位流率系：

(1) 电价管理子系统流位流率对 $(L_1(t)(\text{元}/(\text{kW·h})), R_1(t)(\text{元}/(\text{kW·h·unit}^{-1})))$，流位变量 $L_1(t)(\text{元}/(\text{kW·h}))$ 为标杆电价，流率变量 $R_1(t)(\text{元}/(\text{kW·h·unit}^{-1}))$ 为电价联动调整额。

(2) 电力需求子系统流位流率对 $(L_2(t)(\text{MW}), R_2(t)(\text{MW/unit}))$，流位变量 $L_2(t)$ (MW) 为统调最大负荷，流率变量 $R_2(t)(\text{MW/unit})$ 为年负荷增长额。

(3) 机组审核建设子系统流位流率对 $(L_3(t)(\text{MW}), R_{31}(t)(\text{MW/unit}) - R_{32}(t)(\text{MW/unit}))$，流位变量 $L_3(t)(\text{MW})$ 为火电在建容量，流入率 $R_{31}(t)(\text{MW/unit})$ 为核准建设容量，流出率 $R_{32}(t)(\text{MW/unit})$ 为投产容量

(4) 机组容量子系统流位流率对 $(L_4(t)(\text{MW}), R_{41}(t)(\text{MW/unit}) - R_{42}(t)(\text{MW/unit}))$，流位变量 $L_4(t)(\text{MW})$ 为火电装机容量，流入率 $R_{41}(t)(\text{MW/unit})$ 为投产容量，流出率 $R_{42}(t)(\text{MW/unit})$ 为关停容量。

其中：MW 为兆瓦。

建立系统流率基本入树模型如下 (图 3.10)。

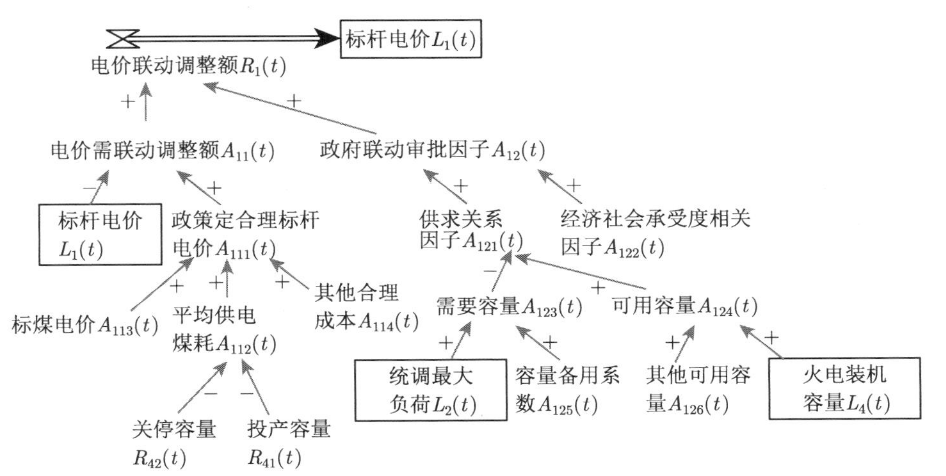

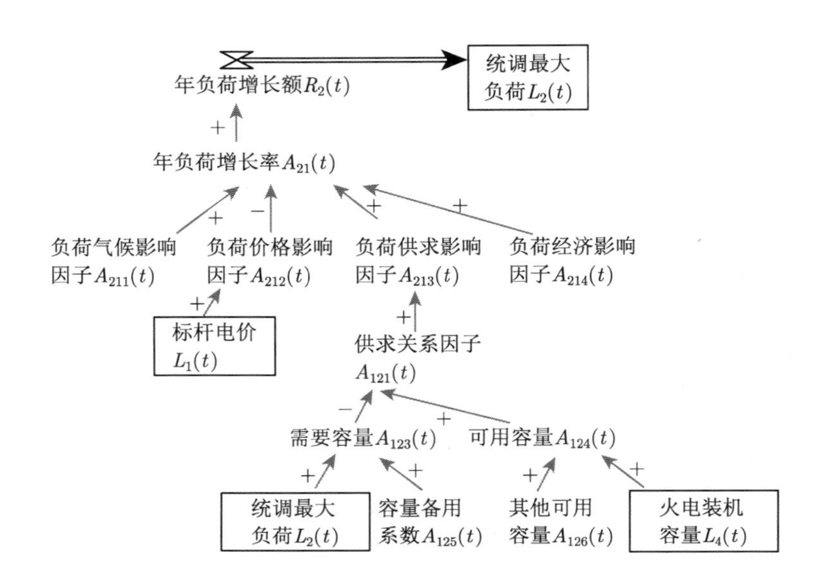
年负荷增长额$R_2(t)$
统调最大负荷$L_2(t)$
年负荷增长率$A_{21}(t)$
负荷气候影响因子$A_{211}(t)$
负荷价格影响因子$A_{212}(t)$
负荷供求影响因子$A_{213}(t)$
负荷经济影响因子$A_{214}(t)$
标杆电价$L_1(t)$
供求关系因子$A_{121}(t)$
需要容量$A_{123}(t)$
可用容量$A_{124}(t)$
统调最大负荷$L_2(t)$
容量备用系数$A_{125}(t)$
其他可用容量$A_{126}(t)$
火电装机容量$L_4(t)$

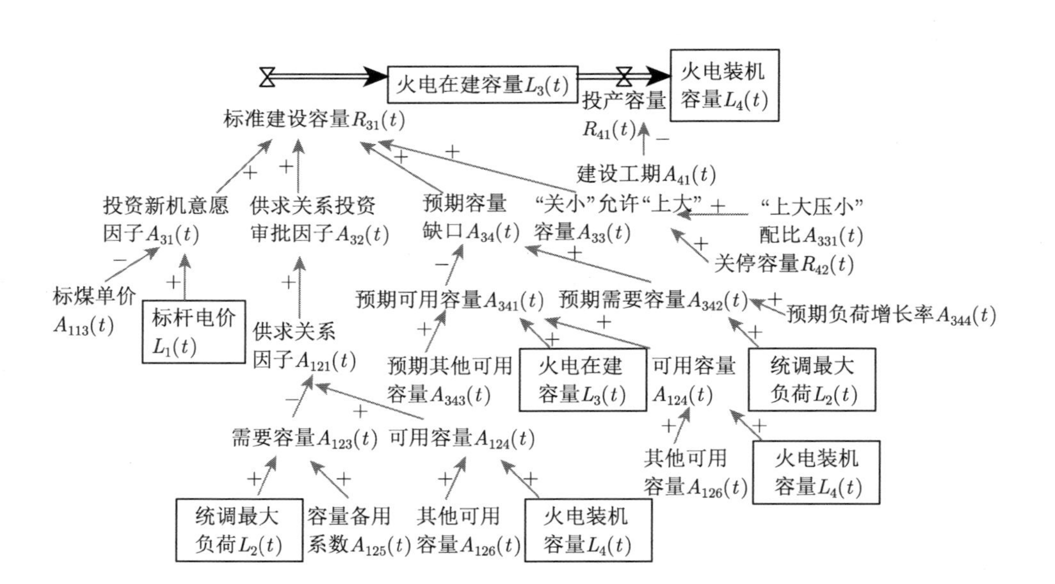
火电在建容量$L_3(t)$
火电装机容量$L_4(t)$
标准建设容量$R_{31}(t)$
投产容量$R_{41}(t)$
建设工期$A_{41}(t)$
投资新机意愿因子$A_{31}(t)$
供求关系投资审批因子$A_{32}(t)$
预期容量缺口$A_{34}(t)$
“关小”允许“上大”容量$A_{33}(t)$
“上大压小”配比$A_{331}(t)$
关停容量$R_{42}(t)$
标煤单价$A_{113}(t)$
标杆电价$L_1(t)$
供求关系因子$A_{121}(t)$
预期可用容量$A_{341}(t)$
预期需要容量$A_{342}(t)$
预期负荷增长率$A_{344}(t)$
预期其他可用容量$A_{343}(t)$
火电在建容量$L_3(t)$
可用容量$A_{124}(t)$
统调最大负荷$L_2(t)$
其他可用容量$A_{126}(t)$
火电装机容量$L_4(t)$
需要容量$A_{123}(t)$
可用容量$A_{124}(t)$
统调最大负荷$L_2(t)$
容量备用系数$A_{125}(t)$
其他可用容量$A_{126}(t)$
火电装机容量$L_4(t)$

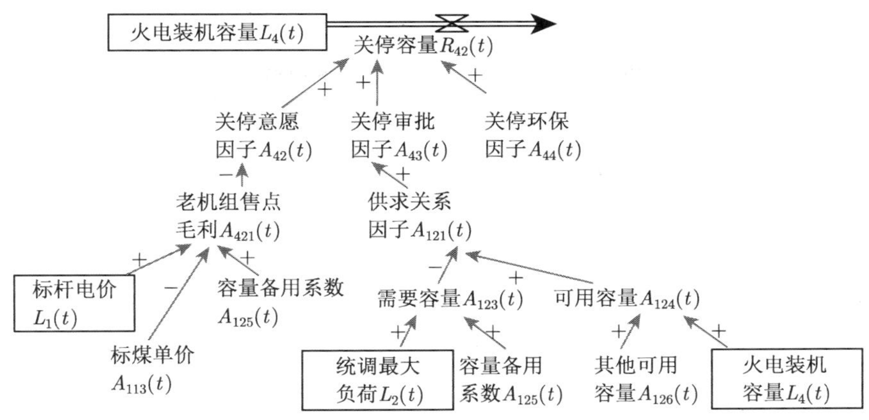

图 3.10 转型期电力供应链产能管理系统流率基本入树模型

3.4.3 转型期电力供应系统全部反馈环关键因果链分析

1. 流率基本入树模型中的反馈环

构造对角置 1 的枝向量行列式，计算 2 阶至 4 阶反馈环。

$$
|A| = \begin{vmatrix} 1 & (R_1,-A_{121},-L_2) & 0 & (R_1,-A_{121},L_4)+(R_1,-R_{41})+(R_1,-R_{42}) \\ (R_2,-L_1) & 1 & 0 & (R_2,A_{121},L_4) \\ (R_{31},L_1) & (R_{31},L_2)+(R_{31},-A_{121},-L_2) & 1 & (R_{31},R_{42})+(R_{31},-A_{121},L_4)+(R_{31},-L_4) \\ (R_{42},-L_1) & (R_{42},A_{121},-L_2) & (R_{41},L_3) & 1 \end{vmatrix}。
$$

计算得到 2 阶至 4 阶的 12 个反馈环如下：

(1) $(R_1(t),-A_{121}(t),L_4(t),-R_{42}(t),-A_{42}(t),L_1(t))$；

(2) $(R_1(t),-R_{42}(t),-L_1(t))$；

(3) $(R_1(t),-A_{12}(t),L_4(t),R_{41}(t),L_3(t),R_{31}(t),L_1(t))$；

(4) $(R_1(t),-A_{11}(t),L_4(t),R_{41}(t),L_3(t),R_{31}(t),L_1(t))$；

(5) $(R_1(t),-A_{121}(t),L_2(t),R_2(t),L_1(t))$；

(6) $(R_1(t),-A_{11}(t),R_{42}(t),-A_{121}(t),L_2(t),-R_2(t),L_1(t))$；

(7) $(R_1(t),-A_{11}(t),R_{41}(t),L_3(t),R_{31}(t),L_2(t),R_2(t),-L_1(t))$；

(8) $(R_1(t),-R_{41}(t),L_3(t),R_{31}(t),L_2(t),R_2(t)-L_1(t))$；

(9) $(R_1(t),-A_{11}(t),L_4(t),R_{41}(t),L_5(t),R_{51}(t),-A_{121}(t),-L_2(t),R_2(t),-L_1(t))$；

(10) $(R_{41}(t), L_3(t), R_{31}(t), -A_{32}(t), L_4(t))$；

(11) $(R_{41}(t), L_3(t), R_{31}(t), -A_{34}(t), L_4(t))$；

(12) $(R_{31}(t), L_2(t), R_2(t), A_{121}(t), L_4(t), R_{41}(t), L_3(t))$。

系统的反馈作用主要由 2 阶及其以上反馈环确定，因此以下仅对 2 阶至 4 阶的 12 条反馈环进行分析。

2. 全部 12 条反馈环的关键因果链分析

本研究的电力供应链产能管理系统存在 12 条 2 阶至 4 阶反馈环，通过对 12 条 2 阶至 4 阶反馈环逐条进行因果链结构分析，生成影响系统平衡发展关键因果链集合，为后续复杂系统发展提出管理对策。

(1) 第 1 条反馈环：$(R_1(t), -A_{121}(t), L_4(t), -R_{42}(t), -A_{42}(t), L_1(t))$。

此反馈环揭示产生电荒的原因及产生电荒的两条不协调因果链，见图 3.11。

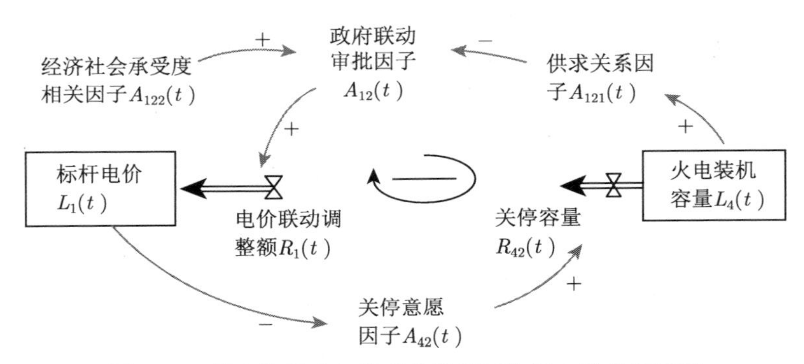

图 3.11　煤电价联动与关停政策相互作用 2 阶负反馈环

① 二阶负反馈环促产生电荒分析。

由于二阶负反馈环中存在负因果链:标杆电价 $L_1(t) \xrightarrow{-}$ 关停意愿因子 $A_{42}(t)$，煤电价联动不及时，标杆电价 $L_1(t)$ 相对低，小机组大幅亏损，关停意愿因子 $A_{42}(t)$ 增强，流出率关停容量 $R_{42}(t)$ 相对高, 使火电装机容量 $L_4(t)$ 减少，促产生电荒。

② 反馈环中不协调因果链分析。

首先，由负反馈环反减特性，标杆电价 $L_1(t)$ 相对低，经一个负反馈，使标杆电价 $L_1(t)$ 应相对增加；

但是，存在正因果链：经济社会承受度相关因子 $A_{122}(t) \xrightarrow{+}$ 政府联动审批因子 $A_{12}(t)$，受国内居民消费价格指数长期偏高等影响，经济社会承受度相关因子 $A_{122}(t)$ 低，则政府联动审批因子 $A_{12}(t)$ 低，不予提高电价。

第 1 条反馈环分析结果：

■ **电荒原因**

煤电价联动不及时且加速“关小”，装机容量增长慢。

■ **两条不协调制约作用因果链**

① 标杆电价 $L_1(t) \xrightarrow{-}$ 关停意愿因子 $A_{42}(t)$；

② 经济社会承受度相关因子 $A_{122}(t) \xrightarrow{+}$ 政府联动审批因子 $A_{12}(t)$。

综合结果：政府联动审批削弱了负反馈环的调节作用，电价联动调整额 $R_1(t)$ 仍旧增加少，所以存在两条不协调制约因果链：标杆电价 $L_1(t) \xrightarrow{-}$ 关停意愿因子 $A_{42}(t)$，经济社会承受度相关因子 $A_{122}(t) \xrightarrow{+}$ 政府联动审批因子 $A_{12}(t)$。前者系统反馈环内因果链揭示标杆电价 $L_1(t)$ 应相对增加，可后者环境因果链揭示不予提高电价。

(2) 第 2 条反馈环：$(R_1(t), -R_{42}(t), -L_1(t))$。

煤电价联动与关停政策相互作用的二阶正反馈环分析，见图 3.12。

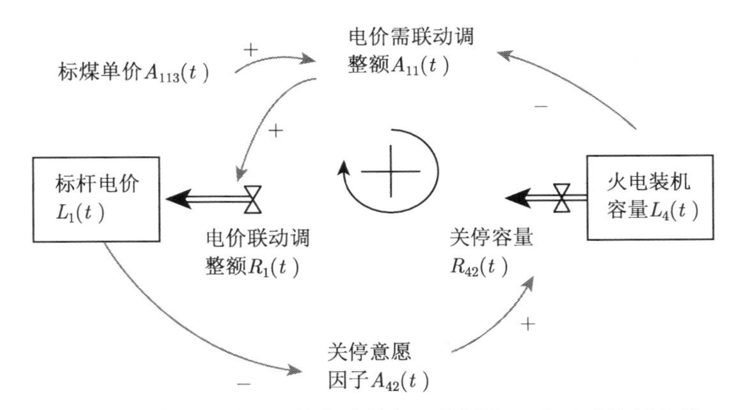

图 3.12　煤电价联动与关停政策相互作用的二阶正反馈环分析

① 二阶负反馈环促产生电荒分析。

由于负因果链：标杆电价 $L_1(t) \xrightarrow{-}$ 关停意愿因子 $A_{42}(t)$ 存在，煤电价联动不及时，标杆电价 $L_1(t)$ 相对低，小机组大幅亏损，关停意愿因子 $A_{42}(t)$ 增强，流出率关停容量 $R_{42}(t)$ 相对高, 使火电装机容量 $L_4(t)$ 减少，促产生电荒。

② 反馈环中不协调因果链分析。

由正反馈环同减特性，标杆电价 $L_1(t)$ 相对低，经一个正反馈，使标杆电价 $L_1(t)$ 应相对减少；但是，由于正因果链“标煤单价 $A_{113}(t) \xrightarrow{+}$ 电价需联动调整额 $A_{11}(t)$”的作用，标煤单价 $A_{113}(t)$ 高，应该提高电价。

第 2 条反馈环分析结果：

■ **电荒原因**

煤电价联动不及时且加速关小，装机容量增长慢。

■ **两条制约因果链**

① 标杆电价 $L_1(t) \xrightarrow{-}$ 关停意愿因子 $A_{42}(t)$；

② 标煤单价 $A_{113}(t) \xrightarrow{+}$ 电价需联动调整额 $A_{11}(t)$。

综合结果：标煤单价 $A_{113}(t)$ 高，电价联动调整额 $R_1(t)$ 仍旧增加少。所以，存在两条不协调制约因果链: 标杆电价 $L_1(t) \xrightarrow{-}$ 关停意愿因子 $A_{42}(t)$ 和标煤单价 $A_{113}(t) \xrightarrow{+}$ 电价需联动调整额 $A_{11}(t)$，前者系统内因果链揭示标杆电价 $L_1(t)$ 应相对减少，后者环境因果链揭示应该提高电价。

(3) 第 3 条反馈环：$(R_1(t), -A_{12}(t), L_4(t), R_{41}(t), L_3(t), R_{31}(t), L_1(t))$。

煤电价联动与企业投资意愿相互作用的三阶负反馈环分析，见图 3.13。

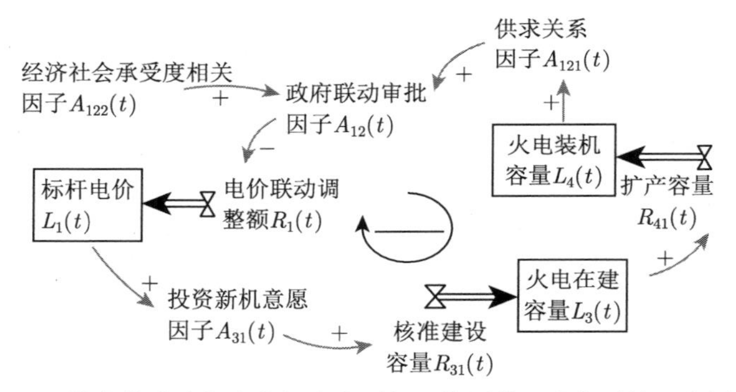

图 3.13　煤电价联动与企业投资意愿相互作用的三阶负反馈环分析 (1)

① 三阶负反馈环促产生电荒分析。

煤电价联动不及时，标杆电价 $L_1(t)$ 相对低，由于存在标杆电价 $L_1(t) \xrightarrow{+}$ 投资新机意愿因子 $A_{31}(t)$ 正因果链，则降低企业新机投资意愿，使火电装机容量 $L_4(t)$ 增长慢，促产生电荒。

② 反馈环中不协调因果链分析。

由负反馈环反减特性，标杆电价 $L_1(t)$ 相对低，经一个负反馈，使标杆电价 $L_1(t)$ 应相对增加；但是，存在正因果链经济社会承受度相关因子 $A_{122}(t) \xrightarrow{+}$ 政府联动审批因子 $A_{12}(t)$ 作用，受国内居民消费价格指数长期偏高等影响，经济社会承受度相关因子 $A_{122}(t)$ 低，则政府联动审批因子 $A_{12}(t)$ 低，不予提高电价。

第 3 条反馈环分析结果：

■ **电荒原因**

煤电价联动不及时, 降低新机投资意愿，装机容量增长慢。

■ **两条制约因果链**

① 标杆电价 $L_1(t) \xrightarrow{+}$ 投资新机意愿因子 $A_{31}(t)$;

② 经济社会承受度相关因子 $A_{122}(t) \xrightarrow{+}$ 政府联动审批因子 $A_{12}(t)$。

综合结果: 政府联动审批削弱了负反馈环的调节作用，电价联动调整额 $R_1(t)$ 仍旧增加少，存在两条不协调制约因果链：标杆电价 $L_1(t) \xrightarrow{+}$ 投资新机意愿因子 $A_{31}(t)$ 和经济社会承受度相关因子 $A_{122}(t) \xrightarrow{+}$ 政府联动审批因子 $A_{12}(t)$ 因果链。前者系统内因果链揭示标杆电价 $L_1(t)$ 应相对增加，后者环境因果链揭示不予提高电价。

(4) 第 4 条反馈环：$(R_1(t), -A_{11}(t), L_4(t), R_{41}(t), L_3(t), R_{31}(t), L_1(t))$。

煤电价联动与企业投资意愿相互作用的三阶负反馈环分析，见图 3.14。

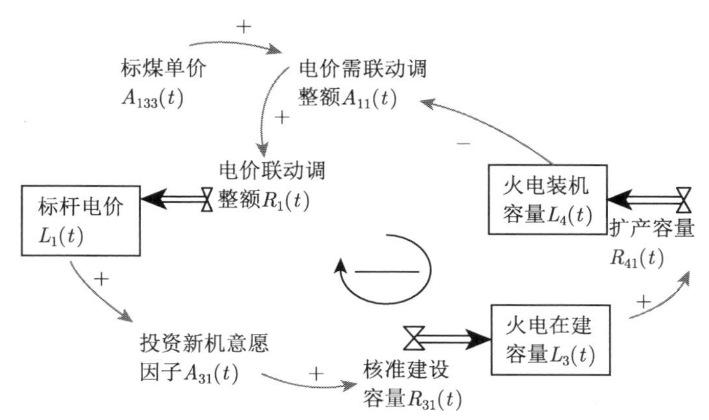

图 3.14 煤电价联动与企业投资意愿相互作用的三阶负反馈环分析 (2)

① 三阶负反馈环促产生电荒分析。

煤电价联动不及时，标杆电价 $L_1(t)$ 相对低，由于存在标杆电价 $L_1(t) \xrightarrow{+}$ 投资新机意愿因子 $A_{31}(t)$ 正因果链，则降低企业新机投资意愿，使火电装机容量 $L_4(t)$ 增长慢，促产生电荒。

② 反馈环中协调因果链分析。

由负反馈环反减特性，标杆电价 $L_1(t)$ 相对低，经一个负反馈，使标杆电价 $L_1(t)$ 相对增加。并且，正因果链标煤单价 $A_{113}(t) \xrightarrow{+}$ 电价需联动调整额 $A_{11}(t)$ 作用，标煤单价 $A_{113}(t)$ 高，应该提高电价。

第 4 条反馈环分析结果：

■ **电荒原因**

煤电价联动不及时, 降低新机投资意愿，装机容量增长慢。

■ **两条核心促进因果链**

① 标杆电价 $L_1(t) \xrightarrow{+}$ 投资新机意愿因子 $A_{31}(t)$；

② 标煤单价 $A_{113}(t) \xrightarrow{+}$ 电价需联动调整额 $A_{11}(t)$。

综合结果: 应该提高电价, 存在两条促提高电价的因果链: 标杆电价 $L_1(t) \xrightarrow{+}$ 投资新机意愿因子 $A_{31}(t)$ 和标煤单价 $A_{113}(t) \xrightarrow{+}$ 电价需联动调整额 $A_{11}(t)$，其中前者为系统内因果链，后者为环境因果链。

(5) 第 5 条反馈环：$(R_1(t), -A_{121}(t), L_2(t), R_2(t), L_1(t))$。

煤电价联动政策与负荷影响相互作用的二阶负反馈环分析，见图 3.15。

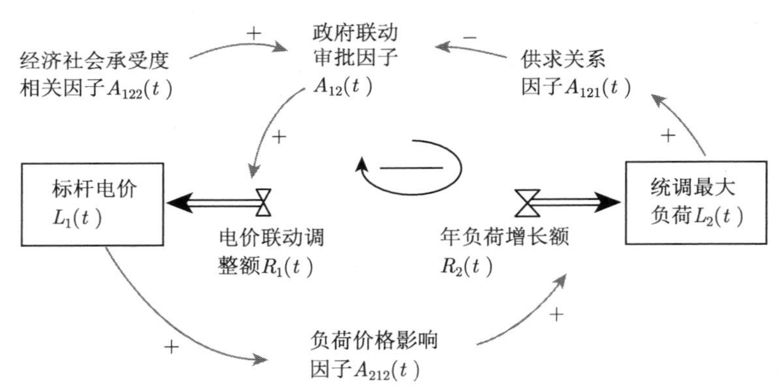

图 3.15 煤电价联动政策与负荷影响相互作用的二阶负反馈环分析

① 二阶负反馈环促产生电荒分析。

由负反馈环反减特性，标杆电价 $L_1(t)$ 相对低，经一个负反馈，使标杆电价 $L_1(t)$ 应相对增加。并且, 正因果链标煤单价 $A_{113}(t) \xrightarrow{+}$ 电价需联动调整额 $A_{11}(t)$ 作用，标煤单价 $A_{113}(t)$ 高，应该提高电价。

② 反馈环中不协调因果链分析。

由负反馈环反减特性，标杆电价 $L_1(t)$ 相对低，经一个负反馈，使标杆电价 $L_1(t)$ 应相对增加。但是，正因果链经济社会承受度相关因子 $A_{122}(t) \xrightarrow{+}$ 政府联动审批因子 $A_{12}(t)$ 作用，受国内居民消费价格指数长期偏高等影响，经济社会承受度相关因子 $A_{122}(t)$ 低，则政府联动审批因子低，不予提高电价。

第 5 条反馈环分析结果：

■ **电荒原因**

煤电价联动不及时，促进负荷加速增长。

■ **两条制约因果链**

① 标杆电价 $L_1(t) \xrightarrow{+}$ 负荷价格影响因子 $A_{212}(t)$；

② 经济社会承受度相关因子 $A_{122}(t) \xrightarrow{+}$ 政府联动审批因子 $A_{12}(t)$。

综合结果：政府联动审批削弱了负反馈环的调节作用，电价联动调整额 $R_1(t)$ 仍旧增加少。所以，存在两条不协调制约因果链：标杆电价 $L_1(t) \xrightarrow{+}$ 负荷价格影响因子 $A_{212}(t)$ 和经济社会承受度相关因子 $A_{122}(t) \xrightarrow{+}$ 政府联动审批因子 $A_{12}(t)$，前者系统内因果链揭示标杆电价 $L_1(t)$ 应相对增加，后者环境因果链揭示不予提高电价。

(6) 第 6 条反馈环：$(R_1(t), -A_{11}(t), R_{42}(t), -A_{121}(t), L_2(t), -R_2(t), L_1(t))$。

煤电价联动及负荷影响相互作用的三阶负反馈环分析，见图 3.16。

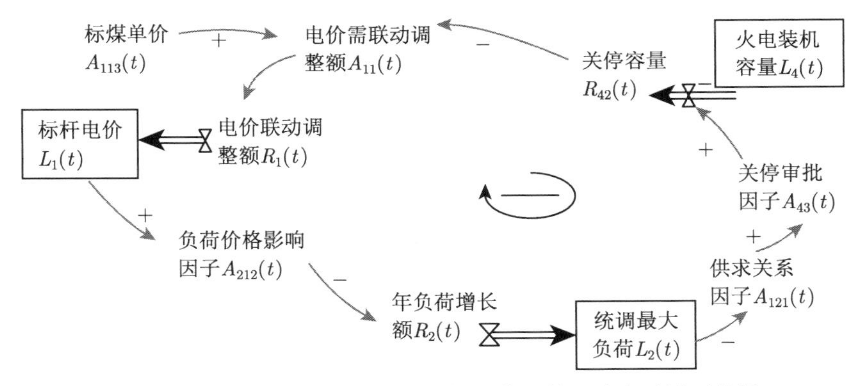

图 3.16 煤电价联动及负荷影响相互作用的三阶负反馈环分析

① 三阶负反馈环促产生电荒分析。

煤电价联动不及时，标杆电价 $L_1(t)$ 相对低，由于存在标杆电价 $L_1(t) \xrightarrow{+}$ 负荷价格影响因子 $A_{212}(t) \xrightarrow{-}$ 年负荷增长额 $R_2(t)$ 综合负因果链，使统调最大负荷 $L_2(t)$ 增加，促产生电荒。

② 反馈环中协调因果链分析。

由负反馈环反减特性，标杆电价 $L_1(t)$ 相对低，经一个负反馈，使标杆电价 $L_1(t)$ 应相对增加。并且，正因果链标煤单价 $A_{113}(t) \xrightarrow{+}$ 电价需联动调整额 $A_{11}(t)$ 作用，标煤单价 $A_{113}(t)$ 高，应该提高电价。

第 6 条反馈环分析结果：

■ **电荒原因**
煤电价联动不及时, 促进负荷加速增长。
■ **两条核心促进因果链**
① 标杆电价 $L_1(t) \xrightarrow{+}$ 负荷价格影响因子 $A_{212}(t)$；
② 标煤单价 $A_{113}(t) \xrightarrow{+}$ 电价需联动调整额 $A_{11}(t)$。

综合结果：存在两条促提高电价的因果链：标杆电价 $L_1(t) \xrightarrow{+}$ 负荷价格影响因子 $A_{212}(t)$ 和标煤单价 $A_{113}(t) \xrightarrow{+}$ 电价需联动调整额 $A_{11}(t)$，其中前者为系统内因果链，后者为环境因果链。

(7) 第 7 条反馈环分析：$(R_1(t), -A_{11}(t), R_{41}(t), L_3(t), R_{31}(t), L_2(t), R_2(t), -L_1(t))$。

煤电、核准、负荷及建设延迟相互作用的四阶正反馈环反馈分析，见图 3.17。

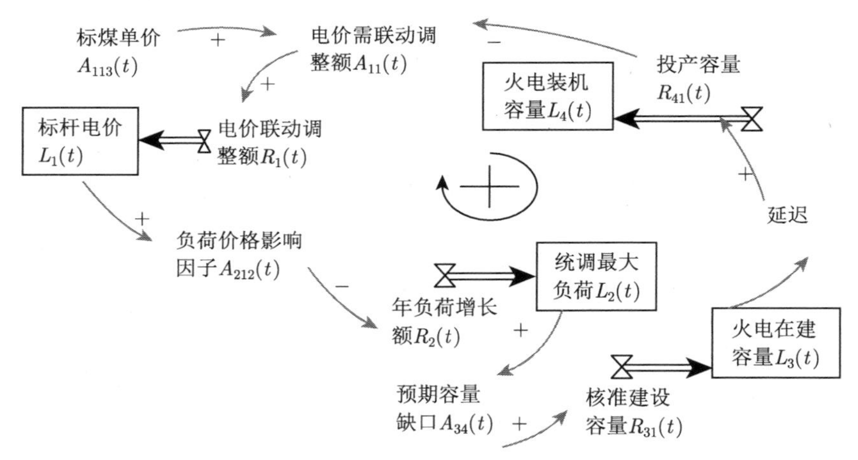

图 3.17　煤电、核准、负荷及建设延迟相互作用的四阶正反馈环反馈分析 (1)

① 四阶正反馈环促产生电荒分析。

煤电价联动不及时，标杆电价 $L_1(t)$ 相对低，由于存在标杆电价 $L_1(t) \xrightarrow{+}$ 负荷价格影响因子 $A_{212}(t) \xrightarrow{-}$ 年负荷增长额 $R_2(t)$ 综合负因果链，使统调最大负荷 $L_2(t)$ 增加，促产生电荒。且预期容量缺口 $A_{34}(t) \xrightarrow{+}$ 核准建设容量 $R_{31}(t)$ 揭示核准建设, 先需预计算容量缺口，且由于核准建设容量 $R_{31}(t) \xrightarrow{+}$ 投产容量 $R_{41}(t)$，火电装机容量 $L_4(t)$ 增长慢，促产生电荒。

② 反馈环中不协调因果链分析。

由正反馈环同减特性，标杆电价 $L_1(t)$ 相对低，经一个正反馈，使标杆电价

$L_1(t)$ 应相对增加低。但是，正因果链标煤单价 $A_{113}(t) \xrightarrow{+}$ 电价需联动调整额 $A_{11}(t)$ 作用，标煤单价 $A_{113}(t)$ 高，应该提高电价。

第 7 条反馈环分析结果：

■ 电荒原因

煤电价联动不及时，且负荷价格影响和预期容量缺口、延迟同增强。

■ 四条制约因果链

① 标杆电价 $L_1(t) \xrightarrow{+}$ 负荷价格影响因子 $A_{212}(t) \xrightarrow{-}$ 年负荷增长额 $R_2(t)$；

② 标煤单价 $A_{113}(t) \xrightarrow{+}$ 电价需联动调整额 $A_{11}(t)$；

③ 预期容量缺口 $A_{34}(t) \xrightarrow{+}$ 核准建设容量 $R_{31}(t)$；

④ 核准建设容量 $R_{31}(t) \xrightarrow{+}$ 投产容量 $R_{41}(t)$。

综合结果：标煤单价 $A_{113}(t)$ 高，电价联动调整额 $R_1(t)$ 仍旧增加少，所以，综合四阶正反馈环促产生电荒分析中 3 条因果链，存在四条不协调制约因果链：标杆电价 $L_1(t) \xrightarrow{+}$ 负荷价格影响因子 $A_{212}(t) \xrightarrow{-}$ 年负荷增长额 $R_2(t)$、预期容量缺口 $A_{34}(t) \xrightarrow{+}$ 核准建设容量 $R_{31}(t)$、核准建设容量 $R_{31}(t) \xrightarrow{+}$ 投产容量 $R_{41}(t)$、标煤单价 $A_{113}(t) \xrightarrow{+}$ 电价需联动调整额 $A_{11}(t)$，前三者系统内因果链揭示 $L_1(t)$ 标杆电价应相对减少，后者环境因果链揭示应该提高电价。

(8) 第 8 条反馈环分析：$(R_1(t), -R_{41}(t), L_3(t), R_{31}(t), L_2(t), R_2(t) - L_1(t))$。

煤电、核准、负荷及建设延迟相互作用的四阶正反馈环分析，见图 3.18。

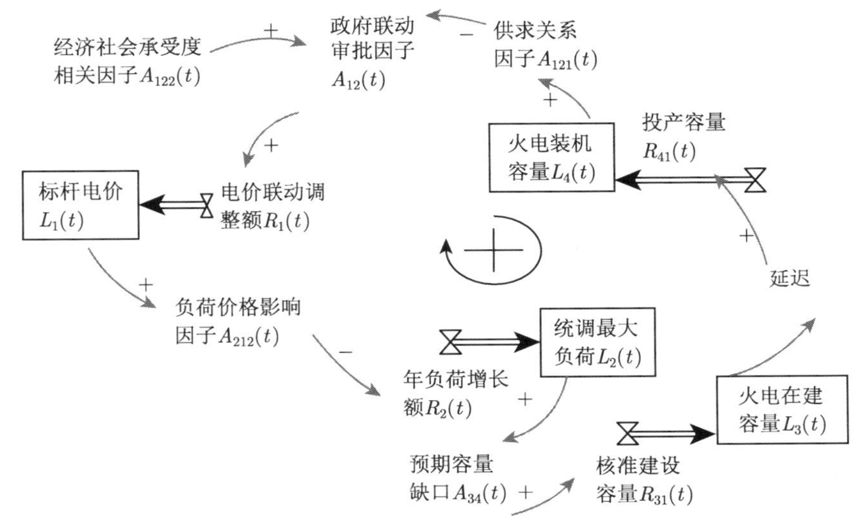

图 3.18　煤电、核准、负荷及建设延迟相互作用的四阶正反馈环反馈分析 (2)

① 四阶正反馈环促产生电荒分析。

煤电价联动不及时，标杆电价 $L_1(t)$ 相对低，由于存在标杆电价 $L_1(t) \xrightarrow{+}$ 负荷价格影响因子 $A_{212}(t) \xrightarrow{-}$ 年负荷增长额 $R_2(t)$ 综合负因果链，使统调最大负荷 $L_2(t)$ 增加，促产生电荒。且预期容量缺口 $A_{34}(t) \xrightarrow{+}$ 核准建设容量 $R_{31}(t)$ 揭示核准建设, 先需预计算容量缺口，且由于核准建设容量 $R_{31}(t) \xrightarrow{+}$ 投产容量 $R_{41}(t)$，火电装机容量 $L_4(t)$ 增长慢，促产生电荒。

② 反馈环中不协调因果链分析。

由正反馈环同减特性，标杆电价 $L_1(t)$ 相对低，经一个正反馈，使标杆电价 $L_1(t)$ 应相对增加。但是，正因果链经济社会承受度相关因子 $A_{122}(t) \xrightarrow{+}$ 政府联动审批因子 $A_{12}(t)$ 作用，受国内居民消费价格指数长期偏高等影响，经济社会承受度相关因子 $A_{122}(t)$ 低，则政府联动审批因子 $A_{12}(t)$ 低，不予提高电价。

第 8 条反馈环分析结果：

■ 电荒原因

煤电价联动不及时，且负荷价格影响和预期容量缺口、延迟同增强。

■ 四条制约因果链

① 标杆电价 $L_1(t) \xrightarrow{+}$ 负荷价格影响因子 $A_{212}(t)$;

② 经济社会承受度相关因子 $A_{122}(t) \xrightarrow{+}$ 政府联动审批因子 $A_{12}(t)$;

③ 预期容量缺口 $A_{34}(t) \xrightarrow{+}$ 核准建设容量 $R_{31}(t)$;

④ 核准建设容量 $R_{31}(t) \longrightarrow$ 延迟 $\xrightarrow{+}$ 投产容量 $R_{41}(t)$。

综合结果: 电价联动调整额 $R_1(t)$ 增加少。所以，综合四阶正反馈环促产生电荒分析中 3 条因果链，存在四条不协调制约因果链：标杆电价 $L_1(t) \xrightarrow{+}$ 负荷价格影响因子 $A_{212}(t)$、预期容量缺口 $A_{34}(t) \xrightarrow{+}$ 核准建设容量 $R_{31}(t)$、核准建设容量 $R_{31}(t) \xrightarrow{+}$ 投产容量 $R_{41}(t)$、经济社会承受度相关因子 $A_{122}(t) \xrightarrow{+}$ 政府联动审批因子 $A_{12}(t)$，前者系统内因果链揭示标杆电价 $L_1(t)$ 应相对增加，后者环境因果链揭示不予提高电价。

(9) 第 9 条反馈环分析: $(R_1(t), -A_{11}(t), L_4(t), R_{41}(t), L_5(t), R_{51}(t), -A_{121}(t), -L_2(t), R_2(t), -L_1(t))$。

煤电、核准、负荷及建设延迟相互作用的四阶正反馈环反馈分析，见图 3.19。

① 四阶正反馈环促产生电荒分析。

煤电价联动不及时，标杆电价 $L_1(t)$ 相对低，由于存在标杆电价 $L_1(t) \xrightarrow{+}$ 负荷价格影响因子 $A_{212}(t) \xrightarrow{-}$ 年负荷增长额 $R_2(t)$ 综合负因果链，使统调最大负荷 $L_2(t)$ 增加，促产生电荒。且由于火电在建容量 $L_3(t) \xrightarrow{+}$ 投产容量 $R_{41}(t)$，火电装机容量 $L_4(t)$ 增长慢，促产生电荒。

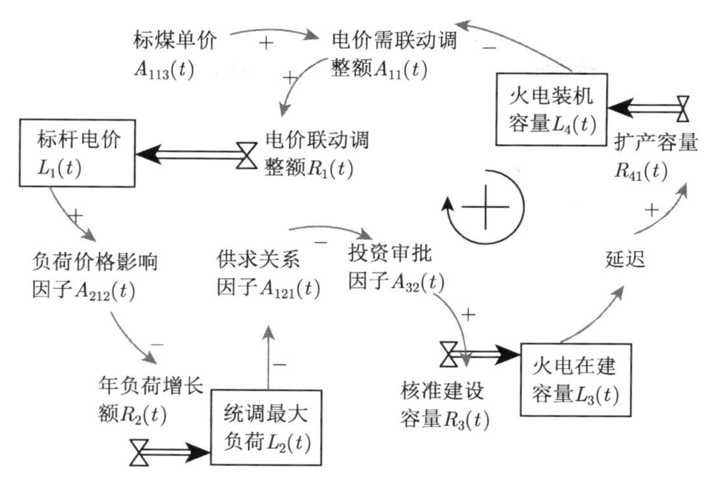

图 3.19 煤电、核准、负荷及建设延迟相互作用的四阶正反馈环反馈分析 (3)

② 反馈环中不协调因果链分析。

由正反馈环同减特性，标杆电价 $L_1(t)$ 相对低，经一个正反馈，使标杆电价 $L_1(t)$ 应相对减少。但是，正因果链标煤单价 $A_{113}(t) \xrightarrow{+}$ 电价需联动调整额 $A_{11}(t)$ 作用，标煤单价 $A_{113}(t)$ 高，应该提高电价。

第 9 条反馈环分析结果：

■ **电荒原因**

煤电价联动不及时，且负荷价格影响、延迟同增强。

■ **三条制约因果链**

① 标杆电价 $L_1(t) \xrightarrow{+}$ 负荷价格影响因子 $A_{212}(t)$；
② 标煤单价 $A_{113}(t) \xrightarrow{+}$ 电价需联动调整额 $A_{11}(t)$；
③ 火电在建容量 $L_3(t) \longrightarrow$ 延迟 $\xrightarrow{+}$ 投产容量 $R_{41}(t)$。

综合结果：标煤单价 $A_{113}(t)$ 高，电价联动调整额 $R_1(t)$ 仍旧增加少。所以，综合四阶正反馈环促产生电荒分析中 2 条因果链，存在三条不协调制约因果链：标杆电价 $L_1(t) \xrightarrow{+}$ 负荷价格影响因子 $A_{212}(t)$、火电在建容量 $L_3(t) \xrightarrow{+}$ 投产容量 $R_{41}(t)$、标煤单价 $A_{113}(t) \xrightarrow{+}$ 电价需联动调整额 $A_{11}(t)$。其中前两者为系统内因果链，后者为环境因果链，系统内因果链揭示 $L_1(t)$ 标杆电价应相对增加低，可环境因果链揭示应该提高电价。

(10) 第 10 条反馈环分析：$(R_{41}(t), L_3(t), R_{31}(t), -A_{32}(t), L_4(t))$。

核准及建设延迟相互作用二阶负反馈环分析，见图 3.20。

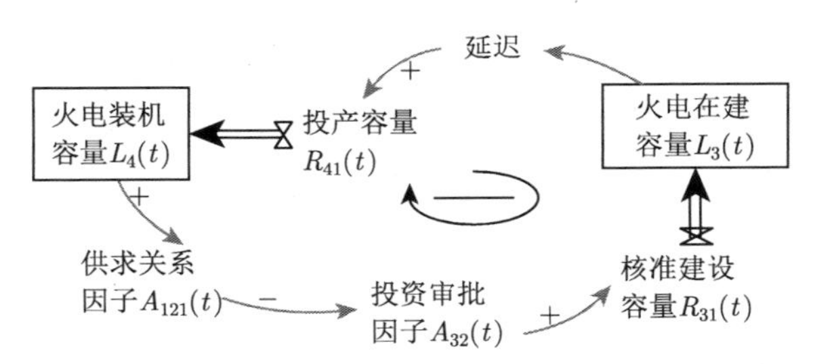

图 3.20　核准及建设延迟相互作用二阶负反馈环分析

① 二阶负反馈环促产生电荒分析。

煤电价联动不及时，火电装机容量 $L_4(t)$ 相对低，由于存在投资审批因子 $A_{32}(t) \xrightarrow{+}$ 核准建设容量 $R_{31}(t)$，新建需核准，又由于火电在建容量 $L_3(t) \xrightarrow{+}$ 投产容量 $R_{41}(t)$ 存在延迟，火电装机容量 $L_4(t)$ 增长慢，促产生电荒。

② 反馈环中制约因果链分析。

正反馈环同减特性，火电装机容量 $L_4(t)$ 相对低，经一个正反馈，使火电装机容量 $L_4(t)$ 相对增加低。

第 10 条反馈环分析结果：

> **■ 电荒原因**
>
> 火电装机容量不足，且新建需核准又实施存在延迟。
>
> **■ 两条制约因果链**
>
> ① 投资审批因子 $A_{32}(t) \xrightarrow{+}$ 核准建设容量 $R_{31}(t)$；
>
> ② 火电在建容 $L_3(t) \longrightarrow$ 延迟 $\xrightarrow{+}$ 投产容量 $R_{41}(t)$。

综合结果：存在制约因果链：预期容量缺口 $A_{34}(t) \xrightarrow{+}$ 核准建设容量 $R_{31}(t)$ 和火电在建容量 $L_3(t) \xrightarrow{+}$ 投产容量 $R_{41}(t)$，使火电装机容量 $L_4(t)$ 相对增加慢。

(11) 第 11 条反馈环：$(R_{41}(t), L_3(t), R_{31}(t), -A_{34}(t), L_4(t))$。

预期容量缺口与建设延迟同作用二阶负反馈环分析，见图 3.21。

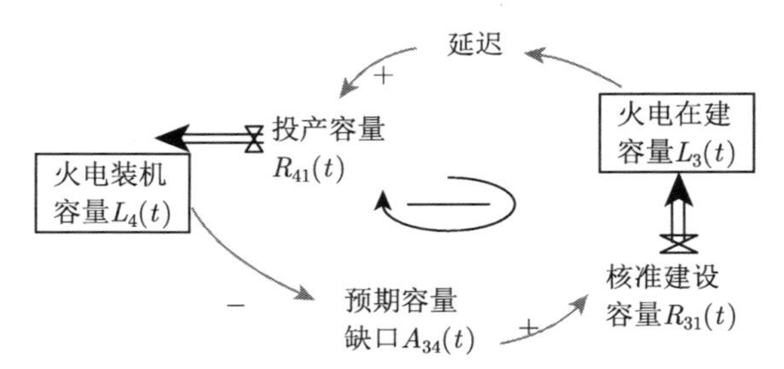

图 3.21　预期容量缺口与建设延迟同作用二阶负反馈环分析

① 二阶负反馈环促产生电荒分析。

煤电价联动不及时，火电装机容量 $L_4(t)$ 相对低，由于存在预期容量缺口 $A_{34}(t) \xrightarrow{+}$ 核准建设容量 $R_{31}(t)$，新建需预计算，又由于火电在建容量 $L_3(t) \xrightarrow{+}$ 投产容量 $R_{41}(t)$ 存在延迟，使火电装机容量 $L_4(t)$ 增长慢，促产生电荒。

② 反馈环中制约因果链分析。

由正反馈环同减特性，火电装机容量 $L_4(t)$ 相对低，经一个正反馈，使火电装机容量 $L_4(t)$ 相对增加低。

第 11 条反馈环分析结果：

■ **电荒原因**

火电装机容量不足，且核准政策有预期容量缺口误差及实施延迟。

■ **两条制约因果链**

① 预期容量缺口 $A_{34}(t) \xrightarrow{+}$ 核准建设容量 $R_{31}(t)$；

② 火电在建容量 $L_3(t) \longrightarrow$ 延迟 $\xrightarrow{+}$ 投产容量 $R_{41}(t)$。

综合结果：存在制约因果链：预期容量缺口 $A_{34}(t) \xrightarrow{+}$ 核准建设容量 $R_3(t)$ 和火电在建容量 $L_3(t) \xrightarrow{+}$ 投产容量 $R_{41}(t)$，使火电装机容量 $L_4(t)$ 相对增加慢。

(12) 第 12 条反馈环分析：$(R_{31}(t), L_2(t), R_2(t), A_{121}(t), L_4(t), R_{41}(t), L_3(t))$。

负荷、预期缺口及建设延迟同作用的三阶正反馈环反馈分析，见图 3.22。

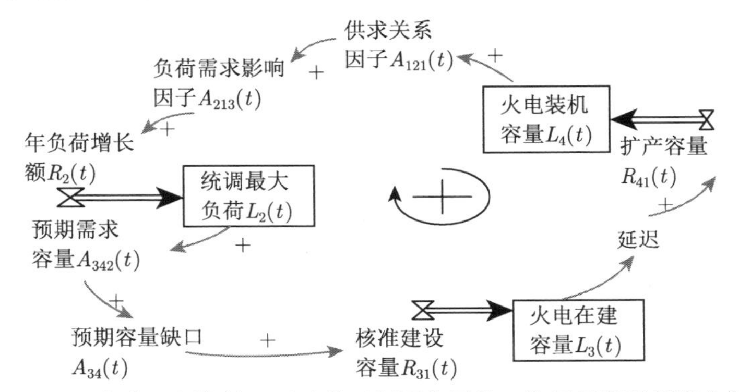

图 3.22 负荷、预期缺口及建设延迟同作用的三阶正反馈环反馈分析

① 三阶正反馈环促产生电荒分析。

统调最大负荷 $L_2(t)$ 负荷大，由于存在预期容量缺口 $A_{34}(t) \xrightarrow{+}$ 核准建设容量 $R_3(t)$，新建需预计算，又由于火电在建容量 $L_3(t) \xrightarrow{+}$ 投产容量 $R_{41}(t)$ 存在延迟，使火电装机容量 $L_4(t)$ 增长慢，促产生电荒。

② 反馈环中制约因果链分析。

由正反馈环同增特性，统调最大负荷 $L_2(t)$ 增大，经一个正反馈，使统调最大

负荷 $L_2(t)$ 相对增加。并且，结果存在制约因果链：预期容量缺口 $A_{34}(t) \xrightarrow{+}$ 核准建设容量 $R_{31}(t)$ 和火电在建容量 $L_3(t) \xrightarrow{+}$ 投产容量 $R_{41}(t)$，使负荷慢增加。

第 12 条反馈环分析结果：

■ **电荒原因**

负荷大而预期容量缺口与投产延迟同存在，火电装机容量增长慢。

■ **两条制约因果链**

① 预期容量缺口 $A_{34}(t) \xrightarrow{+}$ 核准建设容量 $R_{31}(t)$；

② 火电在建容量 $L_3(t) \longrightarrow$ 延迟 $\xrightarrow{+}$ 投产容量 $R_{41}(t)$。

3. 全部反馈环的不协调制约及协调促进关键因果链分类

第一类，社会承受类 1 条 (环境变量因果链)：

经济社会承受度相关因子 $A_{122}(t) \xrightarrow{+}$ 政府联动审批因子 $A_{12}(t)$。

此因果链在第 1 条、第 3 条、第 5 条、第 8 条的四条反馈环中同时存在。四条反馈环同时揭示：社会承受度低，则政府控制提电价，制约电价与煤价联动。

第二类，关停与新建类 3 条：

(1) 标杆电价 $L_1(t) \xrightarrow{-}$ 关停意愿因子 $A_{42}(t)$。

此因果链在第 1 条、第 2 条、第 4 条的三条反馈环中同时存在。三条反馈环同时揭示：电价低，则企业关停加快。

(2) 标杆电价 $L_1(t) \xrightarrow{+}$ 投资新机意愿因子 $A_{31}(t)$。

此因果链在第 3 条、第 4 条的两条反馈环中同时存在。两条反馈环同时揭示：电价低，则企业投资新机意愿低。

(3) 投资审批因子 $A_{32}(t) \xrightarrow{+}$ 核准建设容量 $R_{31}(t)$。

此因果链在第 5 条、第 10 条的两条反馈环中同时存在。两条反馈环同时揭示：投资审批慢，则核准建设容量少。

第三类，负荷类 2 条：

(1) 标杆电价 $L_1(t) \xrightarrow{+}$ 负荷价格影响因子 $A_{212}(t)$。

此因果链在第 5 条、第 6 条、第 7 条、第 8 条、第 9 条的五反馈环中同时存在。五条反馈环同时揭示：火电电价低，则用火电的负荷增加。

(2) 预期容量缺口 $A_{34}(t) \xrightarrow{+}$ 核准建设容量 $R_{31}(t)$。

此因果链在第 7 条、第 8 条、第 11 条、第 12 条的四条反馈环中同时存在。四条反馈环同时揭示：容量缺口预测少，则核准建设容量少。

第四类，延迟类 1 条：

火电在建容量 $L_3(t) \longrightarrow$ 延迟 $\xrightarrow{+}$ 投产容量 $R_{41}(t)$。

此因果链在第 7 条、第 8 条、第 9 条、第 10 条、第 12 条的五条反馈环中同时存在。五条反馈环同时揭示：火电在建至投产延迟时间长，影响火电发展。

第五类，煤价类 1 条 (环境变量因果链)：

标煤单价 $A_{113}(t) \xrightarrow{+}$ 电价需联动调整额 $A_{11}(t)$。

此因果链在第 2 条、第 4 条、第 6 条、第 7 条、第 9 条的五条反馈环中同时存在。五条反馈环中同时揭示：标煤单价不断上提，必须电价调整加快。

4. 基于全部反馈环的关键因果链类，生成组织管理对策

第一条对策: 完善现行煤电价格联动电价管理机制，消除或减少经济社会承受度相关因子对政府联动审批的制约。

基于经济社会承受度相关因子 $A_{122}(t) \xrightarrow{+}$ 政府联动审批因子 $A_{12}(t)$ 关键环境变量因果链，生成对策 1。

提出完善现行煤电价格联动电价管理机制, 通过国家对低收入人员及相关部门补助等措施, 及时实施煤电价格联动政策, 增强原材料价格与产品价格的协调性, 促进火电产业发展，消除或减少经济社会承受度相关因子对政府联动审批的制约，取消电煤价格双轨制，实现煤炭企业和电力企业自主衔接。

第二条对策: 建立煤电联动机制，实行“关小”与投资建设新机协调推进。

基于 ① 标杆电价 $L_1(t) \xrightarrow{-}$ 关停意愿因子 $A_{42}(t)$；② 标杆电价 $L_1(t) \xrightarrow{+}$ 投资新机意愿因子 $A_{31}(t)$；③ 投资审批因子 $A_{32}(t) \xrightarrow{+}$ 核准建设容量 $R_{31}(t)$ 关键因果链，生成对策 2。

建立煤电联动机制，不断完善脱硫环保“上大压小”及投资审批政策, 实行“关小”与投资建设新机协调推进, 保障发电容量不断增加, 实现电力供求平衡，消除或减少关停与投资新机不平衡发展的制约。

第三条对策: 消除或减少电价低对电力需求的影响和电力预期容量缺口不确定的制约，为煤电联动机制实施创造条件。

基于 ① 标杆电价 $L_1(t) \xrightarrow{+}$ 负荷价格影响因子 $A_{212}(t)$；② 预期容量缺口 $A_{34}(t) \xrightarrow{+}$ 核准建设容量 $R_{31}(t)$ 关键因果链，生成对策 3。

与相关高校、相关经济社会发展预测单位结合, 建立以电力预测部门为中心的随经济社会发展的电力变化预测网络, 不断提供 5 年、10 年、15 年随经济社会发展的各电力发展需求准确度高的预测数据。采用销售侧差别电价等政策，控制高能耗产业电力需求的增长。消除或减少电价低对电力需求的影响和电力预期容量缺口不确定的制约，为煤电联动机制实施创造条件。

第四条对策: 减少火电建设延迟制约，促进煤电联动机制有效实施。

基于 ① 核准建设容量 $R_{31}(t) \longrightarrow$ 延迟 $\xrightarrow{+}$ 投产容量 $R_{41}(t)$；② 火电在建容量 $L_3(t) \rightarrow$ 延迟 $\xrightarrow{+}$ 投产容量 $R_{41}(t)$ 关键因果链，生成对策 4。

投资电力建设创新研究，为电力建设提供创新工程技术和管理技术，建设高效的电力公司，减少火电建设延迟制约，促进煤电联动机制有效实施。

第五条对策：不断完善现行煤电价格联动电价管理机制, 消除或减少对火电企业盈利的制约。

基于标煤单价 $A_{113}(t) \xrightarrow{+}$ 电价需联动调整额 $A_{11}(t)$ 关键环境变量因果链，生成对策 5。

政府基于电煤的关键作用，控制煤价上涨幅度，同时不断完善现行电煤价格联动电价管理机制, 减少或消除煤价上涨对电价联动调整不及时使电力企业盈利能力的制约。建立新机制，取消电煤价格双轨制，煤炭企业和电力企业综合多因素自主衔接。

5. 对策实施及成效分析

1) 政府实施对策的相关调控政策

研究的作者之一先后在江西电力系统、央企发电集团主要岗位工作，参与和经历了电力体制改革的过程，他对江西等地“拉闸限电”和发电全行业亏损问题带来的危害深有感触。其带着工作中的问题，进行了系统反馈环分析有关研究，并将相关结果和对策向政府有关管理部门反映。在政府后期实施的系列调控政策中，前述管理对策大多得到了有效的体现。

针对发电市场面临的严峻经营形势，2011 年煤价出现了年增长达 16%的大幅上涨，为此国家采取了以下几方面与前述对策略类似且有力的管控措施，收到了较好的效果。

(1) 在电煤价格控制管理方面，2011 年底，一方面国家对煤炭价格实行了临时干预政策，进行最高限价，另一方面鼓励发电企业进口煤炭，平拟国内煤炭价格。伴随着两项措施的出台，加上欧债危机对经济的影响，2012 年国内煤炭价格出现滞涨和回落。2012 年 12 月 25 日，国务院办公厅下发《关于深化电煤市场化改革的指导意见》(以下简称《意见》)，从 2013 年起取消重点合同，取消电煤价格双轨制，发改委不再下达年度跨省区煤炭铁路运力配置意向框架。煤炭企业和电力企业自主衔接签订合同，自主协商确定价格。电煤价格的管理控制，有效地降低了电煤价格上涨对电价上涨的压力，消除或减少了煤价上涨对火电企业盈利的制约。

(2) 在煤电价格联动调整方面，2011 年先后两次，对 2009 年以来未随煤价持续上涨而联动调整的电价，进行了有效的大幅调整。在电价调整的过程中，对居民用电实行阶梯电价，有效地降低了低收入人群的承受能力对政府联动审批的制约。

(3) 在电价调整的过程中，取消了对部分高耗能企业直供的电价优惠，电力需求增长幅度得到有效控制，有效地消除或减少电价低对电力需求的影响和电力预期容量缺口不确定的制约。

(4) 在“关小”和新机核准建设方面，随着煤电价格的联动调整，小机组生存能力有所恢复，关停速度有所下降；新机盈利能力得到有效保障，发电企业投资新机意愿得到有效提高；“关小”与投资建设新机得以协调推进。

(5) 在其他电力供应能力方面，国家实施新能源补贴政策，一批风能、太阳能项目陆续建成投产；国家电网加大了对超高压远距离输送电的投资，更好地实现了网间调节，降低单个电网的容量备用需求。

由此可见，采用系统运行全部反馈环分析法，得到的管理对策是合理且可行的，方法已有效地应用于转型期电力供应系统的研究。

2) 江西电网实施成效——“煤电联动效果明显，江西今夏告别拉闸限电”

2013 年 7 月 25 日，《信息日报》第 3 版重点报道“煤电联动效果明显，江西今夏告别拉闸限电”，有效地揭示了上述政府实施的相关调控政策，解除了“电荒”时有发生和火力发电企业全行业亏损的难题，取得了可喜的成效，主要表现在：

(1) 江西 2013 年用电量攀升但没拉闸限电。来自江西省统计局数据显示，2013 年 1 ~ 6 月，该省全社会用电量累计 430.67 亿千瓦时，同比增长 6.86%。而对于前年的用电形势，有企业人士向记者回忆称，一般的中小企业在迎峰度夏时期，至少会遭到两次“限电通知”；但今年的迎峰度夏时期，该省各地企业没有一家接到过供电部门发来的“限电通知”。

(2) 煤电联动机制引来叫好声。2013 年 1～6 月，江西省全口径发电量 384.05 亿千瓦时，统调发电量 311.62 亿千瓦时，其中水电发电量 20.97 亿千瓦时、风电发电量 1.36 亿千瓦时、火电发电量 289.29 亿千瓦时。从这个数据来看，该省电力主要还是靠火力发电。因此，江西省的火电企业最缺紧的就是“煤”，该省占八成以上的煤炭都是靠从外省 (或进口国外煤) 来供应。在国家没有实施煤电联动前，该省的火力发电企业为了要煤发电，可谓是费尽心思。借用报道中央企某火力发电企业江西分公司王姓副总经理的话说，《意见》实施前因无煤下锅，造成企业连年亏损，额度接近 10 亿元；《意见》出台及煤电价格联动调整后，煤价成本可向下游传导，给火电企业投资一个确定性的收益保证，这对引进民资和保证今后的电力供应是很重要的。王先生说，煤电联动后不到半年，效果就显现了，他说估计该企业今年的盈利能力可达 2 亿元。

第 4 章　反馈基模分析技术创新应用

4.1　反馈基模分析生成管理方针

反馈基模的概念来源于共性结构，尽管共性结构被认为在系统动力学中起着重要的作用，但是还没有统一的或者更精确的定义。Senge 认为 “共性结构是动态过程的相对简单的模型，这些动态过程再现在不同的环境中，包含了重要的管理原则”。按照阶数、反馈回路和规模的大小，共性结构可以分为：系统基模、子共性结构和共性结构三大类。其中，系统基模是指那些具有比较基本功能的共性结构，它们的结构和行为模式在多类系统中普遍、重复地存在和出现。

Senge 在学习型组织理论中给出了描绘现代管理系统的八类反馈基模并对其进行分析，创建了系统动态性复杂反馈环基模分析技术。

定义 4.1.1(反馈环基模 (archetype))　由正、负反馈环、延迟构成的系统的基本模型称为系统的反馈基模。

如果正、负反馈环、延迟是系统思考的名词与动词，那么系统反馈基模则类似于基本句子或常被重复讲述的简单故事。

Senge 建立的描述现代管理系统中的八种基模为：增长上限，投资不妥，目标侵蚀，舍本逐末，恶性竞争，共同悲剧，富者愈富，饮鸩止渴。

系统基模是刻画管理系统中复杂问题的重要技术，也是进行系统思考的有力工具。

看清系统整体结构及环境的变化，观察结构中变量的正、负反馈环和延迟的互动关系，而不是只观察线段因果关系的思考称为系统思考。

4.1.1　增长上限反馈基模

1. 增长上限的状况描述

正反馈环的变量的反馈同增性导致成长，成长总会遇到各种限制与瓶颈，然而大多数的成长之所以停止，却并不是因为达到了真正的极限。这是由于，正反馈环产生快速成长时，不知不觉中触动一个负反馈环开始运作，负反馈环的变量的反馈反增性而使正反馈环成长减缓、停顿甚至下滑。

2. 现代管理系统中的实际背景

(1) 一个新产品团体的运作十分出色，从而吸引许多新人进来，反使得团体无法表现如昔，这是因为新成员和旧成员的工作态度和价值观不同所致。

(2) 一种动物在它的天敌被除去以后，会迅速繁殖成长，结果数量超过草原可容纳的上限，最后此种动物因饥饿而大量减少。

(3) 一个城市持续成长，最后用尽所有可以取得、用来开发的土地，导致房屋价格上涨，使得城市不再继续成长。

3. 建立增长上限问题的系统反馈基模

(1) 由各种背景系统的共性确定系统要素：成长量、促进成长的要素、抑制成长的要素。

(2) 要素相互作用：

①成长量相对增加，则促进成长的要素相对增强，构成正因果链。

②促进成长的要素相对增加，则成长量相对增加，也构成正因果链，所以成长量与促进成长的要素构成具有同增性的正反馈环，见图 4.1(a) 左边正反馈环。

③成长量相对增加，则抑制成长的要素相对增加 (因资源有限)，构成正因果链。

④抑制成长的要素也相对增加，则成长量相对增加减少，构成负因果链，所以成长的情况 (量) 与抑制成长的要素构成具有反增性的负反馈环，见图 4.1(a) 右边负反馈环。

同增正反馈环和反增负反馈环以成长量相交构成增长上限反馈环基模见图 4.1(a)。图中 为正反馈环符号， 为负反馈环符号。

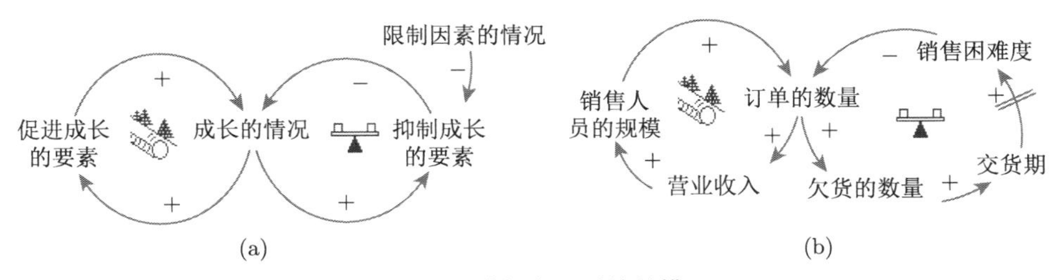

图 4.1 增长上限反馈基模

4. 实例

实践中销售人员增长模型是增长上限基模 (图 4.1(b))：此基模刻画的是一个企业在销售人员和订货量增长的正反馈运行同时，形成欠货量和交货期延长的负反馈制约，使销售增长出现上限。

增长上限基模的管理方针：不要去推动“增强 (成长) 环路”，应该要消除或减弱限制的来源。

4.1.2　成长与投资不妥反馈基模

1. 成长与投资不妥的状况描述

如果公司或个人的成长接近极限时，可以在“产能”的扩充上投资，以突破成长的上限。但此投资必须积极，必须在成长降低之前进行投资，不然将永远无法做到。然而大部分的做法是在成长降低后来投资，由于投资产生效益存在延迟，所以实现投资不妥。

2. 现代管理系统中的实际背景

(1) 仅有壮观的愿景，却从不及早实际地评估达成愿景所需要的时间与努力。

(2) 当经济快速成长时，如果不及早扩充运输、水利、电力、通信等设施、储备充裕人力、修订法令制度等等需时颇长的“产能”，反而努力推动成长，往往使成长愈来愈困难，甚至或逆转而快速下滑。

(3) 个人事业快速成长，然而不及早增强身体健康或家庭和睦条件，长期不足，以致到后来无法继续支持甚至妨碍事业的发展。

3. 建立成长与投资不妥问题的系统反馈基模

(1) 由各种背景系统的共性确定系统要素：成长量、促进成长的要素、成长条件满足度、对条件增强的意识度、投入力度、建设力度。

(2) 要素相互作用：

①成长量与促进成长的要素构成正反馈环，见图 4.2(a) 左边图。

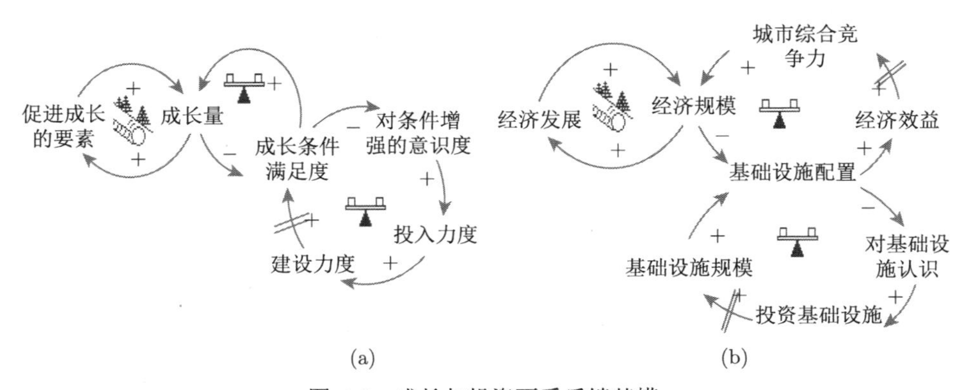

图 4.2　成长与投资不妥反馈基模

②成长量增加，成长条件满足度相对降低，构成负因果链；成长条件满足度增强，成长量相对增加，构成正因果链。所以，成长量与成长条件满足度构成负反馈环，见图 4.2(a) 中间图。

③促进成长的要素相对增加，因成长条件满足度还相对高，有管理者认为对条件增强的时候还未到，则对条件增强的意识度相对低，构成负因果链；对条件增强的意识度相对增高，则投入力度增大，构成正因果链；投入力度增大，则建设力度增大，构成正因果链；建设力度增大，经一过程后，成长条件满足度相对增加，构成正因果链；所以，成长条件满足度、对条件增强的意识度、投入力度、建设力度四个变量构成负反馈环，见图 4.2(a) 右边图。

一个正反馈环、两个负反馈环构成成长与投资不妥反馈环基模，见图 4.2(a)。

4. 实例

实践中基本建设硬件成长与投资不妥基模的实例常存在，见图 4.2(b)：此基模刻画的是随经济规模不断壮大，基础设施配置越来越不能满足经济发展要求。此时，若不积极投资建设基础设施，基础设施不足将成为经济发展的瓶颈，制约经济不断发展甚至使发展速度下滑。

成长与投资不妥基模的管理方针：如果确实有成长的潜能，应在需求之前迅速扩充产能，如果成长已经开始减缓，此时切忌再努力推动成长环，应致力于扩充产能并减缓成长的速度。

4.1.3 舍本逐末反馈基模

1. 舍本逐末的状况描述

潜在的问题常在症状明显出现后才引起注意，但由于问题的根源常隐晦不明，或者需要付出极高的代价去克服。因此采取的“解”经常只能改善症状，并不能改变潜在的问题，甚至潜在的问题更加恶化。

2. 现代管理系统中的实际背景

(1) 大量销售给现有的客户，而不开拓新的客户群；

(2) 借用酒精、毒品或运动来消除工作压力，而不从根本上学会控制工作量；

(3) 以借贷支付账款，而非强化量增加收入预算制度。

3. 建立舍本逐末问题的系统反馈基模

(1) 由各种背景系统的共性确定系统要素：问题症状、症状解、根本解、副作用。

(2) 要素相互作用：

①问题症状相对增加，则症状解相对增加，构成正因果链；症状解相对增加，则问题症状相对减少，构成负因果链。所以，问题症状与症状解构成负反馈环，见图 4.3(a) 上图。

②问题症状相对增加，则滞延后，使根本解相对增加，构成正因果链；根本解相对增加，则问题症状降低，构成负因果链。所以，问题症状与根本解构成负反馈环，见图 4.3(a) 下图。

③症状解相对增加，则副作用相对增加，构成正因果链；副作用相对增加，根本解相对减少，则症状解、副作用、根本解、问题症状四个变量构成正反馈环 (反馈环中两条负因果链)，见图 4.3(a) 右图。

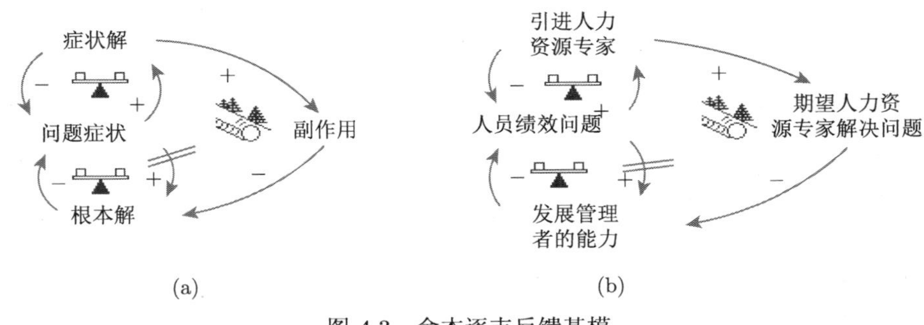

图 4.3 舍本逐末反馈基模

2 个负反馈环和 1 个正反馈环构成舍本逐末反馈环基模，见图 4.3(a)。

4. 实例

实践中人员绩效问题系统存在舍本逐末基模，见图 4.3(b)：此基模刻画当人员绩效问题增加时，管理者一方面引进人力资源专家解决人员绩效问题，另一方面改善增强内部管理者的能力，但是，改善增强内部管理者的能力是根本解，引进人力资源专家可能暂时解决问题，但是并没有根本解决问题。最后其他的人事问题依旧会发生。

舍本逐末基模的管理方针：将注意力集中在根本解，不要落入只解决症状的陷阱。但如果问题急迫，由于根本解的效果受时间滞延影响，在进行根本解的过程中，可暂时使用症状解来换取时间。

4.1.4 目标侵蚀反馈基模

1. 目标侵蚀的状况描述

这是一个类似“舍本逐末”的结构，目标偏差增加，存在两种解除方案，一是降低目标标准，减少压力，二是改进实现目标措施力度，前者是目标侵蚀，后者是根本解。

2. 现代管理系统中的实际背景

(1) 原本有成就的人，降低了自我期许，所能成就的便渐渐减少；

(2) 以暗地里降低品质水准来解决问题，而非投资再开发新的产品；

(3) 降低污染的目标，危害人类的生存。

3. 建立目标侵蚀问题的系统反馈基模

(1) 由各种背景系统的共性确定系统要素：目标偏差、目标、降低目标 (量)、改进实现目标措施力度、目标实现度。

(2) 要素相互作用：

①目标偏差相对增大，则降低目标相对增大，构成正因果链；降低目标相对增大，则目标降低，构成负因果链；目标增大，则目标偏差增大，构成正因果链；所以，目标偏差、降低目标、目标三个变量构成负反馈环。见图 4.4(a) 上图。

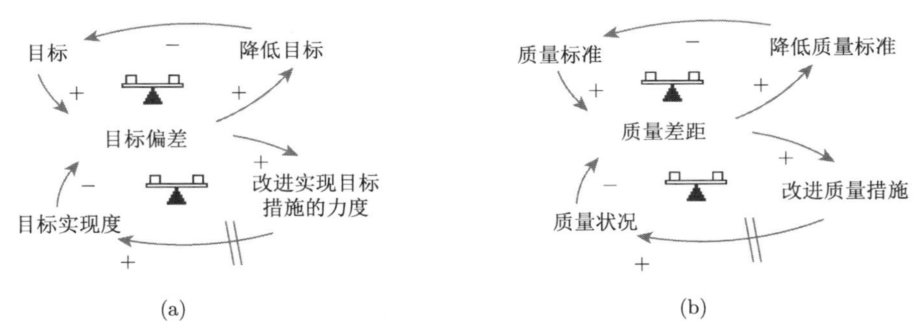

图 4.4 目标侵蚀反馈环基模

②目标偏差相对增大，则改进实现目标措施的力度相对增大，构成正因果链；改进实现目标措施的力度相对增大，则延迟后，目标实现度相对增大，构成正因果链；目标实现度相对增大，则目标偏差相对降低，构成负因果链。所以，目标偏差、改进实现目标措施的力度、目标实现度三个变量构成负反馈环。见图 4.4(a) 下图。

两个负反馈环以目标偏差为交点构成目标侵蚀反馈环基模。见图 4.4(a)。

4. 实例

实践中质量改进问题系统存在目标侵蚀反馈环基模。见图 4.4(b)。此基模刻画的是企业产品质量没达到预期标准时，解决此问题措施是降低质量标准，暂时解决问题，而非采取改善质量的行动。多次“暂时”的以降低质量标准来解决问题，使得产品质量状况越来越差。

目标侵蚀反馈环基模的管理方针：坚持目标标准或愿景，增强改进实现目标措施的力度。

4.1.5　恶性竞争反馈基模

1. 恶性竞争的状况描述

组织或个人往往认为保持自己福祉需建立在胜过对手的基础上，这样会产生一种对立情势升高的恶性竞争。单方行动是防止对方侵略的措施，但会导致对方更加积极地行动，最终每一方的防卫行动，会造成逐渐提升到远超过任何一方都不想要的程度。

2. 现代管理系统中的实际背景

(1) 两个组织，只把目光注意到对方的威胁上，所采取的对策也是对付对方的威胁，因此造成恶性竞争，两败俱伤。

(2) 预算膨胀，由于有些单位夸大预算评估，其他单位发现了，为了得到自己那一份“饼”，大家有样学样，造成所有的人都在大肆灌水预算。

(3) 美苏军备竞赛。

3. 建立恶性竞争问题的系统反馈基模

(1) 由各种背景系统的共性确定系统要素：甲的成果、甲的活动、乙的成果、乙的活动、甲对乙的威胁、乙对甲的威胁。

(2) 要素相互作用：

①甲对乙的威胁相对增大，则乙的活动相对增强，构成正因果链；乙的活动相对增强，则延迟后，乙的成果相对增加，构成正因果链；乙的成果相对增加，则甲对乙的威胁相对降低，构成负因果链。所以，甲对乙的威胁、乙的活动、乙的成果三个变量构成负反馈环，由负反馈环的反增性，减少消除甲对乙的威胁增大。见图 4.5(a) 右边负反馈环。

②乙对甲的威胁相对增大，则甲的活动相对增强，构成正因果链；甲的活动相对增强，则延迟后，甲的成果相对增加，构成正因果链；甲的成果相对增加，则乙对甲的威胁相对降低，构成负因果链。所以，乙对甲的威胁、甲的活动、甲的成果三个变量构成负反馈环，由负反馈环的反增性，减少消除乙对甲的威胁增大。见图 4.5(a) 左边负反馈环。

③甲的成果相对增加，则甲对乙的威胁相对增大，构成正因果链；乙的成果相对增加，则乙对甲的威胁相对增大，构成正因果链。

由 1 个正反馈环，2 个负反馈环构成恶性竞争反馈环基模，见图 4.5(a)。

4. 实例

实践中企业降价竞争问题构成恶性竞争基模 (图 4.5(b))。两家生产类似产品的企业，一方为了提高市场占有率降低价格。过了一段时间后，另一方发现对方销售价格下降也降低价格……几次降价后，两家企业都只是勉强维持损益平衡，产品也可能因恶性竞争而从市场消失。

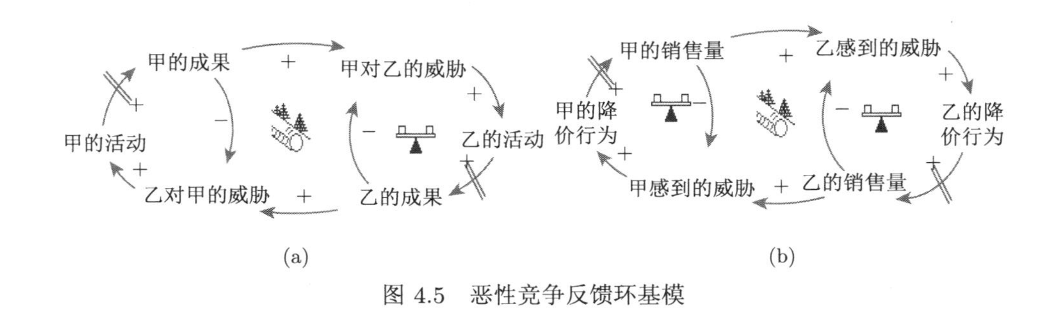

图 4.5 恶性竞争反馈环基模

恶性竞争反馈环基模的管理方针：寻求一个互相学习的双赢政策。在许多例证中，一方积极采取和平行动，会使对方感觉威胁降低，实现互相学习的双赢政策。

4.1.6 共同悲剧反馈基模

1. 共同悲剧的状况描述

共同使用一项充裕、但有极限的资源的许多个体，起初他们使用这项资源逐渐扩展，并产生“增强环路”而使成长愈来愈快，但后来收益开始递减，且愈努力，成长愈慢。最后资源显著减少或告罄。

2. 现代管理系统中的实际背景

(1) 一家公司负责不同辖区的几个部门，统一共用销售人员，如果统筹运用，成效不错。但每个部门都只考虑自己的需要，大力加重销售人员的负担，这样就造成共同销售人员负担过高，销售人员的负担力有限，绩效下降。没多久，销售人员因不满此情况而大量离职，使每个部门都陷入销售大减的困境。

(2) 客户必须听从来自同一家企业六个不同部门的销售人员的意见，由于市场有限，各部门为推销本部门的产品，过分夸大本部门的优势，久而久之，对该企业的形象大打折扣。

(3) 某些天然资源在各公司竞相开采的情形下急速耗竭，譬如许多矿产和渔产。

3. 建立共同悲剧问题的系统反馈基模

(1) 由各种背景系统的共性确定系统要素：甲的活动、甲的净益、乙的活动、乙的净益、全部活动，各活动分别可获资源 (资源有限)。

(2) 要素相互作用：

①甲的活动相对增加，则甲的净益相对增大，构成正因果链；甲的净益相对增大，则甲的活动相对增加，构成正因果链。所以，甲的活动、甲的净益构成正反馈环。见图 4.6(a) 上图。

②同理，乙的活动、乙的净益构成正反馈环。见图 4.6(a) 下图。

③甲的活动、乙的活动相对增加，则全部活动相对增大，构成两个正因果链；全部活动相对增大，则延迟后，个别活动分别可获资源 (资源有限) 相对降低，构成负因果链；个别活动分别可获资源相对增加，则甲的净益相对增大。所以，甲的活动、全部活动、个别活动分别可获资源、甲的净益构成制约甲的净益增加的负反馈环；

④同理，乙的活动、全部活动、个别活动分别可获资源、乙的净益构成制约乙的净益增加的负反馈环。

2 个正反馈环，2 个负反馈环构成共同悲剧反馈环基模，见图 4.6(a)：

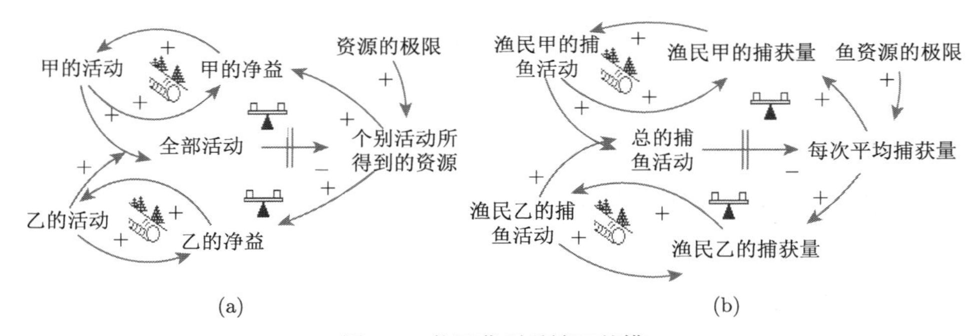

图 4.6　共同悲剧反馈环基模

4. 实例

实践中鱼资源消耗问题存在共同悲剧反馈基模，见图 4.6(b)：个体捕鱼量随捕鱼活动的增加而增加，在无管制情况下，随个体捕鱼活动增加，总的捕鱼活动增加。由于总的鱼资源极限的存在，总的捕鱼活动增加，造成鱼资源匮乏，每次平均捕获量减少，个体捕鱼收益受到影响，形成共同悲剧。

共同悲剧反馈环基模的管理方针：通过教育、自我管制、政府调控，由参与者共同设计的正式调节机制，以管理共同的资源。

4.1.7　富者愈富反馈基模

1. 富者愈富的状况描述

两个活动同时进行，为有限的资源而竞争。开始时，其中一方表现好而占有较多的优势争取到更多的资源，产生一个“增强环路”，于是表现愈来愈好；而使另一方陷入资源愈来愈少，表现也愈来愈差的反方向的“增强环路”。

2. 现代管理系统中的实际背景

(1) 某位管理者有两位不错的部属 A 和 B，他希望都加以提携。然而，有一次 B 因病请假一个星期，因此 A 有较多的机会。当部属 B 回来上班以后，这位管理者觉得有罪恶感而逃避他。相反地，部属 A 觉得受到肯定而充满干劲，因此得到更多的机会。部属 B 觉得没有安全感，工作效率下降，所得到的机会更少。虽然两个人起初能力不分上下，最后，部属 B 离开了这家公司。

(2) 家庭生活与工作之间的冲突。家庭问题的起因常因工作很忙，常需加班，从而家庭关系恶化，使回家愈来愈成为一件痛苦的事，而更疏于关切家庭生活。

(3) 一家公司内部的两项产品，为有限的财务和管理资源而竞争。其中一项产品在市场上收到立竿见影的效果，因而获得更多的投资，而使另一项产品可用的资源愈来愈少；此时“增强环路”开始作用，使得第一项产品愈来愈成功，第二项产品则陷于困境。

3. 建立富者愈富问题的系统反馈基模

(1) 由各种背景系统的共性确定系统要素：分配给甲相对乙的资源量、甲的资源、甲的表现、乙的资源、乙的表现。

(2) 要素相互作用：

①分配给甲相对乙的资源量相对增加，则甲的资源相对增大，构成正因果链；甲的资源相对增大，则甲的表现相对增强，构成正因果链；甲的表现相对增强，则分配给甲相对乙的资源量相对再增加，构成正因果链。所以，分配给甲相对乙的资源、甲的资源、甲的表现三变量构成正反馈环。

②分配给甲相对乙的资源量相对增加，则乙的资源相对减少，构成负因果链；乙的资源相对增大，则乙的表现相对增强，构成正因果链；乙的表现相对增强，则分配给甲相对乙的资源量相对降低 (乙资源量为分母)，构成负因果链。所以，分配给甲相对乙的资源量、乙的资源、乙的表现三个变量构成含两条负因果链的正反馈环。

2 个正反馈环构成富者愈富反馈环基模，见图 4.7(a)。

4. 实例

实践中手的使用问题构成富者愈富反馈基模。见图 4.7(b)：实际生活中大多数人习惯使用右手，经过实践锻炼，右手相对左手的优势愈来愈突出，从而使用机会更多。而左手由于使用机会较少，使得其表现愈来愈差。

富者愈富反馈环基模的管理方针：在决定两者之间的资源分配时，除了成绩表现这项标准外，更应重视整体均衡发展的更上层目标。有些状况可以将“同一”资源予以“区分”规划，创造公平的竞争环境，统筹发展。

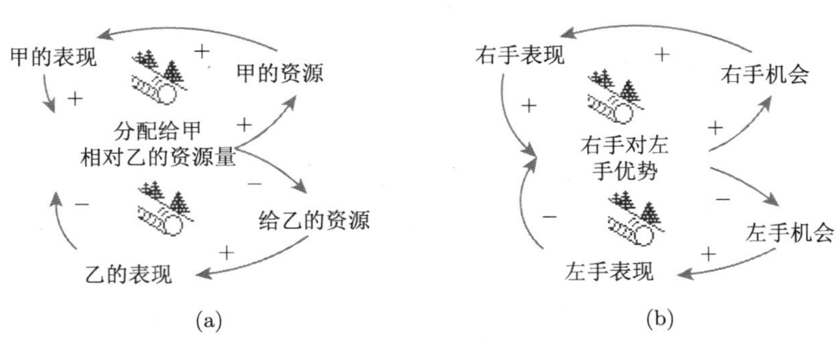

图 4.7 富者愈富反馈环基模图

4.1.8 饮鸩止渴反馈基模

1. 饮鸩止渴的状况描述

一个对策在短期内有效，长期而言，会产生愈来愈严重的后遗症，使问题更加恶化，可能会愈发依赖此短期对策，难以自拔。

2. 现代管理系统中的实际背景

(1) 一家公司，资金紧，但后推出一组新的高性能零件，一开始非常成功。总裁在想要使投资报酬率最大化的动机驱使下，对此加大投资，回报率立刻提高。但是，由于没投资在新的生产设备上，导致制造的产品品质日渐滑落，造成低品质的不良声誉。后来连续几年，客户对此项产品的需求大幅下滑，报酬率缩水，使公司陷入恶性循环。

(2) 资金紧，以借钱的方式支付借款利息，在日后必须付出更多的利息。

(3) 成本高，减低维修预算以降低成本，终而导致更多的故障与较高成本，造成更高的降低成本压力。

3. 建立饮鸩止渴问题的系统反馈基模

(1) 由各种背景系统的共性确定系统要素：问题、对策、后遗症。

(2) 要素相互作用：

①问题相对增加，则对策相对增大，构成正因果链；对策相对增大，则问题相对减少，构成负因果链。所以，问题、对策两个变量构成减少问题的负反馈环。见图 4.8(a)。

②对策相对增大，则延迟后，后遗症相对增大，构成正因果链；后遗症相对增大，则问题相对增加，构成正因果链。所以，问题、对策、后遗症三个变量构成使问题增加的正反馈环。

1 个正反馈环，1 个负反馈环构成饮鸩止渴反馈基模。见图 4.8(a)。

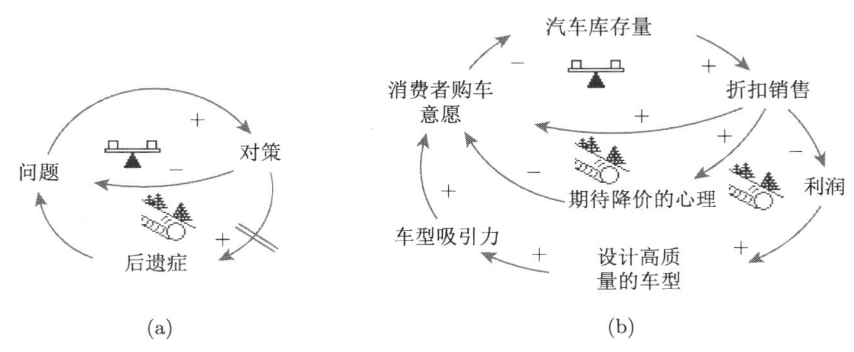

图 4.8 饮鸩止渴反馈环基模图

4. 实例

实践中折扣销售问题构成饮鸩止渴反馈基模。就图 4.8(b)：减少汽车库存量的长期折扣销售对策，现实中常以折扣销售增加消费者购车意愿，而折扣销售会增加消费者期待降价的心理，使得销售更加困难。长期折扣销售，利润减少，影响设计高质量的车型，降低车型的吸引力。

饮鸩止渴反馈环基模的管理方针：眼光凝聚在长期焦点。如果可能的话，完全摒弃那种短期对策。除非短期对策只是用来换取时间，以寻求更妥善的长期解决方案。

小结：

通过对八类反馈基模生成与分析，得到以下重要结论。

结论 1：八类反馈基模生成与分析是成功的反馈环开发管理；针对系统发展中的关键变量，建立相关正、负反馈环结构，利用正反馈环的变量反馈的同增同减性，或负反馈环的变量反馈的反增反减性，揭示问题的本质，提出管理对策，增强系统功能的反馈环开发管理。

结论 2：系统动力学为刻画复杂性动态系统提供了有力的工具，因为这些反馈基模，就是系统动力学的因果关系图。基于因果关系图提出管理对策，较一般文字描述更具特色，更直观，也更深刻。

结论 3：八类反馈基模生成与分析揭示了系统思考的内涵——系统思考可看清系统整体结构及环境的变化，观察结构中变量的正、负反馈和延迟的互动关系；非系统思考——只认识线段式因果关系。

4.2 消除增长上限制约管理对策生成法

社会经济复杂系统中存在大量增长上限问题，Senge 建立了增长上限反馈环基模对此类问题进行了刻画，并指明了处理增长上限问题的杠杆解在调节环路，而不是增强环路。但他并没有给出具体寻找杠杆解的有效方法，而这是消除负反馈环制约作用的关键。

团队根据增长上限基模的“不要去推动增长环路，而是要消除限制来源”的管理方针，从负反馈环的因果链结构分析，生成消除增长上限制约的管理对策。

4.2.1 消除增长上限制约管理对策生成法内涵与步骤

1. 消除增长上限制约管理对策生成法创新原理。

(1) 以管理对策生成原理为理论基础。

管理对策生成原理是团队在消除增长上限制约管理对策生成法的研究过程中提出的，又为此方法的研究提供理论基础。管理对策生成原理中，明确区分了管理方针与管理对策在反馈环开发管理中的不同内涵：以改善反馈环、反馈基模运作效应目标生成管理方针，管理方针强调可指引性；根据管理方针指引，由相应反馈结构的因果链分析生成管理对策，管理对策强调可实施性。

管理对策生成原理中，体现了系统整体与部分相统一的原理，由具体反馈结构、因果链分析生成的管理对策，需经系统整体发展多目标检验；体现了对管理对策可实践性的要求，系统研究是在既定的社会、经济、科技发展水平下的研究，管理对策需经实践性检验。

消除增长上限制约管理对策生成法以“消除负反馈环限制来源”管理方针为指引，由负反馈环的因果链分析生成符合方针的管理对策集，再经系统发展目标、对策可实践性筛选确定管理对策。

(2) 消除增长上限制约管理对策生成法的研究价值。

此方法以增长上限基模为研究对象，进行规范的管理对策生成研究。研究得到的基本原理与程序，可推广为其他类型基模的管理对策生成研究，也可推广为一个确定复杂系统典型基模的管理对策生成研究，还可推广为一切反馈结构的管理对策生成研究。

因此，管理对策生成原理是系统动力学反馈环开发管理的基本原理，消除增长上限制约管理对策生成法对反馈结构分析生成管理对策的研究，具有重要的参考价值。

(3) 消除增长上限制约管理对策生成法具有科学性。

在管理对策生成原理基础上，提出的消除增长上限制约管理对策生成法具有科学性。

后文消除增长上限制约管理对策生成法步骤 1 中，因果链极性决定反馈环的极性，反馈环的极性决定其动态变化特性，动态变化特性决定其运作效应。因此，因果链支撑反馈环运作效应，可由因果链分析生成改善运作效应的管理对策；步骤 2 中，反馈环开发管理是实现系统发展目标、促进系统功能提升的管理，因此，系统发展目标为管理对策实施效应的判断标准。步骤 3 中，反馈环开发管理是在既定的经济、社会、科技发展水平下的管理，因此，管理对策需具有实践可操作性；步骤 4 中，利用仿真分析技术，对管理对策实施的必要性、实施效果定量验证，实现定量与定性分析相结合。

2. 消除增长上限制约管理对策生成法概念与步骤

定义 4.2.1 根据改善反馈结构运作效应目标生成管理方针，由相应反馈结构的因果链分析生成符合方针的管理对策集，再经系统发展目标、对策可实践性筛选确定管理对策。

提出管理对策生成原理，此原理适用于任何类型的基模分析生成管理对策的研究。

定义 4.2.2 消除增长上限制约管理对策生成法：在增长上限基模负反馈环中，负因果链所属极大开环中任一广义输入变量改变量小于零对应一个初始对策，以全部初始对策为元素构成初始对策集；初始对策集中的对策经系统发展目标筛选后，构成目标筛选初始对策集；目标筛选初始对策集中的元素经可实践性筛选后，得到消除增长上限制约的可操作对策集。此方法称为消除增长上限制约管理对策生成法。

定义 4.2.3 因果链 $V_i(t) \to V_j(t), t \in T$ 中，$V_j(t)$ 随 $V_i(t)$ 改变而改变，定义 $V_i(t)$ 为 $V_j(t)$ 的输入变量；开环 $V_1(t) \to V_2(t) \to \cdots \to V_{n-1}(t) \to V_n(t)$ 中，定义 $V_{n-1}(t)$ 为 $V_n(t)$ 的一级广义输入变量，$V_{n-2}(t)$ 为 $V_n(t)$ 的二级广义输入变量，依此类推，$V_1(t)$ 称为 $V_n(t)$ 的 $n-1$ 级广义输入变量。

定义 4.2.4 因果链序列 $V_1(t) \xrightarrow{+} V_2(t) \xrightarrow{+} \cdots \xrightarrow{+} V_{n-1}(t) \xrightarrow{-} V_n(t)$ 称为负因果链 $V_{n-1}(t) \xrightarrow{-} V_n(t)$ 的极大开环，若：

(1) 任意相邻的两个广义输入变量 $V_i(t)$ 与 $V_{i+1}(t)(i=1,2,\cdots,n-2)$ 构成的因果链为正因果链 $V_i(t) \xrightarrow{+} V_{i+1}(t)$；

(2) 考虑 n 级广义输入变量 $V_0(t)$，$V_0(t)$ 与 $V_1(t)$ 构成负因果链 $V_0(t) \xrightarrow{-} V_1(t)$。

因此，负因果链 $V_{n-1}(t) \xrightarrow{-} V_n(t)$ 所属的极大开环 $V_1(t) \xrightarrow{+} V_2(t) \xrightarrow{+} \cdots \xrightarrow{+} V_{n-1}(t) \xrightarrow{-} V_n(t)$ 具有以下特征：

对于任一级广义输入变量 $V_i(t)(i=1,2,\cdots,n-1)$ 的改变量 $\Delta V_i(t)>0$ 时，对应的输出变量改变量 $\Delta V_n(t)<0$;而当任一广义输入变量 $V_i(t)(i=1,2,\cdots,n-$

1) 的改变量 $\Delta V_i(t) < 0$ 时，对应的输出变量改变量 $\Delta V_n(t) > 0$。

消除增长上限制约管理对策生成法步骤如下。

步骤 1：根据各负因果链广义输入变量改变量小于零的方法，生成初始对策集 A_1。

(1) 对负反馈环中的任一负因果链 $V_{n-1}(t) \stackrel{-}{\longrightarrow} V_n(t)$ 所属极大开环，逐一考虑此极大开环中 1 到 $n-1$ 级广义输入变量，其改变量小于零对应一个初始对策，所有初始对策构成此负因果链的初始对策子集；

(2) 将根据负反馈环中所有负因果链分析得到的初始对策子集实施集合并运算，得到消除负反馈环制约作用的初始对策集 A_1。

步骤 2：根据系统目标筛选初始对策集中的对策，生成经目标筛选初始对策集 A_2。

(1) 确定系统发展的目标变量集合为 $P=\{P_i(t)\,|i=1,2,\cdots,n\}$；

(2) 若实施初始对策 $\alpha_i \in A_1$，任意 $\Delta P_j(t) \geqslant 0$，$j=1,2,\cdots,n$，则对策 α_i 为通过目标筛选初始对策；若实施初始对策 $\alpha_i \in A_1$，至少存在某一 $\Delta P_j(t) < 0$，$j=1,2,\cdots,n$，则对策 α_i 为非通过目标筛选的初始对策。

全体通过目标筛选的初始对策构成经目标筛选初始对策集 A_2。

若不存在上述通过目标筛选初始对策，则根据全局与部分的关系，或系统长期发展与短期发展之间的关系等，确定具体非通过目标筛选初始对策对系统发展各个目标的影响权值因子，在目标可接受的负效益范围内，选择实施非通过目标筛选初始对策。

步骤 3：根据可实践性筛选目标筛选初始对策集中的对策，生成可操作管理对策集合 A_3。

(1) 对每一个目标筛选初始管理对策 $\beta_i \in A_2$，确定此对策对应实践中的 $k(k \geqslant 1)$ 种实现方式；

(2) 在系统资源约束条件下进行对策实施成本与收益等分析，对目标筛选初始对策集中每个对策的实现方式进行可行性选择，生成可操作管理对策集合 A_3。

步骤 4：基于流率基本入树逐步建模法，进行可操作管理对策实施效应仿真评价分析，检验可操作管理对策的正确性，为有效实施管理对策提供有价值的信息资源。

(1) 基于目标集，可操作性基模涉及的核心变量确定流位流率系；

(2) 采用流率基本入树逐步建模法，建立系统仿真评价分析模型；

(3) 根据对策的实际内容进行仿真评价调控分析。

由以上 4 个步骤，生成消除增长上限制约管理对策集，为系统实际发展提供决策依据。

4.2.2 银河杜仲有机农产品开发系统消除增长上限制约分析

银河杜仲开发有限公司地处萍乡市芦溪县银河镇，是公司、政府、大学与农户共同参与建设的创新产业基地，从事杜仲资源综合利用和杜仲产品开发、生产和贸易，用杜仲叶为原料生产改进猪饲料获得成功。为做大杜仲生猪产业，公司于 2005 年投资 2000 万元在银河镇何家圳村兴建占地 600 亩，猪舍 46 栋的绿色杜仲生猪养殖基地。截至 2010 年，基地日均存栏猪 8000 头，年出栏种猪 24410 头，出栏肉猪 5022 头，年利润达 120 余万元，规模养殖为公司与农户带来了可观的经济年收入，2008 年获国家猪肉绿色食品认证，特色猪肉产品销往江西、深圳、上海等全国各地。

银河杜仲有机农产品开发系统是一个复杂反馈系统，系统中正反馈结构促进系统不断发展的同时，受到负反馈结构的制约作用。因此，需消除负反馈结构对系统发展的制约作用，促进系统可持续发展。

1. 银河杜仲有机农产品开发系统核心变量历史数据分析

在银河杜仲有机农产品开发系统中，养殖业收入增加是系统发展的动力，年出栏生猪数增加是养殖业收入增加的保障，日均存栏生猪数增加是年出栏生猪数增加的保障。因此，养殖业子系统中核心变量为：日均存栏猪头数、年出栏种猪数、年出栏肉猪数和养殖业年利润，其统计数据见表 4.1。

表 4.1 规模养殖业子系统核心变量数据表

年份	日均存栏猪/头	年出栏种猪/头	年出栏肉猪/头	养殖业年利润/万元
2008	4500	6957	1535	9
2009	6000	15866	4644	76
2010	8000	24410	5022	120

从表 4.1 分析银河杜仲规模养殖业子系统核心变量可知：

(1) 年出栏种猪数、年出栏肉猪数促进养殖业利润不断增加，构成因果链集合 (年出栏种猪数 $V_1(t) \xrightarrow{+}$ 养殖业利润 $V_3(t)$，年出栏肉猪数 $V_2(t) \xrightarrow{+}$ 养殖业利润 $V_3(t)$)；

(2) 养殖业利润促进生猪养殖规模 (存栏生猪数) 增加，养殖规模扩张促进年出栏种猪数、年出栏肉猪数增加，构成因果链集合：(养殖业利润 $V_3(t) \xrightarrow{+}$ 存栏生猪数 $V_4(t)$，存栏生猪数 $V_4(t) \xrightarrow{+}$ 年出栏种猪数 $V_1(t)$，存栏生猪数 $V_4(t) \xrightarrow{+}$ 年出栏肉猪数 $V_2(t)$)；

(3) 养殖规模的扩张速度小于利润增加的速度。表明在养殖业利润促进生猪养殖规模增加的同时，存在制约系统发展 (养殖业规模增加) 的负反馈制约结构。

根据实地调查研究，制约养殖业规模扩张的原因是：养殖业规模扩张带来猪粪尿在养殖区的排放量不断增加，除部分猪粪被周边农户买去作为种植业肥料外，其余猪粪与全部猪尿未能充分利用，污染了养殖区及周边地区的生态环境。农业生态环境的保护压力加大，制约系统发展。

对应制约系统发展情况，存在四个核心变量：存栏生猪数 $V_4(t)$、猪粪排放量 $V_5(t)$、猪尿排放量 $V_6(t)$、猪粪尿氮磷钾 (NPK) 含量 $V_7(t)$。根据实地调研测算，得到单位存栏猪日均产猪粪尿量及猪粪尿中 N，P，K 含量 (%) 实测数据见表 4.2。养殖场存栏生猪中 80%为种猪，20%为肉猪，根据表 4.2 数据计算得到猪粪尿中 N，P，K 含污染量见表 4.3。

表 4.2　猪粪尿日均排放量 (千克/头) 及猪粪尿 N，P，K 含量 (%) 数值表

	日均产猪粪	日均产猪尿	猪粪中			猪尿中		
			N 含量	P 含量	K 含量	N 含量	P 含量	K 含量
存栏种猪	1.0	1.9	2.46	0.54	0.29	3.77	0.32	0.63
存栏肉猪	3.2	3.8	1.42	0.24	0.20	1.1	0.09	0.43

表 4.3　2008—2010 年猪粪尿中 N，P，K 污染总量 (千克) 数值表

年份	日均存栏猪/头	年猪粪排放量	年猪尿排放量	猪粪尿含 N 量	猪粪尿含 P 量	猪粪尿含 K 量
2008	4500	2365200	3744900	155104	18731	23580
2009	6000	3153600	4993200	206806	24974	36012
2010	8000	4204800	6657600	275741	33300	48016

根据表 4.3 分析四个核心变量得到：

(1) 存栏生猪数与猪粪排放量、猪尿排放量与猪粪尿 NPK 含量之间存在正因果链集合 (存栏生猪数 $V_4(t) \xrightarrow{+}$ 猪粪排放量 $V_5(t)$、存栏生猪数 $V_4(t) \xrightarrow{+}$ 猪尿排放量 $V_6(t)$、猪粪排放量 $V_5(t) \xrightarrow{+}$ 猪粪尿 NPK 含量 $V_7(t)$、猪尿排放量 $V_6(t) \xrightarrow{+}$ 猪粪尿 NPK 含量 $V_7(t)$)；

(2) 在猪粪尿资源未开发背景下，猪粪尿 NPK 含量越多，对养殖场附近农地、水体环境污染越严重。养殖场周边农户意见很大，政府也会进行干预，限制养殖业规模过度扩张。因此，猪粪尿 NPK 含量 $V_7(t)$ 与存栏生猪数 $V_4(t)$ 之间存在以下负因果链，猪粪尿 NPK 含量 $V_7(t) \xrightarrow{-}$ 存栏生猪数 $V_4(t)$。

2. 建立基于核心变量分析的增长上限反馈环基模

由不同因果链相同顶点的链接力，年出栏种猪数 $V_1(t)$、年出栏肉猪数 $V_2(t)$、养殖业利润 $V_3(t)$、存栏生猪数 $V_4(t)$ 之间的四个正因果链产生规模养殖及利润增长正反馈环：

正反馈环 1：养殖业利润 $V_3(t) \xrightarrow{+}$ 存栏生猪数改变量 $\xrightarrow{+}$ 存栏生猪数 $V_4(t) \xrightarrow{+}$ 年出栏种猪数 $V_1(t) \xrightarrow{+}$ 养殖业利润 $V_3(t)$；

正反馈环 2：养殖业利润 $V_3(t) \xrightarrow{+}$ 存栏生猪数改变量 $\xrightarrow{+}$ 存栏生猪数 $V_4(t) \xrightarrow{+}$ 年出栏肉猪数 $V_2(t) \xrightarrow{+}$ 养殖业利润 $V_3(t)$。

由不同因果链相同顶点的链接力，存栏生猪数 $V_4(t)$、猪粪排放量 $V_5(t)$、猪尿排放量 $V_6(t)$、猪粪尿 NPK 含量 $V_7(t)$ 之间的四个正因果链，NPK 未开发直接污染量 $V_7(t)$、存栏生猪数 $V_4(t)$ 之间的负因果链产生规模养殖与环境污染制约两条负反馈环：

负反馈环 1：存栏生猪数 $V_4(t) \xrightarrow{+}$ 猪粪排放量 $V_5(t) \xrightarrow{+}$NPK 未开发直接污染量 $V_7(t) \xrightarrow{-}$ 存栏生猪数改变量 $\xrightarrow{+}$ 存栏生猪数 $V_4(t)$；

负反馈环 2：存栏生猪数 $V_4(t) \xrightarrow{+}$ 猪尿排放量 $V_6(t) \xrightarrow{+}$NPK 未开发直接污染量 $V_7(t) \xrightarrow{-}$ 存栏生猪数改变量 $\xrightarrow{+}$ 存栏生猪数 $V_4(t)$。

以上四条反馈环共同作用构成银河杜仲规模养殖子系统养殖废弃物污染制约增长上限反馈环基模见图 4.9。

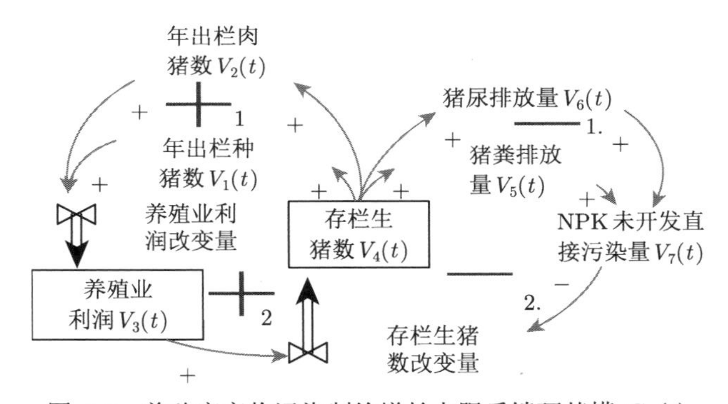

图 4.9 养殖废弃物污染制约增长上限反馈环基模 $G_1(t)$

此增长上限反馈环基模左半部分是具有同增同减性正反馈环，刻画的是规模养殖利润增加带动养殖积极性，养殖规模扩张。养殖规模扩张促进出栏生猪数增加，在既定的市场价格下，出栏生猪数增加带来利润再增加，形成正反馈环；基模右半部分是具有反增反减性抑制系统发展的制约负反馈环，刻画的是生猪养殖规模增加，养殖废弃物在养殖区过度集中、累积排放，污染生态环境，制约生猪养殖业进一步发展。

3. 消除生猪养殖废弃物污染制约系统发展管理对策分析

根据消除增长上限管理对策生成法进行管理对策的生成分析如下。

(1) 据各负因果链广义输入变量改变量小于零的方法，生成初始对策集 A_1。

在增长上限反馈环基模 $G_1(t)$ 中，抑制系统发展负反馈环中的负因果链为：NPK 未开发直接污染量 $V_7(t) \xrightarrow{-}$ 存栏生猪数改变量。此负因果链所属的两条极大开环为：

极大开环 1：存栏生猪数 $V_4(t) \xrightarrow{+}$ 猪粪排放量 $V_5(t) \xrightarrow{+}$NPK 未开发直接污

染量 $V_7(t) \xrightarrow{-}$ 存栏生猪数改变量。

因为，此负因果链前 3 个变量依次构成正因果链，且虽然存栏生猪数 $V_4(t)$ 的正因果链为：存栏生猪数改变量 $\xrightarrow{+}$ 存栏生猪数 $V_4(t)$，增加存栏生猪数改变量，立即变为闭环。因此，该正因果链为极大开环。

同理可得以下极大开环 2。

极大开环 2：存栏生猪数 $V_4(t) \xrightarrow{+}$ 猪尿排放量 $V_6(t) \xrightarrow{+}$NPK 未开发直接污染量 $V_7(t) \xrightarrow{-}$ 存栏生猪数改变量。

根据负因果链广义输入变量改变量小于零的方法，生成的初始对策集合 A_1 中包含的对策为

初始对策 1：减少存栏生猪数；

初始对策 2：减少猪粪排放量；

初始对策 3：减少猪尿排放量；

初始对策 4：减少 NPK 未开发直接污染量。

(2) 根据系统目标筛选初始对策集中的对策，生成经目标筛选初始对策集 A_2。

规模养殖复杂系统发展的动力是养殖利润的增加，生态环境保护是系统可持续发展的保障。基于此，确定银河杜仲规模养殖业系统发展的目标集合为 $P=\{$养殖场增加利润 $P_1(t)$，生态环境保护程度 $P_2(t)\}$。根据系统目标筛选初始对策集中对策的分析如下：

初始对策 1 的实施对生态环境保护目标产生正效益，$\Delta P_2(t)>0$；但对农民增收目标产生负效益，$\Delta P_1(t)<0$，因此为非通过目标筛选的初始对策；

初始对策 2、初始对策 3、初始对策 4 的实施对生态环境保护目标产生正效益，$\Delta P_2(t)>0$；对农户增收目标产生正效益，$\Delta P_1(t)>0$，因此为通过目标筛选初始对策。

因此，目标筛选初始对策集 A_2 的元素为初始对策 2、初始对策 3、初始对策 4。

(3) 根据目前可实践性筛选目标筛选初始对策集中的对策，生成可操作管理对策集合 A_3。

养殖技术条件不变前提下，单位生猪猪粪尿排放量无法减少，猪粪尿排放总量无法减少。因此，初始对策 2、初始对策 3 在实践中无具体实现方式，为不可操作管理对策。

初始对策 4 实施方式可为以猪粪尿资源为原料开发沼气工程，治理养殖废弃物直接排放污染。

因此，可操作管理对策集合 A_3 包含的对策为：

可操作的管理对策：以猪粪尿资源为原料开发沼气工程，开发生物质资源，治理养殖废弃物排放的污染。

4. 消除厌氧发酵产出物二次污染制约系统发展管理对策分析

实施沼气工程消除了养殖废弃物直接排放污染制约规模养殖业子系统发展，但沼气工程厌氧发酵产出物需要应用与治理：①厌氧发酵主要产出物沼气含有大量 CH_4(占 60%~70%) 及 CO、H_2S 等可燃性温室气体，直接排放对养殖区产生大气污染。基地目前建设沼气池容量为 1200 米^3，按生猪养殖污水产气率计算，一天可产沼气 840 米^3。此沼气量若不充分利用，将产生大气污染，出现沼气污染增长上限。②沼气工程厌氧发酵产生大量沼液，沼液直接排放会造成农田、水体、环境污染，出现沼液污染增长上限。

二次污染问题构成沼气工程增长上限制约基模见图 4.10。

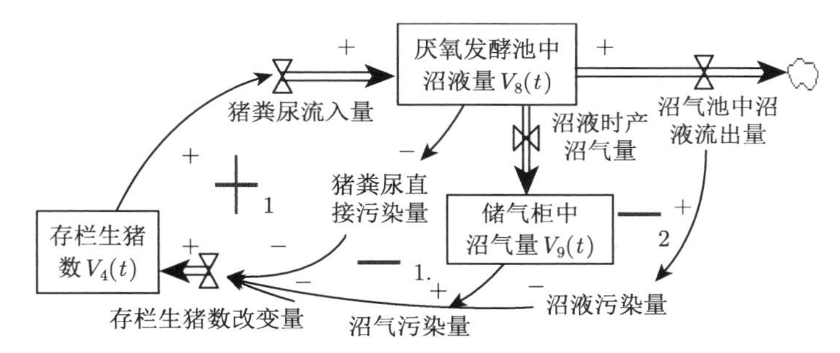

图 4.10 沼气工程厌氧发酵产出物污染制约增长上限反馈环基模 $G_2(t)$

根据消除增长上限管理对策生成法进行管理对策的生成分析如下。

(1) 根据各负因果链广义输入变量改变量小于零的方法，生成初始对策集 A_1。

在增长上限基模 $G_2(t)$ 中，抑制系统发展负反馈环中的负因果链为：沼气污染量 $\xrightarrow{-}$ 存栏生猪数改变量、沼液污染量 $\xrightarrow{-}$ 存栏生猪数改变量。此两条负因果链所属的极大开环为：

极大开环 1：存栏生猪数 $V_4(t) \xrightarrow{+}$ 猪粪尿流入量 $\xrightarrow{+}$ 厌氧发酵池中沼液量 $V_8(t) \xrightarrow{+}$ 沼液时产沼气量 $\xrightarrow{+}$ 储气柜中沼气量 $V_9(t) \xrightarrow{+}$ 沼气污染量 $\xrightarrow{-}$ 存栏生猪数改变量；

极大开环 2：存栏生猪数 $V_4(t) \xrightarrow{+}$ 猪粪尿流入量 $\xrightarrow{+}$ 厌氧发酵池中沼液量 $V_8(t) \xrightarrow{+}$ 沼气池中沼液流出量 $\xrightarrow{+}$ 沼液污染量 $\xrightarrow{-}$ 存栏生猪数改变量。

根据各负因果链广义输入变量改变量小于零的方法，生成的初始对策集合 A_1 中包含的对策为

初始对策 1：减少存栏生猪数；

初始对策 2：减少猪粪尿流入量；

初始对策 3：减少厌氧发酵池中沼液量；

初始对策 4：减少沼液时产沼气量；

初始对策 5：减少储气柜中沼气量；

初始对策 6：减少沼气池中沼液流出量；

初始对策 7：减少沼气污染量；

初始对策 8：减少沼液污染量。

(2) 根据系统目标筛选初始对策集中的对策，生成经目标筛选初始对策集 A_2。

同样，确定银河杜仲规模养殖业系统发展的目标集合为 $P=\{$养殖场增加利润 $P_1(t)$，生态环境保护程度 $P_2(t)\}$。根据系统目标筛选初始对策集中对策的分析如下：

初始对策 1 的实施对生态环境保护目标产生正效益，$\Delta P_2(t)>0$；但对农民增收目标产生负效益，$\Delta P_1(t)<0$，因此为非通过目标筛选的初始对策；

初始对策 2、初始对策 3、初始对策 4、初始对策 5、初始对策 6、初始对策 7、初始对策 8 的实施对生态环境保护目标产生正效益，$\Delta P_2(t)>0$；对农户增收目标产生正效益，$\Delta P_1(t)>0$，因此为通过目标筛选初始对策。

因此，目标筛选初始对策集 A_2 的元素为初始对策 2、初始对策 3、初始对策 4、初始对策 5、初始对策 6、初始对策 7、初始对策 8。

(3) 根据目前可实践性筛选目标筛选初始对策集中的对策，生成可操作管理对策集合 A_3。

反馈环基模 $G_2(t)$ 刻画的是沼气工程厌氧发酵产出物二次污染问题，猪尿作为发酵原料全部流入沼气池，无法减少，猪粪主要由其他种植单位用于种植。在目前的厌氧发酵技术水平下，厌氧发酵池中沼液量、沼气池中沼液流出量、沼液时产沼气量、储气柜中沼气量也无法减少。因此，初始对策 2、初始对策 3、初始对策 4、初始对策 5、初始对策 6 在实践中无具体实现方式，为不可操作管理对策。

根据实际情况，初始对策 7 减少沼气污染量有两种实施方式：一是开发沼气能源代替生活燃料用能，实现节能减排；二是根据养殖场沼气产量大的特点，利用沼气能源发电供基地照明、猪舍减温与保暖等使用。此两种实施方式对应的管理对策可以综合为实施沼气能源开发利用工程，为可操作管理对策。

根据实际情况，初始对策 8 减少沼液污染量可实施方式为将沼液资源用于养殖业，实现循环养种。目前，养殖场有 9 亩桂花林、24 亩杜仲林、70 亩蔬菜利用沼液肥料种植，基地下游有 500 亩水稻田可以开发使用沼液。另外，养殖场打算开发 94 亩地种植藕，在不计较经济效益原则下最大限度吸纳沼液。因此，此实施方式对应的管理对策实施沼液资源开发利用工程为可操作管理对策。

基于以上分析，生成的可操作管理对策集合 A_3 包含的对策为

可操作管理对策 1：实施沼气能源开发利用工程；

可操作管理对策 2：实施沼液资源开发利用工程。

5. 管理对策实施效应仿真评价

基于上述分析，银河杜仲有机农产品开发系统有年出栏种猪数 $V_1(t)$、年出栏肉猪数 $V_2(t)$、养殖业利润 $V_3(t)$、存栏生猪数 $V_4(t)$、猪粪排放量 $V_5(t)$、猪尿排放量 $V_6(t)$、猪粪尿 NPK 含量 $V_7(t)$ 七个核心变量，实施三条可操作管理对策涉及主要变量为沼气产量、沼气污染量、沼液产量、沼液污染量，共 11 个主要变量。

建立流位流率系的根据是：开始假设每一个主要变量为一个流位变量，然后，分析假设的流位变量中，是否存在设立调控参数后，可由其他流位变量计算得出，若存在，可将此流位变量设为辅助变量、增补变量等。

基于以上根据，建立了以下银河杜仲有机农产品开发系统的流位流率系：

$L_1(t), R_1(t)$：日均存栏量 $L_1(t)$ (头)，日均存栏变化量 $R_1(t)$(头/年)；

$L_2(t), R_2(t)$：年猪粪量 $L_2(t)$(吨)，猪粪年变化量 $R_2(t)$(吨/年)；

$L_3(t), R_3(t)$：年猪尿量 $L_3(t)$(吨)，猪尿年变化量 $R_3(t)$(吨/年)；

$L_4(t), R_4(t)$：年产沼气量 $L_4(t)$ (米^3)，年产沼气产量变化量 $R_4(t)$(米^3/年)；

$L_5(t), R_5(t)$：年沼气利用量 $L_5(t)$ (米^3)，沼气年利用量变化量 $R_5(t)$(米^3/年)；

$L_6(t), R_6(t)$：沼液年利用量 $L_6(t)$(吨)，沼液年利用量变化量 (吨/年)。

在实际问题研究中，建立了银河杜仲有机农产品开发系统仿真流率基本入树模型 (略)，以 2008~2018 年为仿真时间段，设仿真步长 DT = 1，对系统实施管理对策的效果进行仿真分析。

(1) 开发沼气工程治理养殖废弃物对策 1 实施效果仿真分析。

按照公司规划目标，存栏生猪数不断增加，养殖场猪粪尿排放量随之增加。通过系统仿真结果可显示未来年猪粪尿排放情况，验证实施沼气工程治理养殖废弃物污染的必要性，从而证明管理对策 1 的正确性，实施此对策可促进系统发展的经济与生态目标同时实现。

年猪粪量 $L_2(t)$、猪粪年变化量 $R_2(t)$、年猪尿量 $L_3(t)$ 与年猪尿变化量 $R_3(t)$ 仿真情况如图 4.11、图 4.12、表 4.4 所示。

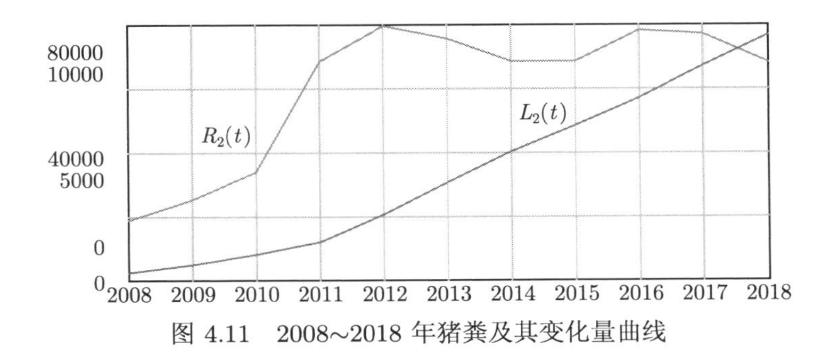

图 4.11　2008~2018 年猪粪及其变化量曲线

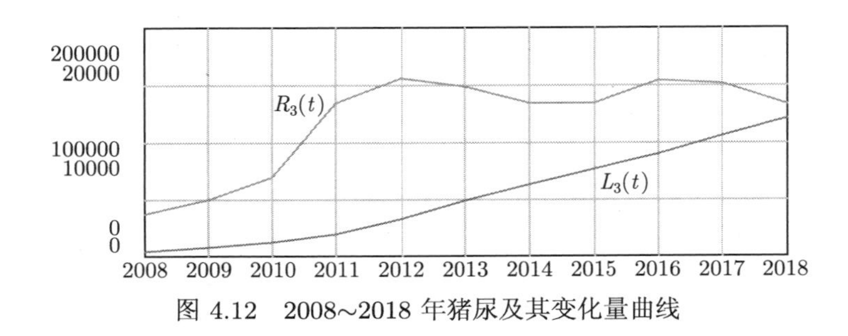

图 4.12　2008~2018 年猪尿及其变化量曲线

表 4.4　年猪粪量 $L_2(t)$、年猪尿量 $L_3(t)$ 仿真分析数据值

年份	2008	2009	2010	2011	2012	2013	2014	2015	2016	2017	2018
年猪粪量/吨	2365	4730	7884	12089	20650	30566	40022	48551	57082	66846	76448
年猪尿量/吨	3745	7491	12487	19322	32782	48385	63263	76670	90081	105445	120552

从图 4.11 和图 4.12 年猪粪量 $L_2(t)$、猪粪年变化量 $R_2(t)$、年猪尿量 $L_3(t)$、猪尿年变化量 $R_3(t)$ 曲线及表 4.4 的年猪粪量、年猪尿量仿真数值，可看出实施沼气工程治理养殖废弃物污染必要性：2008 年的年猪粪量为 2365 吨，按照规划存栏生猪目标到 2018 年的年猪粪量为 76448 吨；2008 年的年猪尿量为 3754 吨，按照规划存栏生猪目标到 2018 年的年猪尿量为 120552 吨。养殖场的猪粪可以部分出售给周边农户作为种植业肥料使用，而猪尿全部直接排放，若不实施沼气工程治理养殖废弃物，则会污染周边农田、水体，给生态环境造成严重污染。

实践中，银河杜仲规模养殖场下游是 500 亩水稻田，猪粪尿直接排放会污染农田、水体。在 2008~2010 年，养殖场未开发沼气工程有效治理养殖废弃物，污染下游农田，造成水稻青苗减产。周边农户与公司矛盾不断恶化，甚至需要打官司处理矛盾。为赔偿农田污染造成水稻减产损失，公司每年赔偿农户 6 万多元，造成严重的生态、经济负效益。

(2) 沼气能源开发利用工程对策 2 与沼液资源开发利用工程对策 3 实施效果仿真分析。

管理对策 2 的实施是规划在 2012 年使用功率为 60 千瓦的发电机进行沼气发电，并根据 2011 年的年产沼气量 $L_4(2011)$、发电用沼气量确定 2011 年沼气产量的 57.4%用于生活燃料用能，可以基本解决目前 (2011 年) 沼气过剩排放污染大气问题。

管理对策 3 的实施基础是：目前养殖场所在区域内有 33 亩桂花、杜仲经济林使用部分沼液，有 70 亩菜田使用沼液。规划在 2012 年开发下游 500 亩水稻田利用沼液为肥料，并不以经济利益为目的在养殖场内种植 2500 平方米藕田吸纳沼液。在 2014 年，可以根据沼液剩余量在养殖场开发大面积杜仲经济林，实现彻底治理沼液污染的目的。

年产沼气量 $L_4(t)$、年沼气利用量 $L_5(t)$、年产沼液量 $M_{610}(t)$ 与沼液年利用量 $L_6(t)$ 仿真情况如图 4.13、图 4.14 所示。

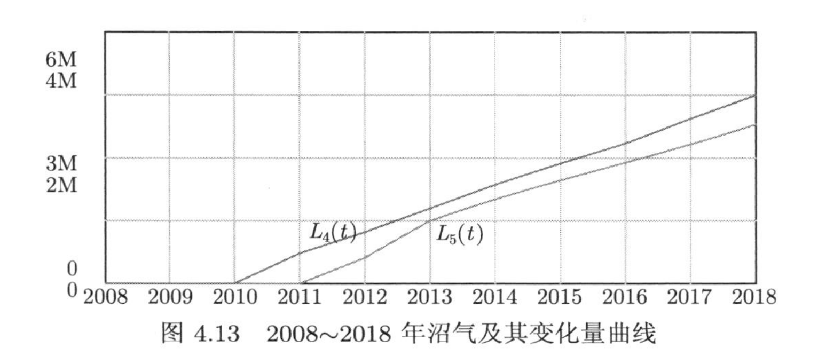

图 4.13 2008~2018 年沼气及其变化量曲线

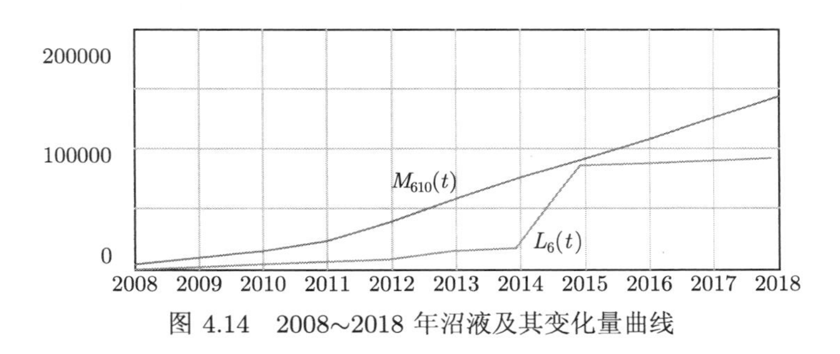

图 4.14 2008~2018 年沼液及其变化量曲线

从沼气利用量 $L_5(t)$ 仿真数据看，实施沼气发电工程和以沼气替代生活燃料用能治理沼气污染的效果显著，从 2012 年综合利用沼气 404114 米^3，到 2018 年已达到综合利用沼气 2531800 米^3 的规模。此对策的实施一方面实现使用清洁能源代替生活用能达到节能目的，另一方面实现污染减排，保护生态环境的目标，具有重要的经济、生态意义。

但实际上由于生猪养殖规模增加，按照目前 2011 年的规划沼气利用方案仍不能彻底消除沼气污染 (表 4.5)。因此需以年产沼气量 $L_4(t)$ 仿真值为依据确定扩充沼气用户数，向周边农户输送沼气能源；或者扩大沼气发电量，利用政府部门给予的优惠政策，争取沼气发电上网。

表 4.5 沼气发电工程治理对策实施效果仿真分析数据值

年份	2012	2013	2014	2015	2016	2017	2018
年产沼气量 $L_4(t)$/米^3	1209610	1789510	2342610	2841300	3301500	3911220	4472770
年沼气利用量 $L_5(t)$/米^3	404114	991876	1322420	1637680	1921940	2206290	2531800

沼液综合治理仿真分析结果显示 (表 4.6)，规划 2014 年利用养殖区土地资源丰富的自然条件，开发杜仲经济林生产公司产品的主要原料杜仲，治理沼液污染效果显著；2015 年产沼液量 $M_{610}(t)$ 为 91252 吨，年沼液利用量 $L_6(t)$ 为 88001 吨，基本实现彻底治理沼液污染的目的。

表 4.6 沼液治理工程对策实施效果仿真分析数据值

年份	2010	2011	2012	2013	2014	2015	2016	2017	2018
年产沼液量 $M_8(t)$	14868	22939	38972	57559	75281	91252	107228	125530	143525
沼液年利用量 $L_6(t)$	4240	6360	8480	15548	17668	88001	90121	92241	94361
藕田年利用量/吨	—	—	30492	42011	57631	3251	17107	33289	49164

同样由于年存栏生猪规模动态变化，沼液产量随之动态变化。因此，公司规划 2012 年在养殖区内不计经济效益开发 2500 平方米藕田，实现生物吸附治理剩余沼液，追求生态效益。根据年产沼液量与沼液年利用量仿真数据，计算得到藕田年利用沼液量数值 (表 4.6)。在不计经济效益仅追求生态效益的前提下，2500 平方米藕田可实现生物吸附治理目标，消除沼液排放污染。

4.3 极小反馈基模集入树组合生成法

4.3.1 极小反馈基模集入树组合生成法内涵与步骤

1. 极小反馈基模集入树组合生成法创新背景

团队从 2005 年开始，长期致力于极小基模分析技术研究，提出了极小基模、极小基模生成集等概念，并利用极小基模进行基模分析技术的创新研究。

(1) 提出极小基模概念。

Senge 在学习型组织理论中建立并刻画了系统发展的 8 个典型基模，但未讨论一个确定复杂系统的反馈基模问题。在对确定复杂系统实践研究中，在多类系统中普遍、重复存在和出现的具有比较基本功能的系统基模常仅为整体结构的很小部分，以此进行系统结构分析有很大的局限性。因此，有必要创新系统基模的概念，更有效地对确定复杂系统结构进行研究。

团队提出了极小基模概念，建立了反馈环与整体流图之间层次的反馈结构。任一确定复杂系统的流图结构，可由部分或全体极小基模嵌运算而成。因此，以全体极小基模为工具，可构造特定意义的系统基模结构、系统整体结构进行分析，更能有效进行一个确定复杂系统的结构分析。

(2) 提出极小基模集概念。

极小基模不能由其他基模经嵌运算生成，是系统中最小的基模结构，全体极小基模构成极小基模集。系统中任一基模乃至整体系统，可由极小基模集中的极小基模经嵌运算生成，极小基模集的功能相当于线性代数中的基础解系。

极小基模集的意义在于，可根据研究的目的与任务，由集合中的极小基模生成具特定意义的基模进行研究。

2. 极小反馈基模集入树组合生成法相关概念

定义 4.3.1 已知 $t \in T$，半子流图 $G_1(t) = (Q_1(t), E_1(t), F_1(t))$，$G_2(t) = (Q_2(t), E_2(t), F_2(t))$，则：

(1) 作 $G_1(t) \cup G_2(t)$，且保持 $F_1(t)$，$F_2(t)$ 确定的映射关系。

(2) 若流率变量 $R_p(t)$ 及其对应流位变量 $L_p(t)$ 在 $G_i(t)(i = 1, 2)$ 中，则在 1 的基础上再增加一条弧，构成因果链 $R_p(t) \to L_p(t)$。同时给出实际意义下的因果链极性。

由 (1)，(2) 得到一个新的半子流图 $G(t)$，定义这种运算为嵌运算，嵌运算记为

$$G(t) = G_1(t) \vec{\cup} G_2(t)。$$

嵌运算满足交换律与结合律。

流率基本入树是半子流图，由流率基本入树模型作嵌运算可得系统整个流图模型。

例 4.3.1

已知公司产量变化量流率基本入树 $T_1(t)$，见图 4.15，其左枝以公司资金量 $L_2(t)$ 流位变量为尾变量；已知公司资金变化量流率基本入树 $T_2(t)$，见图 4.16，其左枝以公司产量 $L_1(t)$ 流位变量为尾变量；且入树 $T_1(t)$ 和入树 $T_2(t)$ 的辅助变量 $C_{ij}(t)$ 不同。

求入树 $T_1(t)$，$T_2(t)$ 嵌运算 $T_1(t) \vec{\cup} T_2(t)$ 的结果。

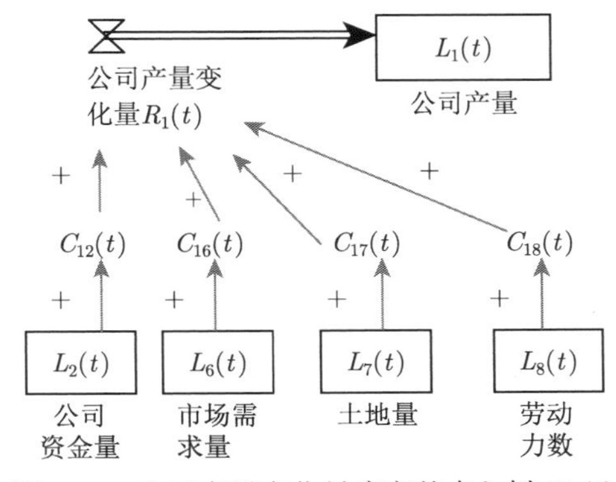

图 4.15 公司产量变化量流率基本入树 $T_1(t)$

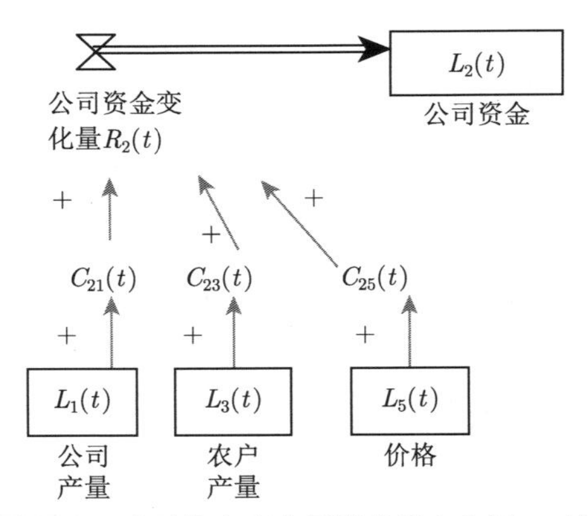

图 4.16　公司资金变化量流率基本入树 $T_2(t)$

解　由嵌运算定义：将入树 $T_1(t)$ 左枝尾变量“公司资金量 $L_2(t)$”流位变量与入树 $T_2(t)$ 树根流位变量 $L_2(t)$ 重合；将入树 $T_2(t)$ 左枝尾变量“公司产量 $L_1(t)$”流位变量与入树 $T_1(t)$ 树根流位变量 $L_1(t)$ 重合；又由于辅助变量 $C_{12}(t)$ 与 $C_{21}(t)$ 不同，则生成反馈环新子流图 $G_{12}(t) = T_1(t) \ddot{\cup} T_2(t)$(图 4.17)。

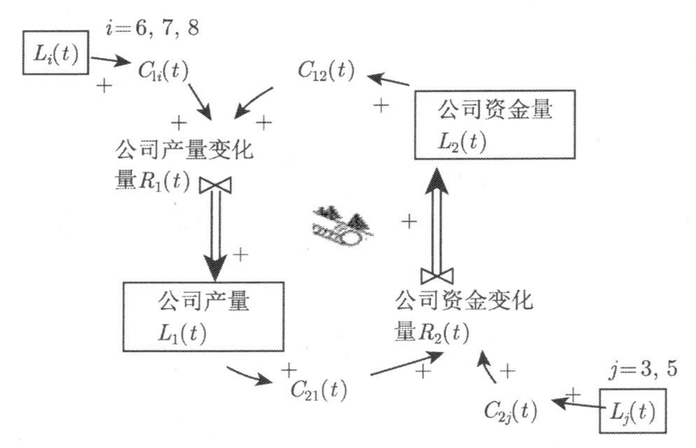

图 4.17　反馈环新子流图 $G_{12}(t) = T_1(t) \ddot{\cup} T_2(t)$

经过嵌运算生成的新子流图 $G_{12}(t)$ 有一个重要特性，新子流图 $G_{12}(t)$ 是一个反馈环新子流图，且是一个正反馈环新子流图，刻画公司资金量 $L_2(t)$ 增加 (减少)，促进公司产量变化量 $R_1(t)$ 相对增加 (减少)，又公司产量 $L_1(t)$ 增加 (减少)，促进公司资金变化量 $R_2(t)$ 相对增加 (减少)，在公司发展中，具有资金与产量同增减的反馈规律。

定义 4.3.2　不能由反馈基模与反馈基模经嵌运算生成的反馈基模称为极小反馈基模。

此极小反馈基模的等价定义为：

定义 4.3.3 至少要一棵入树为因子才能经嵌运算生成的反馈基模称为极小反馈基模。

定义 4.3.4 系统的全体极小反馈基模构成的集合，称为系统的极小反馈基模集。

命题 4.3.1 已知流率基本入树 $T_i(t)$，$T_j(t)$，作 $G_{ij}(t) = T_i(t) \vec{\cup} T_j(t)$，则 $G_{ij}(t)$ 产生新增反馈环基模的充要条件是：$T_j(t)$ 入树树尾中含流位变量 $L_i(t)$，$T_i(t)$ 入树树尾中含流位变量 $L_j(t)$，且 $L_i(t)$，$L_j(t)$ 对应两枝变量不同。

命题 4.3.2 已知极小反馈环基模 $G_{ij}(t) = T_i(t) \vec{\cup} T_j(t)$ 和入树 $T_k(t)$，作 $G_{ijk}(t) = G_{ij}(t) \vec{\cup} T_k(t)$，则 $G_{ijk}(t)$ 新增极小反馈环基模的充分条件是：

(1) 入树 $T_k(t)$ 的树尾中, 至少含 $L_i(t)$，$L_j(t)$ 一个流位变量；

(2) $G_{ij}(t)$ 中含流位变量 $L_k(t)$；

(3) 取定的 $L_i(t)$ 或 $L_j(t)$ 与 $L_k(t)$ 对应枝变量不同。

命题 4.3.3 已知反馈环基模 $G_{i1i2\cdots in}(t)$，$G_{j1j2\cdots jn}(t)$，若存在 $ik \in \{i1, i2, \cdots, in\}$，$jt \in \{j1, j2, \cdots, jm\}$，$ik = jt$，则 $G_{i1i2\cdots in}(t) \vec{\cup} G_{j1j2\cdots jn}(t)$ 产生新反馈环基模。

3. 极小反馈基模集入树组合生成法步骤

极小反馈基模生成集的构造步骤如下。

步骤 1：构造流位流率系、外生变量与调控变量。通过系统调研与分析，分别构造流位流率系、外生变量与调控变量集：

流位流率系：$\{(L_1(t), R_1(t)), (L_2(t), R_2(t)), \cdots, (L_n(t), R_n(t))\}$；

外生变量集：$\{E_1(t), E_2(t), \cdots, E_m(t)\}$；

调控变量集：$\{a_1(t), a_2(t), \cdots, a_p(t)\}$。

步骤 2：构造流率基本入树模型。

步骤 3：生成反馈基模生成集。

对流率基本入树模型 $T_1(t), T_2(t), \cdots, T_n(t)$：

第一步：对每个入树 $T_1(t), T_2(t), \cdots, T_n(t)$ 与自身作嵌运算 $G_{ii}(t) = T_i(t) \vec{\cup} T_i(t)$，求一阶极小反馈基模。不妨设经此步骤后，得到一阶极小反馈环基模与不能生成一阶极小反馈基模的入树的集合为 $A_1(t) = \{G_{11}(t), G_{22}(t), \cdots, G_{ii}(t), T_{i+1}(t), T_{i+2}(t), T_n(t)\}$。

第二步：求二阶极小反馈基模。

作 $G_{ii}(t) \vec{\cup} T_j(t)$ 及 $T_i(t) \vec{\cup} T_j(t)$，求出全体二阶极小反馈基模。

第三步：求三阶极小反馈基模。

对未进入二阶极小反馈基模的入树 $\mathrm{Tr}(t)(r=t+1,\cdots,n)$，与二阶极小反馈基模作嵌运算，求出全体三阶极小反馈基模。

以此类推，经过 k 次嵌运算，直至 n 棵入树都进入极小反馈基模，得全体极小反馈基模集：$A_k(t)=\{G_{11}(t),G_{22}(t),\cdots,G_{ii}(t),G_{12}(t),G_{13}(t),\cdots,G_{jt}(t),\cdots,G_{jn}(t)\}$。此 $A_k(t)$ 极小反馈基模集为反馈基模生成集。

步骤 4：极小反馈基模反馈分析。

第一步：极小反馈基模分类。

第二步：由反馈基模生成集构建具有实际意义的增长反馈基模，增长上限反馈基模等。

第三步：由反馈基模的反馈分析生成促进系统发展的管理对策。

4.3.2 “公司 + 农户”组织模式系统反馈基模分析

1. 建立“公司 + 农户”规模经营系统流率基本入树模型

1) “公司 + 农户”规模经营现状及问题

“三农”问题是中国发展中遇到的一个重大问题，“公司 + 农户”规模经营是解决此问题的重要经营模式。此模式在全国各省市不断发展壮大，这种在不断发展壮大的规模经营系统需要用科学理论对其进行研究，促进其发展。为对“公司 + 农户”规模经营模式进行研究，对江西省十一地市作了典型调查研究，调研结果为以下三条结论：

(1) 资金、农产品、价格、市场需求量、土地、劳动是制约公司产量、农户产量的因素；

(2) 公司给农户技术、资金扶持，农户农产品由公司销售从中获利，结合成“公司 + 农户”有机体；

(3) 交通、电力及通信、资源、企业家、防疫、防灾是基本条件。

产业经济学指出：产业结构升级的一般动因可概括为供给、需求、环境三个方面，供给包括劳动力供给、技术供给、自然资源的供给和资金的供给等。环境包括政策环境。

要解决的问题：利用这些线段性复杂变量，对“公司 + 农户”这种经营模式进行系统分析，找出它的优势和存在的问题，提出管理方针。

2) “公司 + 农户”规模经营系统流率基本入树模型

在系统调研、分析的基础上，设计“公司 + 农户”规模经营系统流位流率系及外生变量、调控参数。

流位流率系：

$L_1(t),R_1(t)$——公司产量 (千克) 及其变化量 (千克/年)；

$L_2(t),R_2(t)$——公司资金 (元) 及其变化量 (元/年)；

$L_3(t), R_3(t)$——农户产量 (千克) 及其变化量 (千克/年)；

$L_4(t), R_4(t)$——农户收入 (元) 及其变化量 (元/年)；

$L_5(t), R_{51}(t), R_{52}(t)$——价格 (元/千克) 及价格增加变化量、价格减少变化量 (元/年)；

$L_6(t), R_6(t)$——市场需求量 (千克) 及其变化量 (千克/年)；

$L_7(t), R_7(t)$——土地量 (亩) 及其变化量 (亩/年)；

$L_8(t), R_8(t)$——劳动力数 (人) 及其变化量 (人/年)。

外生变量及调控参数：

$E_1(t)$——自然资源 (环境、土质、气候等)，$a_1(t)$ 为政府对应调控参数；

$E_2(t)$——人力资源 (领导人物、企业家、技术能人等)，$a_2(t)$ 为政府对应调控参数；

$E_3(t)$——交通、电力、通信三个基本条件，$a_3(t)$ 为政府对应调控参数；

$E_4(t)$——灾害防治能力，$a_4(t)$ 为政府对应调控参数；

$E_5(t)$——种粮土地量，$a_5(t)$ 为政府对应调控参数；

$E_6(t)$——外出务工人数，$a_6(t)$ 为政府对应调控参数；

$a_7(t)$ 为政府对价格调控参数。

利用流率基本入树建模法，建立 8 棵流率基本入树 (图 4.18)。

2. 构造"公司 + 农户"规模经营系统极小反馈基模集

第一步：求一阶极小反馈环基模。

对每棵树 $T_i(t)$，寻找一阶极小反馈环基模，图 4.18 所示 $T_1(t)$，$T_2(t)$，$\cdots$，$T_8(t)$ 树尾皆不含其本树对应的流位变量 $L_1(t)$，$L_2(t)$，$\cdots$，$L_8(t)$，故自作嵌运算不存在一阶极小反馈环基模。

第二步：求二阶极小反馈环基模。

(1) 分别作嵌运算 $T_1(t) \vec{\cup} T_i(t)(i = 2, 3, \cdots, 8)$ 寻找二阶极小反馈基模。

考察图 4.18 中 $T_1(t)$：从 $T_1(t)$ 的树尾流位出发确定产生二阶极小反馈基模的入树组合。因为 $T_1(t)$ 尾中只含 $L_2(t)$，$L_6(t)$，$L_7(t)$，$L_8(t)$ 四个流位变量，而 $T_2(t)$，$T_6(t)$，$T_7(t)$，$T_8(t)$ 尾中又皆含流位变量 $L_1(t)$，所以，根据命题 4.3.1 的充要条件，有且只有

$$G_{12}(t) = T_1(t) \vec{\cup} T_2(t), \quad G_{16}(t) = T_1(t) \vec{\cup} T_6(t),$$
$$G_{17}(t) = T_1(t) \vec{\cup} T_7(t), \quad G_{18}(t) = T_1(t) \vec{\cup} T_8(t)。$$

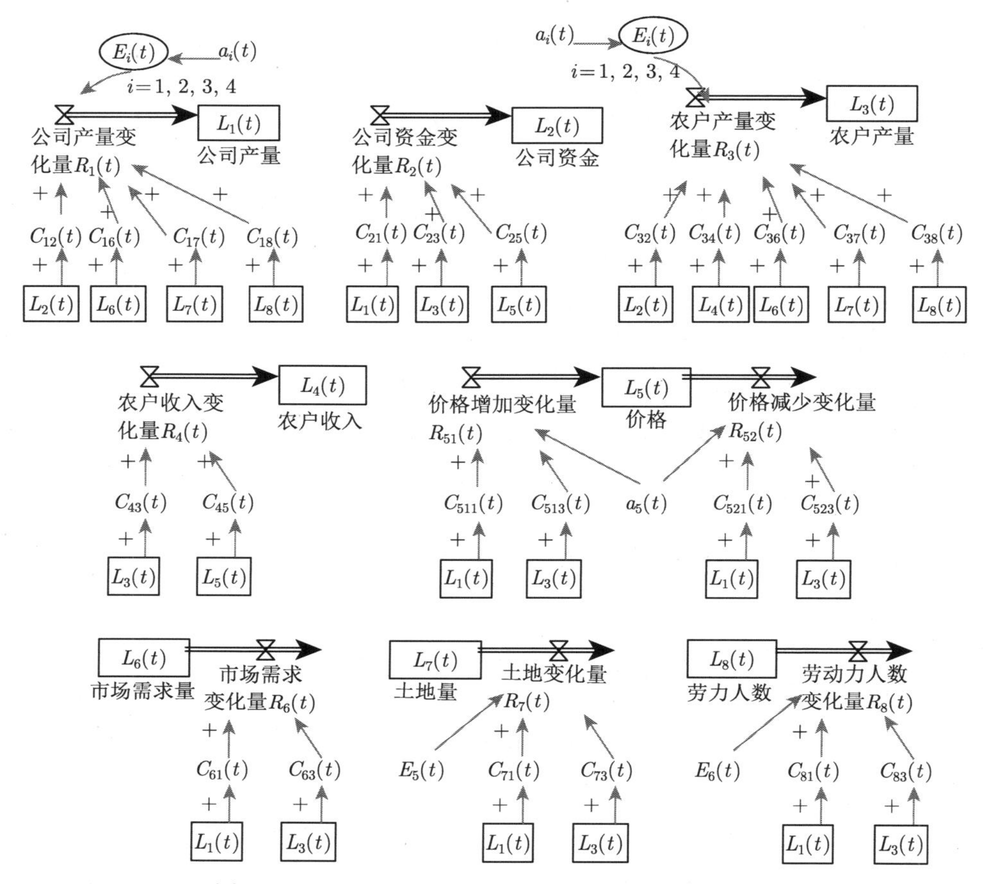

图 4.18　"公司 + 农户"经营模式流率基本入树模型

二阶极小反馈基模 1：$G_{12}(t) = T_1(t) \vec{\cup} T_2(t)$，极小反馈基模 $G_{12}(t)$ 的流图结构见图 4.19(a)。

二阶极小反馈基模 2：$G_{16}(t) = T_1(t) \vec{\cup} T_6(t)$，极小反馈基模 $G_{16}(t)$ 的流图结构见图 4.19(b)。

二阶极小反馈基模 2：$G_{17}(t) = T_1(t) \vec{\cup} T_7(t)$，极小反馈基模 $G_{17}(t)$ 的流图结构见图 4.19(c)。

二阶极小反馈基模 2：$G_{18}(t) = T_1(t) \vec{\cup} T_8(t)$，极小反馈基模 $G_{18}(t)$ 的流图结构见图 4.19(d)。

(2) 分别作嵌运算 $T_2(t) \vec{\cup} T_i(t)(i = 3, 4, \cdots, 8)$ 寻找二阶极小反馈基模。

考察图 4.18 中 $T_2(t)$：从 $T_2(t)$ 的树尾流位出发确定产生二阶极小反馈基模的入树组合。因为 $T_2(t)$ 尾中除 $L_1(t)$ 外，只含 $L_3(t)$，$L_5(t)$，只有 $T_3(t)$ 入树

尾中含 $L_2(t)$，而 $T_5(t)$ 入树尾中不含 $L_2(t)$，根据命题 4.3.1 的充要条件，只有 $G_{23}(t) = T_2(t) \vec{\cup} T_3(t)$ 生成新增极小反馈基模。

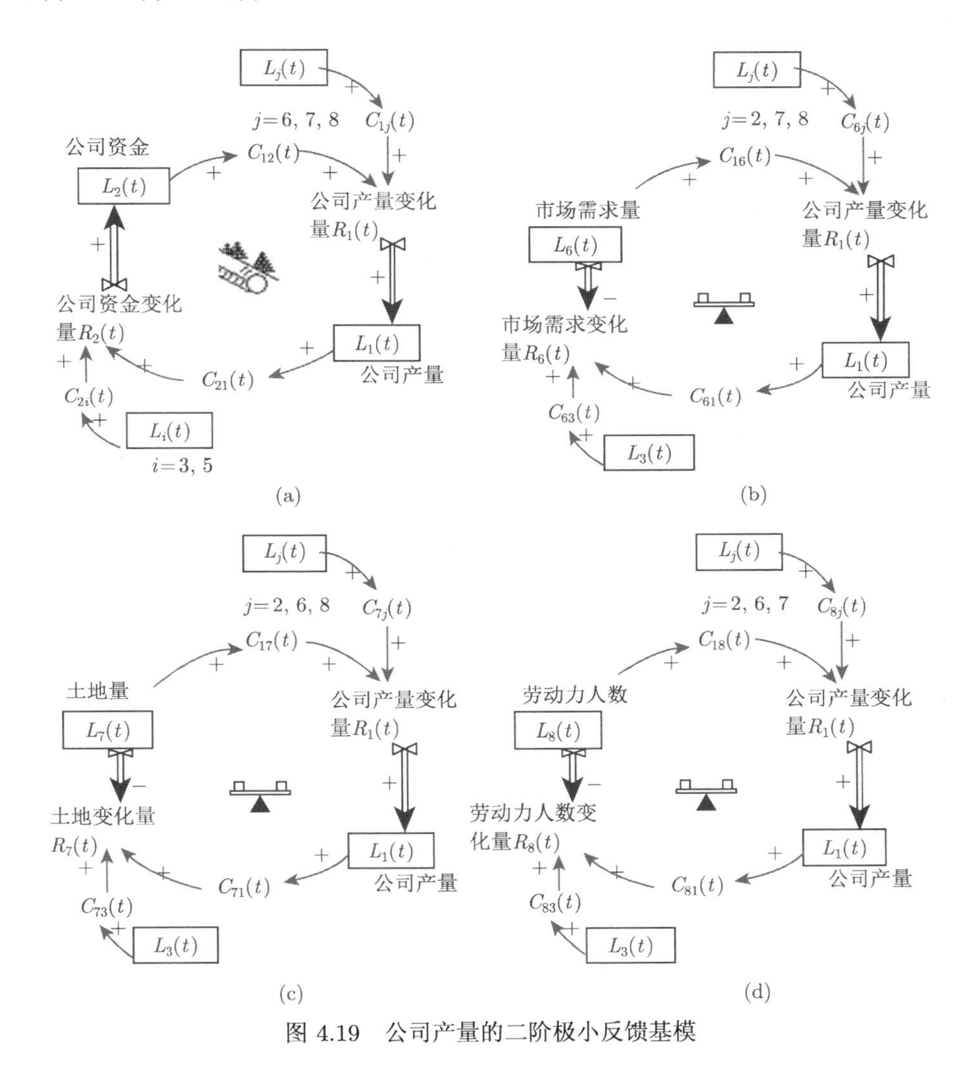

图 4.19 公司产量的二阶极小反馈基模

二阶极小反馈基模 5：$G_{23}(t) = T_2(t) \vec{\cup} T_3(t)$，极小反馈基模 $G_{23}(t)$ 的流图结构见图 4.20。

(3) 分别作嵌运算 $T_3(t) \vec{\cup} T_i(t)(i = 4, 5, \cdots, 8)$ 寻找二阶极小反馈环基模。

考察图 4.18 中 $T_3(t)$：从 $T_3(t)$ 的树尾流位出发确定产生二阶极小反馈基模的入树组合。

因为 $T_3(t)$ 入树尾中含 $L_4(t), L_6(t), L_7(t), L_8(t)$，不含 $L_5(t)$。而 $T_4(t), T_6(t)$,

$T_7(t), T_8(t)$ 入树的尾中，皆含 $L_3(t)$。根据命题 4.3.1 的充要条件有且只有

$$G_{34}(t) = T_3(t) \vec{\cup} T_4(t), \quad G_{36}(t) = T_3(t) \vec{\cup} T_6(t),$$
$$G_{37}(t) = T_3(t) \vec{\cup} T_7(t), \quad G_{38}(t) = T_3(t) \vec{\cup} T_8(t)。$$

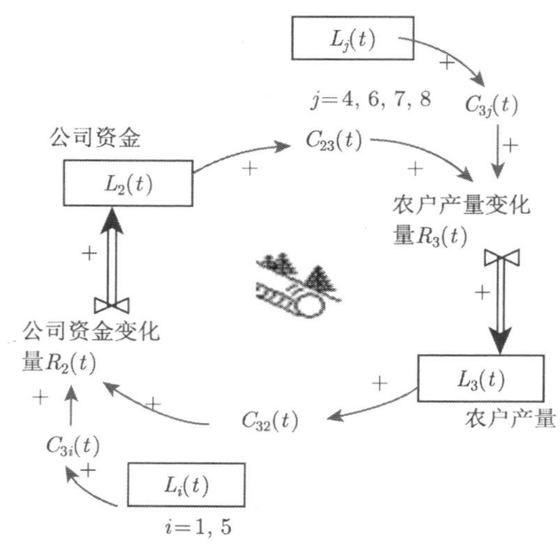

图 4.20 公司资金与农户产量的二阶极小反馈基模

二阶极小反馈基模 1：$G_{34}(t) = T_3(t) \vec{\cup} T_4(t)$，极小反馈基模 $G_{34}(t)$ 的流图结构见图 4.21(a)。

二阶极小反馈基模 2：$G_{36}(t) = T_3(t) \vec{\cup} T_6(t)$，极小反馈基模 $G_{36}(t)$ 的流图结构见图 4.21(b)。

二阶极小反馈基模 2：$G_{37}(t) = T_3(t) \vec{\cup} T_7(t)$，极小反馈基模 $G_{37}(t)$ 的流图结构见图 4.21(c)。

二阶极小反馈基模 2：$G_{38}(t) = T_3(t) \vec{\cup} T_8(t)$，极小反馈基模 $G_{38}(t)$ 的流图结构见图 4.21(d)。

(4) 分别作嵌运算 $T_4(t) \vec{\cup} T_i(t)(i = 5, 6, 7, 8)$ 寻找二阶极小反馈基模。

考察图 4.18 中 $T_4(t)$：$T_4(t)$ 入树尾中，含 $L_5(t)$，但不含 $L_6(t), L_7(t), L_8(t)$。而 $T_5(t)$ 入树尾中不含 $L_4(t)$，根据命题 4.3.1 充要条件 $T_4(t) \vec{\cup} T_j(t)(j = 5, 6, 7, 8)$ 不产生二阶极小反馈基模。

(5) 分别作嵌运算 $T_5(t) \vec{\cup} T_i(t)(i = 6, 7, 8)$。

考察图 4.18 中 $T_5(t)$：$T_5(t)$ 入树尾中不含 $L_6(t), L_7(t), L_8(t)$，根据命题 4.3.1 充要条件 $T_5(t) \vec{\cup} T_i(t)(i = 6, 7, 8)$ 不产生二阶极小反馈基模。

(6) 分别作嵌运算 $T_6(t) \vec{\cup} T_i(t)(i = 7, 8)$。

考察图 4.18 中 $T_6(t)$：$T_6(t)$ 入树尾中不含 $L_7(t), L_8(t)$，根据命题 4.3.1 充要条件 $T_6(t)\ \vec{\cup}\ T_i(t)(i=7,8)$ 不产生二阶极小反馈基模。

(7) 作嵌运算 $T_7(t)\ \vec{\cup}\ T_8(t)$。

考察图 4.18 中 $T_7(t)$：$T_7(t)$ 入树尾中不含 $L_8(t)$，根据命题 4.3.1 充要条件 $T_7(t)\ \vec{\cup}\ T_8(t)$ 不产生二阶极小反馈基模。

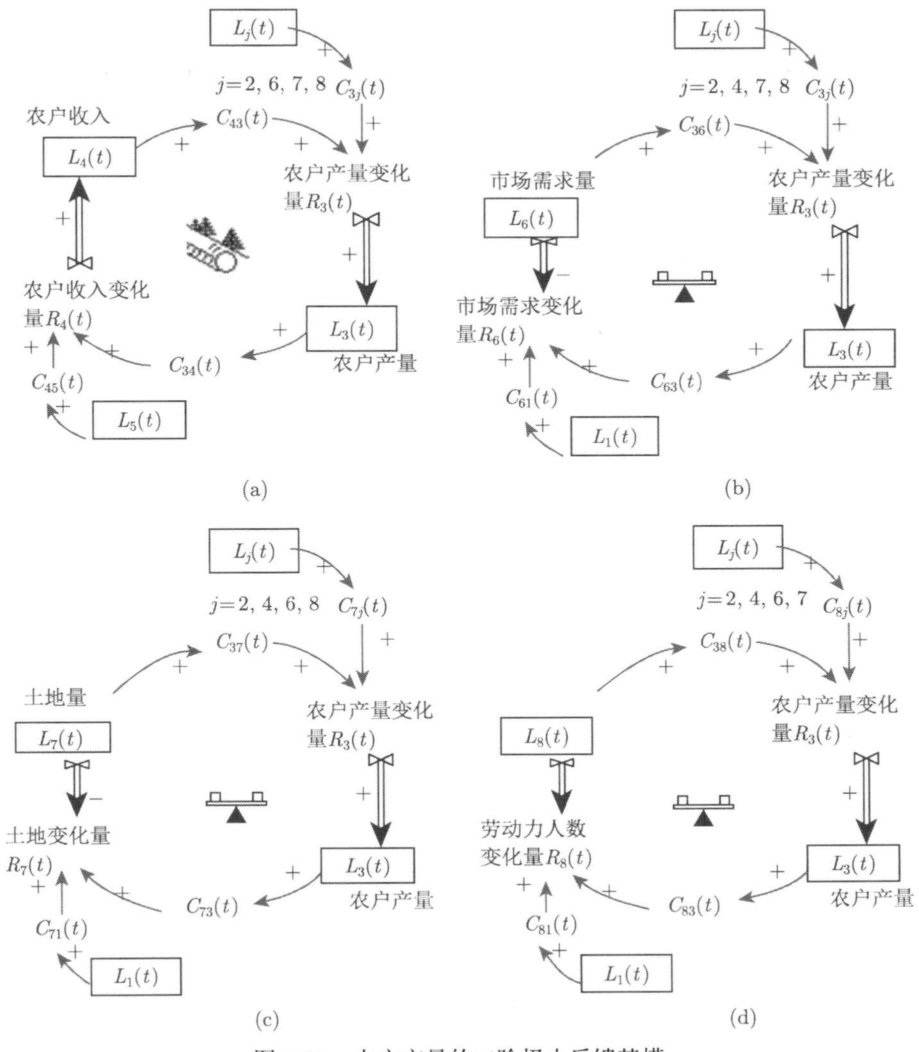

图 4.21　农户产量的二阶极小反馈基模

综上结果，依据命题 4.3.1 的入树作嵌运算生成极小反馈环基模的充要条件，得到 9 个二阶极小基模，构成“公司 + 农户”规模经营系统的二阶极小反馈环基模集：

$$\{G_{12}(t), G_{16}(t), G_{17}(t), G_{18}(t), G_{23}(t), G_{34}(t), G_{36}(t), G_{37}(t), G_{38}(t)\}。$$

二阶极小反馈基模集分析：此 9 个二阶极小反馈基模中，$G_{ij}(t)$ 的下标 i, j 未含 5，说明 $T_5(t)$ 未进入二阶极小反馈基模中，所以，此二阶极小反馈基模集，不是"公司 + 农户"规模经营系统极小反馈基模集。

以上分析可知，$T_5(t)$ 只可能进入二阶以上反馈环，所以，由生成极小反馈环基模命题 4.3.2，寻找 $T_5(t)$ 的三阶极小反馈环基模。

第三步：求三阶极小反馈环基模。

(1) 求三阶极小反馈环基模 1。

由生成极小反馈基模命题 4.3.2，将图 4.22(a) 的两个尾变量流位变量 $L_1(t)$ 与图 4.22(b) 中的流位变量 $L_1(t)$ 重合，将图 4.22(b) 的尾变量流位变量 $L_5(t)$(流率变量 $R_2(t)$ 的悬挂的流位变量) 与图 4.22(a) 中的流位变量 $L_5(t)$ 重合，得到第一个含两个三阶负反馈环的三阶极小反馈基模 (图 4.23)，$G_{125}(t) = G_{12}(t) \vec{\cup} T_5(t)$。

此极小反馈环基模 $G_{125}(t)$ 含反馈环：

$$(R_2(t), C_{21}(t), L_1(t), R_1(t), C_{12}(t), L_2(t));$$
$$(R_2(t), C_{25}(t), L_5(t), R_{51}(t), C_{511}(t), L_1(t), R_1(t), C_{12}(t), L_2(t));$$
$$(R_2(t), C_{25}(t), L_5(t), R_{52}(t), C_{521}(t), L_1(t), R_1(t), C_{12}(t), L_2(t))。$$

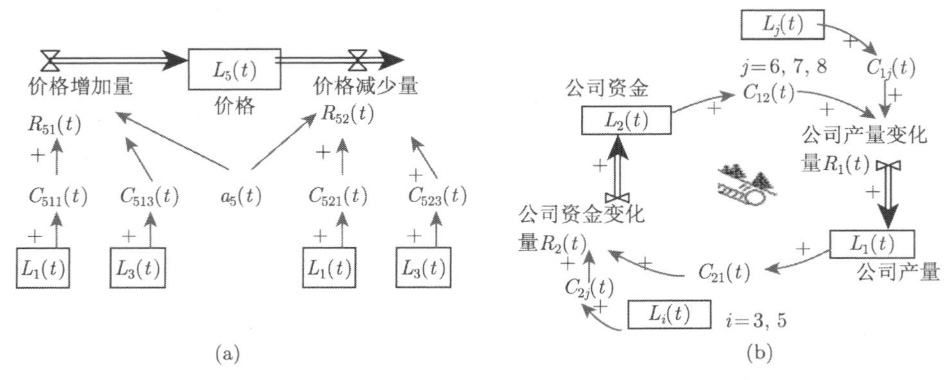

图 4.22 生成三阶极小反馈基模的入树 $T_5(t)$ 与二阶极小反馈基模 $G_{12}(t)$

三阶极小反馈基模 $G_{125}(t)$ 的流图 (图 4.23) 如下。

(2) 求三阶极小反馈环基模 2。

由生成极小反馈环基模命题 4.3.2，将图 4.22(a) 的两个尾变量流位变量 $L_3(t)$ 与图 4.24 中的流位变量 $L_3(t)$ 重合，将图 4.24 中的尾变量流位变量 $L_5(t)$(流位

变量 $R_2(t)$ 的悬挂的流位变量) 与图 4.22(a) 中的流位变量 $L_5(t)$ 重合，得到第二个含两个三阶负反馈环的三阶极小反馈基模 (图 4.25)，$G_{235}(t) = G_{23}(t) \,\vec{\cup}\, T_5(t)$。

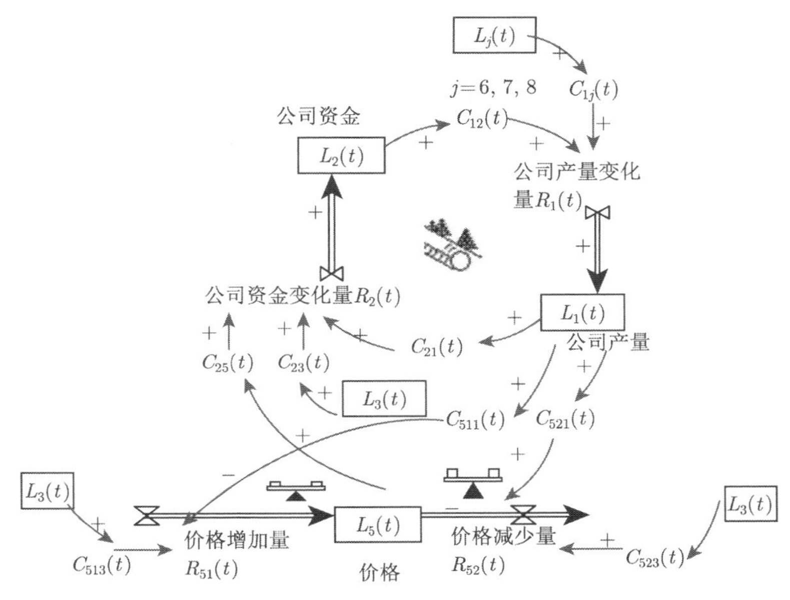

图 4.23　三阶极小反馈基模 $G_{125}(t)$

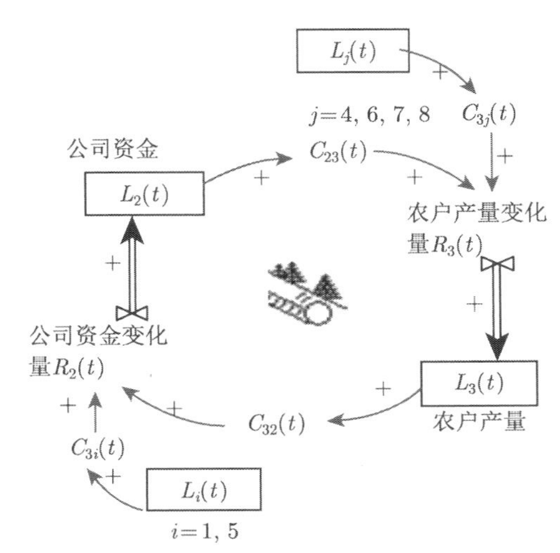

图 4.24　已建二阶极小反馈基模 $G_{23}(t)$

此极小反馈环基模 $G_{235}(t)$ 含反馈环：

$(R_3(t), C_{32}(t), L_2(t), R_2(t), C_{23}(t), L_3(t))$;

$(R_3(t), C_{32}(t), L_2(t), R_2(t), C_{25}(t), L_5(t), R_{51}(t), C_{513}(t), L_3(t))$;

$(R_3(t), C_{32}(t), L_2(t), R_2(t), C_{25}(t), L_5(t), R_{52}(t), C_{523}(t), L_3(t))$。

三阶极小反馈基模 $G_{235}(t)$ 的流图 (图 4.25) 如下。

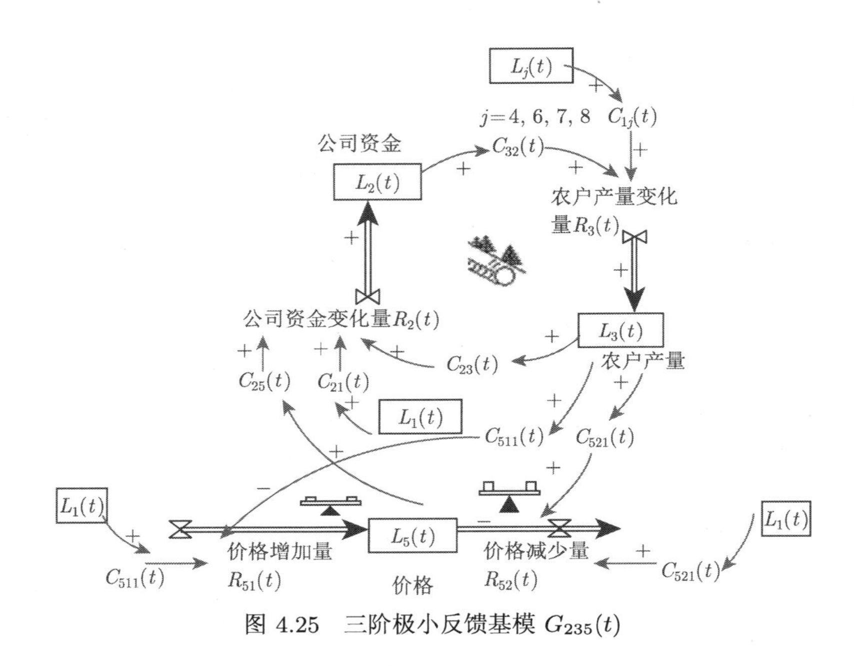

图 4.25　三阶极小反馈基模 $G_{235}(t)$

(3) 求三阶极小反馈环基模 3。

由生成极小反馈环基模命题 4.3.2，将图 4.22(a) 的两个尾变量流位变量 $L_3(t)$ 与图 4.26 中的流位变量 $L_3(t)$ 重合，将图 4.26 中的尾变量流位变量 $L_5(t)$(流位变量 $R_2(t)$ 的悬挂的流位变量) 与图 4.22(a) 中的流位变量 $L_5(t)$ 重合，得到第二个含两个三阶负反馈环的三阶极小反馈基模 (图 4.27)，$G_{345}(t) = G_{34}(t) \vec{\cup} T_5(t)$。

此极小反馈环基模 $G_{345}(t)$ 含反馈环:

$(R_3(t), C_{34}(t), L_4(t), R_4(t), C_{43}(t), L_3(t))$;

$(R_3(t), C_{34}(t), L_4(t), R_4(t), C_{45}(t), L_5(t), R_{51}(t), C_{513}(t), L_3(t))$;

$(R_3(t), C_{34}(t), L_4(t), R_4(t), C_{45}(t), L_5(t), R_{52}(t), C_{523}(t), L_3(t))$。

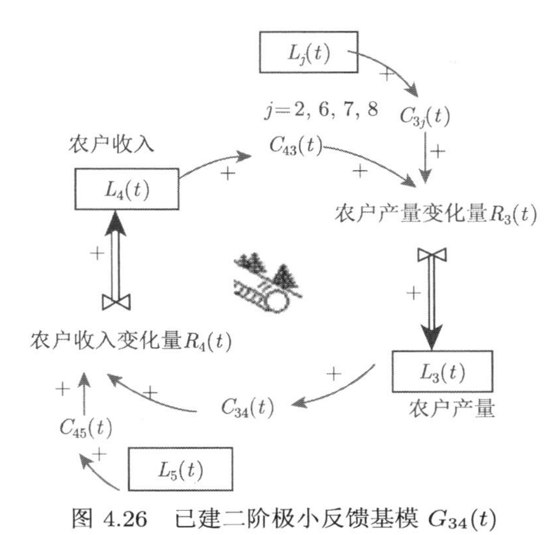

图 4.26 已建二阶极小反馈基模 $G_{34}(t)$

三阶极小反馈基模 $G_{345}(t)$ 的流图 (图 4.27) 如下。

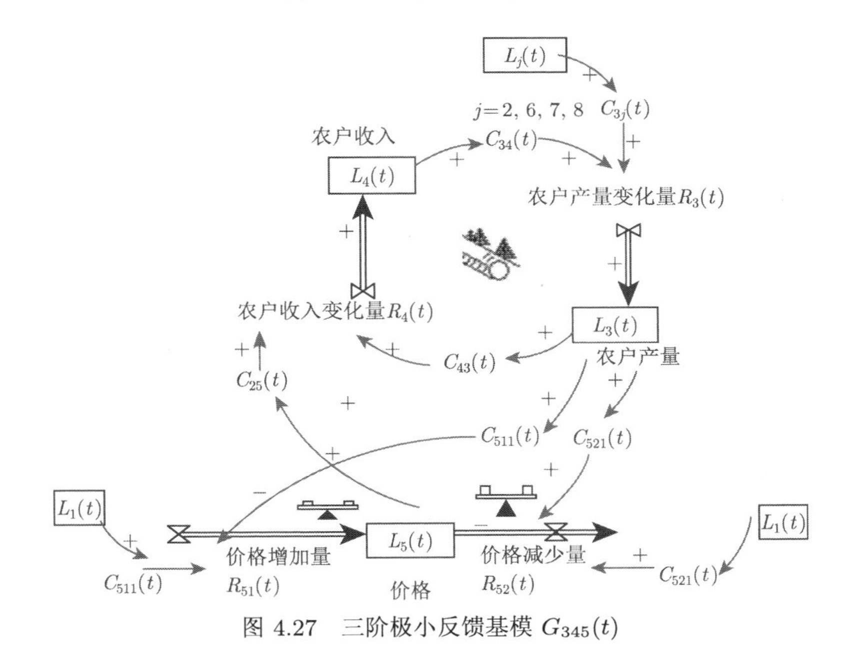

图 4.27 三阶极小反馈基模 $G_{345}(t)$

综上已获 12 个极小反馈基模，其中，9 个二阶极小反馈基模，3 个三阶极小反馈基模，此 12 个极小反馈基模包含全部流率基本入树，经分析，由此 12 个极小反馈基模可生成“公司 + 农户”规模经营系统各反馈基模。因此，现已获“公司 + 农户”规模经营系统的极小反馈基模集。

“公司 + 农户”规模经营系统的极小反馈环基模集是

$$\{G_{12}(t), G_{16}(t), G_{17}(t), G_{18}(t), G_{23}(t), G_{34}(t),$$
$$G_{36}(t), G_{37}(t), G_{38}(t), G_{125}(t), G_{235}(t), G_{345}(t)\}。$$

3. 生成典型意义反馈环基模及促发展的管理对策

将极小反馈基模分类如下。

第一类：

$G_{12}(t)$——公司效益二阶互促极小正反馈基模；

$G_{23}(t)$——公司与农户二阶互促极小正反馈基模；

$G_{34}(t)$——农户效益二阶互促极小正反馈基模。

第二类：

$G_{16}(t)$，$G_{17}(t)$，$G_{18}(t)$，$G_{125}(t)$——公司产量的市场、土地、劳力、价格二阶负反馈环和三阶正负极小反馈基模。

第三类：

$G_{36}(t)$，$G_{37}(t)$，$G_{38}(t)$，$G_{325}(t)$，$G_{345}(t)$——农户产量的市场、土地、劳力、公司价格制约二阶负反馈环和三阶正负极小反馈基模。

1) 公司与农户综合效益共同增减反馈基模及其管理对策

由第一类互促反馈基模组合，研究“公司 + 农户”经营优势：

$$G_{1234}(t) = G_{12}(t) \vec{\cup} G_{23}(t) \vec{\cup} G_{34}(t)。$$

根据命题 4.3.1 作嵌运算，将 $G_{12}(t)$ 和 $G_{23}(t)$ 相同的流位流率对 $(R_2(t), L_2(t))$ 合并，将 $G_{23}(t)$ 和 $G_{34}(t)$ 极小反馈基模间相同的流位流率对 $(R_3(t), L_3(t))$ 合并，获得新反馈基模 $G_{1234}(t)$——公司与农户综合效益同增减反馈环基模 (简称：公司与农户同增减基模)，见图 4.28。

公司与农户效益同增减反馈基模分析。

结构：增长部分由公司产量、公司资金、农户产量、农户收入 4 棵流率基本入树关联 3 条正反馈环构成。刻画公司产量、公司资金、农户产量、农户收入中，任何一个相对增加，使其他三个直接或延迟相对增加，产生正反馈。由正反馈环特性，同时揭示，公司产量、公司资金、农户产量、农户收入中，任何一个相对减少，使其他三个直接或延迟相对减少。

促进共同增长管理对策：实施通过公司和农户各自目标责任的实现，实现“公司 + 农户”发展的总目标的管理对策。

“公司 + 农户”规模经营系统具有图 4.28 所示的公司与农户同增减基模结构，公司产量或公司资金相对增加，则农户产量和农户收入也将相对增加，农户产量和农户收入相对增加，则公司产量或公司资金也将相对增加，所以，应该实施通过公司和农户各自目标责任的实现，实现“公司 + 农户”发展的总目标的管理对策。

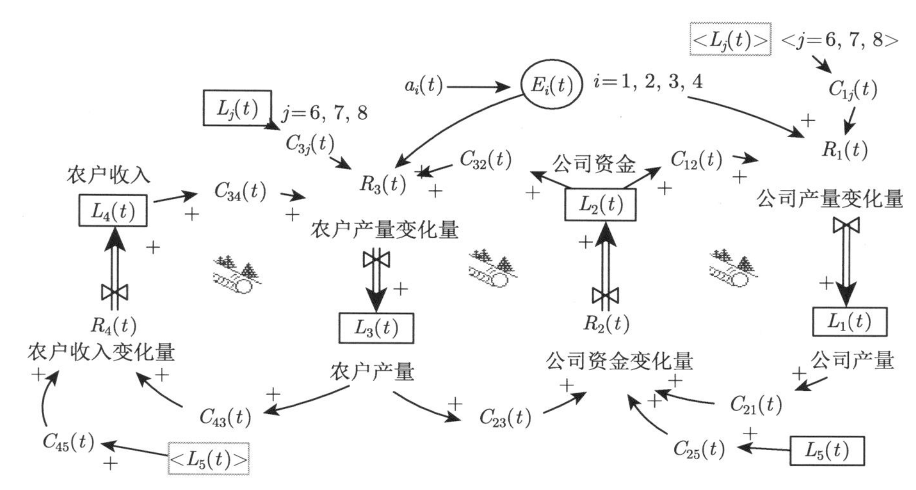

图 4.28 公司与农户效益同增减反馈环基模

采用系列措施使具三正反馈环的增长结构不断增强。

始终记住“公司 + 农户”规模经营系统具有图 4.28 所示的公司与农户同增减基模结构，始终记住必须采用系列措施使具有三正反馈环的增长结构不断增强，只有这样才能使“公司 + 农户”规模经营系统不断发展。因此：

(1) 采取有力措施提高农民走“公司 + 农户”经营道路的自觉性，实现土地资源共享，发现、开发本地特色自然资源，发展低碳生态农业，促进三个正反馈环增长。

(2) 采取公司与农户自增、招商引资、政府扶持多方解决“公司 + 农户”规模经营的资金，促进三个正反馈环增长。

(3) 发现、扶持从事“公司 + 农户”经营的德才兼备的农业企业家、领头人，采用农民协会等形式开发人力资源，实现科技兴农，促进三个正反馈环增长。

2) 公司效益的市场、土地、劳力、价格制约反馈环基模及其发展问题

由第二类公司的四个极小反馈环基模组合，研究对公司的总体制约关系。获 4 个都含公司产量流率基本入树 $T_1(t)$ 的 4 个极小反馈基模的组合，得

$$G_{125678}(t) = G_{12}(t) \vec{\cup} G_{125}(t) \vec{\cup} G_{16}(t) \vec{\cup} G_{17}(t) \vec{\cup} G_{18}(t)。$$

根据命题 4.3.1，$G_{125678}(t)$ 产生新反馈环基模——公司效益的市场、土地、劳力、价格制约反馈环基模，见图 4.29。

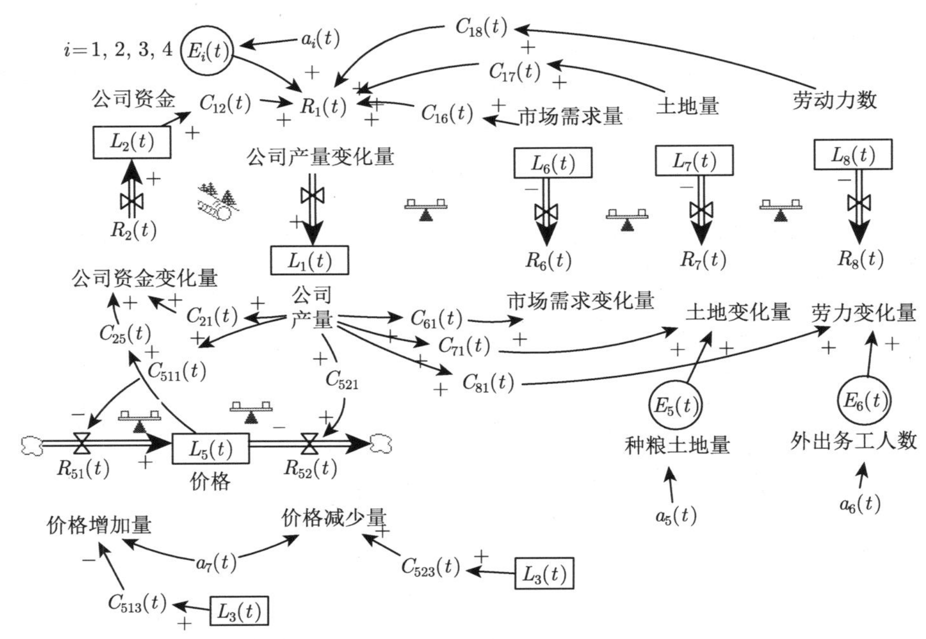

图 4.29　“公司 + 农户”规模经营中公司增长上限反馈环基模

公司增长上限反馈基模结构亟待解决的问题分析如下。图 4.29 的公司效益的市场、土地、劳力、价格制约反馈基模揭示：公司在规模经营中，公司产量与公司资金互相促进正反馈发展，受产品市场需求问题、联产承包责任制下的土地资源问题、农村大量外出务工环境下的劳力问题、价格问题制约，必须采取有效管理对策消除这些制约。

3) 农户增长上限反馈环基模及其发展问题

由第三类中关于农户的四个极小反馈基模 (不包括公司资金扶植价格制约基模)，研究农户所受的总体制约关系，得

$$G_{345678}(t) = G_{345}(t) \vec{\cup} G_{36}(t) \vec{\cup} G_{37}(t) \vec{\cup} G_{38}(t)。$$

根据命题 4.3.1，$G_{345678}(t)$ 产生新反馈基模——农户效益的市场、土地、劳力、价格制约反馈基模，见图 4.30。

农户增长上限反馈基模结构亟待解决的问题分析如下。图 4.30 的农户效益的市场、土地、劳力、价格制约反馈基模揭示：农户在经营中，农户产量与农户收入互相促进正反馈发展，受产品市场需求问题、联产承包责任制下的土地资源扩张问题、农村大量外出务工环境下的劳力问题、价格问题制约，也必须采取有效管理对策消除这些制约。

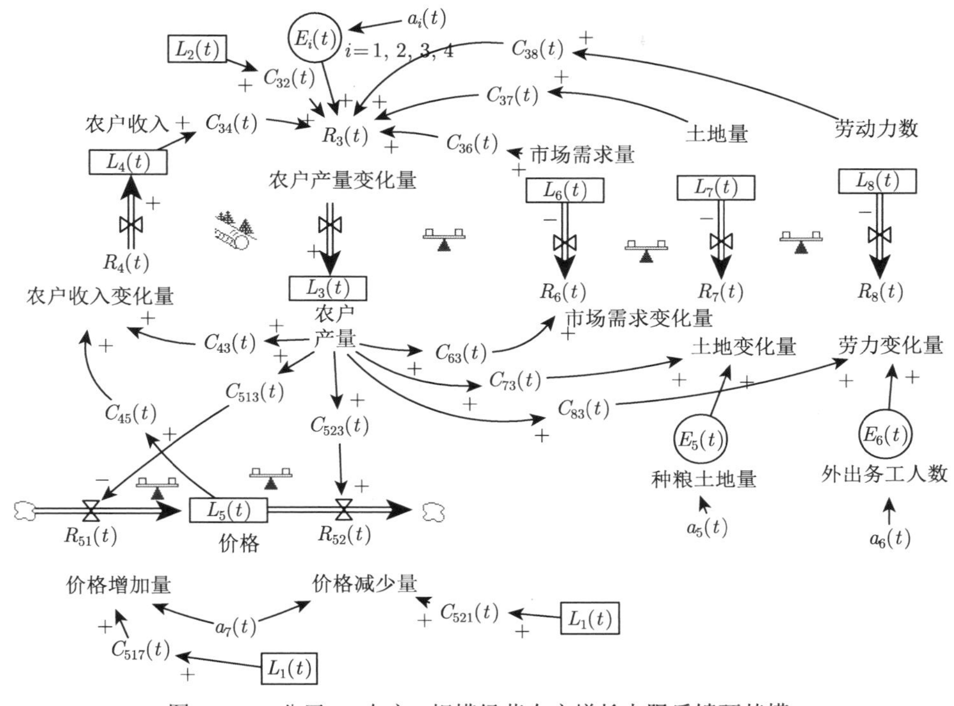

图 4.30 “公司 + 农户”规模经营农户增长上限反馈环基模

4) 总体增长上限反馈基模及其发展制约问题

利用全体极小反馈基模研究总体成长制约关系，得：$G_{12345678}(t) = G_{12}(t) \vec{\cup} G_{16}(t) \vec{\cup} G_{17}(t) \vec{\cup} G_{18}(t) \vec{\cup} G_{125}(t) \vec{\cup} G_{23}(t) \vec{\cup} G_{34}(t) \vec{\cup} G_{36}(t) \vec{\cup} G_{37}(t) \vec{\cup} G_{38}(t) \vec{\cup} G_{345}(t)$，构成新的总体反馈环基模 (图 4.31)。

5) 反馈基模的制约组合分析

结构：制约组合由市场需求、土地量、劳动力、产品价格四棵入树关联构成，具体由以下 12 条制约负反馈环组建。

市场需求量对公司产量、农户产量的两个制约二阶负反馈环；

土地量对公司产量、农户产量的两个制约二阶负反馈环；

劳动力对公司产量、农户产量的两个制约二阶负反馈环；

价格对公司资金与产量的两个制约三阶负反馈环；

价格对农户收入与产量的两个制约三阶负反馈环；

价格对公司资金与农户产量的两个制约三阶负反馈环。

这种结构在“公司 + 农户”的规模经营中普遍存在。正因为存在这么多具有普遍性的制约因素，所以“公司 + 农户”规范经营模式在很多地方还未能开花结果。

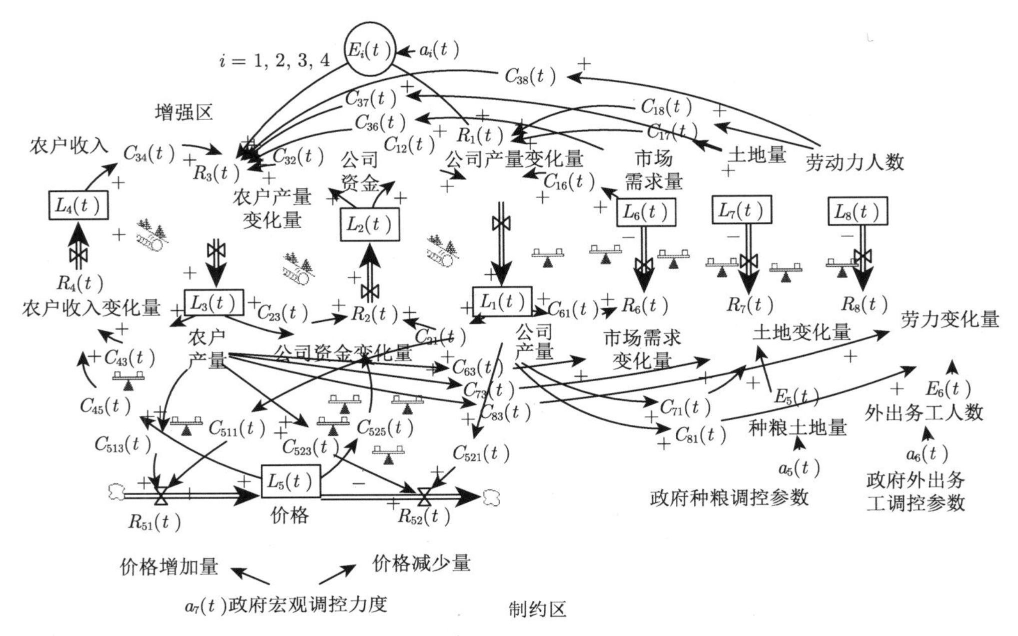

$i=1$, 自然资源条件; $i=2$, 人力资源(领导人)条件; $i=3$, 交通、电力、通信三个条件; $i=4$, 灾害防治条件

图 4.31 “公司 + 农户”规模经营中总体增长上限反馈环基模

6) 基于三个增长上限反馈基模分析

中国“公司 + 农户”规范经营模式系统发展的管理对策：综合 3 个增长上限基模分析，①公司效益的市场、土地、劳力、价格制约反馈环基模及其发展问题；②农户增长上限反馈环基模及其发展问题；③总体增长上限反馈环基模及其发展问题，对中国“公司 + 农户”规范经营模式系统发展提出以下 5 条管理对策，消除反馈环的制约。

消除反馈环的制约的管理对策 (杠杆解) 如下。

管理对策 1：采取有效措施，削弱或消除市场需求、土地、劳动力及价格对“公司 + 农户”规范经营的制约，这是实现系统整体有效管理的杠杆解。

不解决市场需求、土地、劳动力制约问题，特别是价格制约问题，倡导农业产业化、“公司 + 农户”规范经营，也无效。自然地，不同地区制约因素的状况是不同的，因此应采取不同管理方针。

管理对策 2：要引导、培育农民、农业走出农村，面向全国、全世界大市场的大系统运作。“公司 + 农户”实现规模经营要不断开拓市场，占领国内外的、本地的特色产品市场。

管理对策 3：要采取有效的土地流转政策，解决农户联产承包责任制下的土地流转问题，消除“公司 + 农户”规模经营的土地不足的制约。应因地制宜解决土地的社会保障与规模经营土地需求矛盾问题，解决经济作物与粮食安全的矛盾问题，不应该一刀切。

管理对策 4：要采取有效措施，开发农村劳动力资源。采取有力措施进行劳动力培训、教育，培训新型农民。在劳动力大量转移外出务工的形势下，采取有效经济与管理策略，鼓励、引导农民工返乡创业，解决“公司 + 农户”规模经营所需劳动力问题。

管理对策 5：由市场决定农产品价格。一方面，不要通过控制农产品价格去解决有关问题，而应该采用提高城市低收入居民的收入或补贴等措施，让农产品价格按市场经济变化，实现城乡统筹发展；另一方面，“公司 + 农户”规模经营特色有机农产品，提高产品溢价收益。

4.4 极小反馈基模集入树组合删除生成法

极小反馈基模集入树组合删除生成法，在穷举可能经嵌运算生成极小基模的入树组合原则下，给出了三个入树组合删除法则，利用法则可删除大量不能生成极小基模的入树组合，从而实现简单有效地计算一个确定复杂系统极小基模集的目的。

4.4.1 入树组合删除生成法创新原理及内涵

1. 入树组合删除生成法的创新背景

1) 极小基模生成集构成思想

极小基模生成集是系统的全体极小基模的集合。集合中的元素是基模，也是极小基模，确定系统极小基模生成集本质要求穷举所有入树组合，逐一判断入树组合是否生成极小基模，然后得到极小基模生成集。

树组合删除生成法在穷举所有入树组合的基础上，首先，判断各入树组合是否可以经嵌运算生成基模，若不能经嵌运算生成基模，删除此组合；其次，考虑可以经嵌运算生成基模的入树组合，是否生成极小基模，若不能经嵌运算生成极小基模，删除此组合。由此，得到全部可经嵌运算生成极小基模的入树组合，得到极小基模集。

根据研究的目的与任务，此集合中的极小基模经嵌运算可生成各类典型意义的基模乃至系统整体流图模型。

2) 入树组合的删除思想

穷举系统全部入树组合，再判断是否可经嵌运算生成极小基模，工作量重。如：含 6 棵入树的系统，其全部入树组合共 48 个，且每增加一棵入树，入树组合数增加众多，逐一判断的工作量重。入树组合删除生成法从判断不是极小基模的视角出发，删除不能生成极小基模的入树组合，简化了工作任务。

根据入树可嵌运算的特征，提出了入树组合删除法则，为入树组合的删除提供依据。

2. 入树组合删除生成法相关定义与步骤

1) 入树组合删除生成法相关定义

定义 4.4.1　流率基本入树模型 $T_1(t), T_2(t), \cdots, T_n(t)$ 中，$r(r \leqslant n)$ 棵不同入树 $T_{j1}(t)T_{j2}(t)\cdots T_{jr}(t)$ 合成一组，称为从 n 棵入树中取 r 棵入树的一个入树组合。

因此，求入树模型中全体 $r(r \leqslant n)$ 棵入树嵌运算生成极小反馈基模，即分别验证 C_n^r 个入树组合中的 r 棵入树是否可经嵌运算生成极小反馈基模。

为方便说明，在求可能生成极小反馈基模的入树组合时，将组合中入树 $T_i(t)$ $(i = 1, 2, \cdots, n)$ 按其下标 i 的数字顺序依次排列。

为了下文的表述方便，给出定义 4.4.2。

定义 4.4.2　含 r 棵入树的组合 $T_{j1}(t)T_{j2}(t)\cdots T_{ji}(t)\cdots T_{jr}(t)$，若 $T_{j1}(t)$ $T_{j2}(t)\cdots T_{ji}(t)$ 为组合中的前 $i(i < r)$ 棵入树，且 $T_{j1}(t)T_{j2}(t)\cdots T_{ji}(t)$ 按其下标的数字顺序依次排列，即 $j1 < j2 < \cdots < ji$，则称组合 $T_{j1}(t)T_{j2}(t)\cdots T_{ji}(t)\cdots T_{jr}(t)$ 为以 $T_{j1}(t)T_{j2}(t)\cdots T_{ji}(t)$ 起始的入树组合。

定理 4.4.1　$r(r \geqslant 2)$ 棵入树构成的入树组合 $T_1(t), T_2(t), \cdots, T_r(t)$ 可经嵌运算生成反馈基模，若组合中存在入树 $T_i(t)$，则其余 $r-1$ 棵入树中至少存在一棵入树的树尾含流位变量 $L_i(t)$ 或流率变量 $R_i(t)$。

用反证法很容易证明此定理。

证明　假设 $r-1$ 棵入树组合中任一入树 $T_j(t)(j \neq i)$，$T_j(t)$ 树尾不含流位变量 $L_i(t)$ 或流率变量 $R_i(t)$。

那么 r 棵入树嵌运算时，不存在 $L_i(t)$ 或 $R_i(t)$ 至 $R_j(t)$ 的因果链连接，即流率变量 $R_i(t)$ 不进入反馈环，与 r 棵入树可经嵌运算生成反馈基模矛盾。证毕。

根据定理 4.4.1，可得入树组合删除法则 1。

入树组合删除法则 1　流率基本入树模型 $T_1(t), T_2(t), \cdots, T_n(t)$ 中，$T_{j1}(t)$ $T_{j2}(t)\cdots T_{jr}(t)$ 为 r 棵入树构成的组合，若下标 jr 最大的入树 $T_{jr}(t)$ 流位变量 $L_{jr}(t)$、流率变量 $R_{jr}(t)$ 不为组合中任一入树的数尾，且不为流率基本入树模型中下标大于 jr 的任一入树的数尾，则以 $T_{j1}(t)T_{j2}(t)\cdots T_{jr}(t)$ 起始的任一入树组合不能经嵌运算生成极小反馈基模。

入树组合删除法则 1 实质上是含 $T_{j1}(t)T_{j2}(t)\cdots T_{jr}(t)$ 的入树组合中，入树 $T_{jr}(t)$ 的流率变量不进入反馈环，则此类组合不能构成反馈基模。

入树组合删除法则 2　流率基本入树模型 $T_1(t),T_2(t),\cdots,T_n(t)$ 中，若入树 $T_i(t)$ 的树尾含且只含流位变量 $L_{i1}(t),L_{i2}(t),\cdots,L_{ip}(t)$，流率变量 $R_{j1}(t)$, $R_{j2}(t),\cdots,R_{jk}(t)$。在求含入树 $T_i(t)$ 的极小反馈基模时，可删除不含任一入树 $T_{i1}(t),T_{i2}(t),\cdots,T_{ip}(t),T_{j1}(t),T_{j2}(t)\cdots,T_{jk}(t)$ 的入树组合。

证明　不妨设含 $T_i(t)$ 的入树组合中，对组合中其他任一入树 $T_j(t)(j\neq i)$, $T_j(t)$ 的下标 $j\neq i1,i2,\cdots,ip,j1,j2,\cdots,jk$。

那么不存在 $L_j(t)$ 至入树 $T_i(t)$ 树尾的因果链连接，即入树 $L_j(t)$ 的流率变量 $R_j(t)$ 不进入反馈环，则含入树 $T_i(t)$ 的入树组合不生成极小反馈基模。证毕。

特别地，在流率基本入树模型 $T_1(t),T_2(t),\cdots,T_n(t)$ 中，若入树 $T_i(t)$ 的树尾仅含唯一流位变量 $L_{ik}(t)$ 或唯一流率变量 $R_{jp}(t)$，求含入树 $T_i(t)$ 的入树组合生成极小反馈基模时，可删除不含入树 $T_{ik}(t)$ 或 $T_{ip}(t)$ 任一入树组合。

入树组合删除法则 3　流率基本入树模型 $T_1(t),T_2(t),\cdots,T_n(t)$ 中，$T_{j1}(t)$ $T_{j2}(t)\cdots T_{jr}(t)$ 为 r 棵入树组合，若对于模型中任一入树 $T_{jk}(t)(jk>jr)$，入树组合 $T_{j1}(t)T_{j2}(t)\cdots T_{jr}(t)T_{jk}(t)$ 均可经嵌运算生成反馈基模，则以 $T_{j1}(t)T_{j2}(t)\cdots$ $T_{jr}(t)$ 任一个 $r+2$ 棵入树组合不生成极小反馈基模。

证明　不妨设 $T_{j1}(t)T_{j2}(t)\cdots T_{jr}(t)T_{jr+1}(t)\cdots T_{jm-1}(t)T_{jm}(t)$ 为以 r 棵入树 $T_{j1}(t)T_{j2}(t)\cdots T_{jr}(t)$ 起始的任一 $m(m\geqslant r+2)$ 棵入树组合。

对入树模型中任一入树 $T_{jk}(t)(jr<jk\leqslant jm)$，入树组合 $T_{j1}(t)T_{j2}(t)\cdots T_{jr}(t)$ $T_{jk}(t)$ 均可经嵌运算生成反馈基模 $G_{j1,j2,\cdots,jr,jk}(t)$，则入树组合 $T_{j1}(t)T_{j2}(t)$ $\cdots T_{jr}(t)T_{jr+1}(t)\cdots T_{jm-1}(t)T_{jm}(t)$ 生成的反馈基模 $G_{j1,\cdots,jr,jr+1,\cdots,jm-1,jm}(t)$ 为 $G_{j1,\cdots,jr,jr+1,\cdots,jm-1,jm}(t)=G_{j1,j2,\cdots,jr,jr+1}(t)\vec{\cup}\cdots\vec{\cup}G_{j1,j2,\cdots,jr,jm-1}(t)\vec{\cup}$ $G_{j1,j2,\cdots,jr,jm}(t)$，其中 $G_{j1,\cdots,jr,jr+1,\cdots,jm-1,jm}(t)$ 不为极小反馈基模。因此，模型中任一 $m(m\geqslant r+2)$ 棵入树组合经嵌运算不生成极小反馈基模。证毕。

在求入树组合嵌运算生成极小反馈基模集时，在穷举入树组合的原则下，分别经入树组合删除法则、定理、极小反馈基模的定义，可删除大量不能经嵌运算生成极小基模的入树组合，简化极小基模生成集的计算过程。

2) 入树组合删除生成法步骤

步骤 1：求 2 棵入树嵌运算生成的极小反馈基模集合 A_1。

(1) 构造流率基本入树模型的对角置 1 枝向量行列式为

$$
\begin{vmatrix}
1 & \cdots & \begin{matrix}(R_1(t),L_j(t))+\\(R_1(t),R_j(t))\end{matrix} & \cdots & \begin{matrix}(R_1(t),L_n(t))+\\(R_1(t),R_n(t))\end{matrix}\\
\vdots & & \vdots & & \vdots\\
\begin{matrix}(R_i(t),L_1(t))+\\(R_i(t),R_1(t))\end{matrix} & \cdots & \begin{matrix}(R_i(t),L_j(t))+\\(R_i(t),R_j(t))\end{matrix} & \cdots & \begin{matrix}(R_i(t),Ln(t))+\\(R_i(t),R_n(t))\end{matrix}\\
\vdots & & \vdots & & \vdots\\
\begin{matrix}(R_n(t),L_1(t))+\\(R_n(t),R_1(t))\end{matrix} & & \begin{matrix}(R_n(t),L_j(t))+\\(R_n(t),R_j(t))\end{matrix} & & 1
\end{vmatrix},
$$

其中，$(R_i(t),L_j(t))$ 与 $(R_i(t),R_j(t))$ 表示以 $R_i(t)$ 为根，分别以 $L_j(t)$, $R_j(t)$ 为尾的枝。

(2) 考察行列式中元素 a_{ij}，a_{ji} 能否经枝向量乘法构成反馈环，若可以构成反馈环，则入树组合 $T_i(t)T_j(t)$ 可经嵌运算生成二阶极小反馈基模，所有二阶极小反馈基模构成集合 A_1。

步骤 2：求 3 棵入树嵌运算生成的极小反馈基模集合 A_2。

分别经入树组合删除法则、定理 4.4.1、极小反馈基模定义，删除不能经嵌运算生成极小反馈基模的 3 棵入树组合。

考察删除后的全部含 3 棵入树的组合，可经嵌运算生成的基模即极小反馈基模，所有三阶极小反馈基模构成集合 A_2。

步骤 3：同理，求出全部 $r(4 \leqslant r \leqslant n)$ 棵入树经嵌运算生成的极小反馈基模集合 A_{r-1}。

步骤 4：将前三步骤求得的极小反馈基模集实施集合并集运算，得到系统极小反馈基模集 A。

说明：求低阶极小反馈基模时删除的入树组合，在求高阶极小反馈基模时，删除的入树组合不再考虑。

4.4.2　德邦场户合作发展模式系统反馈基模分析

1. 德邦场户合作发展模式系统流率基本入树模型

团队对德邦场户合作发展模式系统的相关研究中，得到刻画系统发展的关键变量有：规模养殖年利润、种植业增收值、年出栏数、日均存栏数、年猪粪量、年猪尿量、场猪尿年产沼气量、场猪尿年产沼液量、户猪粪年产沼气量、户猪粪年产沼液量、场产沼气年利用量、场产沼液年利用剩余量、户产沼气年利用量、户产沼液年利用剩余量。

由于年猪粪量作为户用沼气池发酵原料或为周边苗圃种植有机肥使用，不做流位变量。进一步，采用逐步缩小法建立流位流率系：①沼气能源部分作为生活用能外，全部用于沼气发电，不存在沼气二次污染，因此不设沼气量流位变量；②户猪粪年产沼液量由农户自营种植业充分利用，不设户产沼液年利用量、户产沼液年利用剩余量为流位变量；③由场猪粪尿年产沼液量与养殖区年利用沼液量，可计算场产沼液年利用剩余量，不设场产沼液年利用剩余量为流位变量；④场猪尿年产沼液量、场猪粪年产沼液量合并为场猪粪尿年产沼液量。基于分析，建立了系统流位流率系 (表 4.7)。

表 4.7 德邦规模养种生态能源系统流位流率系

流位变量	流率变量
规模养殖年利润 $L_1(t)$(万元)	规模养殖利润变化量 $R_1(t)$(万元/年)
年出栏数 $L_2(t)$(头)	年出栏变化量 $R_2(t)$(头/年)
日均存栏数 $L_3(t)$(头)	日均存栏变化量 $R_3(t)$(头/年)
种植业增收值 $L_4(t)$(万元)	种植业增收年变化量 $R_4(t)$(万元/年)
年猪粪量 $L_5(t)$(吨)	年猪粪量变化量 $R_5(t)$(吨/年)
户猪粪年产沼液量 $L_6(t)$(吨)	户猪粪年产沼液变化量 $R_6(t)$(吨/年)
年猪尿量 $L_7(t)$(吨)	年猪尿量变化量 $R_7(t)$(吨/年)
场猪粪尿年产沼液量 $L_8(t)$(吨)	场猪粪尿年产沼液变化量 $R_8(t)$(吨/年)

采用流率基本入树新定义，建立德邦场户合作发展模式系统流率基本入树模型如下 (图 4.32)。

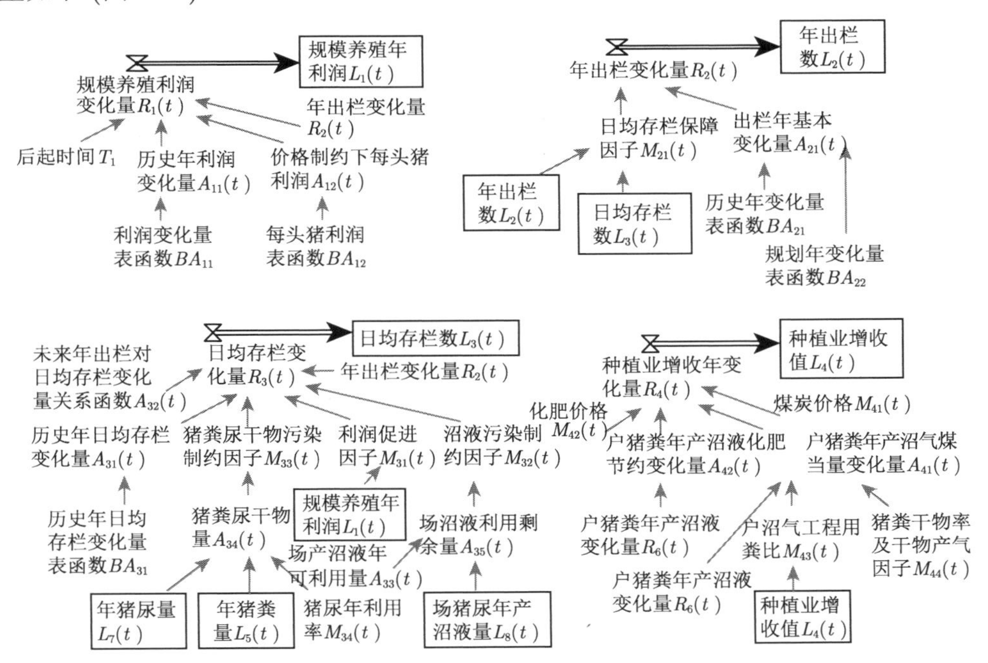

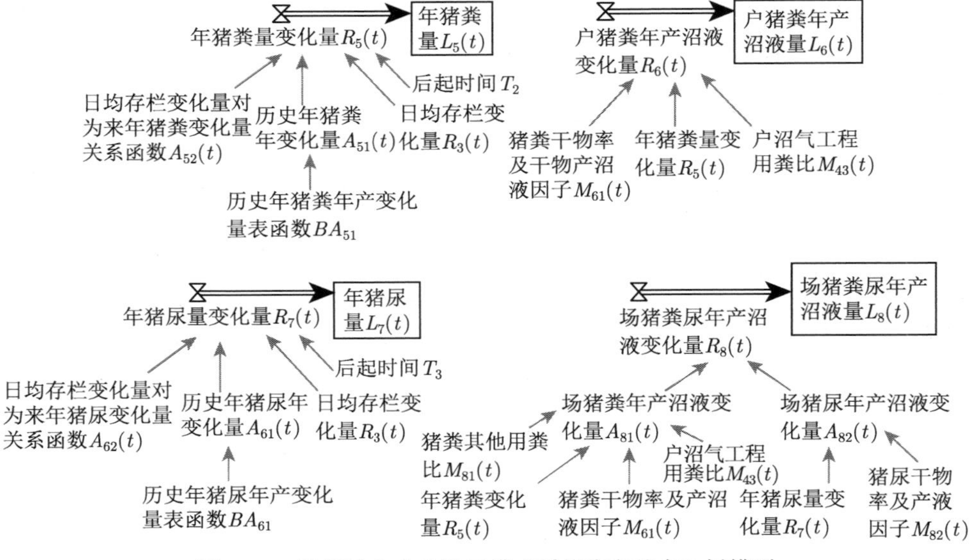

图 4.32　德邦场户合作发展模式系统流率基本入树模型

2. 求 2 棵入树嵌运算生成的极小基模集

根据二部分图，构造对角置 1 枝向量行列式为

$$\begin{vmatrix}
1 & (R_1(t),R_2(t)) & 0 & 0 & 0 & 0 & 0 & 0 \\
0 & 1 & (R_2(t),L_3(t)) & 0 & 0 & 0 & 0 & 0 \\
(R_3(t),L_1(t)) & (R_3(t),R_2(t)) & 1 & 0 & (R_3(t),L_5(t)) & 0 & (R_3(t),L_7(t)) & (R_3(t),L_8(t)) \\
0 & 0 & 0 & 1 & (R_4(t),R_5(t)) & (R_4(t),R_6(t)) & 0 & 0 \\
0 & 0 & (R_5(t),R_3(t)) & 0 & 1 & 0 & 0 & 0 \\
0 & 0 & 0 & (R_6(t),L_4(t)) & (R_6(t),R_5(t)) & 1 & 0 & 0 \\
0 & 0 & (R_7(t),R_3(t)) & 0 & 0 & 0 & 1 & 0 \\
0 & 0 & 0 & (R_8(t),L_4(t)) & (R_8(t),R_5(t)) & 0 & (R_8(t),R_7(t)) & 1
\end{vmatrix}。$$

根据步骤 1，可经嵌运算生成极小基模 $G_{23}(t)$, $G_{35}(t)$, $G_{37}(t)$, $G_{46}(t)$，2 棵入树嵌运算生成极小基模的流图如下 (图 4.33)。

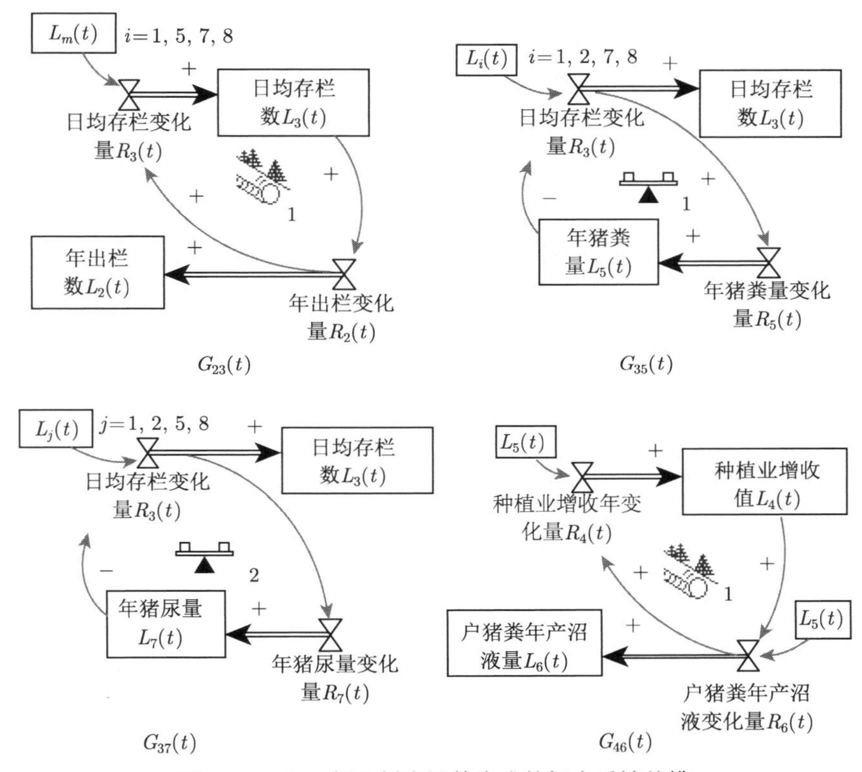

图 4.33 由 2 棵入树嵌运算生成的极小反馈基模

3. 求 3 棵入树嵌运算生成的极小基模集

模型中只有 8 棵入树，不存在以 $T_7(t)$, $T_8(t)$ 起始的含 3 棵入树的组合，因此只需考察以 $T_i(t)(i=1,2,\cdots,6)$ 起始的含 3 棵入树的组合。

(1) 根据入树组合删除法则，删除不能经嵌运算生成极小基模的入树组合。

以 $T_1(t)$ 起始的入树组合中，入树 $T_1(t)$ 树尾仅含流率变量 $R_2(t)$，则可生成极小基模的入树组合中必含 $T_2(t)$，根据删除法则 2，可删除以 $T_1(t)T_i(t)(i=3,4,5,6,7)$ 起始的共 15 个入树组合。

以 $T_2(t)$ 起始的入树组合中，下标大于 2 的入树 $T_i(t)(i=4,\cdots,7)$ 中，树尾均不含有流位变量 $L_2(t)$ 和流率变量 $R_2(t)$，根据删除法则 1，可删除以 $T_2(t)T_i(t)(i=4,5,6,7)$ 起始的共 10 个入树组合。

以 $T_3(t)$ 起始的入树组合中，下标大于 6 的入树 $T_i(t)(i=7,8)$ 中，树尾均

不含流位变量 $L_6(t)$ 和流率变量 $R_6(t)$，根据删除法则 1，可删除以 $T_3(t)T_6(t)$ 起始的共 2 个入树组合。

以 $T_4(t)$ 起始的入树组合中，$T_4(t)$ 树尾仅含流率变量 $R_5(t)$，$R_6(t)$，根据删除法则 2，可删除以 $T_4(t)T_7(t)$ 起始的共 1 个入树组合。又因为入树 $T_5(t)$ 树尾仅含流率变量 $R_3(t)$，则可嵌运算生成极小基模的入树组合中必含 $T_3(t)$。根据删除法则 2，可删除以 $T_4(t)T_5(t)$ 起始的共 3 个入树组合。

以 $T_5(t)$ 起始的入树组合中，$T_5(t)$ 树尾仅含流率变量 $R_3(t)$，根据删除法则 2，可删除以 $T_5(t)$ 起始的共 3 个入树组合。

以 $T_6(t)$ 起始的入树组合中，$T_6(t)$ 树尾仅含流位变量 $L_4(t)$ 和流率变量 $R_5(t)$，根据删除法则 2，可删除以 $T_6(t)$ 起始的共 1 个入树组合。

入树模型中含 3 棵入树的组合共有 $\mathrm{C}_8^3=56$ 个，根据入树组合删除法则，共删除 35 个入树组合。至此，仅需考虑以 $T_1(t)T_2(t)$, $T_2(t)T_3(t)$, $T_3(t)T_4(t)$, $T_3(t)T_5(t)$, $T_3(t)T_7(t)$, $T_4(t)T_6(t)$ 起始含 3 棵入树的 21 个入树组合。

(2) 根据定理，删除不能经嵌运算生成极小基模的入树组合。

以 $T_1(t)T_2(t)$ 起始含 3 棵入树的组合中，根据定理 4.4.1，组合中至少存在一棵入树的树尾含流位变量 $L_1(t)$ 或流率变量 $R_1(t)$，且至少存在一棵入树的树尾含流位变量 $L_2(t)$ 或流率变量 $R_2(t)$，符合条件的入树组合仅有 $T_1(t)T_2(t)T_3(t)$，可删除以 $T_1(t)T_2(t)$ 起始的其他 5 个入树组合。

同理：

以 $T_2(t)T_3(t)$ 起始含 3 棵入树的组合中，符合条件的入树组合仅有 $T_2(t)T_3(t)T_5(t)$, $T_2(t)T_3(t)T_7(t)$, $T_2(t)T_3(t)T_8(t)$，可删除以 $T_2(t)T_3(t)$ 起始的共 2 个入树组合。

以 $T_3(t)T_4(t)$ 起始含 3 棵入树的组合中，不存在符合定理条件的入树组合，可删除以 $T_3(t)T_4(t)$ 起始的共 4 个入树组合。

以 $T_3(t)T_5(t)$ 起始含 3 棵入树的组合中，符合条件的入树组合仅有 $T_3(t)T_5(t)T_7(t)$, $T_3(t)T_5(t)T_8(t)$，可删除以 $T_3(t)T_5(t)$ 起始的共 1 个入树组合。

以 $T_3(t)T_7(t)$ 起始含 3 棵入树的唯一组合 $T_3(t)T_7(t)T_8(t)$，符合定理条件。

以 $T_4(t)T_6(t)$ 起始含 3 棵入树的组合中，不存在符合定理条件的入树组合，可删除以 $T_3(t)T_4(t)$ 起始的共 2 个入树组合。

在经法则删除后的 21 个入树组合的基础上，根据定理 4.4.1，又删除 14 个入树组合。

仅需考虑 7 个入树组合为：$T_1(t)T_2(t)T_3(t)$, $T_2(t)T_3(t)T_5(t)$, $T_2(t)T_3(t)T_7(t)$, $T_2(t)T_3(t)T_8(t)$, $T_3(t)T_5(t)T_7(t)$, $T_3(t)T_5(t)T_8(t)$, $T_3(t)T_7(t)T_8(t)$。

(3) 根据极小基模定义，删除不能经嵌运算生成极小基模的入树组合。

由 2 棵入树嵌运算生成极小基模，可得

$$G_{235}(t)=G_{23}(t)\vec{\cup}G_{35}(t),$$
$$G_{237}(t)=G_{23}(t)\vec{\cup}G_{37}(t),$$
$$G_{357}(t)=G_{35}(t)\vec{\cup}G_{37}(t)。$$

因此，可删除入树组合 $T_2(t)T_3(t)T_5(t)$, $T_2(t)T_3(t)T_7(t)$, $T_3(t)T_5(t)T_7(t)$ 共 3 个入树组合。至此，仅需要考虑 $T_1(t)T_2(t)T_3(t)$, $T_2(t)T_3(t)T_8(t)$, $T_3(t)T_5(t)T_8(t)$, $T_3(t)T_7(t)T_8(t)$ 这 4 个入树组合。

(4) 考察以上 4 个入树组合，求得三阶极小基模为 $G_{123}(t)$, $G_{358}(t)$, $G_{378}(t)$，其流图如下 (图 4.34)。

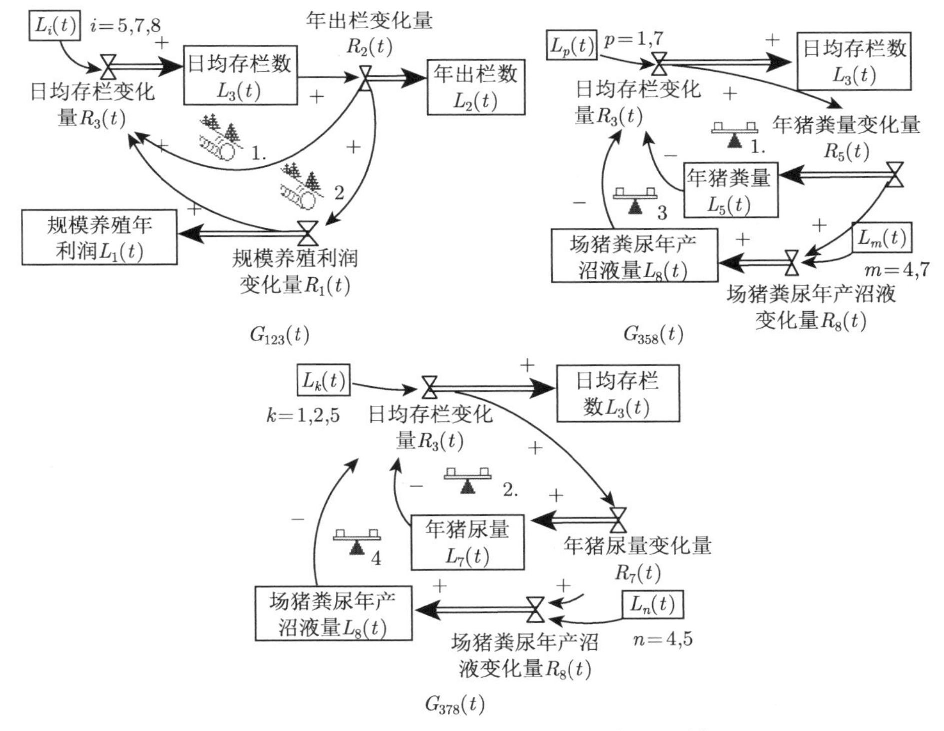

图 4.34　由 2 棵入树嵌运算生成的极小基模

4. 求 4 棵入树嵌运算生成的极小基模集

求 3 棵入树嵌运算生成极小基模时，删除的入树起始组合不需再考虑。不存在以 $T_3(t)T_7(t)$ 起始的 4 棵入树的组合，仅需考虑以 $T_1(t)T_2(t)$, $T_2(t)T_3(t)$, $T_3(t)T_4(t)$, $T_3(t)T_5(t)$, $T_4(t)T_6(t)$ 起始的含 4 棵入树的组合。

(1) 根据入树组合删除法则，删除不能经嵌运算生成极小基模的入树组合。

以 $T_1(t)T_2(t)$ 起始入树组合中，根据删除法则 2，可删除以 $T_1(t)T_2(t)T_4(t)$, $T_1(t)T_2(t)T_5(t)$, $T_1(t)T_2(t)T_6(t)$, $T_1(t)T_2(t)T_7(t)$ 起始的共 10 个入树组合。

以 $T_2(t)T_3(t)$ 起始的入树组合中，根据删除法则 1，可删除以 $T_2(t)T_3(t)T_6(t)$ 起始的共 2 个入树组合。

以 $T_3(t)T_4(t)$ 起始的入树组合中，根据删除法则 2，可删除以 $T_3(t)T_4(t)T_7(t)$ 起始的共 1 个入树组合。

以 $T_3(t)T_5(t)$ 起始的入树组合中，根据删除法则 1，可删除以 $T_3(t)T_5(t)T_6(t)$ 起始的共 2 个入树组合。

以 $T_4(t)T_6(t)$ 起始的唯一入树组合 $T_4(t)T_6(t)T_7(t)T_8(t)$，根据删除法则 2，可删除。

含 4 棵入树的组合共有 $\mathrm{C}_8^4=70$ 个，此处利用法则共删除 16 个入树组合。另外，求 3 棵入树嵌运算生成极小基模时，删除的入树组合不需考虑，间接删除了 40 个入树组合。

因此，仅需考虑以 $T_1(t)T_2(t)T_3(t)$, $T_2(t)T_3(t)T_4(t)$, $T_2(t)T_3(t)T_5(t)$, $T_2(t)T_3(t)T_7(t)$, $T_3(t)T_4(t)T_5(t)$, $T_3(t)T_4(t)T_6(t)$, $T_3(t)T_5(t)T_7(t)$ 起始的共 14 个入树组合。

(2) 根据定理，删除不能经嵌运算生成极小反馈基模的入树组合。

以 $T_1(t)T_2(t)T_3(t)$ 起始含 4 棵入树的组合中，符合条件的仅有 $T_1(t)T_2(t)T_3(t)T_5(t)$, $T_1(t)T_2(t)T_3(t)T_7(t)$, $T_1(t)T_2(t)T_3(t)T_8(t)$ 入树组合。

以 $T_2(t)T_3(t)T_4(t)$ 起始含 4 棵入树的组合中，符合条件的有 $T_2(t)T_3(t)T_4(t)T_6(t)$, $T_2(t)T_3(t)T_4(t)T_8(t)$ 组合。

以 $T_2(t)T_3(t)T_5(t)$ 起始含 4 棵入树的组合中，符合条件的有 $T_2(t)T_3(t)T_5(t)T_7(t)$, $T_2(t)T_3(t)T_5(t)T_8(t)$ 组合。

以 $T_2(t)T_3(t)T_7(t)$ 起始含 4 棵入树的唯一组合 $T_2(t)T_3(t)T_7(t)T_8(t)$ 符合条件。

以 $T_3(t)T_4(t)T_5(t)$ 起始含 4 棵入树的组合中，符合条件的有 $T_3(t)T_4(t)T_5(t)T_6(t)$, $T_3(t)T_4(t)T_5(t)T_8(t)$ 组合。

以 $T_3(t)T_4(t)T_6(t)$ 起始含 4 棵入树的组合中，符合条件的有 $T_3(t)T_4(t)T_6(t)T_7(t)$ 组合。

以 $T_3(t)T_5(t)T_7(t)$ 起始含 4 棵入树的唯一组合 $T_3(t)T_5(t)T_7(t)T_8(t)$ 符合条件。

根据定理，在入树组合删除法则删除后的 14 个入树组合的基础上，又删除 2 个入树组合，仅需考虑 12 个入树组合 $T_1(t)T_2(t)T_3(t)T_5(t)$, $T_1(t)T_2(t)T_3(t)T_7(t)$, $T_1(t)T_2(t)T_3(t)T_8(t)$, $T_2(t)T_3(t)T_4(t)T_6(t)$, $T_2(t)T_3(t)T_4(t)T_8(t)$, $T_2(t)T_3(t)T_5(t)T_7(t)$, $T_2(t)T_3(t)T_5(t)T_8(t)$, $T_2(t)T_3(t)T_7(t)T_8(t)$, $T_3(t)T_4(t)T_5(t)T_6(t)$, $T_3(t)T_4(t)T_5(t)T_8(t)$, $T_3(t)T_4(t)T_7(t)T_8(t)$, $T_3(t)T_5(t)T_7(t)T_8(t)$。

(3) 根据极小反馈基模定义，删除不能经嵌运算生成极小反馈基模的入树组合。

根据极小反馈基模定义，可删除入树组合 $T_1(t)T_2(t)T_3(t)T_5(t)$, $T_1(t)T_2(t)T_3(t)T_7(t)$, $T_1(t)T_2(t)T_3(t)T_8(t)$, $T_2(t)T_3(t)T_4(t)T_6(t)$, $T_2(t)T_3(t)T_5(t)T_7(t)$, $T_2(t)T_3(t)T_5(t)T_8(t)$, $T_2(t)T_3(t)T_7(t)T_8(t)$, $T_3(t)T_4(t)T_5(t)T_6(t)$, $T_3(t)T_5(t)T_7(t)T_8(t)$。

至此，仅需要考虑至 $T_2(t)T_3(t)T_4(t)T_8(t)$，$T_3(t)T_4(t)T_5(t)T_8(t)$，$T_3(t)T_4(t)T_7(t)T_8(t)$ 这 3 个入树组合。

(4) 考察以上 3 个入树组合，求得四阶极小反馈基模为 $G_{3458}(t)$，其流图如下(图 4.35)。

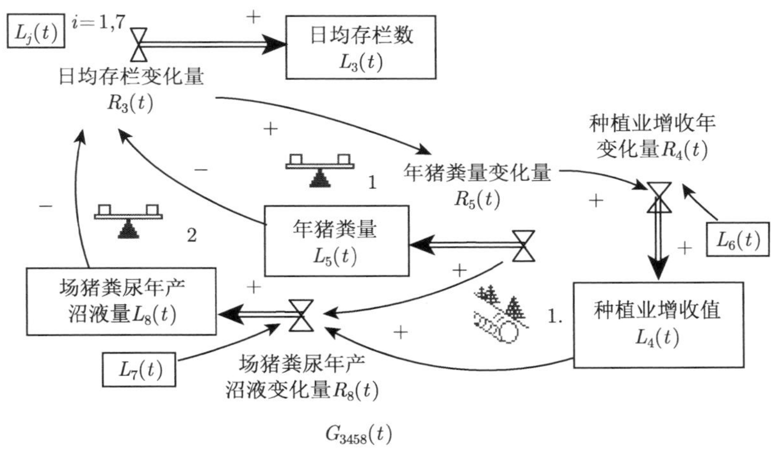

图 4.35　由 4 棵入树嵌运算生成的极小反馈基模

5. 求 5 棵及 5 棵以上入树嵌运算生成的极小反馈基模集

同理，计算由 5 棵及 5 棵以上入树嵌运算生成的极小反馈基模集，直至所有入树组合删除或考虑完毕为止，得到系统中不存在五阶及五阶以上极小反馈基模。因此，求得模型的极小反馈基模集为

$$\{G_{23}(t), G_{35}(t), G_{37}(t), G_{46}(t), G_{123}(t), G_{358}(t), G_{378}(t), G_{3458}(t)\}。$$

6. 系统极小反馈基模分析

按照刻画德邦牧业复杂反馈系统发展不同情况，将极小反馈基模分为三类进行分析：

(1) 养殖业子系统促进发展类极小反馈基模：$G_{23}(t)$, $G_{123}(t)$；

(2) 养殖业子系统制约发展类极小反馈基模：$G_{35}(t)$, $G_{37}(t)$, $G_{358}(t)$, $G_{378}(t)$；

(3) 场户合作规模养种低碳循环农业发展类极小反馈基模：$G_{46}(t)$, $G_{3458}(t)$。

本节根据规模养种复杂系统发展的不同阶段，利用计算得到的极小反馈基模集，生成具有典型意义的反馈基模结构，并利用基模分析进行管理对策的生成研究。

1) 养殖规模扩张与养殖废弃物初次排放污染制约系统发展阶段

根据规模经济原理，养殖业发展初期规模不断扩张，随着养殖规模的扩张，养殖废弃物在养殖区过度集中、累积排放，污染生态环境，制约生猪养殖业的发展。这个反复调节的系统运行一段时间之后达到一个稳定状态，形成增长上限。此系统发展结构可由反馈基模 $G_{12357}(t)$ 刻画 (图 4.36)。

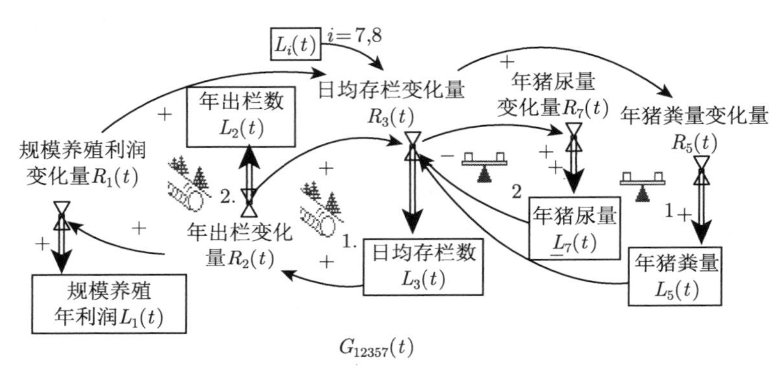

图 4.36 养殖废弃物污染制约系统发展增长上限反馈基模

反馈基模 $G_{12357}(t)$ 含规模养殖年利润、年出栏数、日均存栏数、年猪尿量与年猪粪量 5 棵入树结构，是刻画养殖规模扩张与养殖废弃物初次排放污染制约系统发展的典型意义反馈基模结构，可由极小反馈基模 $G_{123}(t)$, $G_{35}(t)$ 与 $G_{37}(t)$ 嵌运算生成。其中左边是刻画养殖业发展动力的利润、利润保障的出栏生猪数与出栏保障的存栏生猪数构成的 2 个正反馈环，正反馈环中变量的反馈同增性促进系统不断发展。右边是刻画养殖废弃物的年猪粪量、年猪尿量与日均存栏数构成的 2 个负反馈环，负反馈环中变量的反馈反增性制约系统的发展。

根据消除增长上限制约管理对策的生成法，生成的管理对策如下。

管理对策 1：开发沼气工程综合利用猪粪尿资源，治理养殖废弃物直接排放污染。

2) 沼气工程开发与厌氧发酵产出物污染制约系统发展阶段

沼气工程的建设，消除了养殖废弃物初次排放污染对系统发展的制约，但厌氧发酵产出物若不充分利用，则会污染周边生态环境，制约生猪养殖业的发展。此系统发展结构可由反馈基模 $G_{123578}(t)$ 刻画 (图 4.37)。

反馈基模 $G_{123578}(t)$ 含规模养殖年利润、年出栏数、日均存栏数、年猪尿量、年猪粪量与场猪粪尿年产沼液量 6 棵入树结构，是沼气工程开发与厌氧发酵产出物污染制约系统发展的典型意义反馈基模结构，可由极小反馈基模 $G_{123}(t)$ 与 $G_{358}(t)$ 嵌运算生成。此反馈基模结构是在反馈基模 $G_{12357}(t)$ 结构基础上增加 2 条负反馈环结构，这 2 条负反馈环结构中年猪尿量、年猪粪量到场猪粪尿年产沼液变化量因果链刻画的是沼气工程的建设，沼气工程建设消除了养殖废弃物初次排放污染对系统发展的制约。另外，这 2 条负反馈环结构中场猪粪尿年产沼液量到日均存栏变化量负因果链刻画了厌氧发酵产出物对系统发展的制约，形成新的增长上限。

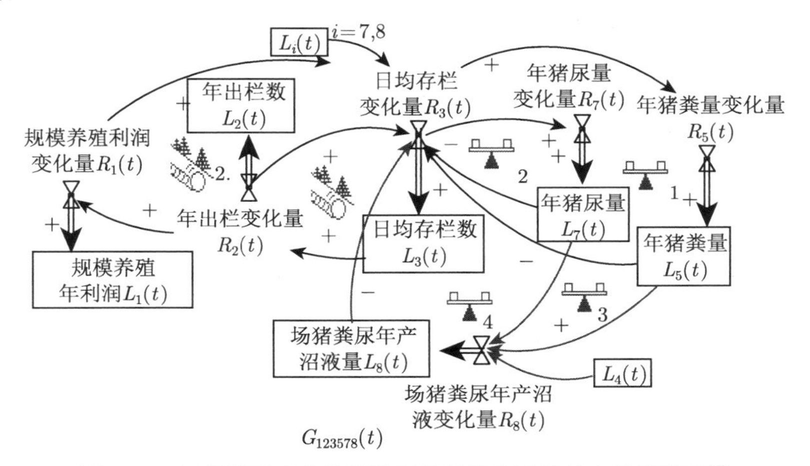

图 4.37 厌氧发酵产出物污染制约系统发展增长上限反馈基模

根据消除增长上限制约管理对策的生成法，生成的管理对策如下。

管理对策 2：实施沼液资源综合开发利用工程。一方面养殖场实施沼液资源生物链工程；另一方面支持周边户用沼气池的发展，利用沼液生物质资源。

3) 实施场户合作低碳循环农业发展模式促进系统发展阶段

综合开发利用沼气工程厌氧发酵产出物，实施场户合作低碳循环农业发展模式是一种有效的模式。此系统发展结构可由反馈基模 $G_{34568}(t)$ 刻画 (图 4.38)。

反馈基模 $G_{34568}(t)$ 含日均存栏数、种植业增收值、年猪粪量、户猪粪年产沼液量与场猪粪尿年产沼液量 5 棵入树结构，是刻画场户合作低碳循环农业发展模式具有典型意义的反馈基模结构，可由极小反馈基模 $G_{46}(t)$ 与 $G_{358}(t)$ 嵌运算生成。此反馈基模是在厌氧发酵产出物污染制约系统发展反馈基模 $G_{358}(t)$ 的基础上，增加了 3 条正反馈环结构。这 3 条正反馈环结构中年猪粪变化量至种植业增收年变化量正因果链、户猪粪年产沼液变化量至种植业增收年变化量正因果链、种植业增收值至场猪粪尿年产沼液变化量负正因果链刻画的是养殖场提供沼气工程发酵原料猪粪资源支持户用沼气池发展，带来种植业增收，增加农户的户用沼气池建设积极性，为养殖场治理猪粪排放污染减轻压力的情况，论证了低碳循环农业是规模养种的有效模式。

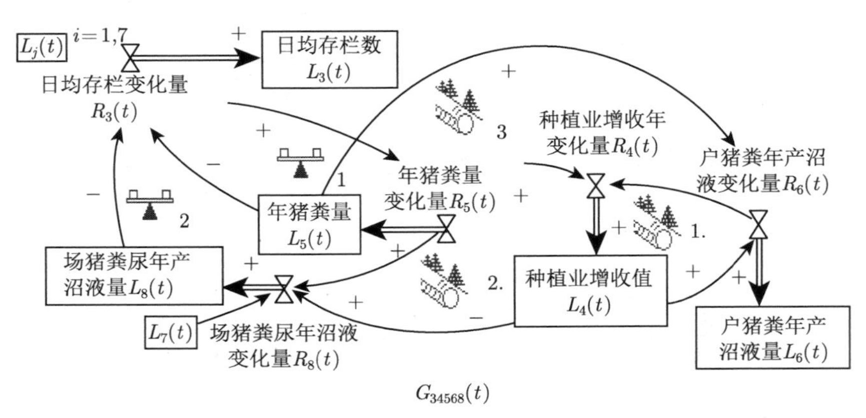

图 4.38　场户合作低碳循环农业发展模式反馈基模

根据对刻画场户合作低碳循环农业模式反馈基模的分析，生成促进系统发展的管理对策如下。

管理对策 3：实施场户合作低碳循环农业发展模式。农户通过特色经营、规模经营实现增收，增加户用沼气工程建设积极性；养殖场为农户沼气工程建设提供发酵原料、资金、技术等方面的支持。

4.4.3　系统极小基模分析生成对策的实施效应仿真分析

极小基模分析生成三条管理对策，管理对策的必要性、有效性及实施效果，需建立有效刻画德邦生态能源系统仿真分析模型，通过系统仿真分析验证管理对策。

1. 建立系统模型仿真分析方程

1) 规模养殖利润变化量 $R_1(t)$ 的流率基本入树 $T_1(t)$ 中的仿真方程

$$\begin{aligned}&\text{规模养殖利润变化量 } R_1(t)(\text{万元/年})\\&=\text{历史年利润变化量 } A_{11}(t)(\text{万元/年})+(\text{年出栏变化量 } R_2(t)(\text{头/年})\\&\quad\times\text{价格制约下每头猪利润 } A_{12}(t)(\text{元/年})\times\text{ 后起时间 } T_1)/10000,\end{aligned}$$

$L_1(2010)=98$(万元)，后起时间 $T_1=\text{STEP}(1,2013)$。

历史年利润变化量 $A_{11}(t)$(万元/年) 如表 4.8 所示。

表 4.8　历史年利润变化量 $A_{11}(t)$

年 (Time)	2010	2011	2012	2013
$A_{11}(t)$/(万元/年)	0	28	−49	1

价格制约下每头猪利润 $A_{12}(t)$(元/年) 为根据历史年生猪价格变化规律，并依赖生猪价格的五年一个周期"跌—涨—涨—跌—跌"变化规律设计的调控表函数 (表 4.9)。

表 4.9 价格制约下每头猪利润 $A_{12}(t)$

年 (Time)	2014	2015	2016	2017	2018	2019	2020
$A_{12}(t)$/(元/头)	110	183	230	140	137	130	206

2) 年出栏变化量 $R_2(t)$ 的流率基本入树 $T_2(t)$ 中的仿真方程

年出栏变化量 $R_2(t)$(头/年)

= 出栏年基本变化量 $A_{21}(t)$(头/年) × 日均存栏保障因子 $M_{21}(t)$。

$L_2(2010) = 6638$(头)，日均存栏保障因子 $M_{21}(t)$ 为 $M_{21}(t)$ = IF THEN ELSE(日均存栏数 $L_3(t) > 0.23 \times$ 年出栏数 $L_2(t)$, 1, 0.95)，此选择函数中 0.23 为 2010~2013 年日均存栏与年出栏比的平均值，0.95 为调控参数。

出栏年基本变化量 $A_{21}(t)$(头/年)

= 历史年变化量表函数 B_{21}(Time) + 规划年变化量表函数 B_{22}(Time)。

历史年变化量表函数 B_{21}(Time) 根据历史年 2010~2013 年的出栏猪头数历史数据建立表 4.10。

表 4.10 历史年变化量表函数 B_{21}

年 (Time)	2010	2011	2012	2013
B_{21}(Time)	0	241	143	210

仿真规划期 (未来年) 为 2014 年至 2020 年，规划年变化量表函数 B_{22}(Time) 是按照德邦规模养殖场 2020 年出栏 20000 头生猪目标，再结合生猪市场的价格五年一个周期的波动规律制定。其中，价格上涨时规模扩充快，价格下跌时只有微小的扩充，甚至维持原规模，由此建立规划年变化量表函数 (表 4.11)。

表 4.11 规划年变化量表函数 B_{22}

年 (Time)	2014	2015	2016	2017	2018	2019	2020
B_{22}(Time)	1250	1550	1990	1350	1050	1350	1950

3) 日均存栏变化量 $R_3(t)$ 的流率基本入树 $T_3(t)$ 中的仿真方程

由于篇幅所限，以下入树中的仿真方程重点说明流率变量方程。

$$
\begin{aligned}
&\text{日均存栏变化量 } R_3(t)(\text{头/年}) \\
=&\text{历史年日均存栏变化量 } A_{31}(t)(\text{头/年}) \\
&+\text{未来年出栏对日均存栏变化量关系函数 } A_{32}(t)(\text{头/年}) \\
&\times \text{年出栏变化量 } R_2(t)(\text{头/年}) \\
&\times (\text{利润促进因子 } M_{31}(t)-\text{沼液污染制约因子 } M_{32}(t) \\
&-\text{猪粪尿干物污染制约因子 } M33(t)),
\end{aligned}
$$

其中，未来年出栏对日均存栏变化量关系函数 $A_{32}(t)$(头/年)= STEP(0.56, 2013)，0.56 为 2010~2013 年日均存栏与年出栏比的平均值。

利润促进因子 $M_{31}(t)$ 为：$M_{31}(t)$ = IF THEN ELSE($L_1(t) > -1, 1, 0.99$)，选择函数中的 -1 刻画的是规模养殖稍微亏损也发展，因为稍亏损后将盈利。

沼液污染制约因子 $M_{32}(t)$、猪粪尿干物污染制约因子 $M_{33}(t)$ 分别为场沼液利用剩余量 $A_{35}(t)$、猪粪尿干物量 $A_{34}(t)$ 的调控表函数。

4) 种植业增收年变化量 $R_4(t)$ 的流率基本入树 $T_4(t)$ 中的仿真方程

$$
\begin{aligned}
&\text{种植业增收年变化量 } R_4(t)(\text{万元/年}) \\
=&\text{户猪粪年产沼液化肥节约变化量 } A_{42}(t)\times \text{化肥价格 } M_{42}(t) \\
&+\text{户猪粪年产沼气煤当量变化量 } A_{41}(t)\times \text{煤炭价格 } M_{41}(t),
\end{aligned}
$$

其中，户沼气池闲置率 $M_{43}(t)$ 为种植业增收值 $L_4(t)$ 的表函数，猪粪干物率及干物产气因子 $M_{44}(t) = 18\%$(干物率)×257.3 米^3/吨 (干猪粪产气量)。

5) 年猪粪量变化量 $R_5(t)$ 的流率基本入树 $T_5(t)$ 中的仿真方程

$$
\begin{aligned}
&\text{年猪粪量变化量 } R_5(t)(\text{吨/年}) \\
=&\text{历史年猪粪年变化量 } A_{51}(t)(\text{吨/年})+\text{后起时间 } T_2 \\
&\times \text{日均存栏变化量 } R_3(t)(\text{头/年}) \\
&\times \text{日均存栏变化量对未来年猪粪变化量关系函数 } A_{52}(t)(\text{千克/头}) \\
&\times 365/1000(\text{千克/吨}),
\end{aligned}
$$

其中，日均存栏变化量对未来年猪粪变化量关系函数 $A_{52}(t)$ = STEP(0.66, 2013)，0.66 的内涵是 2013 年后为 0.66，前期为 0。0.66 为 2010~2013 年每头每天产猪粪的实测平均值，单位为千克/(头 · 吨)，后起时间 T_2 = STEP(1, 2013)。

6) 户猪粪年产沼液变化量 $R_6(t)$ 的流率基本入树 $T_6(t)$ 中的仿真方程

户猪粪年产沼液变化量 $R_6(t)$(吨/年)
=年猪粪变化量 $R_5(t)$(吨/年) × 户沼气工程用粪比 $M_{43}(t)$
× 猪粪干物率及干猪粪产沼液因子 $M_{61}(t)$(米^3/吨),

其中

猪粪干物率及干猪粪产沼液因子 $M_{61}(t)$(米^3/吨)
=18%(干物率) × 14.8 米^3/吨 (干猪粪产沼液量)。

7) 年猪尿量变化量 $R_7(t)$ 的流率基本入树 $T_7(t)$ 中的仿真方程

年猪尿量变化量 $R_7(t)$(吨/年)
=历史年猪尿年变化量 $A_{61}(t)$(吨/年)
+ 后起时间 T_3 × 日均存栏变化量 $R_3(t)$(头/年)
× 日均存栏变化量对未来年猪尿变化量关系函数 $A_{62}(t)$(千克/头)
× 365/1000(千克/吨),

其中，日均存栏变化量对未来年猪尿变化量关系函数 $A_{62}(t) = \mathrm{STEP}(1.64, 2013)$，1.64 为 2010~2013 年每头每天产猪尿的实测平均值，单位为吨/(头 · 天)，后起时间 $T_3 = \mathrm{STEP}(1, 2013)$。

8) 场猪粪尿年产沼液变化量 $R_8(t)$ 的流率基本入树 $T_8(t)$ 中的仿真方程

场猪粪尿年产沼液变化量 $R_8(t)$(吨/年)
=场猪粪年产沼液变化量 $A_{81}(t)$(吨/年) + 场猪尿年产沼液变化量 $A_{82}(t)$(吨/年),

其中

场猪粪年产沼液变化量 $A_{81}(t)$(吨/年)
=年猪粪变化量 $R_5(t)$(吨/年)×(1− 户沼气工程用粪比 $M_{43}(t)$
− 猪粪其他用比 $M_{81}(t)$)
× 猪粪干物率及干猪粪产沼液因子 $M_{61}(t)$(米^3/吨),

场猪尿年产沼液变化量 $A_{82}(t)$(吨/年)
=年猪尿量变化量 $R_7(t)$(吨/年)
× 猪尿干物率及产气因子 $M_{81}(t)$(吨/年)。

2. 管理对策实施效应仿真检验分析

在 Vensim 下，流率基本入树模型 8 棵入树连成流图模型，利用 Vensim 软件对德邦生态能源反馈系统流率基本入树模型进行仿真，仿真区间设为 2010~2020 年，仿真步长 DT 设为 1。

1) 开发沼气工程治理猪粪尿污染管理对策 1 实施效果分析

德邦养殖场规划目标 2020 年年出栏 2 万头生猪，存栏生猪数不断增加，养殖场猪粪尿排放量随之增加，因此猪粪尿污染治理问题日趋严重。通过系统仿真结果可以显示未来年猪粪尿排放情况，验证实施沼气工程治理养殖废弃物污染的必要性。年猪粪量 $L_5(t)$、年猪粪变化量 $R_5(t)$、年猪尿量 $L_7(t)$、年猪尿变化量 $R_7(t)$ 仿真情况如图 4.39、图 4.40、表 4.12 所示。

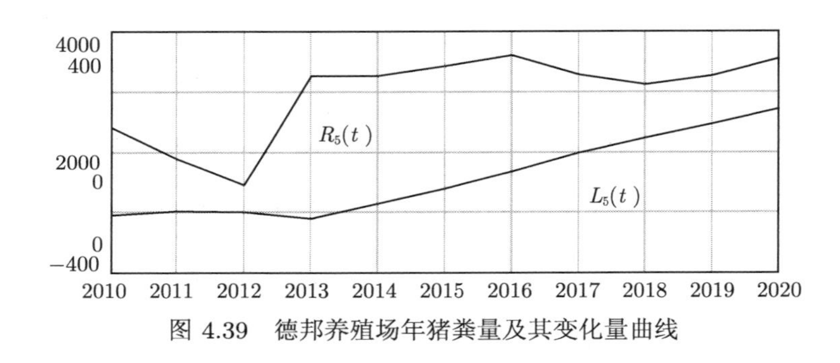

图 4.39　德邦养殖场年猪粪量及其变化量曲线

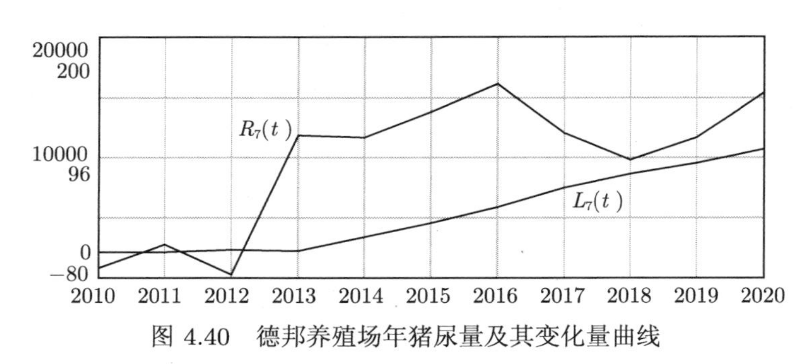

图 4.40　德邦养殖场年猪尿量及其变化量曲线

表 4.12　年猪粪量 $L_5(t)$、年猪尿量 $L_7(t)$ 仿真分析数据

年份	2010	2011	2012	2013	2014	2015	2016	2017	2018	2019	2020
$L_5(t)$/吨	936.43	1016.65	992.32	881.02	1134.38	1386.03	1669.24	1988.51	2245.21	2467.06	2717.56
$L_7(t)$/吨	2063.37	2063.37	2262.7	2202.24	3349.31	4484.77	5835.12	7430.88	8600.75	9533.3	10660.9

从图 4.39、图 4.40、表 4.12 可以看出，随养殖规模的不断扩张，年猪粪量 $L_5(t)$、年猪尿量 $L_7(t)$ 不断增加。2010 年年猪粪量 $L_5(t)$ 为 936.43 吨，年猪尿

量 $L_7(t)$ 为 2063.37 吨，按 2020 年出栏 2 万头生猪的规划目标，2020 年年猪粪量 $L_5(t)$ 为 2717.56 吨，年猪尿量 $L_7(t)$ 为 10660.9 吨。

德邦规模养种生态经济区建设面积 66.67 公顷，养殖区生态承载力有限，猪粪尿直接排放会严重污染养殖场周边水体与农田。2008 年养殖场未建设沼气工程项目时，周边生态环境面临“场猪粪尿严重污染”问题，一方面制约了养殖场规模经营，另一方面由于水体与农田污染造成了严重的生态、经济负效益。可见，开发沼气工程项目治理猪粪尿排放污染有很好的生态、经济效益，管理对策 1 的实施非常必要、有效。

2) 综合开发利用沼液资源管理对策 2 实施效果分析

沼气工程的建设解决了规模养殖废弃物初次排放的污染问题，并产生大量厌氧发酵产出物沼气、沼液，厌氧发酵产出物若不开发利用则会带来二次污染问题，而厌氧发酵产出物同时是清洁的生物质资源，综合开发利用可产生低碳生态效益和开发利用带来的经济效益。户猪粪年产沼液量 $L_6(t)$ 及其变化量 $R_6(t)$、场猪粪尿年产沼液量 $L_8(t)$ 及其变化量 $R_8(t)$ 仿真情况如图 4.41、图 4.42、表 4.13 所示。

图 4.41　户猪粪年产沼液量及其变化量曲线

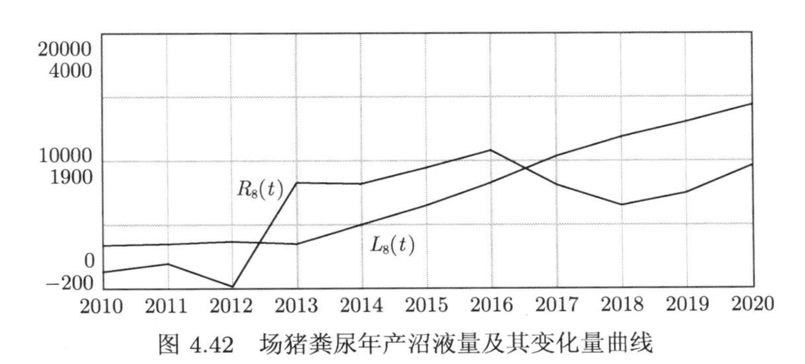

图 4.42　场猪粪尿年产沼液量及其变化量曲线

德邦养殖场所在高塘乡利用国家沼气工程建设补贴项目建设 300 余口户用沼

气池，以前由于原料短缺未能正常运行，为解决“猪粪尿污染严重”与“户用沼气池原料短缺”的矛盾，场户合作成立了高塘乡沼液、沼气开发利用专业合作社，合作社配备原料粪车等设备，无偿为农户提供猪粪资源发酵原料。仿真结果显示，2010 年户猪粪年产沼液量为 1743.6 吨，2020 年户猪粪年产沼液量为 5113.46 吨。户用沼气池项目既为养殖场规划目标的实现产生正反馈作用，又促进全乡户用沼气池开发和全乡生态能源经济区的发展。

表 4.13　户猪粪年产沼液量 $L_6(t)$、场猪粪尿年产沼液量 $L_8(t)$ 仿真分析数据

年份	2010	2011	2012	2013	2014	2015	2016	2017	2018	2019	2020
$L_6(t)$/吨	1743.6	1877.34	1836.4	1649.69	2069.19	2498.2	2995.26	3574.14	4076.4	4555.21	5113.46
$L_8(t)$/吨	3342.1	3421.74	3621.2	3444.15	4983.3	6495.4	8264.08	10321.7	11812.6	12968.3	14339.3

另外，养殖场采用沼液三级延迟技术，综合开发“猪—沼液—水稻”“猪—沼液—棉花”等生物链工程技术，综合开发利用场沼气工程厌氧发酵产出物沼液，2010 年场猪粪尿产沼液 3342.1 吨，2020 年场猪粪尿产沼液 14339.3 吨。仿真结果显示了厌氧发酵产出物综合开发利用的必要性和重要性。

3) 建设场户合作低碳循环农业模式管理对策 3 实施效果分析

户用沼气池的建设及发展，减轻养殖场猪粪污染治理、沼液二次污染治理的压力，又为农户种植业发展提供生物质资源。养殖场支持户用沼气池建设，既为农户提供沼气工程发酵原料，又为自身规划目标的实现产生正反馈促进作用。规模养殖年利润 $L_1(t)$、规模养殖年利润变化量 $R_1(t)$、种植业增收 $L_4(t)$、种植业增收变化量 $R_4(t)$ 仿真情况如图 4.43、图 4.44、表 4.14 所示。

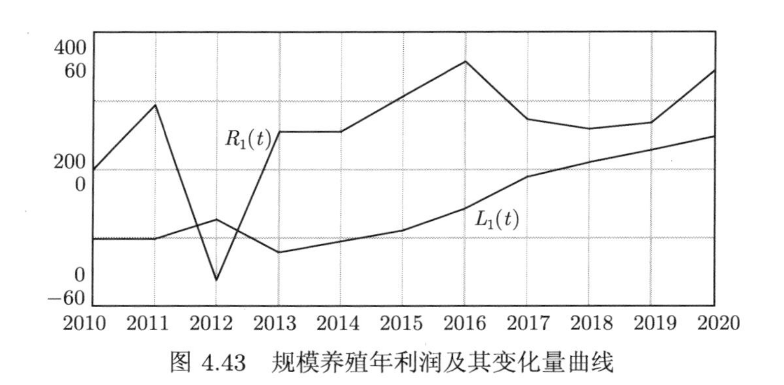

图 4.43　规模养殖年利润及其变化量曲线

种植业与养殖业增收是场户合作发展的动力所在，图 4.43、图 4.44、表 4.14 仿真结果显示，规模养殖年利润 $L_1(t)$2010 年为 98 万元，2020 年为 247.628 万元，种植业增收 $L_4(t)$2010 年为 61.33 万元，2020 年为 68.7394 万元。仿真结果表明，场户合作低碳循环农业模式不仅可以综合治理规模养殖废弃物初次污染、厌氧发酵产出物二次污染，还可以产生很好的经济效益。同时，仿真结果也验证了规模经营是农民增收的一条有效途径。规模养殖对于德邦牧业有限公司增收作用显著，2020 年养殖业收入为 2010 年的 252.73%，而目前联产承包责任制下农户小规模的经营方式限制种植业增收，目前高塘乡许多户用沼气池闲置，农户实施沼气工程积极性不足，从另一个角度验证管理对策 3 中农户特色经营、规模经营的必要性。

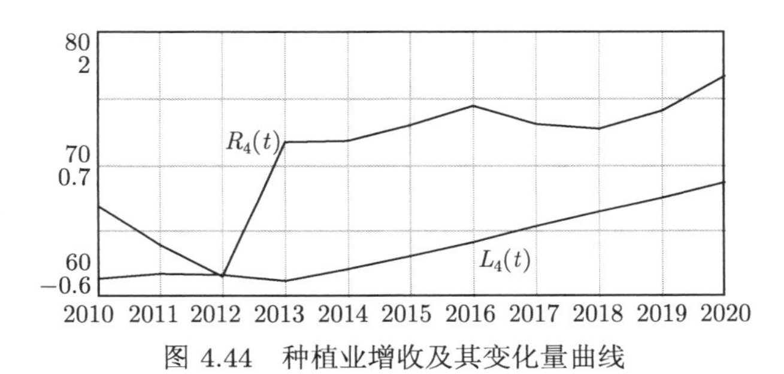

图 4.44 种植业增收及其变化量曲线

表 4.14 规模养殖年利润 $L_1(t)$、种植业增收 $L_4(t)$ 仿真分析数据 (单位：万元)

年份	2010	2011	2012	2013	2014	2015	2016	2017	2018	2019	2020
$L_1(t)$	98	95	126	78	93.257	109.514	141.112	188.215	209.963	227.362	247.628
$L_4(t)$	61.33	61.624	61.534	61.1234	62.0458	62.9891	64.082	65.3548	66.4591	67.512	68.7394

4.5 反馈传递效应分析法

4.5.1 反馈传递效应分析法创新原理与概念

1. 反馈传递效应分析法创新原理

1) 以系统的层次性原理为依据

复杂系统不可能一次完成从元素性质到系统整体性质的涌现，需要通过一系列中间等级的整合而逐步涌现出来，每个涌现等级代表一个层次。层次结构是系统复杂性的基本来源之一，层次分析是结构分析的重要方面。

反馈环与反馈基模是流图重要的层次结构，反馈环/反馈基模的交互作用是揭示系统整体涌现性的关键，这种交互作用表现为其运作效应的反馈传递。因此，反馈传递分析可充分认清系统结构，实现有效的系统反馈环开发管理。

2) 反馈环/反馈基模是反馈效应传递的载体

若不同的反馈环、反馈基模中含相同变量，则其相互关联。此种情形下，任一反馈结构的运作效应作用于相同变量，又将此运作效应通过相同变量反馈传递其他关联反馈结构。由于极小基模的嵌运算可生成系统整体结构，反馈传递效应分析法又对系统全体反馈环传递效应进行分析，因此反馈传递效应可分析系统整体涌现性。

另外，管理对策实施效应经全体极小基模、全体反馈环反馈传递效应双验证，是系统反馈结构运作效应一致性提升的管理对策。

3) 系统发展基本原理是对策制定根据与验证标准

系统发展基本原理是通过各子系统目标责任的实现，实现系统发展的总目标。

管理对策的生成，是通过极小基模分析落实子系统目标责任制，再以各子系统及整体系统目标实现为标准，进行对策实施效应极小基模、反馈环反馈传递效用双验证，最终确定系统发展的管理对策。

因此，管理对策是通过各子系统目标责任的实现，实现系统发展的总目标。

2. 反馈传递效应分析法基本概念

定义 4.5.1 在系统反馈环开发管理中，通过系统极小基模分析生成促进系统发展的管理对策，并经对策实施极小基模、反馈环的反馈传递效应双验证，最终确定系统发展管理对策的方法称为反馈传递效应分析法。

步骤 1：构建系统流率基本入树模型。

首先，通过科学理论、实践及专家判断力三结合进行系统分析，确定描述系统状态的流位变量；然后，利用流率基本入树建模法构建系统流率基本入树模型。

步骤 2：利用入树组合删除生成法确定系统极小基模集。

步骤 3：极小基模分析生成并验证促进系统发展的管理对策。

首先，按照一定标准划分子系统，据极小基模中流率变量的隶属关系对极小基模进行分类；其次，根据系统发展目标或制约问题，确定极小基模中目标实现或解决问题的关键因果链；再次，根据关键因果链，生成改善极小基模运作效应的管理对策；最后，进行对策实施极小基模的反馈传递效应验证，确定促进全体极小基模运作效应改善的管理对策。

步骤 4：利用枝向量行列式计算系统全体反馈环。

步骤 5：反馈环传递效应分析确定最终系统发展的管理对策。

对极小基模分析生成促进系统发展的管理对策，进行对策实施反馈环的反馈传递效应验证，最终确定系统发展的管理对策。

3. 反馈传递效应分析法的科学性

步骤 1 中，以钱学森提出的科学理论、实践及专家判断力三结合进行系统分析，利用经实践检验的流率基本入树建模法，建立包括系统边界中全体变量的流率基本入树模型；步骤 2 中，入树组合删除生成法实质上穷举了流率基本入树模型中 2 阶到 n 阶全部入树组合，根据极小基模生成的必要条件，删除不能生成极小基模的入树组合，最后计算出系统极小基模集；步骤 3 中，依据反馈环是复杂系统发生动态变化的核心结构，根据系统开发基本原理，生成系统目标实现或解决问题的管理对策，并进行对策实施极小基模的反馈传递效应验证，实现管理对策一致性提升全体极小基模运作效应；步骤 4 中，将入树枝嵌运算生成反馈环转化为枝向量相乘计算全体反馈环，实现代数方法计算全体反馈环的目的；步骤 5 中，进行对策实施反馈环的反馈传递效应验证，实现管理对策一致性提升全体反馈环运作效应。因此，反馈传递效应五步骤分析法具有科学性。

4.5.2 种养结合循环农业污染第三方治理系统管理对策反馈传递效应分析

1. 种养结合污染第三方治理系统流率基本入树模型

1) 确定系统流位流率系

基于科学理论、实践及专家判断力三结合分析，确定种养结合污染第三方治理系统流位流率系。

基于相关研究文献，种养结合污染第三方治理系统是以沼气工程为纽带连接养殖业与种植业，养殖利润、污染治理企业利润、种植利润是系统发展的动力，养殖规模、沼气工程规模、种植业规模的匹配是系统发展的保障。基于专家判断力，确定养殖业利润、企业年利润、种植业利润、日均存栏、年产沼液量、沼肥种植规模为流位变量。

基于循环经济理论，循环经济以“减量化、再利用、再循环”为原则，再结合实践。污染第三方治理的实践体现了循环经济的“再循环”原则，即废弃物再次资源化。系统中的废弃物为猪粪尿，废弃物资源化产品为沼气能源和沼肥资源。基于理论、实践，确定年猪粪尿量、年产沼气量、年产沼肥量为系统的流位变量。

综上，确定如下种养结合污染第三方治理系统结构的九组流位、流率系(表 4.15)。

表 4.15 种养结合循环农业污染第三方治理系统流位流率系

流位变量	流率变量
养殖业利润 $L_1(t)$(万元)	养殖业利润改变量 $R_1(t)$(万元/年)
日均存栏 $L_2(t)$(头)	日均存栏改变量 $R_2(t)$(头/年)
年猪粪尿量 $L_3(t)$(吨)	年猪粪尿改变量 $R_3(t)$(吨/年)
企业利润 $L_4(t)$(万元)	企业年利润改变量 $R_4(t)$(万元/年)
年产沼液量 $L_5(t)$(吨)	年产沼液改变量 $R_5(t)$(吨/年)
年产沼肥量 $L_6(t)$(吨)	年产沼肥改变量 $R_6(t)$(吨/年)
年产沼气量 $L_7(t)$(米^3)	年产沼气改变量 $R_7(t)$(米^3/年)
种植业利润 $L_8(t)$(万元)	种植业利润改变量 $R_8(t)$(万元/年)
沼肥种植规模 $L_9(t)$(公顷)	沼肥种植规模改变量 $R_9(t)$(公顷/年)

2) 建立流率基本入树模型

基于此流位流率系，引入辅助变量逐一建立以流率变量为根，以流位变量或流率变量为尾的 9 棵流率基本入树模型 (图 4.45)。

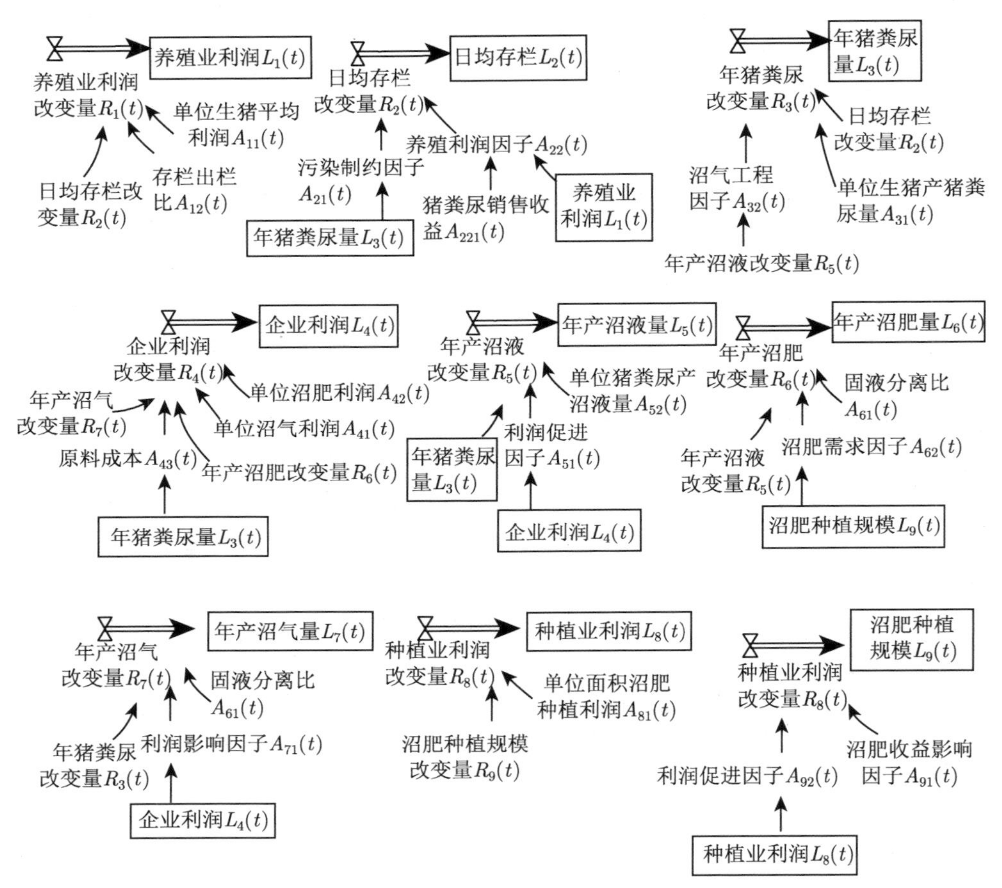

图 4.45　种养结合污染第三方治理系统流率基本入树模型

2. 种养结合污染第三方治理系统反馈环开发管理

1) 计算系统极小基模集

首先，根据团队提出的极小反馈基模入树组合删除法，计算系统极小基模集。

第一步，计算系统全体二阶极小基模。

两棵入树 $T_i(t)$, $T_j(t)$ 嵌运算生成极小基模的充要条件是：$T_j(t)$ 入树树尾含 $L_i(t)$ 或 $R_i(t)$，$T_i(t)$ 入树树尾含 $L_j(t)$ 或 $R_j(t)$，且树尾不同时为流率变量。

考察流率基本入树 $T_1(t)$ 的树尾仅含 $R_2(t)$，考察入树 $T_2(t)$ 的树尾含 $L_1(t)$，则 $T_1(t)$，$T_2(t)$ 可经嵌运算构成极小基模 $G_{12}(t)$。

考察流率基本入树 $T_2(t)$ 的树尾含 $L_1(t), L_3(t)$，考察过的入树 $T_1(t)$ 不再考虑，考察入树 $T_3(t)$ 的树尾含 $R_2(t)$，则 $T_2(t)$，$T_3(t)$ 可经嵌运算构成极小基模 $G_{23}(t)$。

同理，入树 $T_3(t)$ 树尾含有 $R_2(t), L_4(t)$，考察过的入树 $T_1(t), T_2(t)$ 不再考虑，入树 $T_4(t)$ 的树尾含 $L_3(t)$，则 $T_3(t), T_4(t)$ 可经嵌运算构成极小基模 $G_{34}(t)$；再依次考察入树 $T_i(t)(4 \leqslant i \leqslant 8)$，可新生成极小基模 $G_{47}(t), G_{89}(t)$。全体二阶极小基模流图如下 (图 4.46)。

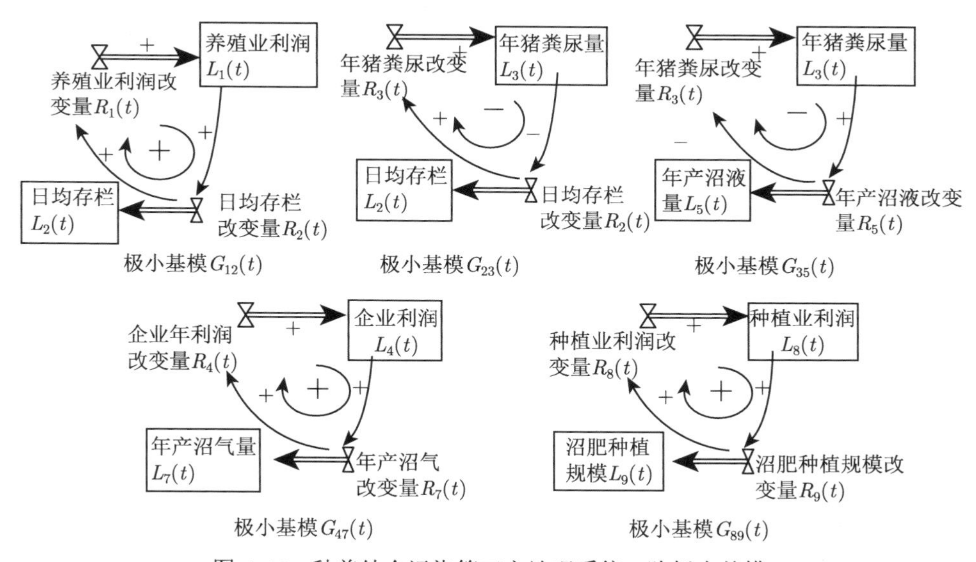

图 4.46 种养结合污染第三方治理系统二阶极小基模

第二步，计算系统全体二阶以上极小基模。

首先，计算入树 $T_1(t)$ 起始的全体二阶以上极小基模。

因为入树 $T_1(t)$ 的树尾仅含流率变量 $R_2(t)$，根据删除法则 2，可删除 $T_1(t)T_i(t)$ $(i=3,\cdots,8)$ 起始的全部入树组合，仅考虑以 $T_1(t)T_2(t)$ 起始的入树组合。

考察以 $T_1(t)T_2(t)$ 起始的含 3 棵入树的组合，仅 $T_1(t)T_2(t)T_3(t)$ 组合的入树可经嵌运算构成三阶基模，根据极小基模定义，此组合可删除。

求三阶极小基模删除的入树组合，在求三阶以上极小基模时，不需再考虑。

求四阶极小基模时，根据删除法则 1，可删除 $T_1(t)T_2(t)T_6(t)$, $T_1(t)T_2(t)T_7(t)$ 起始的入树组合；根据极小基模定义，可删除 $T_1(t)T_2(t)T_8(t)$ 起始的入树组合；考察剩下的以 $T_1(t)T_2(t)T_3(t)$, $T_1(t)T_2(t)T_4(t)$, $T_1(t)T_2(t)T_5(t)$ 起始的入树组合，不

生成极小基模。

求四阶极小基模删除的入树组合，在求四阶以上极小基模时，不需再考虑。

求五阶极小基模时，根据删除法则 1，可删除 $T_1(t)T_2(t)T_3(t)T_6(t)$,$T_1(t)T_2(t)T_3(t)T_7(t)$, $T_1(t)T_2(t)T_5(t)T_6(t)$, $T_1(t)T_2(t)T_5(t)T_7(t)$, $T_1(t)T_2(t)T_5(t)T_8(t)$ 起始的入树组合；根据删除法则 2，可删除 $T_1(t)T_2(t)T_4(t)T_8(t)$, $T_1(t)T_2(t)T_4(t)T_6(t)$ 起始的入树组合；根据极小基模定义，可删除 $T_1(t)T_2(t)T_3(t)T_8(t)$ 起始的入树组合。考察剩下的入树组合，不生成极小基模。

同理，不生成以入树 $T_1(t)$ 起始的六阶、七阶极小基模。求八阶极小基模时，可删除入树 $T_1(t)$ 起始的全部入树组合。

其次，计算入树 $T_i(t)(i=2,3,\cdots,7)$ 起始的全体二阶以上极小基模。

同理，根据入树组合删除生成法，分别计算以 $T_i(t)(i=2,3,\cdots,7)$ 起始的入树组合，最终得到唯一的二阶以上极小基模 $G_{456}(t)$，其流图如下 (图 4.47)。

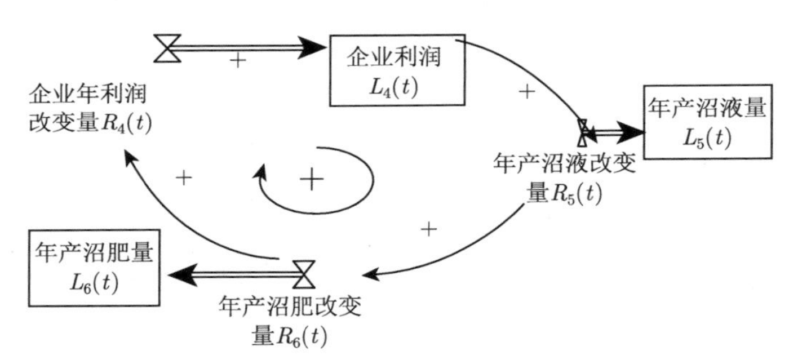

图 4.47　种养结合污染第三方治理系统三阶极小基模

2) 极小基模分析生成管理对策

种养结合污染第三方治理系统含养殖业、第三方企业、种植业三个子系统。系统开发基本原理表明：通过各子系统责任和目标的实现，达成系统总目标，即各子系统目标的实现，是子系统发展的动力，各子系统责任的落实，是系统总体发展目标实现的必要保障条件。因此，极小基模分析生成的管理对策，需体现各子系统的目标责任制。

(1) 养殖业子系统极小基模分析生成管理对策。

极小基模 $G_{12}(t)$, $G_{23}(t)$ 刻画了养殖业子系统发展中落实目标责任的反馈原理。日均存栏改变量 $R_2(t)$ 与养殖业利润 $L_1(t)$ 同增 (减) 变化形成正反馈回路，说明规模养殖是养殖业利润目标实现的重要途径；年猪粪尿量 $L_3(t)$ 与日均存栏改变量 $R_2(t)$ 反增 (减) 变化形成负反馈回路，说明落实养殖污染治理责任是规模养殖的必要条件。

考察养殖业利润改变量 $R_1(t)$ 的入树 $T_1(t)$，实现养殖业利润目标的因果链为：

日均存栏改变量 $R_2(t) \xrightarrow{+}$ 养殖业利润改变量 $R_1(t)$、存栏出栏比 $A_{12}(t) \xrightarrow{+}$ 养殖业利润改变量 $R_1(t)$、单位生猪平均利润 $A_{11}(t) \xrightarrow{+}$ 养殖业利润改变量 $R_1(t)$。在养殖技术不变的情况下，存栏出栏比 $A_{12}(t) \xrightarrow{+}$ 养殖业利润改变量 $R_1(t)$ 无实践中可操作的管理对策；单位生猪平均利润由外生变量生猪市场价格、养殖成本决定。因此，增加日均存栏 (养殖规模) 为养殖业利润目标实现管理对策作用的杠杆点。

考察年猪粪尿改变量 $R_3(t)$ 的入树 $T_3(t)$，落实养殖业污染治理责任的因果链为：日均存栏改变量 $R_2(t) \xrightarrow{+}$ 年猪粪尿改变量 $R_3(t)$、单位生猪产猪粪尿量 $A_{31}(t) \xrightarrow{+}$ 年猪粪尿改变量 $R_3(t)$。减少日均存栏，影响养殖业利润目标实现。养殖技术不变的情况下，单位生猪产猪粪尿量不变。因此，管理对策作用的杠杆点直接作用于年猪粪尿量 $L_3(t)$，即利用猪粪尿为原料开发沼气工程，治理养殖污染。

分析管理对策作用的杠杆点，生成实践中可操作的管理对策如下。

管理对策 1：养殖业面向市场规模经营，实现养殖增收目标。同时，落实养殖污染治理责任。

(2) 第三方治理企业子系统极小基模分析生成管理对策。

极小基模 $G_{47}(t), G_{456}(t)$ 刻画了第三方治理企业子系统发展目标实现的反馈原理。年产沼气改变量 $R_7(t)$、年产沼肥改变量 $R_6(t)$ 与企业利润 $L_4(t)$ 同增 (减) 变化形成正反馈回路，说明沼气工程产品规模开发是第三方治理企业利润目标实现的根本途径。

考察企业利润改变量 $R_4(t)$ 的入树 $T_4(t)$，实现企业利润 $L_4(t)$ 目标的因果链为：年产沼肥改变量 $R_6(t) \xrightarrow{+}$ 企业利润改变量 $R_4(t)$、年产沼气改变量 $R_7(t) \xrightarrow{+}$ 企业利润改变量 $R_4(t)$、单位沼肥利润 $A_{42}(t) \xrightarrow{+}$ 企业利润改变量 $R_4(t)$、单位沼气利润 $A_{41}(t) \xrightarrow{+}$ 企业利润改变量 $R_4(t)$、原料成本 $A_{43}(t) \xrightarrow{-}$ 企业利润改变量 $R_4(t)$。单位沼肥、沼气利润由外生变量市场价格决定，不是政策作用的杠杆点。年产沼气改变量 $R_7(t)$、年产沼肥改变量 $R_6(t)$ 刻画第三方治理企业规模经营，实现利润增长，是政策作用的杠杆点。原料成本 $A_{43}(t)$ 是第三方治理企业取得猪粪尿发酵原料的成本，是政策作用的杠杆点。

年产沼肥改变量 $R_6(t)$、年产沼气改变量 $R_7(t)$ 是第三方治理企业目标实现的保障。考察年产沼气改变量 $R_7(t)$ 的入树 $T_7(t)$，分析易得，因果链年猪粪尿量 $L_3(t) \xrightarrow{+}$ 年产沼气改变量 $R_7(t)$ 刻画了第三方治理企业落实污染治理责任，是扩大年产沼气量 $L_7(t)$ 规模的必要条件，是政策作用的杠杆点；考察年产沼肥改变量 $R_6(t)$ 入树 $T_6(t)$，分析易得，因果链沼肥需求因子 $A_{62}(t) \xrightarrow{+}$ 年产沼肥改变量 $R_6(t)$ 刻画了第三方治理企业落实提供高性价比的沼肥产品责任，是扩大年产沼肥量 $L_6(t)$ 规模的必要条件，是政策作用的杠杆点。

分析管理对策作用的杠杆点，生成实践中可操作的管理对策如下。

管理对策 2：第三方治理企业规模经营，降低原料成本，实现利润增加目标；同时，落实养殖污染治理责任、提供高性价比的沼肥产品责任。

第三方治理企业落实养殖污染治理责任时，承担了养殖业的污染治理责任。因此，为更好实现系统总体发展目标，需修正养殖业子系统目标责任制。

修正的管理对策 1：养殖业面向市场规模经营，实现养殖增收目标。同时，落实受益者付费责任或免费为第三方治理企业提供沼气工程发酵原料责任。

3) 极小基模 $G_{35}(t)$ 分析生成管理对策

极小基模 $G_{35}(t)$ 是连接养殖业子系统与第三方治理子系统的基模，刻画的是第三方治理企业开发沼气工程调节养殖业污染的反馈原理。年猪粪尿量 $L_3(t)$ 与年产沼液改变量 $R_5(t)$ 反增 (减) 变化形成负反馈回路，说明开发沼液是消除养殖废弃物初次污染的充分条件。

考察年猪粪尿改变量 $R_3(t)$ 入树 $T_3(t)$，消除猪粪尿污染的因果链为：日均存栏改变量 $R_2(t) \xrightarrow{+}$ 年猪粪尿改变量 $R_3(t)$、单位生猪产猪粪尿量 $A_{31}(t) \xrightarrow{+}$ 年猪粪尿改变量 $R_3(t)$、年产沼液改变量 $R_5(t) \xrightarrow{+}$ 沼气工程因子 $A_{32}(t) \xrightarrow{-}$ 年猪粪尿改变量 $R_3(t)$。养殖技术不变与不影响养殖目标下，政策作用的杠杆点为因果链年产沼液改变量 $R_5(t) \xrightarrow{+}$ 沼气工程因子 $A_{32}(t) \xrightarrow{-}$ 年猪粪尿改变量 $R_3(t)$。

考察年产沼液改变量 $R_5(t)$ 入树 $T_5(t)$，开发沼气工程的因果链为：单位猪粪尿产沼液量 $A_{52}(t) \xrightarrow{+}$ 年产沼液改变量 $R_5(t)$，沼气工程技术不变情况下，单位猪粪尿产沼液量 $A_{52}(t)$ 无法改变；企业利润 $L_4(t) \xrightarrow{+}$ 利润促进因子 $A_{51}(t) \xrightarrow{+}$ 年产沼液改变量 $R_5(t)$、年猪粪尿量 $L_3(t) \xrightarrow{+}$ 年产沼液改变量 $R_5(t)$ 是政策作用的杠杆点。

分析管理对策作用的杠杆点，生成的管理对策为：第三方治理企业实现利润增加目标的同时，落实养殖污染治理责任。养殖业落实受益者付费责任或免费为第三方治理企业提供沼气工程发酵原料责任。

极小基模 $G_{35}(t)$ 分析生成管理对策与修正的管理对策 1、管理对策 2 一致，进一步验证已生成的管理对策，不另作为系统发展新对策。

4) 种植业子系统极小基模分析生成管理对策

极小基模 $G_{89}(t)$ 刻画了养殖业子系统发展目标实现的反馈原理。沼肥种植规模改变量 $R_9(t)$ 与种植业利润 $L_8(t)$ 同增 (减) 变化形成正反馈回路，说明规模种植是种植业利润目标实现的重要途径。

考察种植业利润改变量 $R_8(t)$ 的入树 $T_8(t)$，实现种植业利润目标的因果链为：沼肥种植规模 $L_9(t) \xrightarrow{+}$ 种植业利润改变量 $R_8(t)$、单位面积沼肥种植利润 $A_{81}(t) \xrightarrow{+}$ 种植业利润改变量 $R_8(t)$，单位面积沼肥种植利润 $A_{81}(t)$ 由外生的产品市场价格、第三方治理企业提供高性价比的沼肥产品责任决定，不是种植业政策作用的杠杆点；沼肥种植规模 $L_9(t)$ 刻画种植业规模经营，实现利润增长，是政策作用的杠杆点。

沼肥种植规模改变量 $R_9(t)$ 是种植业目标实现的保障。考察沼肥种植规模改变量 $R_9(t)$ 的入树 $T_9(t)$，分析易得，因果链沼肥收益影响因子 $A_{91}(t) \xrightarrow{+}$ 沼肥种植规模改变量 $R_9(t)$ 刻画了种植业落实利用沼肥生产绿色有机农产品责任，可实现产品销售溢价收益，是扩大沼肥种植规模 $L_9(t)$ 的必要条件，是政策作用的杠杆点。

分析管理对策作用的杠杆点，生成实践中可操作的管理对策如下。

管理对策 3：种植业面向市场规模经营，实现种植增收目标。同时，为实现产品销售溢价收益，落实利用沼肥生产绿色有机农产品责任。

3. 极小基模反馈传递效应分析验证管理对策

根据刻画各子系统发展的极小基模分析生成的管理对策，落实了各子系统的目标责任制，对策实施的有效性需经极小基模反馈传递效应分析验证。

实施修正的管理对策 1，首先，极小基模 $G_{12}(t)$ 形成良性循环的正反馈效应，消除了极小基模 $G_{23}(t)$ 的制约作用。其次，对策的实施增加了年猪粪尿量 $L_3(t)$，通过因果链年猪粪尿量 $L_3(t) \xrightarrow{+}$ 年产沼液改变量 $R_5(t)$、年猪粪尿量 $L_3(t) \xrightarrow{+}$ 年产沼肥改变量 $R_6(t)$ 传递到极小基模 $G_{47}(t), G_{456}(t)$，促进第三方治理企业利润产生良性循环的正反馈效应；养殖业落实责任，降低原料成本 $A_{43}(t)$，消除原料成本 $A_{43}(t) \xrightarrow{-}$ 企业利润改变量 $R_4(t)$ 的制约作用。最后，第三方企业利润正反馈增加，促进企业落实提供高性价比的沼肥产品责任，通过因果链沼肥收益影响因子 $A_{91}(t) \xrightarrow{+}$ 沼肥种植规模改变量 $R_9(t)$，将对策实施效应间接传递到极小基模 $G_{89}(t)$，促进极小基模 $G_{89}(t)$ 良性循环的正反馈效应。

实施管理对策 2，首先，极小基模 $G_{47}(t), G_{456}(t)$ 形成良性循环的正反馈效应，促进第三方企业利润目标实现。其次，落实第三方企业养殖污染治理责任，减少年猪粪尿量 $L_3(t)$。通过年猪粪尿量 $L_3(t) \xrightarrow{-}$ 日均存栏改变量 $R_2(t)$ 因果链，将对策效应传递到极小基模 $G_{23}(t)$，消除极小基模 $G_{23}(t)$ 的制约作用。最后，落实第三方企业提供高性价比的沼肥产品责任，通过因果链沼肥收益影响因子 $A_{91}(t) \xrightarrow{+}$ 种植规模改变量 $R_9(t)$，将对策实施效应传递到极小基模 $G_{89}(t)$，促进极小基模 $G_{89}(t)$ 良性循环的正反馈效应。

实施管理对策 3，首先，极小基模 $G_{89}(t)$ 形成良性循环的正反馈效应。其次，落实利用沼肥生产绿色有机农产品责任，通过沼肥种植规模 $L_9(t) \xrightarrow{+}$ 沼肥需求因子 $A_{62}(t) \xrightarrow{+}$ 年产沼肥改变量 $R_6(t)$ 因果链，对策实施效应传递到 $G_{456}(t)$，再到 $G_{47}(t)$，促进第三方治理企业利润目标实现的良性循环的正反馈效应。最后，第三方企业利润正反馈增加，促进企业落实养殖污染治理责任，通过年猪粪尿量 $L_3(t) \xrightarrow{+}$ 污染制约因子 $A_{21}(t) \xrightarrow{-}$ 日均存栏改变量 $R_2(t)$，将对策实施效应间接传递到极小基模 $G_{23}(t)$，消除了极小基模 $G_{23}(t)$ 的制约作用。

综上，极小基模分析生成的管理对策，通过极小基模反馈传递效应分析验证。

4. 反馈环的反馈传递效应分析验证管理对策

1) 利用枝向量行列式计算系统全体反馈环

构造对角置 1 行列式，计算系统全体反馈环：

$$\begin{vmatrix} 1 & (R_1(t), R_2(t)) & 0 & 0 & 0 & 0 & 0 & 0 & 0 \\ (R_2(t), L_1(t)) & 1 & (R_2(t), L_3(t)) & 0 & 0 & 0 & 0 & 0 & 0 \\ 0 & (R_3(t), R_2(t)) & 1 & 0 & (R_3(t), R_5(t)) & 0 & 0 & 0 & 0 \\ 0 & 0 & (R_4(t), L_3(t)) & 1 & 0 & (R_4(t), R_6(t)) & (R_4(t), R_7(t)) & 0 & 0 \\ 0 & 0 & (R_5(t), L_3(t)) & (R_5(t), L_4(t)) & 1 & 0 & 0 & 0 & 0 \\ 0 & 0 & 0 & 0 & (R_6(t), R_5(t)) & 1 & 0 & 0 & (R_6(t), L_9(t)) \\ 0 & 0 & (R_7(t), R_3(t)) & (R_7(t), L_4(t)) & 0 & 0 & 1 & 0 & 0 \\ 0 & 0 & 0 & 0 & 0 & 0 & 0 & 1 & (R_8(t), R_9(t)) \\ 0 & 0 & 0 & 0 & 0 & 0 & 0 & (R_9(t), L_8(t)) & 1 \end{vmatrix}。$$

此行列式除按行或列展开全为加号外，皆与代数行列式性质相同，计算此枝向量行列式 (计算过程略)，得到系统全体 8 条主导反馈环如下：

正反馈环 1：$(R_1(t), R_2(t))(R_2(t), L_1(t))$；

负反馈环 2：$(R_2(t), L_3(t))(R_3(t), R_2(t))$；

负反馈环 3：$(R_3(t), R_5(t))(R_5(t), L_3(t))$；

正反馈环 4：$(R_8(t), R_9(t))(R_9(t), L_8(t))$；

正反馈环 5：$(R_7(t), L_4(t))(R_4(t), R_7(t))$；

正反馈环 6：$(R_5(t), L_4(t))(R_4(t), R_6(t))(R_6(t), R_5(t))$；

正反馈环 7：$(R_3(t), R_5(t))(R_5(t), L_4(t))(R_4(t), L_3(t))$；

负反馈环 8：$(R_3(t), R_5(t))(R_5(t), L_4(t))(R_4(t), R_7(t))(R_7(t), R_3(t))$。

其中，正反馈环 5 条，负反馈环 3 条。

2) 反馈环反馈传递效应分析验证管理对策

对照极小基模中的反馈环结构，前 6 条反馈环结构与 6 个极小基模中的反馈环结构相同。3 条管理对策为以此 6 条反馈环结构为基础，结合入树因果链结构分析生成；且 3 条管理对策的实施经反馈效应传递，均可提升极小基模中 6 条反馈环结构的运作效应。

因此，反馈环反馈传递效应分析验证管理对策中，仅需对反馈环 7、反馈环 8 的传递效应分析验证。

实施修正的管理对策 1，首先，正反馈环 1 形成良性循环的正反馈效应，消除了负反馈环 2 的制约作用。其次，对策的实施增加了年猪粪尿量 $L_3(t)$，通过因果链年猪粪尿量 $L_3(t) \xrightarrow{-}$ 企业利润 $L_4(t)$ 传递到正反馈环 7，养殖业落实责任，降低原料成本 $A_{43}(t)$，消除原料成本 $A_{43}(t) \xrightarrow{-}$ 企业利润改变量 $R_4(t)$ 的制约作用。正反馈环 7 形成养殖污染有效治理、第三方企业利润增加的良性循环的正反馈效应。最后，通过因果链年猪粪尿改变量 $R_3(t) \xrightarrow{+}$ 年产沼气改变量 $R_7(t)$ 传递到正反馈环 8，落实养殖业与第三方治理企业双责任，正反馈环 8 形成养殖污染有效治理、第三方企业利润增加的良性循环的正反馈效应。

实施管理对策 2，首先正反馈环 5、正反馈环 6 形成良性循环的正反馈效应，促进第三方企业利润目标实现。其次，落实第三方企业养殖污染治理责任，通过年产沼液改变量 $R_5(t) \xrightarrow{+}$ 沼气工程因子 $A_{32}(t) \xrightarrow{-}$ 年猪粪尿改变量 $R_3(t)$ 传递到正反馈环 7，此反馈环形成养殖污染有效治理、第三方企业利润增加的良性循环的正反馈效应。最后，同时通过年产沼液改变量 $R_5(t) \xrightarrow{+}$ 沼气工程因子 $A_{32}(t) \xrightarrow{-}$ 年猪粪尿改变量 $R_3(t)$ 传递到正反馈环 8，反馈环形成养殖污染有效治理、第三方企业利润增加的良性循环的正反馈效应。

实施管理对策 3，首先正反馈环 4 形成良性循环的正反馈效应，促进种植业利润目标实现。其次，落实种植业利用沼肥生产绿色有机农产品责任，通过沼肥种植规模 $L_9(t) \xrightarrow{+}$ 沼肥需求因子 $A_{62}(t) \xrightarrow{+}$ 年产沼肥改变量 $R_6(t)$ 传递到正反馈环 7，此反馈环形成养殖污染有效治理、第三方企业利润增加的良性循环的正反馈效应。最后，通过相同的因果链传递到正反馈环 8，反馈环形成养殖污染有效治理、第三方企业利润增加的良性循环的正反馈效应。

综上，极小基模分析生成的管理对策，通过反馈环的反馈传递效应分析验证。

至此，完成种养结合污染第三方治理系统发展对策的反馈传递效应分析。

第 5 章　系统动力学仿真分析理论基础

5.1　系统动力学仿真分析的基本功能

系统动力学是系统科学理论与计算机仿真紧密结合，研究系统反馈结构与行为的一门科学。系统动力学创始人 Forrester 强烈反对将系统动力学看成一种预测技术，系统动力学仿真提供的结论是基于因果链的“如果 → 则”判断，而不是没有前提地对未来进行猜测。

1. 系统动力学仿真分析的“政策实验室”功能

系统动力学开辟了一个用实验的办法进行社会科学研究的新纪元，因此系统动力学又被广泛地称为政策实验室。系统动力学的实验主要包括：

(1) 世界观实验。由于每一概念模型事实上都包含着一种价值假定，因此利用系统动力学模型可对各种世界观 (价值观) 的含义进行实验。

(2) 结构实验。利用系统动力学模型，对较大规模的结构调整所导致的后果进行实验。

(3) 政策实验与参数模拟。这种模拟使得能够对系统结构的连续微调进行模拟。比如，在宏观结构不变的情况下，我们可以对积累率在一定程度内的微小变化进行模拟。

之所以将系统动力学称为“政策实验室”，是因为系统动力学可以将政策以实验的方式演示出来，也可以通过实验的推演结果为政策制定提供参考。具体而言，系统动力学可以通过建立社会系统的模型，来仿真事物的行为和发展趋势；基于社会政策，来改变仿真模型结构；通过观察模型中量的行为变化，来分析政策对社会系统的作用效果；基于设计模型结构变化的对照实验，来观察模型中量的行为变化；依据对照实验反映的关键结构点，来为制定社会政策提供依据和参考。

2. 系统动力学仿真分析的“结构—功能”模拟功能

系统的宏观行为由系统的内部结构产生，因此系统动力学模型要求因果反馈链 (因果回路图) 是封闭的，即系统内部的因果关系表现为一种循环式的因果关系。另外，系统外的环境又为系统行为之演化提供了条件。结构是通过系统内部的有机联系描述系统的整体性，功能是通过系统外部的有机联系反映系统的整体性。系统功能的有效发挥既受外部环境变化的制约，又受系统内部结构组合的制约。系统行为所引起的、有利于环境中某些事物乃至整个环境存续和发展的作用，称为系统的功能。功能是系统行为对其功能对象生存发展所做的贡献。系统结构是系统功能的内在根据，功能是结构的外在表现。

动态系统行为的基本模式有：正反馈所产生的增长，负反馈所产生的寻的行为，以及负反馈加上时间延迟所引起的振荡，包括减幅振荡、有限循环和混沌。更复杂的模式，如 S 形增长、过渡 (超调) 并崩溃，是由这些结构的非线性相互作用所产生的。

系统动力学仿真是通过建立系统动力学模型，利用仿真语言在计算机上实现对真实系统的仿真实验或定量分析，从而研究系统结构、行为和功能之间的动态关系。

5.2 系统动力学仿真计算

系统动力学通过因果关系图、流图与流率基本入树模型，建立了定性结构模型，又建立了流位变量、辅助变量、外生变量、流率变量、增补变量方程，完成定量模型的建立任务。系统动力学设计了专有的仿真技术，将细节性复杂的数学方程进行反馈式的计算，产生动态反馈作用，揭示系统的整体性。

5.2.1 系统动力学仿真计算原理

1. 流位流率下的变量分类

(1) 从信源到流率变量之间的变量称为辅助变量。
(2) 不连接在反馈环中且不影响任何反馈环中其他变量的变量称为增补变量。
(3) 在一计算过程中不随时间变化的量称为常量。
(4) 流位、流率、辅助、增补变量及常量统称为内生变量。
(5) 制约内生变量，但又不受内生变量制约的变量称为外生变量。

2. 流位流率系下的系统微分方程组

定义 5.2.1 设 $D=(V,X,F)$ 是一个因果关系图，按变量分类概念变换后，得其顶点集

$$\begin{aligned}V=&\{L_i|\,L_i\text{为流位变量}, i=1,2,\cdots,m\}\\&\cup\{R_i|\,R_i\text{为流率变量}, i=1,2,\cdots,n\}\\&\cup\{A_i|\,A_i\text{为辅助变量}, i=1,2,\cdots,k\}\\&\cup\{S_i|\,S_i\text{为增补变量}, i=1,2,\cdots,g\}\\&\cup\{E_i|\,E_i\text{为外生变量}, i=1,2,\cdots,f\}\\&\cup\{a_i|\,a_i\text{为常量}, i=1,2,\cdots,q\},\end{aligned}$$

其因果链 $X=\{x_i|\,x_i$ 为两变量间的物流线, $i\in N_1\}\cup\{x_j|\,x_j$ 为两变量间的信息流线，$j\in N_2\}$，则 $D=(V,X,F)$ 称为流图并记为 $G=(Q,E,F)$。

一般流图中的顶点为变量点，包括特殊变量 (常量) 点 a_i。

命题 5.2.1　在流图中，流率变量最终仅受流位变量、外生变量及常量 (参数) 的控制，而且通过信息流实现这种控制。

命题的成立是因为流图是为了建立变量间的方程且上机计算而设计的，计算机仿真计算时，以时间 Time 为自变量进行运算，流位变量在 Time 为起始值时可给出初始值，外生变量也随 Time 的变化而变化，给出一系列值。除此之外，流率、辅助变量、增补变量都需要依赖于非 Time 的自变量，且无初始值，所以可以通过带入消除。这样，流率最终仅受流位变量、外生变量及常量 (参数) 的控制。

命题 5.2.1 是设计系统动力学仿真运算方程及流率基本入树的依据。由此命题可得到定理 5.2.1。

定理 5.2.1　设系统流图 $G=(Q,E,F)$ 中，存在 m 个流位变量 $\mathrm{LEV}_i(t)(i=1,2,\cdots,m)$，$n$ 个外生变量 $E_i(t)(i=1,2,\cdots,n)$，k 个常量 $a_i(t)(i=1,2,\cdots,k)$，各流位方程的合流率 $\mathrm{RAT}_i(t)(i=1,2,\cdots,m)$，则在此确定的流位流率下，系统的微分方程组为

$$\begin{cases}\dfrac{\mathrm{dLEV}_1(t)}{\mathrm{d}t}=\mathrm{RAT}_1(t),\\ \mathrm{LEV}_1(t)\,|_{t=t_0}=\mathrm{LEV}_1(t_0),\\ \dfrac{\mathrm{dLEV}_2(t)}{\mathrm{d}t}=\mathrm{RAT}_2(t),\\ \mathrm{LEV}_2(t)\,|_{t=t_0}=\mathrm{LEV}_2(t_0),\\ \qquad\cdots\cdots\\ \dfrac{\mathrm{dLEV}_m(t)}{\mathrm{d}t}=\mathrm{RAT}_m(t),\\ \mathrm{LEV}_m(t)\,|_{t=t_0}=\mathrm{LEV}_m(t_0),\end{cases}$$

其中，$\mathrm{RAT}_i(t)=f_i(\mathrm{LEV}_1(t),\mathrm{LEV}_2(t),\cdots,\mathrm{LEV}_m(t),E_1(t),E_2(t),\cdots,E_n(t),a_1,a_2,\cdots,a_k)(i=1,2,\cdots,m)$。

对于上述微分方程组，只有很少数的情况下，可用解析法求解。因此，在计算方法中，常用数值法求解，即差分化处理后仿真。

此定理可由流位变量计算公式与对应微分方程关系得出。

已知

$$L_i(t+\Delta t)=L_i(t)+\Delta t\times R_i(t),$$
$$L_i(t)\,|_{t=t_0}=L_i(t_0),$$

即

$$\frac{L_i(t+\Delta t)-L_i(t)}{\Delta t}=R_i(t),\quad L_i(t)\,|_{t=t_0}\;=L_i(t_0)。$$

假设此函数连续且可微，当$\Delta t\to 0$ 时，$\dfrac{\mathrm{d}L_i(t)}{\mathrm{d}t}=R_i(t)$，$L_i(t)\,|_{t=t_0}\;=L_i(t_0)$。

由此说明系统动力学仿真的理论基础是微分方程理论。

3. 系统动力学中仿真计算条件

仿真计算需具备的 3 个条件如下。

(1) 给出流位变量 LEV(t) 的初始值。否则，无法开始递推。

(2) 需给出仿真步长 DT 的值，DT 的值不给定，无法开始计算，而且 DT 的大小，将影响计算的精确度。

仿真步长 DT 确定一般有下列两种方法。

方法一：计算选择仿真步长 DT。凭经验或参考类似结构的模型，试算确定 DT 的值。试算就是在计算机运行的总时间长度上，重要变量对相邻 DT 值的两次试算结果，若最大相对误差满足研究问题的准确要求，则选取这两个 DT 值的一个作为仿真运行的计算步长。否则，要变动 DT 值，重新试算并比较。

方法二：计算步长 DT 的取值介于 0.1~0.5 倍模型中最小的时间常数。一般的系统动力学模型中，有若干个时间常数，选取计算步长与时间常数有关。只要计算时间步长 DT 相对模型中的最小时间常数足够小，则计算步长 DT 的微小变动对于仿真运行的影响可以忽略不计。

如在库存模型中的两个时间常数，调整时间 AT=5 周，调整进货所需时间 DO=10 周。这两个时间常数最小为 5 周，则可取 0.1×5周 $\leqslant$ DT $\leqslant 0.5\times 5$周，即 0.5周 $\leqslant$ DT $\leqslant$ 2.5 周。

(3) 必须严格执行变量的计算顺序，先计算流位变量，然后才能计算流率变量。

4. 流位变量与流率变量的计算公式

1) 流位变量递推计算公式

流位变量 $L_i(t)$ 计算是一个前时递推现时的动态递推计算公式，即

$$L_i.K=L_i.J+\Delta t\times R_i.JK,$$

其中，K 为现时，J 为前时，$L_i.K$ 为流位变量 L_i 的现时值，$L_i.J$ 为流位变量 L_i 的前时值；JK 为前时至现时之间，$R_i.JK$ 为前时至现时之间 L_i 的变化值。

设 t 单位为年，若 L_i 为年终统计值，流位变量 L_i 的递推公式为

$$L_i(t+\Delta t)=L_i(t)+\Delta t\times R_i(t+\Delta t),\quad L_i(t)\,|_{t=t_0}=L_i(t_0)\text{。}$$

若 $L_i(t)$ 为年初统计值，流位变量 $L_i(t)$ 的递推公式为

$$L_i(t+\Delta t)=L_i(t)+\Delta t\times R_i(t),\quad L_i(t)\,|_{t=t_0}=L_i(t_0)\text{。}$$

Vensim 按此流位变量 $L_i(t)$ 递推计算公式设计，下文以此公式说明。

设 $R_i(t)=R_{i1}(t)-R_{i2}(t)$，其中 $R_{i1}(t), R_{i2}(t)$ 分别为流位变量 $L_i(t)$ 的流入率、流出率变量，则

$$L_i(t+\Delta t)=L_i(t)+\Delta t\times (R_{i1}(t)-R_{i2}(t)),\quad L_i(t)\,|_{t=t_0}=L_i(t_0)\text{。}$$

2) 流率变量方程

一般式：实际系统中，每个流率变量 $R_i(t)$ 分别通过辅助变量受流位变量 $L_i(t)(i=1,2,\cdots,n)$ 控制，即存在下列函数关系，

$$R_i(t)=f_i(A_{i1}(t),A_{i2}(t),\cdots,A_{ir}(t),E_i(t),K_i,a_i),$$

其中，$A_{ij}(t)=A_{ij}(L_1(t),L_2(t),\cdots,L_n(t))$，$j=1,2,\cdots,r$。

依赖实际，一般有如下形式：乘积式仿真方程、商式仿真方程、差商式仿真方程、表函数式仿真方程等。

5. 系统动力学中仿真计算顺序

图 5.1 给出了仿真计算框图。

根据图 5.1，开始计算时 $t=t_0$，先对常数 C 方程、表函数方程赋值，而后计算初值 N 方程，再计算流位变量 L、辅助变量 A 与流率变量 R 的初始值。当进入 $t>t_0$ 时，先是计算 L 方程，得出流率变量值；而后计算 A 方程，得出辅助变量值；之后计算 R 方程，得出流率变量值。数值计算每次循环 (每增加一个计算步长 DT) 之后，根据程序决定是否输出数据。每次仿真计算之后，根据程序或用户需要决定是否再运行。

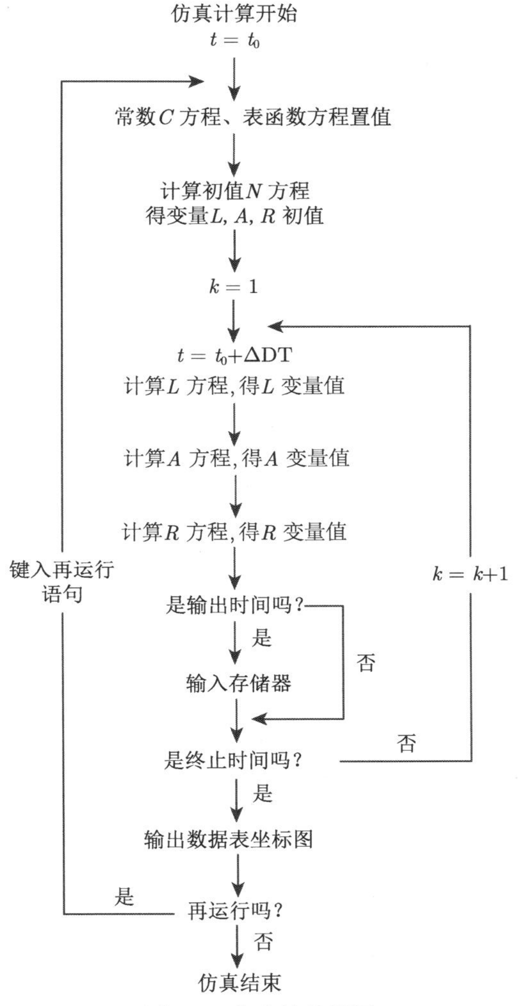

图 5.1 仿真计算框图

5.2.2 系统动力学四类仿真函数

Vensim PLE 软件包中有系统动力学函数库，系统动力学之所以能处理复杂的系统问题，还有一个重要原因是其专用软件都设计了一系列通用的系统动力学函数库。

1. 数学函数

① SIN(X)。SIN(X) 为三角正弦函数，X 须以弧度表示，其值小于 8.35×10^5。当自变量是角度时，应乘以 $2\pi/360$ 转化为弧度。

② EXP(X)。EXP(X) $= \mathrm{e}^X$，e 是自然对数的底，e=2.71828···。

③ LN(X)。其中变量 X 大于零。LN(X) 即以 e 为底的对数函数，它与 EXP(X) 互为反函数，这样可以用 EXP(X) 和 LN(X) 来计算非以 e 为底的幂函数和对数函数。

④ SQRT(X)。SQRT(X) $= \sqrt{X}$，X 必须是非负量。

⑤ ABS(X)。ABS(X) $= |X|$，取 X 的绝对值。

2. 逻辑函数

(1) 最大函数 MAX(P, Q)。MAX 表示从两个量中选取较大者，P 和 Q 是被比较的两个量，结果也是在这两个量中选取。

$$\mathrm{MAX}(P,Q)=\begin{cases}P, & P \geqslant Q,\\ Q, & Q \geqslant P,\end{cases}$$

其中，P 和 Q 是变量或常量。

(2) 最小函数 MIN(P, Q)。

$$\mathrm{MIN}(P,Q)=\begin{cases}P, & P \leqslant Q,\\ Q, & Q \leqslant P。\end{cases}$$

MIN 函数同 MAX 函数一样，可以从基本功能中派生出各种用法。

(3) 选择函数 IF THEN ELSE(C, T, F)。

$$\text{IF THEN ELSE}(C,T,F)=\begin{cases}T, & C\text{条件为真时},\\ F, & C\text{条件为假时}\end{cases}\quad (C\text{为逻辑表达式})。$$

IF THEN ELSE(C, T, F) 函数常用于仿真过程中做政策切换或变量选择，有时也叫选择函数。

3. 测试函数

设计这一部分函数的目的主要是用于测试系统动力学模型性能，所以称为测试函数。

在给出测试函数以前，必须重申一个概念，系统动力学的变量皆是时间 Time 的函数，所以当仿真时间 Time 发生变化，各变量值都随之发生变化。不过，各变量与 Time 的依赖关系存在差别，有的是以 Time 为直接自变量，有的则是间接变量。测试函数以 Time 为直接自变量，但在函数表达式中缺省。

(1) 阶跃函数 STEP(P, Q)。

$$\mathrm{STEP}(P,Q)=\begin{cases}0, & \text{Time} < Q,\\ P, & \text{Time} \geqslant Q,\end{cases}$$

其中，P 为阶跃幅度, Q 为 STEP 从零值阶跃变化到 P 值的时间。

(2) 斜坡函数 RAMP(P, B, R)。

$$\text{RAMP}(P, B, R) = \begin{cases} 0, & \text{Time} \leqslant B, \\ A \times (\text{Time} - B), & B < \text{Time} \leqslant R \\ A \times (R - B), & R < \text{Time}, \end{cases},$$

其中，A 为斜坡斜率，B 为斜坡起始时间，R 为斜坡结束时间。

上述两个函数可用图 5.2 表示。

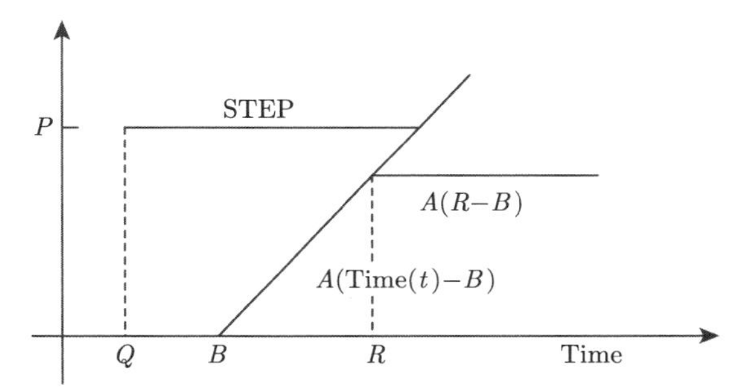

图 5.2 阶跃函数 STEP(P, Q) 和斜坡函数 RAMP(P, B, R) 表示

(3) 脉冲函数 PULSE(P, Q, R)。

PULSE(P, Q, R) 随 TIME 变化产生脉冲，其中，P 为脉冲的幅值，Q 为第一个脉冲出现的时间，R 为相对两个脉冲的时间间隔。脉冲宽度为仿真步长，则 PULSE(P, Q, R) 为脉冲函数。

(4) 均匀分布随机函数 RANDOM UNIFORM(A, B, S)。

RANDOM UNIFORM(A, B, S) 产生在区间 (A, B) 内的均匀分布随机数，S 给定随机数序列就确定，S 取不同的值产生随机数序列也不同。

4. 延迟函数

定义 5.2.2 量变需要经过一段时间之后才能得到相应的现象称为延迟。刻画延迟现象的函数称为延迟函数。

延迟是系统动力学中一个重要概念，在系统中存在大量延迟现象。例如：培训的学员要经过一段时间才能发挥作用；投资要经过一段时间才能成为新增生产能力；污染物排放到江河之中，要经过扩散才能成为江河污染等。另外，延迟函数的构造丰富了系统动力学理论。

延迟主要分为物质延迟和信息延迟两类。发生在物流线上的延迟称为物流延迟；发生在信息流线上的延迟称为信息延迟。

(1) 一阶物流延迟函数 DELAY1。

其方程组为

$$\mathrm{LEV}(t)=\mathrm{LEV}(t-\Delta t)+\Delta t\times(\mathrm{IN}(t-\Delta t)-\mathrm{OUT}(t-\Delta t));$$
$$\mathrm{LEV}(t_0)=\mathrm{IN}(t_0)\times\mathrm{DEL}_1;$$
$$\mathrm{OUT}(t)=\mathrm{LEV}(t)/\mathrm{DEL}_1;$$

DEL = 常数，为一阶物流延迟时间。

(2) 三阶物流延迟函数 DELAY3。

其方程组为

$$\mathrm{LEV}_1(t)=\mathrm{LEV}_1(t-\Delta t)+\Delta t\times(\mathrm{IN}(t-\Delta t)-R_1(t-\Delta t));$$
$$\mathrm{LEV}_1(t_0)=\mathrm{IN}(t_0)\times(\mathrm{DEL}_3/3);$$
$$R_1(t)=\mathrm{LEV}_1(t)/(\mathrm{DEL}_3/3);$$
$$\mathrm{LEV}_2(t)=\mathrm{LEV}_2(t-\Delta t)+\Delta t\times(R_1(t-\Delta t)-R_2(t-\Delta t));$$
$$\mathrm{LEV}_2(t_0)=\mathrm{LEV}_1(t_0);$$
$$R_2(t)=\mathrm{LEV}_2(t)/(\mathrm{DEL}_3/3);$$
$$\mathrm{LEV}_3(t)=\mathrm{LEV}_3(t-\Delta t)+\Delta t\times(R_2(t-\Delta t)-\mathrm{OUT}(t-\Delta t));$$
$$\mathrm{LEV}_3(t_0)=\mathrm{LEV}_2(t_0);$$
$$\mathrm{OUT}(t)=\mathrm{LEV}_3(t)/(\mathrm{DEL}_3/3);$$

DEL_3(调试时，按需要输入具体值)。

(3) 一阶信息延迟函数 SMOOTH。

其方程组为

$$\mathrm{LEV}(t)=\mathrm{LEV}(t-\Delta t)+\Delta t\times R_1(t-\Delta t);$$
$$\mathrm{LEV}(t_0)=\mathrm{IN}(t_0);$$
$$R_1(t)=(\mathrm{IN}(t)-\mathrm{LEV}(t))/\mathrm{STM};$$
$$\mathrm{OUT}(t)=\mathrm{LEV}(t)。$$

(4) 三阶信息延迟函数 SMOOTH3。

其方程组为

$$\mathrm{LEV}_1(t)=\mathrm{LEV}_1(t-\Delta t)+\Delta t\times R_1(t-\Delta t);$$
$$\mathrm{LEV}_1(t_0)=\mathrm{IN}(t_0);$$

$R_1(t) = (\text{IN}(t) - \text{LEV}_1(t))/(\text{STM}_3/3);$

$\text{LEV}_2(t) = \text{LEV}_2(t - \Delta t) + \Delta t \times R_2(t - \Delta t);$

$\text{LEV}_2(t_0) = \text{LEV}_1(t_0);$

$R_2(t) = (\text{LEV}_1(t) - \text{LEV2}(t))/(\text{STM}_3/3);$

$\text{LEV}_3(t) = \text{LEV}_3(t - \Delta t) + \Delta t \times R_3(t - \Delta t);$

$\text{LEV}_3(t_0) = \text{LEV}_2(t_0);$

$R_3(t) = (\text{LEV}_2(t) - \text{LEV}_3(t))/(\text{STM}_3/3);$

$\text{OUT}(t) = \text{LEV}_3(t)$。

5. 表函数 With Lookup

表函数是系统动力学程序中的用户自定义函数，通常用图表的方式来表示，一般用于反映两个变量之间特殊的非线性关系。

建立表函数基本步骤：

(1) 对表函数的有关变量重要关系进行分析；

(2) 确定自变量的变化和取值范围；

(3) 确定表函数的增减性；

(4) 找出表函数的特殊点与特殊线；

(5) 确定斜率；

(6) 扦值。

第 6 章　系统动力学仿真分析技术创新应用

6.1　系统动力学运算过程图分析法

在系统动力学的模型仿真过程中存在两个问题，一是存在仿真数值结果的动态变化形成过程不直观，存在难以理解和应用的问题。二是存在有些系统动态变化规律难以揭示的问题。因为在仿真模型中，流图因果链、仿真方程、仿真程序、仿真数值之间的内在关系未动态展示出来。为此，在充分借鉴系统动力学图形的直观性强、内涵信息丰富等特点的基础上，结合代数、图论等其他理论，提出了运算过程图分析方法。

6.1.1　运算过程图分析法的理论背景

1. 系统动力学仿真方法存在两个问题

一是仿真结果的数值输出，其数值大小动态变化过程直观性差，不利于理解与应用；二是因仿真程序内涵与计算过程被隐藏，使得流图模型的因果链、仿真方程、仿真程序、仿真数值结果间的内在关系不能较好地展示出来。

2. 运算过程图分析法的意义

运算过程图分析方法揭示了基本流图因果链、仿真方程、仿真程序、仿真数值输出之间的内在联系，更直观地展示仿真数值变化大小的形成过程，揭示出参数调控的延迟规律。同时，为模型揭示系统动态变化规律提供一个新平台。

3. 运算过程图分析法的功能

运算过程图具有仿真步长 DT、运算符号运算链结构；运算过程图中每个流位变量有从上仿真时间至本仿真时间的 3 支异层运算因果链伞，清楚展示每个仿真时间计算，先利用上仿真时间已知值，计算本仿真时间全部流位变量值，后计算流率变量的结构；还具有保留且直观展示计算过程及值的结构。然而流图因果链、仿真方程，仿真程序、仿真数据表 4 部分单个皆没有此结构，因此，运算过程图具有以下四个功能：

(1) 系统仿真数值计算过程的可视化。运算过程图实现了流图因果链、仿真方程、仿真程序和仿真数值 4 部分的直观有机结合。

(2) 非数值型数据也可以仿真。拓宽了系统仿真输入数据类型，字母也可计算。

(3) 系统动态变化规律的揭示。运算过程图为揭示系统动态变化规律提供了一个新平台，动态过程数据诠释从量变到质变的系统行为。

(4) 系统动力学模型可靠性的检验。运算过程图动态精确展示了系统变量仿真过程数据变量规律，检验了模型的可靠性。

6.1.2 运算过程图分析法的系列定义

1. 仿真步长时间点

系统动力学仿真时间 Time 起始时间 INTIAL Time，终止时间 FINAL Time，构成仿真区间 [INTIAL Time，FINAL Time]，另设有仿真步长 Time STEP = DT。

因此，仿真时间 Time 变量 t 在仿真区间随仿真步长 DT 变化，按 $t = T + K \times \mathrm{DT}$ 仿真步长时间点变化 (T 为起始时间，K 依次等于 $0, 1, 2, \cdots$)。

例如，设仿真起始时间为 2019，仿真区间为 [2019, 2030]，仿真步长 DT = 0.25，仿真时间 Time 单位为年。则 2019 年第一季度的仿真步长时间点为 $t = 2019 + 0.25$，2019 年第二季度仿真步长时间点为 $t = 2019 + 2 \times 0.25$，2019 年第三季度仿真步长时间点为 $t = 2019 + 3 \times 0.25$；2020 年第一季度仿真步长时间点为 $t = 2020 + 0.25$，2020 年第二季度仿真步长时间点为 $t = 2020 + 2 \times 0.25$，以此类推，仿真按 $t = T + K \times \mathrm{DT}$ 仿真步长时间点变化。

定义 6.1.1 设仿真步长为 DT，仿真时间 $t = T + K \times \mathrm{DT}$，其中设 T 为起始时间或某仿真区间一个起始时间，K 为整数，则 $T + K \times \mathrm{DT}$ 称为仿真步长时间点。

系统动力学模型中的每个仿真变量首先是仿真时间 Time 是 t 的函数，如流位变量 $L_1(t)$，流入率 $R_{11}(t)$，流出率 $R_{12}(t)$。软件仿真的结果就是仿真步长时间点的仿真结果，如设 2019 年第一季度：

$$\begin{aligned}&\text{流位变量 } L_1(2019 + 0.25) = 0,\\&\text{流入率 } R_{11}(2019 + 0.25) = 3000,\\&\text{流出率 } R_{12}(2019 + 0.25) = 0。\end{aligned}$$

则 2019 年第二季度，得流位变量：

$$L_1(2019 + 2 \times 0.25) = 0 + 3000 \times 0.25 - 0 = 750。$$

本书依据仿真步长时间点 $T + K \times \mathrm{DT}$ 对模型中变量值关系进行研究。

2. 运算因果链

定义 6.1.2 若自变量 $X(t)$ 至因变量 $Y(t)$ 的因果链的仿真方程为函数 $Y(t) = f(X(t))$，其中 f 为函数运算符号，则赋仿真运算符号的因果链 $X(t) \xrightarrow{f} Y(t)$ 称为运算因果链。

定义 6.1.3　若运算因果链为 $X(T+K\times\mathrm{DT}) \xrightarrow{f} Y(T+K\times\mathrm{DT})$，则称其为仿真步长时间同层运算因果链；若运算因果链为 $X(T+(K-1)\times\mathrm{DT}) \xrightarrow{f} Y(T+K\times\mathrm{DT})$，则称其为仿真步长时间异层运算因果链。

1) 流位变量仿真步长时间异层运算因果链

流位变量 $L_i(t)$ 存在下列函数关系：

$$
\begin{aligned}
&L_i(T+K\times\mathrm{DT})\\
=&L_i(T+(K-1)\times\mathrm{DT})+\mathrm{DT}\times R_{i1}(T+(K-1)\times\mathrm{DT})\\
&-\mathrm{DT}\times R_{i2}(T+(K-1)\times\mathrm{DT}),
\end{aligned}
$$

T 为仿真起始时间。

流位变量 $L_i(t)$ 函数的左边是仿真步长时间 $t=T+K\times\mathrm{DT}$，右边是仿真步长时间 $t=T+(K-1)\times\mathrm{DT}$，差 1 个仿真步长 DT。

流位变量 $L_i(T+K\times\mathrm{DT})$ 的值是 $L_i(T+(K-1)\times\mathrm{DT})$、流入率 $\mathrm{DT}\times R_{i1}(T+(K-1)\times\mathrm{DT})$ 与流出率 $\mathrm{DT}\times R_{i2}(T+(K-1)\times\mathrm{DT})$3 项代数和，存在对应的右边至左边的 3 条运算因果链：

$$
\begin{aligned}
&L_i(T+(K-1)\times\mathrm{DT}) \longrightarrow L_i(T+K\times\mathrm{DT});\\
&R_{i1}(T+(K-1)\times\mathrm{DT}) \longrightarrow L_i(T+K\times\mathrm{DT});\\
&R_{i2}(T+(K-1)\times\mathrm{DT}) \longrightarrow L_i(T+K\times\mathrm{DT})。
\end{aligned}
$$

流位变量右边至左边的 3 条链都赋有不同运算，才构成 3 项代数和函数式。本节“+”在因果链中间，表示“加”运算符号，不是因果链极性为正；“−”在因果链中间，表示运算中的“减”号。下同。

(1) $L_i(T+(K-1)\times\mathrm{DT}) \longrightarrow L_i(T+K\times\mathrm{DT})$ 是 3 项代数和中的加项，是赋有“+”运算符号的因果链：

$$L_i(T+(K-1)\times\mathrm{DT}) \xrightarrow{+} L_i(T+K\times\mathrm{DT})。$$

(2) $R_{i1}(T+(K-1)\times\mathrm{DT}) \longrightarrow L_i(T+K\times\mathrm{DT})$ 是 3 项代数和中的加项，也是“+”运算项，但是，又有“×DT”的运算项，所以，有“+”“×DT”双运算符号的因果链：

$$R_{i1}(T+(K-1)\times\mathrm{DT}) \xrightarrow{+,\times\mathrm{DT}} L_i(T+K\times\mathrm{DT})。$$

(3) $R_{i2}(T+(K-1)\times\mathrm{DT}) \longrightarrow L_i(T+K\times\mathrm{DT})$ 是 3 项代数和中的减项，是“−”运算项，也有“×DT”的运算项，所以，有“−”“×DT”双运算符号的因果链：

$$R_{i2}(T+(K-1)\times\mathrm{DT}) \xrightarrow{-,\times\mathrm{DT}} L_i(T+K\times\mathrm{DT})。$$

以上 3 条运算因果链揭示，流位变量 $L_i(T+K\times\mathrm{DT})$ 运算因果链构成如下 3 支异层运算因果链图，如图 6.1 所示。

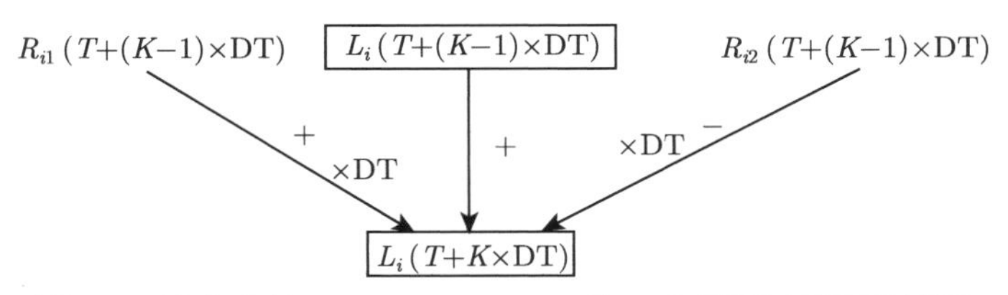

图 6.1 流位变量 $L_i(T+K\times\mathrm{DT})$ 的 3 支异层运算因果链图

命题 6.1.1 系统动力学流图中的流位变量运算因果链皆为 3 支异层运算因果链结构。

流位变量 $L_i(T+K\times\mathrm{DT})$ 的 3 支异层运算因果链是流图中流位变量因果链的仿真方程：

$$\begin{aligned}&L_i(T+K\times\mathrm{DT})\\=&L_i(T+(K-1)\times\mathrm{DT})+\mathrm{DT}\times R_{i1}(T+(K-1)\times\mathrm{DT})\\&-\mathrm{DT}\times R_{i2}(T+(K-1)\times\mathrm{DT})。\end{aligned}$$

3 支异层运算因果链结构直观揭示出：流位变量 $L_i(T+K\times\mathrm{DT})$ 的值是其上一时刻 $L_i(T+(K-1)\times\mathrm{DT})$ 的值，加上流入率乘步长的 $\mathrm{DT}\times R_{i1}(T+(K-1)\times\mathrm{DT})$ 的值，减去流出率乘步长的 $\mathrm{DT}\times R_{i2}(T+(K-1)\times\mathrm{DT})$ 的值。

2) 流率变量仿真步长时间异层运算因果链

在对系统动力学模型进行流位变量仿真计算后，进行流率变量仿真计算，若流率变量仿真方程无延迟函数，流率变量仿真计算为同仿真步长时间计算，如流出率 $R_{i2}(t)$ 的商方程为 $R_{i2}(t)=L_i(t)/\mathrm{DT}$。方程的两边自变量皆是 t，在流图中，存在流位变量至流出率因果链：$L_i(t)\longrightarrow R_{12}(t)$。

此商方程的运算符是 1/DT，此流出率在仿真步长时间 $t=T+K\times\mathrm{DT}$ 上，其同层运算因果链为 $L_i(T+K\times\mathrm{DT})\xrightarrow{1/\mathrm{DT}}R_{i2}(T+K\times\mathrm{DT})$。

此流出率同层运算因果链是流位变量至流出率因果链与其仿真方程的结合。

根据定义，系统动力学流图中，流率至流率、流率至辅助变量、辅助变量至流率、辅助变量至辅助变量全为同层运算因果链。

命题 6.1.2 系统动力学流图中除流位变量运算因果链为仿真步长时间异层运算因果链外，其他变量运算因果链均为仿真步长时间同层运算因果链。

命题 6.1.3 系统动力学任何仿真步长时间 $t=T+K\times\mathrm{DT}$ 仿真，首先，各流位变量依据各自的 3 支异层运算因果链，利用前仿真步长时间 $T+(K-1)\times\mathrm{DT}$

相关信息进行异层运算因果链计算，计算出全部流位变量时间 $t = T + K \times \mathrm{DT}$ 的值，然后，进行其他变量的同层运算因果链计算，计算其他全部变量时间 $t = T + K \times \mathrm{DT}$ 的值。

以上 3 个命题是系统动力学仿真程序的默认规定。

3. 数据过程顶点

例 6.1.1　已知仿真模型，仿真步长 DT = 0.25，2019 年第二季度流位变量 $L_1(2019 + 2 \times 0.25) = 750$，其流入率 $R_{11}(2019 + 2 \times 0.25) = 2000$，流出率 $R_{12}(2019 + 2 \times 0.25) = 375$，试应用流位变量 3 支异层运算因果链结构图，计算 $L_1(2019 + 3 \times 0.25)$ 的值。

解　依据图 6.1 流位变量 $L_i(T + K \times \mathrm{DT})$ 的 3 支异层运算因果链结构图，得 $L_1(2019 + 3 \times 0.25)$ 未计算顶点值的运算因果链图 (图 6.2)。

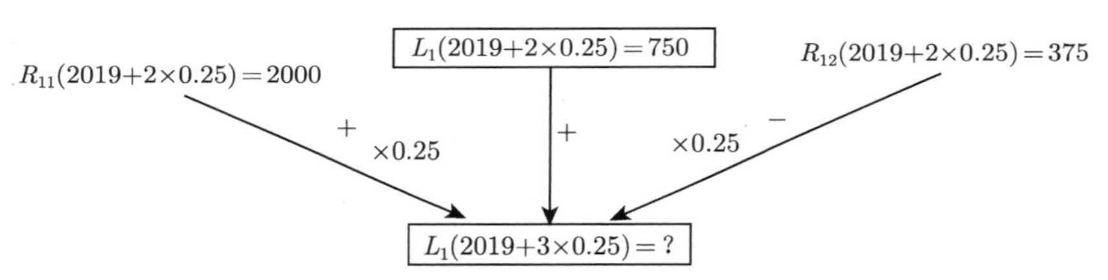

图 6.2　$L_1(2019 + 3 \times 0.25)$ 未计算顶点值的 3 支异层运算因果链结构图

依据图 6.2 的第 1 条运算因果链 $R_{11}(2019 + 2 \times 0.25) \xrightarrow{+\times 0.25} L_1(2019 + 3 \times 0.25)$，得 $L_1(2019+3\times0.25)$ 的值包含 $R_{11}(2019+2\times0.25)\times0.25 = 2000\times0.25 = 500$。

依据第 2 条运算因果链 $L_1(2019 + 2 \times 0.25) \xrightarrow{+} L_1(2019 + 3 \times 0.25)$，得 $L_1(2019 + 3 \times 0.25)$ 的值包含 $L_1(2019 + 2 \times 0.25) = 750$。

依据第 3 条运算因果链 $R_{12}(2019 + 2 \times 0.25) \xrightarrow{-\times 0.25} L_1(2019 + 3 \times 0.25)$，得 $L_1(2019 + 3 \times 0.25)$ 的值包含 $(-R_{12}(2019 + 2 \times 0.25) \times 0.25) = -375 \times 0.25 = -93.75$。

所以，

$$L_1(2019 + 3 \times 0.25) = 2000 \times 0.25 + 750 - 375 \times 0.25 = 1156.25。$$

因此，流位变量 $L_1(2019 + 3 \times 0.25)$ 顶点值已计算的 3 支异层运算因果链结构图如下 (图 6.3)。

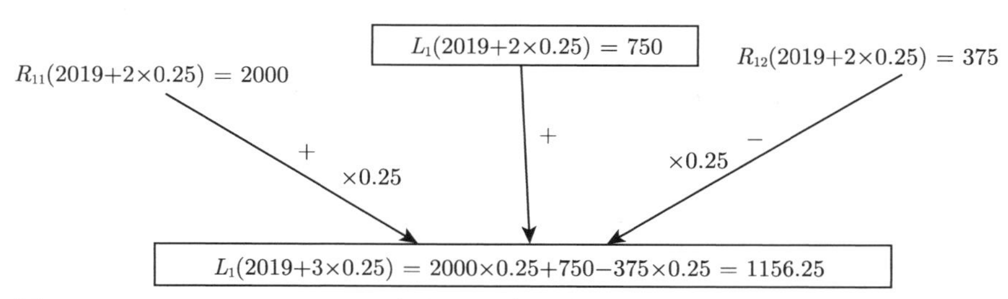

图 6.3 $L_1(2019+3\times0.25)$ 已保留顶点值计算过程的 3 支异层运算因果链结构图

上述流位变量 $L_1(2019+3\times0.25)$ 顶点值计算的 3 支异层运算因果链结构图中，不但给出了 $L_1(2019+3\times0.25)$ 顶点的最终值 1156.25，而且给出了计算过程：

$$2000\times0.25+750-375\times0.25=1156.25。$$

该计算过程信息揭示了仿真结果的计算原理，有助于理解仿真数值解的运算过程和含义，对增强数值解的直观性很有帮助。据此，建立数据过程顶点定义。

定义 6.1.4 顶点 $V_i(t)$ 的自变量 $t=T+K\times\mathrm{DT}$ 为仿真步长时间，顶点 $V_i(T+K\times\mathrm{DT})$ 的值为多运算构成，若包含计算过程值的全部值，此含仿真步长时间计算过程的全部值的顶点称为数据过程顶点。

由定义 6.1.4，$L_1(2019+3\times0.25)=2000\times0.25+750-375\times0.25=1156.25$ 为数据过程顶点。

4. 运算过程图

定义 6.1.5 有向图 $G=(V(t),X(t))$，t 为仿真步长时间 $T+K\times\mathrm{DT}$，顶点集 $V(T+K\times\mathrm{DT})$ 为数据过程顶点集，弧集 $X(T+K\times\mathrm{DT})$ 为赋运算符号的运算因果链集，数据过程顶点集和运算因果链集的有序二元组称为运算过程图，记为 $G=(V(T+K\times\mathrm{DT}),X(T+K\times\mathrm{DT}))$。

定义 6.1.6 仿真模型的运算过程图是仿真步长时间的数据过程顶点集与运算因果链集的有序二元组。

依据此定义，图 6.3 为流位变量 $L_1(2019+3\times0.25)$ 的运算过程图。

运算过程图建立步骤如下。

步骤 1：基于仿真数值表或有关已知条件，将流图变量因果链与仿真方程结合，逐层建立未计算顶点值的运算因果链图。

步骤 2: 计算各层的未计算顶点值的运算因果链图的变量数据过程顶点值，保留且展示变量顶点值计算过程。

6.1.3 运算过程图的单参数调控三阶延迟模型及计算

1. 三阶延迟供应链流图模型

根据典型的三阶供应链流图模型 (图 6.4)，设 $L_1(t)$ 为生产商产量，$L_2(t)$ 为供应商产量，$L_3(t)$ 为零售商销量。$R_{11}(t)$ 为生产商单位时间输入量，$R_{12}(t)$ 为生产商单位时间产出量，$R_{22}(t)$ 为供应商单位时间产出量，$R_{32}(t)$ 为零售商的销售变化量。D_1 为生产商至供应商时间延迟，D_2 为供应商至销售商时间延迟，D_3 为销售时间延迟。

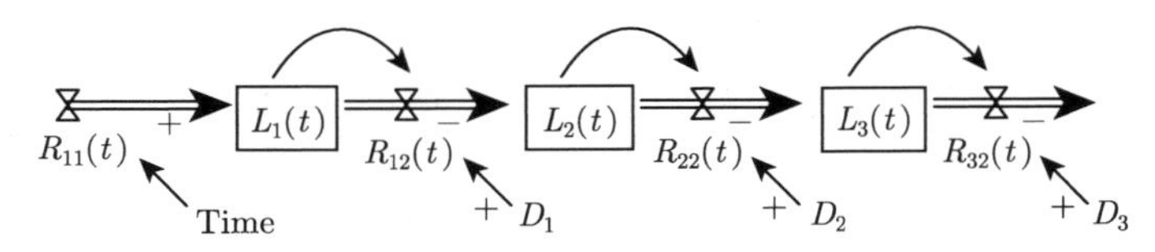

图 6.4 三阶供应链流图模型

如图 6.4 中所示，生产商产量 $L_1(t)$ 的流入率为参数调控变量 $R_{11}(t)$(产品单位/时间单位)，流出率为产出变量 $R_{12}(t)$(产品单位/时间单位)。供应商产量 $L_2(t)$ 的流入率为生产商单位时间产出量 $R_{12}(t)$(产品单位/时间单位)，流出率为供应商单位时间产出量 $R_{22}(t)$(产品单位/时间单位)。零售商销量 $L_3(t)$ 的流入率等于供应商单位时间产出量 $R_{22}(t)$(产品单位/时间单位)、流出率为销售变化量 $R_{32}(t)$(产品单位/时间单位)。模型中，三个流出率均具有时间延迟。

2. 参数调控三阶延迟供应链仿真方程

图 6.4 的流图模型中，各流位变量仿真方程为

$$L_1(t+\mathrm{DT}) = L_1(t) + \mathrm{DT} \times (R_{11}(t) - R_{12}(t)), \quad L_1(0) = 0;$$
$$L_2(t+\mathrm{DT}) = L_2(t) + \mathrm{DT} \times (R_{12}(t) - R_{22}(t)), \quad L_2(0) = 0;$$
$$L_3(t+\mathrm{DT}) = L_2(t) + \mathrm{DT} \times (R_{22}(t) - R_{32}(t)), \quad L_3(0) = 0;$$
$$R_{11}(t) = \text{IF THEN ELSE (Time} < 2019.5, 3000, 2000);$$
$$R_{12}(t) = L_1(t)/D_1, \quad R_{22}(t) = L_2(t)/D_2, \quad R_{32}(t) = L_3(t)/D_3。$$

3. 运算过程图的单参数调控三阶延迟量计算

定理 6.1.1 设单参数调控流入率调控方程 $R_{11}(t) = \text{IF THEN ELSE(Time} < T + 2 \times \mathrm{DT}, P, 0)$，流位变量分别为 $L_1(t)$，$L_2(t)$，$L_3(t)$，流位变量初始值为 0，仿真步长为 DT，流位变量 $L_1(t)$ 延迟时间为 D_1，商方程 $R_{12}(t) = L_1(t)/D_1$，流位变量 $L_2(t)$ 延迟时间为 D_2，商方程 $R_{22}(t) = L_2(t)/D_2$，流位变量 $L_3(t)$ 的延

迟时间为 D_3，商方程 $R_{32}(t) = L_3(t)/D_3$，设仿真区间为 $T + \mathrm{DT}$ 至 $T + 4 \times \mathrm{DT}$，则单参数调控 3 流位的 3 阶延迟量计算公式如下。

(1) 在仿真时间 $T + 2 \times \mathrm{DT}$，流位延迟量是 $L_1(T + 2 \times \mathrm{DT}) = P \times \mathrm{DT}$，其流出率延迟量为

$$
\begin{aligned}
R_{12}(T + 2 \times \mathrm{DT}) &= P \times \mathrm{DT} \times 1/D_1,\\
L_2(T + 2 \times \mathrm{DT}) &= R_{22}(T + 2 \times \mathrm{DT}) = 0,\\
L_3(T + 2 \times \mathrm{DT}) &= R_{32}(T + 2 \times \mathrm{DT}) = 0。
\end{aligned}
$$

(2) 在仿真时间 $T+3\times\mathrm{DT}$，流位延迟量是 $L_2(T+3\times\mathrm{DT}) = P\times\mathrm{DT}^2\times1/D_1$，其流出率延迟量是 $R_{22}(T+3\times\mathrm{DT}) = P\times\mathrm{DT}^2\times1/(D_1\times D_2)$，$L_3(T+3\times\mathrm{DT}) = R_{32}(T+3\times\mathrm{DT}) = 0$。

(3) 在仿真时间 $T + 4 \times \mathrm{DT}$，流位延迟量是 $L_3(T + 4 \times \mathrm{DT}) = P \times \mathrm{DT}^3 \times 1/(D_1 \times D_2)$，其流出率延迟量是 $R_{32}(T+4\times\mathrm{DT}) = P\times\mathrm{DT}^3\times1/(D_1 \times D_2\times D_3)$。

证明 (1) 建立未计算顶点值的运算因果链图。

按运算过程图的建立步骤 1，依据运算因果链定义、图 6.4、三阶供应链流图模型仿真方程，建立单参数调控 3 阶延迟系统未计算顶点值的运算因果链图，如图 6.5 所示。图 6.5 的建立过程如下。

第一，建立仿真时间 $T + \mathrm{DT}$ 对应的第一行的三同层运算因果链。

第二，依据仿真时间 $T + 2 \times \mathrm{DT}$ 的仿真方程：

$$
\begin{aligned}
&L_1(T + 2 \times \mathrm{DT}) = L_1(T + \mathrm{DT}) + \mathrm{DT} \times R_{11}(T + \mathrm{DT}) - \mathrm{DT} \times R_{12}(T + \mathrm{DT}),\\
&R_{12}(T + 2 \times \mathrm{DT}) = L_1(T + 2 \times \mathrm{DT})/D_1,\\
&L_2(T + 2 \times \mathrm{DT}) = L_2(T + \mathrm{DT}) + \mathrm{DT} \times R_{12}(T + \mathrm{DT}) - \mathrm{DT} \times R_{22}(T + \mathrm{DT}),\\
&R_{22}(T + 2 \times \mathrm{DT}) = L_2(T + 2 \times \mathrm{DT})/D_2,\\
&L_3(T + 2 \times \mathrm{DT}) = L_3(T + \mathrm{DT}) + \mathrm{DT} \times R_{22}(T + \mathrm{DT}) - \mathrm{DT} \times R_{32}(T + \mathrm{DT}),\\
&R_{32}(T + 2 \times \mathrm{DT}) = L_3(T + 2 \times \mathrm{DT})/D_3。
\end{aligned}
$$

和运算因果链定义相结合，首先建立三流位变量的 3 支异层运算因果链伞状结构，然后建立流率变量同层运算因果链，建成仿真时间 $T + \mathrm{DT}$ 至 $T + 2 \times \mathrm{DT}$ 二层运算因果链图。

第三，依据仿真时间 $T + 3 \times \mathrm{DT}$ 的仿真方程：

$$
\begin{aligned}
&L_1(T + 3 \times \mathrm{DT}) = L_1(T + 2 \times \mathrm{DT}) - \mathrm{DT} \times R_{12}(T + 2 \times \mathrm{DT}),\\
&R_{12}(T + 3 \times \mathrm{DT}) = L_1(T + 3 \times \mathrm{DT})/D_1,\\
&L_2(T + 3 \times \mathrm{DT}) = L_2(T + 2 \times \mathrm{DT}) + \mathrm{DT} \times R_{12}(T + 2 \times \mathrm{DT})
\end{aligned}
$$

$$
\begin{aligned}
&\quad - \mathrm{DT} \times R_{22}(T + 2 \times \mathrm{DT}),\\
&R_{22}(T + 3 \times \mathrm{DT}) = L_2(T + 3 \times \mathrm{DT})/D_2,\\
&L_3(T + 3 \times \mathrm{DT}) = L_3(T + 2 \times \mathrm{DT}) + \mathrm{DT} \times R_{22}(T + 2 \times \mathrm{DT})\\
&\quad - \mathrm{DT} \times R_{32}(T + 2 \times \mathrm{DT}),\\
&R_{32}(T + 3 \times \mathrm{DT}) = L_3(T + 3 \times \mathrm{DT})/D_3。
\end{aligned}
$$

和运算因果链定义相结合，同理，建成仿真时间 $T + 2 \times \mathrm{DT}$ 至 $T + 3 \times \mathrm{DT}$ 二层运算因果链图。

第四，依据仿真时间 $T + 4 \times \mathrm{DT}$ 的仿真方程：

$$
\begin{aligned}
&L_1(T + 4 \times \mathrm{DT}) = L_1(T + 3 \times \mathrm{DT}) - \mathrm{DT} \times R_{12}(T + 3 \times \mathrm{DT}),\\
&R_{12}(T + 4 \times \mathrm{DT}) = L_1(T + 4 \times \mathrm{DT})/D_1,\\
&L_2(T + 4 \times \mathrm{DT}) = L_2(T + 3 \times \mathrm{DT}) + \mathrm{DT} \times R_{12}(T + 3 \times \mathrm{DT})\\
&\quad - \mathrm{DT} \times R_{22}(T + 3 \times \mathrm{DT}),\\
&R_{22}(T + 4 \times \mathrm{DT}) = L_2(T + 4 \times \mathrm{DT})/D_2,\\
&L_3(T + 4 \times \mathrm{DT}) = L_3(T + 3 \times \mathrm{DT}) + \mathrm{DT} \times R_{22}(T + 3 \times \mathrm{DT})\\
&\quad - \mathrm{DT} \times R_{32}(T + 3 \times \mathrm{DT}),\\
&R_{32}(T + 4 \times \mathrm{DT}) = L_3(T + 4 \times \mathrm{DT})/D_3。
\end{aligned}
$$

和运算因果链定义相结合，同理，建成仿真时间 $T + 3 \times \mathrm{DT}$ 至 $T + 4 \times \mathrm{DT}$ 二层运算因果链图。

由此，建立单参数调控 3 阶延迟系统未计算顶点值的运算因果链图 6.5。

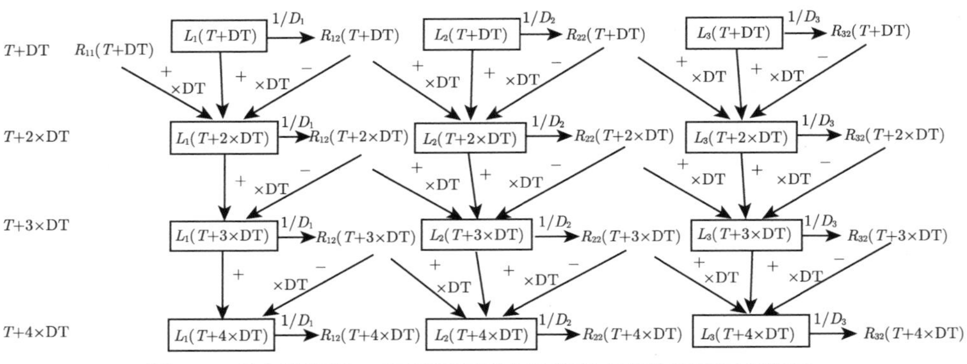

图 6.5　单参数调控 3 阶延迟系统未计算顶点值的运算因果链图

(2) 计算运算过程图变量数据过程顶点值。

按运算过程图的建立步骤 2，在未计算顶点值的运算因果链图中计算各层的变量数据过程顶点值。

第一，给出第一行仿真时间 $T+\mathrm{DT}$ 各变量顶点值。

(i) 由已知条件，单参数调控流入率调控方程:

$$R_{11}(t)=\text{IF THEN ELSE }(\text{Time}<T+2\times\mathrm{DT},P,0),$$

所以 $R_{11}(t+\mathrm{DT})=P$。

(ii) 由已知条件，流位变量分别为 $L_1(t)$, $L_2(t)$, $L_3(t)$，流位变量初始值为 0。所以

$$L_1(t+\mathrm{DT})=0,\quad L_2(t+\mathrm{DT})=0,\quad L_3(t+\mathrm{DT})=0。$$

(iii) 由已知条件，$R_{12}(t)=L_1(t)/D_1$, $R_{22}(t)=L_2(t)/D_2$, $R_{32}(t)=L_3(t)/D_3$，所以

$$R_{12}(T+\mathrm{DT})=0,\quad R_{22}(T+\mathrm{DT})=0,\quad R_{32}(T+\mathrm{DT})=0。$$

第二，在 $T+\mathrm{DT}$ 至 $T+2\times\mathrm{DT}$ 二层未计算顶点值的运算因果链图中，计算 $T+2\times\mathrm{DT}$ 行各变量顶点值。

(i) 先分别在 $L_1(T+2\times\mathrm{DT})$, $L_2(T+2\times\mathrm{DT})$, $L_3(T+2\times\mathrm{DT})$ 三流位的 3 支异层运算因果链伞状结构中，计算三流位的顶点值，得

$$\begin{aligned}&L_1(T+2\times\mathrm{DT})=R_{11}(T+\mathrm{DT})\times\mathrm{DT}=P\times\mathrm{DT},\\&L_2(T+2\times\mathrm{DT})=0,\\&L_3(T+2\times\mathrm{DT})=0。\end{aligned}$$

(ii) 因为 $R_{11}(t)=\text{IF THEN ELSE}(\text{Time}<T+2\times\mathrm{DT},P,0)$，$R_{11}(T+2\times\mathrm{DT})=0$。

(iii) 因为 $R_{12}(T+2\times\mathrm{DT})=L_1(T+2\times\mathrm{DT})/D_1$，$R_{22}(T+2\times\mathrm{DT})=L_2(T+2\times\mathrm{DT})/D_2$，$R_{32}(T+2\times\mathrm{DT})=L_3(T+2\times\mathrm{DT})/D_3$，所以

$$\begin{aligned}&R_{12}(T+2\times\mathrm{DT})=P\times\mathrm{DT}/D_1,\\&R_{22}(T+2\times\mathrm{DT})=0,\\&R_{32}(T+2\times\mathrm{DT})=0。\end{aligned}$$

第三，在 $T+2\times\mathrm{DT}$ 至 $T+3\times\mathrm{DT}$ 层未计算顶点值的运算因果链图中，计算 $T+3\times\mathrm{DT}$ 行各变量顶点值。

(i) 先分别在 $L_1(T+3\times\mathrm{DT})$, $L_2(T+3\times\mathrm{DT})$, $L_3(T+3\times\mathrm{DT})$ 三流位的 3 支异层运算因果链伞状结构中，计算三流位的顶点值，得

$$L_1(T+3\times\mathrm{DT})=P\times\mathrm{DT}-P\times\mathrm{DT}^2/D_1,$$
$$L_2(T+3\times\mathrm{DT})=P\times\mathrm{DT}^2/D_1,$$
$$L_3(T+3\times\mathrm{DT})=0。$$

(ii) 因为 $R_{11}(t)=\text{IF THEN ELSE}(\text{Time}<T+2\times\mathrm{DT},P,0)$，$R_{11}(T+3\times\mathrm{DT})=0$。

(iii) 因为 $R_{12}(T+3\times\mathrm{DT})=L_1(T+3\times\mathrm{DT})/D_1$, $R_{22}(T+3\times\mathrm{DT})=L_2(T+3\times\mathrm{DT})/D_2$，$R_{32}(T+3\times\mathrm{DT})=L_3(T+3\times\mathrm{DT})/D_3$，所以

$$R_{12}(T+3\times\mathrm{DT})=P\times\mathrm{DT}/D_1-P\times\mathrm{DT}^2/D_1,$$
$$R_{22}(T+3\times\mathrm{DT})=P\times\mathrm{DT}^2/D_1/D_2,$$
$$R_{32}(T+3\times\mathrm{DT})=0。$$

第四，在 $T+3\times\mathrm{DT}$ 至 $T+4\times\mathrm{DT}$ 二层未计算顶点值的运算因果链图中，计算 $T+4\times\mathrm{DT}$ 行各变量顶点值。

(i) 先分别在 $L_1(T+4\times\mathrm{DT})$, $L_2(T+4\times\mathrm{DT})$, $L_3(T+4\times\mathrm{DT})$ 三流位的 3 支异层运算因果链伞状结构中，计算三流位的顶点值，得

$$L_1(T+4\times\mathrm{DT})=P\times\mathrm{DT}-P\times\mathrm{DT}^2/D_1-P\times\mathrm{DT}^3/D_1,$$
$$L_2(T+4\times\mathrm{DT})=P\times\mathrm{DT}^2/D_1-P\times\mathrm{DT}^3/D_1^2+P\times\mathrm{DT}^3/D_1/D_2,$$
$$L_3(T+4\times\mathrm{DT})=P\times\mathrm{DT}^3/D_1/D_2。$$

(ii) 因为 $R_{11}(t)=\text{IF THEN ELSE}(\text{Time}<T+2\times\mathrm{DT},P,0)$，所以 $R_{11}(T+4\times\mathrm{DT})=0$。

(iii) 因为 $R_{12}(T+4\times\mathrm{DT})=L_1(T+4\times\mathrm{DT})/D_1$, $R_{22}(T+4\times\mathrm{DT})=L_2(T+4\times\mathrm{DT})/D_2$, $R_{32}(T+4\times\mathrm{DT})=L_3(T+4\times\mathrm{DT})/D_3$，所以

$$R_{12}(T+4\times\mathrm{DT})=P\times\mathrm{DT}/D_1-P\times\mathrm{DT}^2/D_1^2-P\times\mathrm{DT}^3/{D_1}^3,$$
$$R_{22}(T+4\times\mathrm{DT})=P\times\mathrm{DT}/D_1/D_2-P\times\mathrm{DT}^3/D_1^2/D_2+P\times\mathrm{DT}^3/D_1/D_2^2,$$
$$R_{32}(T+4\times\mathrm{DT})=P\times\mathrm{DT}^3/D_1/D_2/D_3。$$

由此，建立单参数 P 调控 3 阶延迟系统运算过程图，如图 6.6 所示。

图 6.6 单参数 P 调控 3 阶延迟供应链运算过程图对角线上 3 流位及其流出率保留数据过程的顶点计算结果为图 6.7。

图 6.7 清楚地揭示了单参数 P 调控 3 流位的 3 阶延迟量计算公式。证毕。

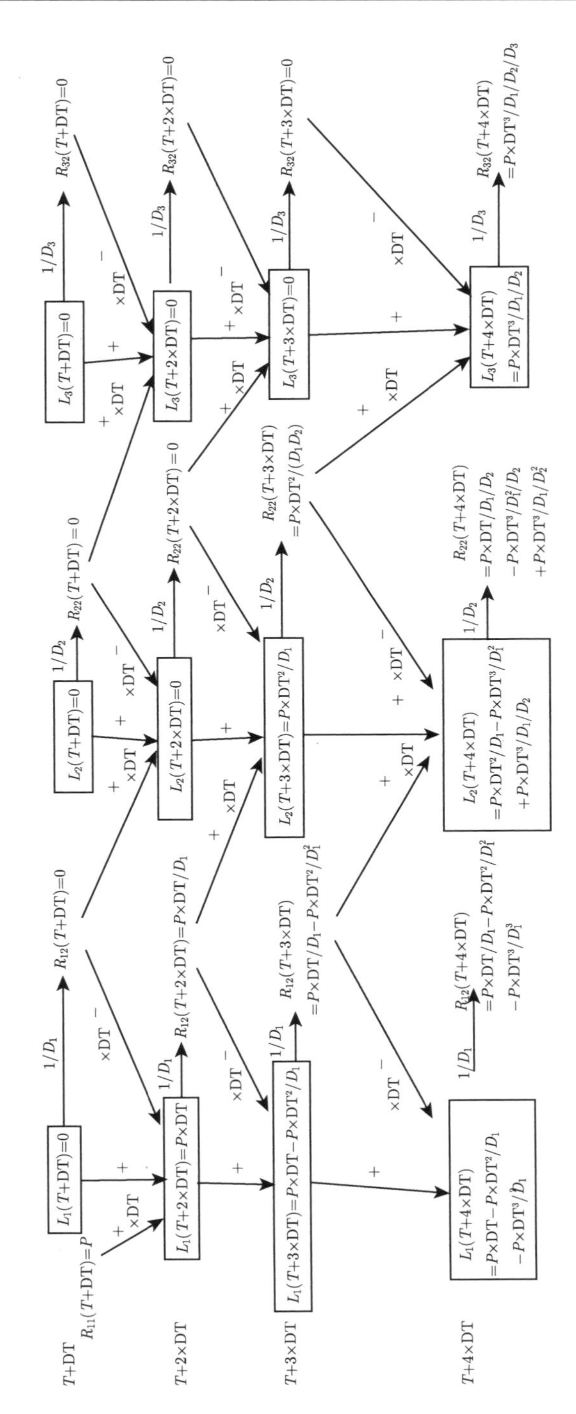

图 6.6 单参数调控3 阶延迟系统运算过程图

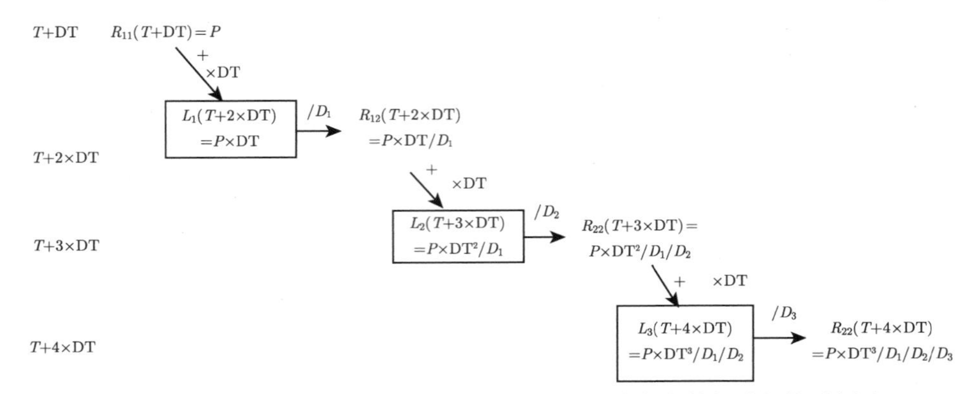

图 6.7　单参数 P 调控对角线上 3 流位及其流出率保留数据过程的顶点图

4. 运算过程图揭示的延迟量的储存效应

重要注　单参数调控 3 阶延迟系统运算过程图 6.6 对角线下流位及其流出率保留的非零数据，为单参数 P 调控的流位及其流出率延迟量的储存效应值。

(1) 单参数 P 调控的一阶延迟量 $L_1(T+2\times\mathrm{DT}) = P\times\mathrm{DT}$, $R_{12}(T+2\times\mathrm{DT}) = P\times\mathrm{DT}/D_1$ 至时间 $T+3\times\mathrm{DT}$ 的储存效应值：

$$L_1(T+3\times\mathrm{DT}) = P\times\mathrm{DT} - P\times\mathrm{DT}^2/D_1,$$
$$R_{12}(T+3\times\mathrm{DT}) = P\times\mathrm{DT}/D_1 - P\times\mathrm{DT}^2/D_1。$$

(2) 单参数 P 调控的一阶延迟量 $L_1(T+2\times\mathrm{DT}) = P\times\mathrm{DT}$, $R_{12}(T+2\times\mathrm{DT}) = P\times\mathrm{DT}/D_1$ 至时间 $T+4\times\mathrm{DT}$ 的储存效应值：

$$L_1(T+4\times\mathrm{DT}) = P\times\mathrm{DT} - P\times\mathrm{DT}^2/D_1 - P\times\mathrm{DT}^3/D_1,$$
$$R_{12}(T+4\times\mathrm{DT}) = P\times\mathrm{DT}/D_1 - P\times\mathrm{DT}^2/D_1^2 - P\times\mathrm{DT}^3/{D_1}^3。$$

(3) 单参数 P 调控的一阶延迟量 $L_1(T+2\times\mathrm{DT}) = P\times\mathrm{DT}$, $R_{12}(T+2\times\mathrm{DT}) = P\times\mathrm{DT}/D_1$ 和二阶延迟量 $L_2(T+3\times\mathrm{DT}) = P\times\mathrm{DT}^2/D_1$, $R_{22}(T+3\times\mathrm{DT}) = P\times\mathrm{DT}^2/D_1/D_2$ 至时间 $T+4\times\mathrm{DT}$ 的储存效应值：

$$L_2(T+4\times\mathrm{DT}) = P\times\mathrm{DT}^2/D_1 - P\times\mathrm{DT}^3/D_1^2 + P\times\mathrm{DT}^3/D_1/D_2,$$
$$R_{22}(T+4\times\mathrm{DT}) = P\times\mathrm{DT}/D_1/D_2 - P\times\mathrm{DT}^3/D_1^2/D_2 + P\times\mathrm{DT}^3/D_1/D_2^2。$$

此各延迟量的储存效应值是单参数 P 调控的延迟量的效应，很有实际意义。

储存效应值是一个复杂值，揭示后期效应复杂。此也揭示运算过程图具有展示延迟量的储存效应的功能。

此单参数调控三阶延迟量计算揭示：运算过程图是参数调控延迟效应分析的有效工具。

5. 单参数调控运算过程图展示的功能

(1) 单参数调控运算过程图展示非数值型数据也可以计算的功能，拓宽了系统仿真输入数据类型，字母也可计算。

(2) 单参数调控运算过程图展示系统动态变化规律的揭示功能，运算过程图为揭示系统动态变化规律提供了一个新平台。

(3) 应用功能。定理 6.1.1 给出 3 阶延迟的很有意义的计算公式，根据计算公式可计算各种具体值。

例如，设调控参数值 $P = 3000$，仿真步长 $\mathrm{DT} = 1$，延迟时间 $D_1 = D_2 = D_3 = 1$，$T = 2018$，按本公式计算结果：

由 $R_{11}(2018+1) = P$，得 $R_{11}(2019) = 3000$。

由 $L_1(2018+2) = P \times \mathrm{DT}$，得 $L_1(2020) = 3000$。

由 $R_{12}(2018+2) = P \times \mathrm{DT}/D_1$，得 $R_{12}(2020) = 3000$。

由 $L_2(2018+3) = P \times \mathrm{DT}^2/D_1$，得 $L_2(2021) = 3000$。

$R_{22}(2018+3) = P \times \mathrm{DT}^2/(D_1 \times D_2)$，得 $R_{22}(2021) = 3000$。

由 $L_3(2018+4) = P \times \mathrm{DT}^3/(D_1 \times D_2)$，得 $L_3(2022) = 3000$。

由 $R_{32}(2018+4) = P \times \mathrm{DT}^3/(D_1 \times D_2 \times D_3)$，得 $R_{32}(2022) = 3000$。

以上公式计算结果，与流图模型的仿真结果 (图 6.8) 完全一致。

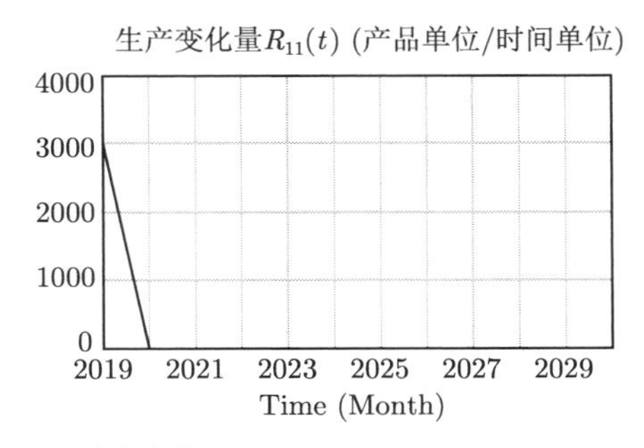

"生产变化量$R_{11}(t)$ (产品单位/时间单位)": Current

(a)

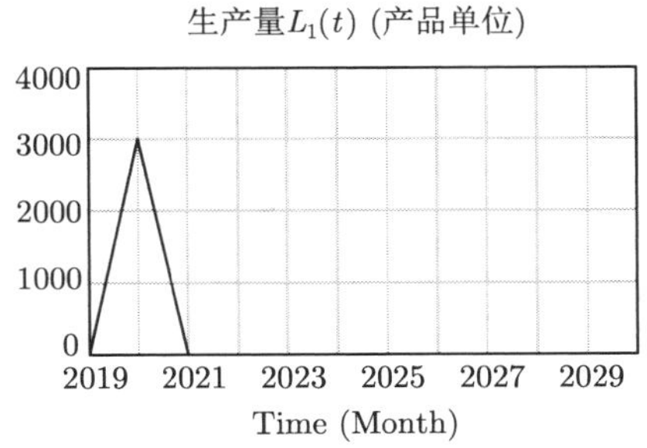

"生产量$L_1(t)$ (产品单位)": Current

(b)

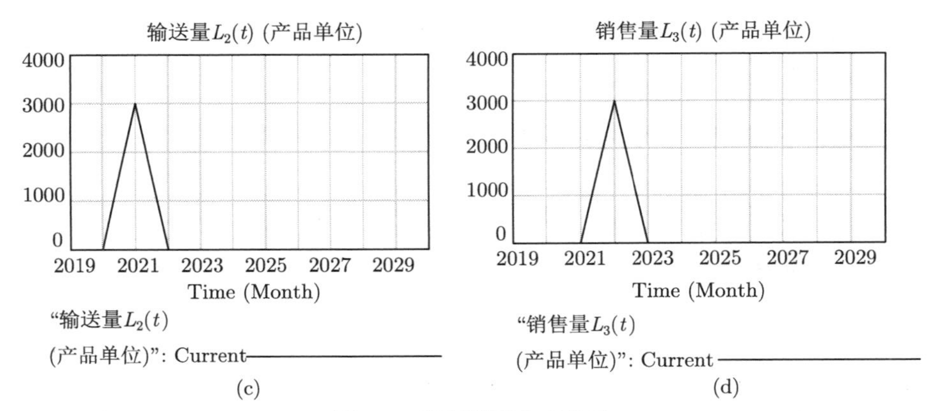

图 6.8 流图模型仿真曲线

6.1.4 三阶供应链仿真数据表的运算过程图分析

1. 三阶供应链的仿真数值表

图 6.4 中：(1) 取仿真步长 DT=0.25，设仿真区间为 2019 年第一季度 2019+0.25 至第四季度 $2019 + 4\times\ 0.25$。

(2) 设 3 个流位变量初始值皆为 0，即

$$L_1(2019 + 0.25) = 0, \quad L_2(2019 + 0.25) = 0, \quad L_3(2019 + 0.25) = 0。$$

(3) $R_{11}(t) = \text{IF THEN ELSE}(\text{Time} < 2019.5, 3000, 2000)$。

(4) 设三个流出率 $R_{12}(t), R_{22}(t), R_{32}(t)$ 商方程延迟时间分别为：$D_1 = D_2 = D_3 = 2$，得仿真数值结果如表 6.1 所示。

表 6.1 参数调控三阶延迟供应链四季度仿真数值表

t	$R_{11}(t)$	$L_1(t)$	$R_{12}(t)$	$L_2(t)$	$R_{22}(t)$	$L_3(t)$	$R_{32}(t)$
2019+0.25	3000	0	0	0	0	0	0
2019+2×0.25	2000	750	375	0	0	0	0
2019+3×0.25	2000	1156.25	578.125	93.75	46.875	0	0
2019+4×0.25	2000	1511.72	755.86	226.563	113.2815	11.7188	5.8594

表 6.1 所示的模型仿真数值结果存在以下问题。

问题 1：为什么第二季度流入率 $R_{11}(2019 + 2 \times 0.25)$ 为 2000，流位变量 $L_1(2019 + 2 \times 0.25)$ 只有 750，其流出率 $R_{12}(2019 + 2 \times 0.25) = 375$，但是流位变量 $L_2(t)$，$L_3(t)$ 及其流出率仍全为 0？

问题 2：为什么第三季度流入率 $R_{11}(2019 + 3 \times 0.25)$ 为 2000，流位变量 $L_1(2019 + 3 \times 0.25)$ 只有 1156.25，其流出率 $R_{12}(2019 + 3 \times 0.25) = 578.125$，但

是流位变量 $L_2(2019+3\times0.25)$ 只有 93.75，其流出率 $R_{22}(2019+3\times0.25)$ 为 46.875，流位变量 $L_3(t)$ 及其流出率仍然为 0？

问题 3：为什么第四季度流入率 $R_{11}(2019+4\times0.25)$ 为 2000，流位变量 $L_1(2019+4\times0.25)$ 只有 1511.72，其流出率 $R_{12}(t)$ 为 755.86，流位变量 $L_2(t)$ 只有 226.562，其流出率 $R_{22}(t)$ 为 113.2815，流位变量 $L_3(2019+4\times0.25)$ 只有 11.7188，且其流出率 $R_{32}(2019+4\times0.25)$ 为 5.8594？

问题 4：为什么第一季度 $R_{11}(2019+0.25)=3000$ 参数调控后，存在表 6.1 对角线这样的三阶延迟量？

2. 仿真数值结果表中数据的运算因果链图

步骤 1：建立参数调控 3 阶延迟系统未计算顶点值的运算因果链图。

(1) 建立仿真时间 2019+0.25 对应的第一行的 $R_{11}(2019+0.25)$, $L_1(2019+0.25)$, $R_{12}(2019+0.25)$, $L_2(2019+0.25)$, $R_{22}(2019+0.25)$, $L_3(2019+0.25)$, $R_{32}(2019+0.25)$，建立流率变量三方程 $R_{12}(2019+0.25)=L_1(2019+0.25)/2$, $R_{22}(2019+0.25)=L_2(2019+0.25)/2$, $R_{32}(2019+0.25)=L_3(2019+0.25)/2$ 的三同层因果链。

(2) 依据仿真时间 2019+2×0.25 的仿真方程：

$$L_1(2019+2\times0.25)$$
$$=L_1(2019+0.25)+0.25\times R_{11}(2019+0.25)-0.25\times R_{12}(2019+0.25),$$
$$R_{12}(2019+0.25)=L_1(2019+2\times0.25)/2;$$
$$L_2(2019+2\times0.25)$$
$$=L_2(2019+0.25)+0.25\times R_{12}(2019+0.25)-0.25\times R_{22}(2019+0.25),$$
$$R_{22}(2019+0.25)=L_2(2019+2\times0.25)/2;$$
$$L_3(2019+2\times0.25)$$
$$=L_3(2019+0.25)+0.25\times R_{22}(2019+0.25)-0.25\times R_{32}(2019+0.25),$$
$$R_{32}(2019+0.25)=L_3(2019+2\times0.25)/2。$$

和运算因果链定义相结合，首先建立三流位变量的 3 支异层运算因果链伞状结构，然后建立流率变量同层运算因果链，建成仿真时间 2019+0.25 至 2019+2×0.25 的二层运算因果链图。

(3) 依据仿真时间 2019+3×0.25 的仿真方程：

$$L_1(2019+3\times0.25)$$
$$=L_1(2019+2\times0.25)+0.25\times R_{11}(2019+2\times0.25)$$
$$-0.25\times R_{12}(2019+2\times0.25),$$

$$R_{12}(2019+3\times0.25)=L_1(2019+3\times0.25)/2;$$

$$\begin{aligned}&L_2(2019+3\times0.25)\\=&L_2(2019+2\times0.25)+0.25\times R_{12}(2019+2\times0.25)\\&-0.25\times R_{22}(2019+2\times0.25),\end{aligned}$$

$$R_{22}(2019+3\times0.25)=L_2(2019+3\times0.25)/2;$$

$$\begin{aligned}&L_3(2019+3\times0.25)\\=&L_3(2019+2\times0.25)+0.25\times R_{22}(2019+2\times0.25)\\&-0.25\times R_{32}(2019+2\times0.25),\end{aligned}$$

$$R_{32}(2019+3\times0.25)=L_3(2019+3\times0.25)/2。$$

和运算因果链定义相结合，同理建立仿真时间 2019+2×0.25 至 2019+3×0.25 的二层运算因果链图。

(4) 依据仿真时间 2019+4×0.25 的仿真方程：

$$\begin{aligned}&L_1(2019+4\times0.25)\\=&L_1(2019+3\times0.25)+0.25\times R_{11}(2019+3\times0.25)\\&-0.25\times R_{12}(2019+3\times0.25),\end{aligned}$$

$$R_{12}(2019+4\times0.25)=L_1(2019+4\times0.25)/2;$$

$$\begin{aligned}&L_2(2019+4\times0.25)\\=&L_2(2019+3\times0.25)+0.25\times R_{12}(2019+3\times0.25)\\&-0.25\times R_{22}(2019+3\times0.25),\end{aligned}$$

$$R_{22}(2019+4\times0.25)=L_2(2019+4\times0.25)/2;$$

$$\begin{aligned}&L_3(2019+4\times0.25)\\=&L_3(2019+3\times0.25)+0.25\times R_{22}(2019+3\times0.25)\\&-0.25\times R_{32}(2019+3\times0.25),\end{aligned}$$

$$R_{32}(2019+4\times0.25)=L_3(2019+4\times0.25)/2。$$

和运算因果链定义相结合，建立仿真时间 2019+3×0.25 至 2019+4×0.25 的二层运算因果链图。

由此，建立参数调控延迟系统未计算顶点值的运算因果链 (图 6.9)。

步骤 2：计算未计算顶点的运算因果链图的变量数据过程顶点值。

(1) 给出第一行仿真时间 2019+0.25 各变量顶点值。

由已知条件，参数调控流入率调控方程为 $R_{11}(t)=\text{IF THEN ELSE(Time}<2019+2\times0.25, 3000, 2000)$，所以 $R_{11}(2019+0.25)=3000$。

由已知条件，流位变量为 $L_1(t), L_2(t), L_3(t)$，其初始值为 0，所以 $L_1(2019+0.25)=0$, $L_2(2019+0.25)=0$, $L_3(2019+0.25)=0$。

由已知条件，$R_{12}(t)=L_1(t)/2$, $R_{22}(t)=L_2(t)/2$, $R_{32}(t)=L_3(t)/2$，所以有

$$R_{12}(2019+0.25)=0,\quad R_{22}(2019+0.25)=0,\quad R_{32}(2019+0.25)=0。$$

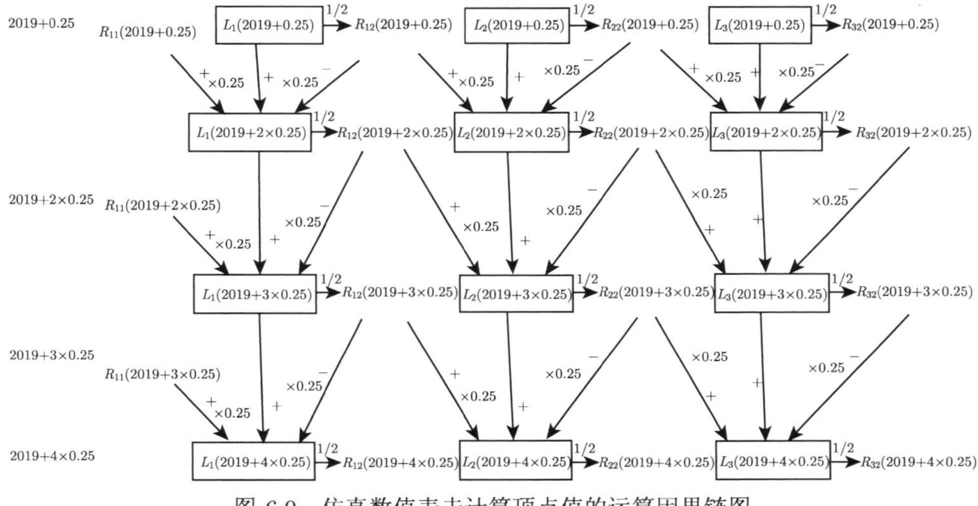

图 6.9　仿真数值表未计算顶点值的运算因果链图

(2) 在 2019+0.25 至 2019+2×0.25 二层未计算顶点值的运算因果链图中，计算 2019+2×0.25 行各变量顶点值。

先分别依据 $L_1(2019+2\times0.25)$, $L_2(2019+2\times0.25)$, $L_3(2019+2\times0.25)$ 三流位的 3 支异层因果链伞状结构，得

$$L_1(2019+2\times0.25)=R_{11}(2019+2\times0.25)\times0.25=750,$$
$$L_2(2019+2\times0.25)=0,$$
$$L_3(2019+2\times0.25)=0。$$

因为 $R_{11}(t)=\text{IF THEN ELSE}(\text{Time}<2019+2\times0.25, 3000, 2000)$，所以

$$R_{11}(2019+2\times0.25)=2000。$$

因为 $R_{i2}(2019+2\times0.25)=L_i(2019+2\times0.25)/2$, $i=1,2,3$，所以

$$R_{12}(2019+2\times0.25)=750/2=375,$$
$$R_{22}(2019+2\times0.25)=0,$$
$$R_{32}(2019+2\times0.25)=0。$$

(3) 在 2019+2×0.25 至 2019+3×0.25 二层未计算顶点值的运算因果链图中，计算 2019+3×0.25 行各变量顶点值。

先分别依据 $L_1(2019+3\times0.25)$, $L_2(2019+3\times0.25)$, $L_3(2019+3\times0.25)$ 三流位的 3 支异层运算因果链伞状结构，得

$$L_1(2019+3\times0.25)=2000\times0.25+750-375\times0.25=1156.25,$$
$$L_2(T+3\times\mathrm{DT})=375\times0.25=93.75,$$
$$L_3(T+3\times\mathrm{DT})=0。$$

因为 $R_{11}(t)=\text{IF THEN ELSE}(\text{Time}<2019+2\times0.25,3000,2000)$，得

$$R_{11}(2019+3\times0.25)=2000。$$

因为 $R_{i2}(2019+3\times0.25)=L_i(2019+3\times0.25)/2$，$i=1,2,3$，所以

$$R_{12}(2019+3\times0.25)=1156.25/2=578.125,$$
$$R_{22}(2019+3\times0.25)=93.75/2=46.875,$$
$$R_{32}(2019+3\times0.25)=0。$$

(4) 在 2019+3×0.25 至 2019+4×0.25 二层未计算顶点值的运算因果链图中，计算 2019+4×0.25 行各变量顶点值。

先分别依据 $L_1(2019+4\times0.25)$, $L_2(2019+4\times0.25)$, $L_3(2019+4\times0.25)$ 三流位的 3 支异层运算因果链伞状结构，得

$$L_1(2019+4\times0.25)=2000\times0.25+1156.25-578.125\times0.25=1511.72,$$
$$L_2(2019+4\times0.25)=578.125\times0.25+93.75-46.875\times0.25=226.563,$$
$$L_3(2019+4\times0.25)=46.875\times0.25=11.7188。$$

因为 $R_{11}(t)=\text{IF THEN ELSE}(\text{Time}<2019+2\times0.25,3000,2000)$，得

$$R_{11}(2019+4\times0.25)=2000。$$

因为 $R_{i2}(2019+4\times0.25)=L_i(2019+4\times0.25)/2$，$i=1,2,3$，所以

$$R_{12}(2019+4\times0.25)=1511.72/2=755.86,$$
$$R_{22}(2019+4\times0.25)=226.563/2=113.2815,$$
$$R_{32}(2019+4\times0.25)=11.7188/2=5.8594。$$

由此，得到仿真数值表 6.1 的运算过程图如图 6.10 所示。

图 6.10 运算过程图每个顶点展示了计算过程值，图 6.10 运算过程图的变量数值与仿真数值表 1 的变量数值全相等。各顶点展示的计算过程值精准直观地回答了 4 个问题。

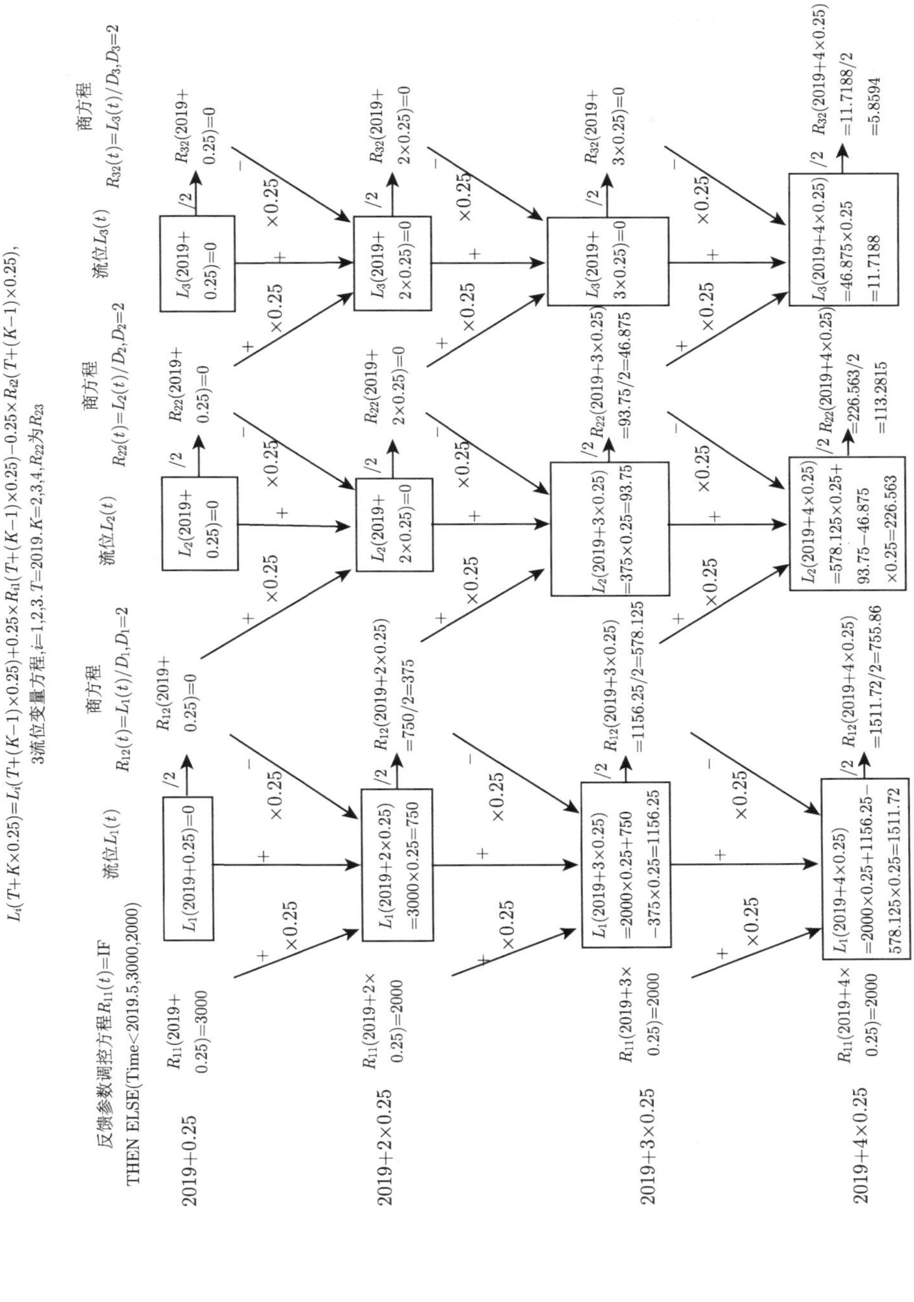

$L_i(T+K\times0.25)=L_i(T+(K-1)\times0.25)+0.25\times R_{i1}(T+(K-1)\times0.25)-0.25\times R_{i2}(T+(K-1)\times0.25)$,

3流位变量方程，$i=1,2,3$. $T=2019$. $K=2,3,4$, R_{22}为R_{23}

反馈参数调控方程$R_{11}(t)$=IF THEN ELSE(Time<2019.5,3000,2000)

流位$L_1(t)$　商方程 $R_{12}(t)=L_1(t)/D_1, D_1=2$　流位$L_2(t)$　商方程 $R_{22}(t)=L_2(t)/D_2, D_2=2$　流位$L_3(t)$　商方程 $R_{32}(t)=L_3(t)/D_3, D_3=2$

2019+0.25
R_{11}(2019+0.25)=3000
L_1(2019+0.25)=0　/2　R_{12}(2019+0.25)=0
L_2(2019+0.25)=0　/2　R_{22}(2019+0.25)=0
L_3(2019+0.25)=0　/2　R_{32}(2019+0.25)=0

+ ×0.25　+　− ×0.25

2019+2×0.25
R_{11}(2019+2×0.25)=2000
L_1(2019+2×0.25)=3000×0.25=750　/2　R_{12}(2019+2×0.25)=750/2=375
L_2(2019+2×0.25)=0　/2　R_{22}(2019+2×0.25)=0
L_3(2019+2×0.25)=0　/2　R_{32}(2019+2×0.25)=0

+ ×0.25　+　− ×0.25

2019+3×0.25
R_{11}(2019+3×0.25)=2000
L_1(2019+3×0.25)=2000×0.25+750−375×0.25=1156.25　/2　R_{12}(2019+3×0.25)=1156.25/2=578.125
L_2(2019+3×0.25)=375×0.25=93.75　/2　R_{22}(2019+3×0.25)=93.75/2=46.875
L_3(2019+3×0.25)=0　/2　R_{32}(2019+3×0.25)=0

+ ×0.25　+　− ×0.25

2019+4×0.25
R_{11}(2019+4×0.25)=2000
L_1(2019+4×0.25)=2000×0.25+1156.25−578.125×0.25=1511.72　/2　R_{12}(2019+4×0.25)=1511.72/2=755.86
L_2(2019+4×0.25)=578.125×0.25+93.75−46.875×0.25=226.563　/2　R_{22}(2019+4×0.25)=226.563/2=113.2815
L_3(2019+4×0.25)=46.875×0.25=11.7188　/2　R_{32}(2019+4×0.25)=11.7188/2=5.8594

图 6.10　仿真数值表6.1运算过程图

特别是 3 阶延迟供应链运算过程图的对角线数据顶点，保留且展示了 $L_1(t)$, $L_2(t)$, $L_3(t)$ 流位变量及其流出率变量顶点值的计算过程值。见图 6.11。

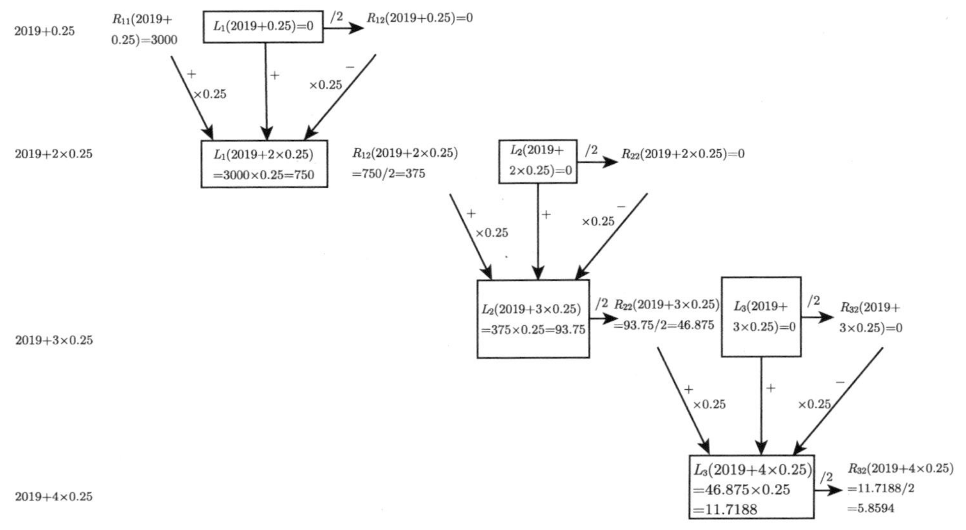

图 6.11　参数调控的 $L_1(t), L_2(t), L_3(t)$ 流位变量及其流出率的延迟量计算过程子图

图 6.11 清楚直观地回答了原提出的仿真结果数值前表 6.1 的难明问题：

为什么第一季度 $R_{11}(2019 + 0.25) = 3000$ 参数调控后，存在表对角线这样的 3 阶延迟量？

3. 运算过程图揭示的直接参数调控延迟量和前期延迟量的储存量的综合效应

注　多参数调控 3 阶延迟系统运算过程图 8 对角线下流位及其流出率保留的非零数据，为三参数 3000, 2000, 2000 调控的直接延迟量与延迟量储存效应值的综合效应。

(1)

$$\begin{aligned}&L_1(2019 + 3 \times 0.25)\\ =&2000 \times 0.25 + 750 - 375 \times 0.25 = 1156.25\end{aligned}$$

是 $R_{11}(2019 + 2 \times 0.25) = 2000$ 调控的延迟量 2000×0.25，和前期 $R_{11}(2019 + 0.25) = 3000$ 调控的延迟量的储存效应值 750−375×0.25=656.25 的综合效应，对应流出率综合效应为

$$R_{12}(2019 + 3 \times 0.25) = 1156.25/2 = 578.125。$$

(2)

$$L_1(2019 + 4 \times 0.25)$$

$$= 2000 \times 0.25 + 1156.25 - 578.125 \times 0.25 = 1511.72$$

是 $R_{11}(2019+3\times0.25)=2000$ 调控的延迟量 2000×0.25，和前期 $R_{11}(2019+0.25)=3000$，$R_{11}(2019+2\times0.25)=2000$ 调控的延迟量的储存效应值 $1156.25-578.125\times0.25=1011.718$ 的综合效应，对应流出率综合效应为

$$R_{12}(2019+4\times0.25)=1511.72/2=755.86。$$

(3)

$$\begin{aligned}&L_2(2019+4\times0.25)\\&=578.125\times0.25+93.75-46.875\times0.25=226.563。\end{aligned}$$

是前期 $R_{11}(2019+0.25)=3000$, $R_{11}(2019+2\times0.25)=2000$ 调控的延迟量的储存效应值。对应流出率综合效应为

$$R_{22}(T+3\times\mathrm{DT})=226.563/2=113.2815。$$

三参数 3000，2000，2000 调控的直接延迟量与延迟量储存效应的综合效应很有实际意义。这也揭示运算过程图具有展示直接延迟量与延迟量储存效应量的综合效应的功能。

仿真数值结果表中数据的运算过程图分析的小结：

(1) 图 6.4 运算过程图保留变量计算过程的数据顶点，精准回答了仿真数值表 6.1 的变量数值难理解的问题。运算过程图具有系统仿真数值计算过程的可视化功能。运算过程图实现了流图因果链、仿真方程、仿真程序和仿真数值 4 部分的直观有机结合。另外，数值计算过程的严格规范性也从一个角度展示了系统动力学模型的可靠性。

(2) 仿真数值结果表中数据的运算过程图分析又证明，运算过程图是参数调控延迟效应分析的有效工具。

6.2 表函数方程与系统结构变化

6.2.1 高新开发区建设时期用地系统表函数建立实例

表函数是系统动力学中的重要仿真函数，因为社会经济科技生态管理系统的统计数据全为表函数等。表函数中函数关系的确立一般应有充分的理由，否则会影响整个模型的可信性。

1. 建立表函数基本步骤

(1) 对表函数的有关变量重要关系进行分析；

(2) 确定自变量的变化和取值范围；

(3) 确定表函数的增减性；

(4) 找出表函数的特殊点与特殊线；

(5) 确定斜率；

(6) 扦值。

2. 表函数建立案例

1) 系统因果关系图模型

以高新开发区建设时期用地变化模型中的表函数建立，说明表函数的建立过程。其系统反馈因果关系图模型 (图 6.12) 如下。

图 6.12 左下反馈环前期为正反馈环，因为，前期“已建面积占用土地比”相对增加，“年建面积”也相对增加，为正因果链；后期为负反馈环，因为，前期“已建面积占用土地比”相对增加，“年建面积”也相对减少，为负因果链。

要求刻画：高新开发区建设时期 100 个月中用地定量变化规律，为刻画定量变化规律建立系统动力学仿真模型。

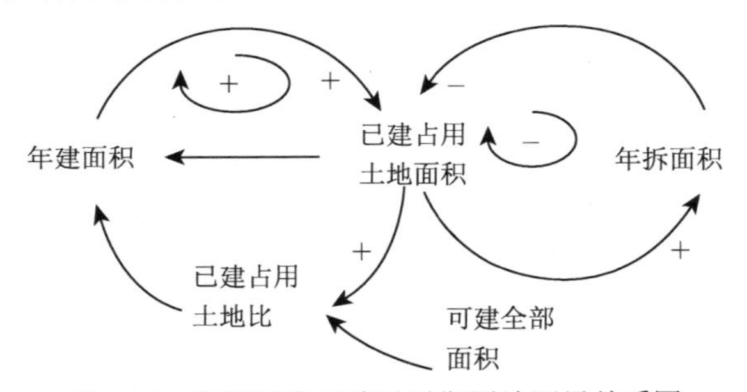

图 6.12　高新开发区建设时期用地因果关系图

2) 流率基本入树模型及部分仿真方程

建立系统流位流率系：{已建占用土地面积 $L_1(t)$，年建面积 $R_1(t)-$ 年拆面积 $R_2(t)$}。

建立基本流图模型 (图 6.13)，建立仿真变量方程如下。

(1) 流位变量方程：

$$L(t+\mathrm{DT}) = L(t) + \mathrm{DT} \times (R_1(t) - R_2(t)),$$
$$L_0 = 1000(\text{米}^2)。$$

(2) 流出率变量方程：

年拆面积 $R_2(t)$(米^2/年)=$L(t)$(米^2)× 年拆因子 K_2(1/年)。

基于多个开发区的实际分析，设年拆因子 $K_2=0.01$，0.01 为调控参数。

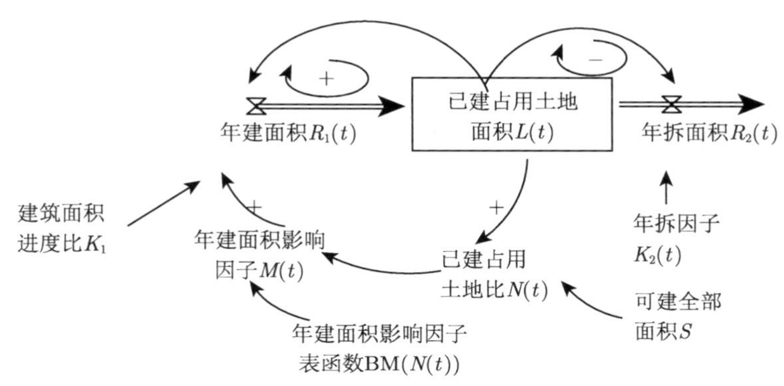

图 6.13 高新开发区建设时期用地流图

(3) 已建占用土地比 $N(t)$ 方程：

$$\begin{aligned}&\text{已建占用土地比 } N(t)\\=&\text{已建占用土地面积 } L(t)\ (\text{米}^2)/\text{可建全部面积} S\ (\text{米}^2),\\&\text{可建全部面积 } S=18000\ \text{米}^2。\end{aligned}$$

(4) 年建面积 $R_1(t)$ 流入率方程为乘积式：

$$R_1(t)(\text{米}^2/\text{年})=L(t)(\text{米}^2)\times \text{年建因子 } K_1(1/\text{年})\times M(t),\quad K_1=0.7。$$

其中 K_1 为已建面积占用土地比为 0.2 时的年新增建筑面积率，因为已建面积占用土地比为其他值，新建面积进度率非 0.7，所以需乘 K_1 修正因子 $M(t)$。

(5) K_1 修正因子 $M(t)$ 方程。

$M(t)$ 是已建占用土地比 $N(t)$ 的函数：

$$M(t)=f(N(t))。$$

此函数前期为增函数，后期为减函数，此函数无法用一般的初等函数刻画。

3) 建立修正因子 $M(t)$ 关于已建占用土地比 $N(t)$ 的表函数

(1) 用前面阐述的表函数六步建立法建立流入率 $R_1(t)$ 的修正因子 $M(t)$ 关于已建占用土地比 $N(t)$ 的表函数。表函数六步建立法中的第 1 步是对表函数的有关变量重要关系进行分析，此步工作已完成，以下是第 2 步开始建立此表函数。

(2) 确定占用土地比 $N(t)$ 的变化范围。

实际在建模研究时，已建土地比是 0.1，并且不考虑土地余留，故 $N(t)$ 的取值范围为 [0.1, 1] (表 6.2)，其中分点取等分点。

表 6.2 自变量占用土地比 $N(t)$ 的变化范围

$N(t)$	0.1	0.2	0.3	0.4	0.5	0.6	0.7	0.8	0.9	1.0
$M(t)$										

(3) 确定变函数的增减性。

因为由其他开发区对比实际分析，确定点 $N(t) = 0.4$ 时 $M(t)$ 取最大值，则:

当 $N(t) \in [0.1, 0.4]$ 时，$M(t) = f(N(t))$ 为增函数;

当 $N(t) \in [0.4, 1]$ 时，$M(t) = f(N(t))$ 为减函数。

(4) 确定特殊点

由 $R_1(t) = L(t) \times 0.7 \times M(N(t))$，根据历史统计数据, 当 $N(t) = 0.1$ 时, 年新增建筑面积率为 60%，则 $0.7 \times M(N(t)) = 0.6$，$M(N(t)) = 0.86$，得到第一个特殊点 (0.1, 0.86)。

由 $R_1(t)$ 流入率方程定义和变量关联分析，0.7 为 $N(t) = 0.2$ 时的新建年增面积率值，得到第二个特殊点 (0.2, 1)。

确定 $N(t) = 0.4$ 时 M 取最大值。利用系统动力学以外的预测方法对此预测值进行预测, 用其他工程对比分析，可以得到 M 的最大值为 1.1，即得到第三个特殊点 (0.4, 1.1)。

由问题直接得到第四个特殊点 (1, 0)。

经确定特殊点的表函数部分值如表 6.3 所示。

表 6.3 确定特殊点的表函数部分值

$N(t)$	0.1	0.2	0.3	0.4	0.5	0.6	0.7	0.8	0.9	1
$M(t)$	0.86	1		1.1						0

(5) 确定斜率。

实际分析，土地比是 0.4 前，斜率由大变小，因此 $N(t)$=0.3 时，取 $M(t)$=1.08。

实际分析，土地比是 0.4 后，斜率由小变大。

(6) 扦值。

依斜率由小变大，如何确定土地比 $N(t) = 0.4$ 至 $N(t) = 1$ 中间 7 个点对应的 $M(N(t))$ 的值，如何扦值？这是一个待研究的难点问题。本处通过以下实际计算确定：由对应 $M(t) = 1.1$ 至 $M(t) = 0$，其差为 1.1，自变量 $N(t)$ 由 0.4 至 1，中间 6 个自变量 $N(t)$ 点，$M(N(t))$ 平均减少值近似 0.18。

依据斜率由大变小，自变量 $N(t) = 0.4$ 前，每点对应 $M(N(t))$ 增加值逐渐减少，基于实际分析，当 $N(t) = 0.3$ 时，$M(N(t))$ 增加 0.08，则 $M(N(t)) = 1.08$。

据斜率绝对值由小变大，在自变量 $N(t)=0.4$ 后，每点对应的 $M(N(t))$ 减少量小于 0.18。设 $N(t)=0.5$ 时，$M(N(t))$ 减少 0.03，则 $M(N(t))=1.07$；$N(t)=0.6$ 时，$M(N(t))$ 减少 0.09，则 $M(N(t))=0.98$；$N(t)=0.7$ 时，$M(N(t))$ 减少 0.16，则 $M(N(t))=0.82$；$N(t)=0.8$ 时，$M(N(t))$ 减少 0.2，则 $M(N(t))=0.62$；$N(t)=0.9$ 时，$M(N(t))$ 减少 0.27，则 $M(N(t))=0.3$。

确定 $M(t)=f(N(t))$ 表函数如表 6.4 所示。

表 6.4 $M(t)=f(N(t))$ 表函数

$N(t)$	0.1	0.2	0.3	0.4	0.5	0.6	0.7	0.8	0.9	1.0
$M(t)$	0.86	1	1.08	1.1	1.07	0.98	0.82	0.62	0.35	0

(7) 仿真结果。

取仿真步长 DT = 1，仿真区间 [0, 10]，或仿真曲线与仿真数值结果。

已建占用土地面积 $L(t)$、土地比 $N(t)$、年建面积影响因子 $M(t)$、年建面积 $R_1(t)$ 仿真曲线 (图 6.14)，其中曲线 $L(t)$ 与曲线 $N(t)$ 近似重合 (坐标单位刻度不同)。

已建占用土地面积 $L(t)$、土地比 $N(t)$、年建面积影响因子 $M(t)$、年建面积 $R_1(t)$ 仿真关键数值结果 (表 6.5)。

此仿真结果的增减变化特性主要来源于表函数的作用。

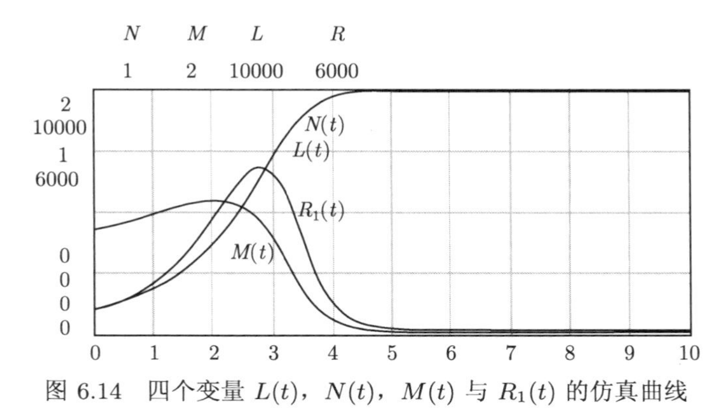

图 6.14 四个变量 $L(t)$，$N(t)$，$M(t)$ 与 $R_1(t)$ 的仿真曲线

表 6.5 $L(t)$, $N(t)$, $M(t)$ 与 $R_1(t)$ 四个变量的关键数据表

t	0	0.1	2.1	2.2	2.7	2.8	8.3	8.4	10
$L(t)$	1000	1059.2 增	3949	4248.88 增	6044.86	6450.46 增	9959.18	9959.18 同	9959.18
$N(t)$	0.1	0.10592 增	0.3949	0.424888 增	0.604486	0.645046 增	0.995918	0.995918 同	0.995918
$M(t)$	0.8	0.86828 增	1.09915	1.0917 增	0.972822	0.907927 增	0.0142865	0.014286 同	0.0142865
$R_1(t)$	602	643.783 增	3038.38	3246.97 增	4166.4	4099.58 减	99.597	99.5941 同	99.5941

6.2.2 高新开发区建设时期用地系统反馈环极性转移

1. 反馈环极性转移概念

定义 6.2.1 在一个时间区间内，一个反馈环内的一个或多个因果链的正、负极性发生变化，使此反馈环的正、负极性也发生变化，则称此反馈环发生了极性转移。

反馈环的极性转移有很强的社会经济背景。

2. 高新开发区建设时期用地系统反馈环极性转移实例分析

基于高新开发区建设时期用地系统模型的仿真结果和仿真曲线结果，进行土地比 $N(t)$ 影响反馈环极性转移分析。

由高新开发区建设时期用地系统模型 (图 6.13) 可知，已建占用土地面积 $L(t)$、土地比 $N(t)$、年建面积影响因子 $M(t)$、年建面积 $R_1(t)$ 构成“土地比 $N(t)$”影响反馈环。

基于表 6.5 的 $L(t)$, $N(t)$, $M(t)$ 与 $R_1(t)$ 四个变量关键数据和图 6.14 的仿真曲线，进行“土地比 $N(t)$”的极性转移分析。

(1) t 在时间区间 [0, 2.1] 内变化，“土地比 $N(t)$ 影响的反馈环”为正反馈环 (图 6.15)。

因为表 6.5 和图 6.14 同时揭示，在 t 为时间区间 [0, 2.1] 内，$L(t)$ 至 $N(t)$、$N(t)$ 至 $M(t)$、$M(t)$ 至 $R_1(t)$ 及 $R_1(t)$ 至 $L(t)$ 皆为正因果链。

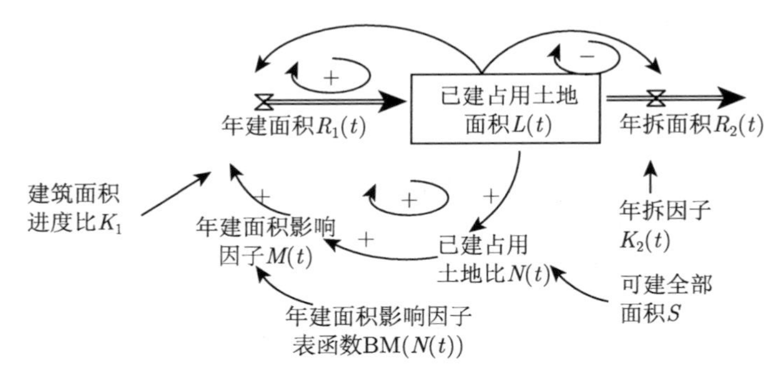

图 6.15 t 为 [0, 2.1] 内“土地比 $N(t)$ 影响的反馈环”为正反馈环流图模型

(2) t 在时间区间 [2.2, 2.7] 内变化，“土地比 $N(t)$ 影响的反馈环”为负反馈环，且 $R_1(t)$ 仍增加 (图 6.16)。

因为表 6.5 和图 6.14 同时揭示，t 在时间区间 [2.2, 2.7] 内，$N(t)$ 相对增加，$M(t)$ 相对减少，$N(t)$ 至 $M(t)$ 为负因果链。但 $R_1(t) = L(t) \times K_1 \times M(t)$ 仿真公式中，$L(t)$ 因子变量仍相对增加，且相对增加的量大于 $M(t)$ 因子相对减少的量，所以 $R_1(t)$ 仍相对增加。因此，在时间区间 [2.2, 2.7] 内变化，“土地比 $N(t)$ 影响的反馈环”存在一条负因果链的负反馈环，且 $R_1(t)$ 仍相对增加。

(3) t 在时间区间 [2.8, 8.3] 内变化，“土地比 $N(t)$ 影响的反馈环”为负反馈环，$R_1(t)$ 相对减少 (图 6.17)。

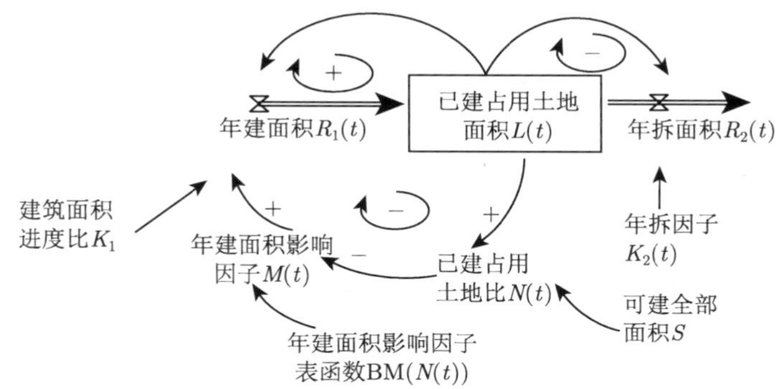

图 6.16 t 为 [2.2, 2.7] 内“土地比 $N(t)$ 影响的反馈环”为负反馈环且 $R_1(t)$ 增加流图模型

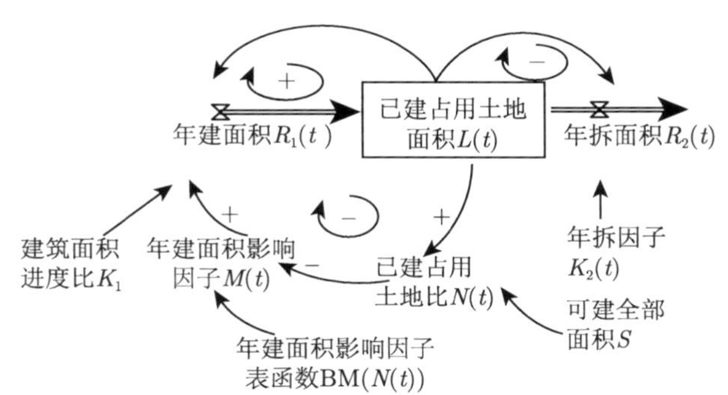

图 6.17 t 为 [2.2, 2.7] 内“土地比 $N(t)$ 影响的反馈环”为负反馈环且 $R_1(t)$ 减少流图模型

因为表 6.5 和图 6.14 同时揭示，t 在时间区间 [2.8, 8.3] 内，$N(t)$ 相对增加，$M(t)$ 相对减少，$N(t)$ 至 $M(t)$ 为负因果链。但 $R_1(t) = L(t) \times K_1 \times M(t)$ 仿真公式中，$L(t)$ 因子变量仍相对增加，且相对增加的量小于 $M(t)$ 因子相对减少的量，所以 $R_1(t)$ 转为相对减少。因此，在时间区间 [2.8, 8.3] 内变化，“土地比 $N(t)$ 影响的反馈环”为负反馈环，且 $R_1(t)$ 仍相对减少。

(4) t 在时间区间 [8.4, 10] 内变化，表 6.5 揭示：$L(t)$, $N(t)$, $M(t)$, $R_1(t)$ 四个变量值不变，构成各变量值不变的闭合因果链环 (图 6.18)。

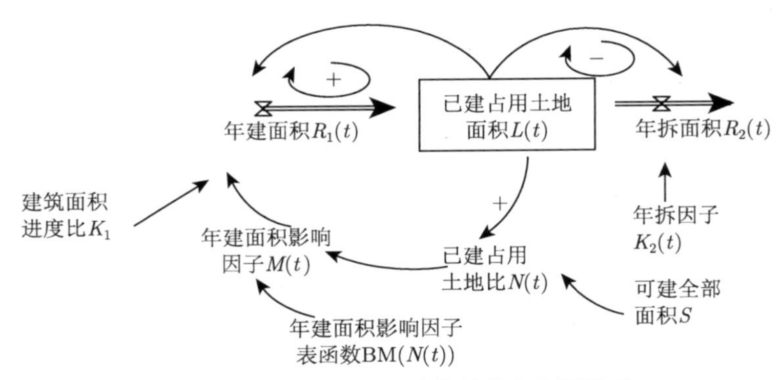

图 6.18　t 为 [8.4, 10] 内整体稳定流图模型

在此刻画实际系统中，各个环节皆努力，则整体近似稳定运行。

6.2.3　高新开发区建设时期用地系统主导反馈环转移

1. 主导反馈环转移定义

定义 6.2.2　(1) 若一个变量关联两条以上反馈环，在一个时间区间内起主要作用的反馈环，称为此变量在此时间区间内的主导反馈环; (2) 若一个变量关联两条以上反馈环，在不同时间区间内其主导反馈环发生变化，此种变化称为主导反馈环转移。

社会经济系统发展中主导反馈环转移有很强的实际背景，对主导反馈环转移问题进行研究很有意义。

2. 高新开发区建设时期用地系统主导反馈环转移实例分析

由高新开发区建设时期用地系统流图模型 (图 6.13) 可知，$R_1(t)$ 变量关联两条反馈环，一条为“土地比 $N(t)$ 影响的反馈环”，另一条为“$L(t)$ 和 $R_1(t)$ 互促正反馈环”。

表 6.5 和图 6.14 同时揭示，变量 $R_1(t)$ 关联的反馈环存在以下主导反馈环转移:

(1) t 在时间区间 [2.2, 2.7] 内变化，变量 $R_1(t)$ 的主导反馈环为“$L(t)$ 和 $R_1(t)$ 互促正反馈环”。因为 t 在时间区间 [2.2, 2.7] 内变化，“土地比 $N(t)$ 影响的反馈环”为负反馈环，$M(t)$ 相对减少但 $R_1(t)$ 仍相对增加，$R_1(t)$ 随 $L(t)$ 同增，随“$L(t)$ 和 $R_1(t)$ 互促正反馈环”增加，见图 6.15，“$L(t)$ 和 $R_1(t)$ 互促正反馈环”为主导反馈环。

(2) t 在时间区间 [2.8, 8.3] 内变化，变量 $R_1(t)$ 的主导反馈环为“土地比 $N(t)$ 影响的反馈环”。因为 t 在时间区间 [2.8, 8.3] 内变化，“土地比 $N(t)$ 影响的反馈环”为负反馈环，$L(t)$ 和 $R_1(t)$ 互促为正反馈环，尽管 $L(t)$ 相对增大但 $R_1(t)$ 相对减少，与“土地比 $N(t)$ 影响的反馈环”的 $M(t)$ 同减，见图 6.16，“土地比 $N(t)$ 影响的反馈环”为主导反馈环。

6.3 确定复杂系统关键变量主导结构

6.3.1 确定复杂系统关键变量主导结构的相关概念与步骤

1. 确定复杂系统关键变量主导结构的理论背景

系统动力学认为，系统的整体行为模式与特性主要取决于其内部的整体动态结构和反馈机制，根据主导结构作用原理，可进而认为主要取决于主导结构和主导回路的作用，对主导结构的研究有重要的意义。

1) 研究主导结构的意义

主导结构对系统行为模式起决定性作用，是正确理解一个系统行为特性的关键。

在确定主导结构的条件下，才可以进一步研究由哪些重要的状态变量、流率变量、反馈回路和非线性的共同作用，使主导结构转移和更迭。

主导结构的确定有助于灵敏度与政策分析，对模型行为影响大的参数绝大部分出现在主导结构中，以模型模拟为基础的政策分析的任务在于优选政策和寻找政策的施加点，这些施加点必分布于对特定行为模式有重大影响的主导结构与主导回路中。

2) 系统关键变量主导结构研究的意义

复杂系统主导结构确定研究中，是以全模型模拟确定模型的主要行为模式及其性质、特点，以一定的指标集加以测度。在实践中，指标集为含多变量的情况下，往往任一回路的隔离将严重影响指标集中某一或某些变量的作用，进而难以确定以指标集测度的主导结构。

复杂系统研究中，常聚焦对某些关键变量的有效管理的研究。因此，提出关键变量主导结构的定义，即不同的关键变量对应不同的主导结构，可逐一进行关键变量主导结构确定研究。

3) 逐步隔离非主导回路法

隔离回路法是确定复杂系统主导结构的一种传统的方法，此方法缺点在于：

(1) 当模型较大时，模型中有众多的参数、变量和回路，难于了解模型的具体结构和进行隔离非主导回路的操作；

(2) 此方法的工作量繁重，几乎每一条回路的作用都需要经过隔离测试和模拟分析，因此测试的次数是巨大的。

团队提出了逐步删除法确定系统关键变量主导结构。此方法利用团队创新的反馈环、反馈基模计算技术，可根据计算结果有效了解与分析模型的具体结构；且利用计算结果，可根据不同的系统实际情况，借助切断信息和回路 (集) 的通道，有选择地隔离回路 (集)。

2. 相关概念

定义 6.3.1　若 $G_1(t)$ 是模型 $G(t)$ 的子模型，对于 $G(t)$ 中所研究的变量系列 $\{X_1(t), X_2(t), \cdots, X_k(t)\}(k \geqslant 1)$，如果对于任意变量 $X_m(t) \in \{X_1(t), X_2(t), \cdots, X_k(t)\}$，$X_m(t)$ 在子模型 $G_1(t)$ 中的数值满足在 $G(\mathrm{t})$ 中所要求的精确度 $\varDelta$，则称 $G_1(t)$ 为 $\{X_1(t), X_2(t), \cdots, X_k(t)\}$ 在精确度 $\varDelta$ 下的 $G(t)$ 的主导结构。

若变量系列中仅含唯一变量 $X(t)$，则称 $G_1(t)$ 为 $X(t)$ 在精确度 $\varDelta$ 下的 $G(t)$ 的主导结构。此时变量 $X(t)$ 的主导结构，一般为系统内仅包含变量 $X(t)$ 主导反馈环的主导反馈基模结构。

定义 6.3.2　以流率基本入树 $T_i(t)$ 中全体枝向量为元素，按树尾流位变量 (或流率变量) 下标依次排列构成的向量 $(R_i(t), L_{j1}(t)), \cdots, (R_i(t), L_{jm}(t))$ 称为对应入树 $T_i(t)$ 的树向量，记为 $(R_i(t), L_{j1}(t) - \cdots - L_{jm}(t))$。其中，省略树尾到树根之间的辅助变量。

根据嵌运算的定义，给出树向量乘法的定义。

定义 6.3.3　树向量乘法

$$
\begin{aligned}
&(R_i(t), L_{j1}(t) - \cdots - L_{jk}(t) - \cdots - L_{jm}(t)) \\
&\times (R_t(t), L_{p1}(t) - \cdots - L_{pq}(t) - \cdots - L_{pn}(t)) \\
=&\begin{cases}
(R_i(t), L_{j1}(t) - \cdots - L_{jm}(t) - L_{jk}(t), R_{jk}(t), L_{p1}(t) - \cdots - L_{pq}(t) \\
\quad - \cdots - L_{pn}(t)), \quad R_t(t) \text{ 为 } L_{jk}(t) \text{ 的流率且各枝无相同辅助变量;} \\
(R_t(t), L_{p1}(t) - \cdots L_{pn}(t) - L_{pq}(t), R_{pq}(t), L_{j1}(t) - \cdots - L_{jk}(t) \\
\quad - \cdots - L_{jm}(t)), \quad R_i(t) \text{ 为 } L_{pq}(t) \text{ 的流率且各枝无相同辅助变量;} \\
0, \quad \text{其他情况。}
\end{cases}
\end{aligned}
$$

树向量的乘法满足交换律和结合律，其本质为嵌运算，此定义为树向量行列式代数运算求全体反馈基模的基础。

定义 6.3.4　树向量行列式

$$
\begin{vmatrix}
\begin{matrix}(R_1(t), L_{i1}(t) \\ - \cdots - L_{in}(t))\end{matrix} & 1 & 1 & \cdots & 1 & 1 \\
0 & \begin{matrix}(R_2(t), L_{j1}(t) \\ - \cdots - L_{jn}(t))\end{matrix} & 1 & \cdots & 1 & 1 \\
\vdots & \vdots & \vdots & & \vdots & \vdots \\
0 & 0 & 0 & \cdots & \begin{matrix}(R_n(t), L_{n1}(t) \\ - \cdots - L_{nn}(t))\end{matrix} & 1 \\
1 & 1 & 1 & \cdots & 1 & 1
\end{vmatrix}。
$$

注 (1) 符合以上形式的行列式定义为树向量行列式，此树向量行列式与枝向量行列式有相同的计算性质。

(2) 若流率变量含某一流位变量为尾的多个枝，在构造行列式时不需以系数计枝的条数。计算结果以流图表示时，再考虑多枝的信息。

(3) 计算此树向量行列式可求系统全体反馈基模的集合，前文研究中删除入树组合的定理及删除法则 1 与删除法则 2，是删除经嵌运算不能生成基模的入树组合，在树向量行列式反馈基模计算中，同样可以应用。

如：对应王禾丘生态能源系统流率基本入树模型，构造的树向量行列式为

$$\begin{vmatrix} \begin{matrix}(R_1(t), L_2\\ -3(t))\end{matrix} & 1 & 1 & 1 & 1 & 1 \\ 0 & \begin{matrix}(R_2(t), L_1\\ -3(t))\end{matrix} & 1 & 1 & 1 & 1 \\ 0 & 0 & \begin{matrix}(R_3(t), L_1\\ -4(t))\end{matrix} & 1 & 1 & 1 \\ 0 & 0 & 0 & \begin{matrix}(R_4(t), L_1\\ -5(t))\end{matrix} & 1 & 1 \\ 0 & 0 & 0 & 0 & \begin{matrix}(R_5(t), L_1\\ -3-4(t))\end{matrix} & 1 \\ 1 & 1 & 1 & 1 & 1 & 1 \end{vmatrix}。$$

根据此树向量行列式，按行或列展开后计算，得到系统全体基模为

全体二阶基模为：$G_{12}(t)$, $G_{13}(t)$, $G_{14}(t)$, $G_{15}(t)$, $G_{45}(t)$;

全体三阶基模为：$G_{123}(t)$, $G_{124}(t)$, $G_{125}(t)$, $G_{134}(t)$, $G_{135}(t)$, $G_{145}(t)$, $G_{345}(t)$;

全体四阶基模为：$G_{1234}(t)$, $G_{1235}(t)$, $G_{1245}(t)$;

全体五阶基模为：$G_{12345}(t)$。

3. 逐步删除法确定系统关键变量主导结构的步骤

逐步删除法确定系统关键变量主导结构的基本思想是按入树、反馈环与因果链顺序，逐步删除系统关键变量的非主导回路与变量，进而确定关键变量主导结构。逐步删除法的基本步骤如下。

步骤 1：确定系统关键变量主导结构的精确度 Δ。

步骤 2：利用树向量行列式，计算流率基本入树模型全体基模集 $A(t)$，确定系统关键变量主导基模。

按照含关键变量反馈基模阶数从大到小的顺序，仿真模拟关键变量的行为，满足精确度 Δ 的阶数最小的基模，即为系统关键变量主导基模。

步骤 3：确定系统关键变量主导反馈环。

利用枝向量行列式计算系统关键变量主导基模 2 阶至 n 阶全部反馈环，用隔离回路的方法，仿真删除关键变量非主导反馈环 (组)。

步骤 4：删除不进入主导反馈环的非主导因果链 (组)，得到系统关键变量主导结构。

6.3.2 世界模型 II

本节利用世界模型 II，进行复杂系统关键变量主导结构确定研究。

世界模型 II 是 Forrester 等建立的，建立世界模型的任务是由国际学术组织罗马俱乐部提出来的。1970 年 6 月罗马俱乐部的成员聚于瑞士，打算进行一项题为“人类的困境”的研究课题，他们困惑当前世界所面临的人口增长与资源日趋枯竭的严峻态势。但对这样一个多因素交互作用的全球性问题又感到缺乏合适的研究方法。Forrester 参加了这次会议，提出用他们开发的系统动力学方法进行研究。罗马俱乐部成员遂于当年 7 月赴麻省理工学院 (MIT) 作为期 10 天的考察、观摩和研讨，之后罗马俱乐部执行委员会决定在 MIT 成立一个以 Meadows 教授 (Forrester 的学生) 为首的 17 人国际研究小组。

建立世界模型 II 的目的是研究地球上人口增长、非再生资源消耗、工业化资本增加、污染排放与治理、食物供应等之间的相互作用及各种可能出现的人类前景。

1. 世界模型 II 的流图及简化流率基本入树模型

世界模型 II 的流位流率系如下：

(1) 人口子系统中流位变量为人口数 $P(t)$(人)，其流入率为年出生人口 BR(t) (人/年)，其流出率为年死亡人口 DR(t)(人/年)。

(2) 自然资源子系统中的流位变量自然资源量 NR(t)(自然资源单位)，其流出率为年自然资源消耗量 NRUR(t)(自然资源单位/年)。因为世界模型 II 中自然资源 NR(t) 是非再生资源，所以 NR(t) 无流入率。

(3) 资本子系统中流位变量为资本量 CI(t)(资本单位)，其流入率为年资本投入 CIG(t)(资本单位/年)，其流出率为资本折旧 CID(t)(资本单位/年)。

(4) 农业子系统中流位变量为农业资本比重 CIAF(t)(无量纲)，其流率 RAT(t) (1/年) 合并为辅助变量，将在方程中可明白合并的内容。

(5) 污染子系统中的流位变量为污染量 POL(t)(无量纲)，其流入率为年污染排放 POLG(t)(污染单位/年)，其流出率为年污染治理量 POLA(t)(污染单位/年)。

这 5 个流位变量与它们对应的流率变量构成流位流率系：

$\{[P(t),\ \mathrm{BR}(t)-\mathrm{DR}(t)],\ [\mathrm{NR}(t),\ -\mathrm{NRUR}(t)],\ [\mathrm{CI}(t),\ \mathrm{CIG}(t)-\mathrm{CID}(t)],\ [\mathrm{CIAF}(t),\mathrm{RAT}(t)],[\mathrm{POL}(t),\mathrm{POLG}(t)-\mathrm{POLA}(t)]\}$。

世界模型 II 的流图如下 (图 6.19)。

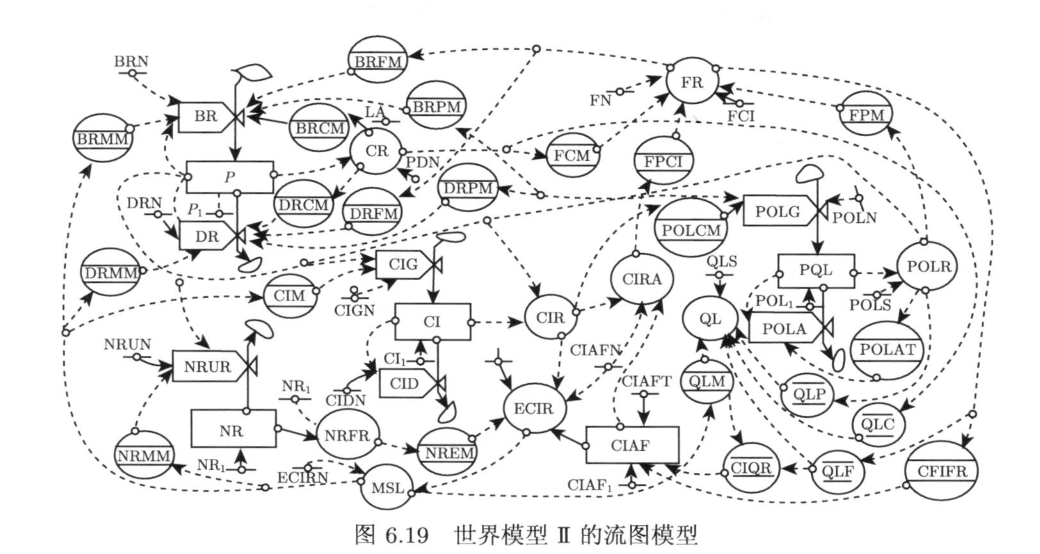

图 6.19 世界模型 Ⅱ 的流图模型

世界模型 Ⅱ 的简化流率基本入树模型如下 (图 6.20)。

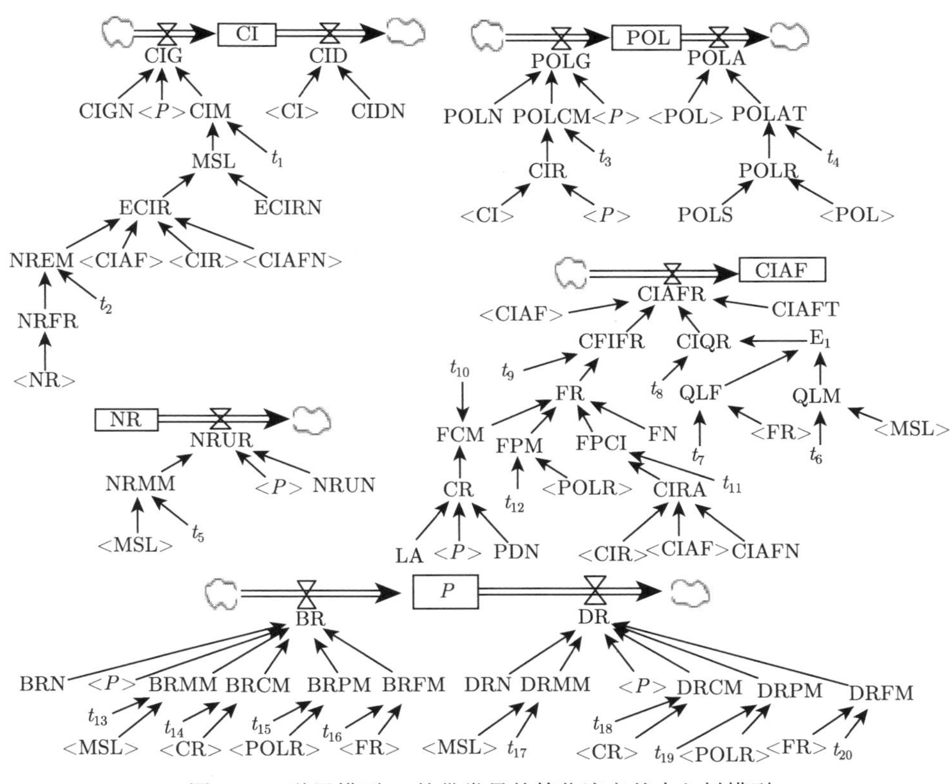

图 6.20 世界模型 Ⅱ 的带常量的简化流率基本入树模型

2. 世界模型 II 的仿真方程及仿真结果

世界模型 II 的全部仿真方程如下：

$P(t) = P(t-\Delta t) + \Delta t \times [\mathrm{BR}(t-\Delta t) - \mathrm{DR}(t-\Delta t)]$,

初始值 $P = P_1, P_1 = 1.65 \times 10^9$,

$$\mathrm{BR}(t) = P(t) \times [\text{IF THEN ELSE}(t < \mathrm{SWT}_1, \mathrm{BRN}_1, \mathrm{BRN})] \times \mathrm{BRFM}(t) \times \mathrm{BRMM}(t) \times \mathrm{BRCM}(t) \times \mathrm{BRPM}(t),$$

$\mathrm{BRN} = 0.04, \quad \mathrm{BRN}_1 = 0.04, \quad \mathrm{SWT}_1 = 1970$,

其中，IF THEN ELSE ($t < \mathrm{SWT}_1$, BRN_1, BRN) 为选择函数，定义为：当 $t < \mathrm{SWT}_1$ 时，函数值为前 BRN_1，当 $t \geqslant \mathrm{SWT}_1$ 时，函数值为后 BRN，采用选择函数，便于“人”参与调控刻画，此处 $\mathrm{BRN} \neq \mathrm{BRN}_1$ 就有这意义。下文将会多处采用选择函数，其概念相同。

表 6.6　表函数 $\mathrm{BRMM}(t) = f_1(\mathrm{MSL}(t))$

MSL(t)	0	1	2	3	4	5
BRMM(t)	1.2	1	0.85	0.75	0.7	0.7

$\mathrm{MSL}(t) = \mathrm{ECIR}(t)/\mathrm{ECIRN}$,

$\mathrm{ECIRN} = 1$,

$\mathrm{ECIR}(t) = \mathrm{CIR}(t) \times (1 - \mathrm{CIAF}(t)) \times \mathrm{NREM}(t)/(1 - \mathrm{CIAFN})$,

$\mathrm{CIAFN} = 0.3$。

表 6.7　表函数 $\mathrm{NREM}(t) = f_2(\mathrm{NRFR}(t))$

NRFR(t)	0	0.25	0.5	0.75	1
NREM(t)	0	0.15	0.5	0.85	1

$\mathrm{NRFR}(t) = \mathrm{NR}(t)/\mathrm{NRI}$,

$\mathrm{NR}(t) = \mathrm{NR}(t-\Delta t) + \Delta t \times (-\mathrm{NRUR}(t-\Delta t))$,

$\mathrm{NR}(t) = \mathrm{NR}_1(t) = 900 \times 10^9$,

$\mathrm{NRUR}(t) = P(t)[\text{IF THEN ELSE}(t < \mathrm{SWT}_2, \quad \mathrm{NRUN}_1, \quad \mathrm{NRUN})] \times \mathrm{NRMM}(t)$,

$\mathrm{NRUN} = 1, \quad \mathrm{NRUN}_1 = 1, \quad \mathrm{SWT}_2 = 1970$。

表 6.8　表函数 $\mathrm{NRMM}(t) = f_{17}(\mathrm{MSL}(t))$

MSL(t)	0	1	2	3	4	5	6	7	8	9	10
NRMM(t)	0	1	1.8	2.4	2.9	3.3	3.6	3.8	3.9	3.95	4

$$\mathrm{DR}(t) = P(t) \times [\mathrm{IF\ THEN\ ELSE}(t < \mathrm{SWT}_3, \mathrm{DRN}_1, \mathrm{DRN})] \times \mathrm{DRFM}(t) \times \mathrm{DRMM}(t) \times \mathrm{DRCM}(t) \times \mathrm{DRPM}(t),$$

$\mathrm{DRN} = 0.028,\quad \mathrm{DRN}_1 = 0.028,\quad \mathrm{SWT}_3 = 1970$。

表 6.9 表函数 $\mathrm{DRMM}(t) = f_3(\mathrm{MSL}(t))$

MSL(t)	0	0.5	1	1.5	2	2.5	3	3.5	4	4.5	5
DRMM(t)	3	1.8	1	0.8	0.7	0.6	0.53	0.5	0.5	0.5	0.5

表 6.10 表函数 $\mathrm{DRPM}(t) = f(\mathrm{POLR}(t))$

POLR(t)	0	10	20	30	40	50	60
DRPM(t)	0.92	1.3	2	3.2	4.8	6.8	9.2

表 6.11 表函数 $\mathrm{DRFM}(t) = f_4(\mathrm{FR}(t))$

FR(t)	0	0.25	0.5	0.75	1	1.25	1.5	1.75	2
DRFM(t)	30	3	2	1.4	1	0.7	0.6	0.5	0.5

表 6.12 表函数 $\mathrm{DRCM}(t) = f(\mathrm{CR}(t))$

CR(t)	0	1	2	3	4	5
DRCM(t)	0.9	1	1.2	1.5	1.9	3

$$\mathrm{CR}(t) = P(t)/(\mathrm{LA} \times \mathrm{PDN}),$$

$\mathrm{LA} = 1.35 \times 10^6,\quad \mathrm{PDN} = 26.5$。

表 6.13 表函数 $\mathrm{BRCM}(t) = f_5(\mathrm{CR}(t))$

CR(t)	0	1	2	3	4	5
BRCM(t)	1.05	1	0.9	0.7	0.6	0.55

表 6.14 表函数 $\mathrm{BRFM}(t) = f(\mathrm{FR}(t))$

FR(t)	0	1	2	3	4
BRFM(t)	0	1	1.6	1.9	2

表 6.15 表函数 $\mathrm{BRPM}(t) = f_6(\mathrm{POLR}(t))$

POLR(t)	0	10	20	30	40	50	60
BRPM(t)	1.02	0.9	0.7	0.4	0.25	0.15	0.1

$$\mathrm{FR}(t) = \mathrm{FPCI}(t) \times \mathrm{FCM}(t) \times \mathrm{FPM}(t) \times [\mathrm{IF\ THEN\ ELSE}(t < \mathrm{SWT}_7, \mathrm{FC}_1, \mathrm{FC})]/\mathrm{FN}。$$

表 6.16　表函数 $\mathrm{FCM}(t) = f_7(\mathrm{CR}(t))$

CR(t)	0	1	2	3	4	5
FCM(t)	2.4	1	0.6	0.4	0.3	0.2

表 6.17　表函数 $\mathrm{FPCI}(t) = f(\mathrm{CIRA}(t))$

CIRA(t)	0	1	2	3	4	5	6
FPCI(t)	0.5	1	1.4	1.7	1.9	2.05	2.2

$$\mathrm{CIRA}(t) = \mathrm{CIR}(t) \times \mathrm{CIAF}(t)/\mathrm{CIAFN},$$
$$\mathrm{CIR}(t) = \mathrm{CI}(t)/P(t),$$
$$\mathrm{CI}(t) = \mathrm{CI}_1(t) = 0.4 \times 10^9,$$
$$\mathrm{CIG}(t) = P(t) \times \mathrm{CIM}(t) \times [\text{IF THEN ELSE}(t < \mathrm{SWT}_4, \mathrm{CIGN}_1, \mathrm{CIGN})],$$
$$\mathrm{CIGN}(t) = 0.05, \quad \mathrm{CIGN}_1(t) = 0.05, \quad \mathrm{SWT}_4 = 1970。$$

表 6.18　表函数 $\mathrm{CIM}(t) = f_8(\mathrm{MSL}(t))$

MSL(t)	0	1	2	3	4	5
CIM(t)	0.1	1	1.8	2.4	2.8	3

$$\mathrm{CID}(t) = \mathrm{CI}(t) \times [\text{IF THEN ELSE}(t < \mathrm{SWT}_5, \mathrm{CIDN}_1, \mathrm{CIDN})],$$
$$\mathrm{CIDN}(t) = 0.025, \quad \mathrm{CIDN}_1(t) = 0.025, \quad \mathrm{SWT}_5 = 1970。$$

表 6.19　表函数 $\mathrm{FMP}(t) = f_9(\mathrm{POLR}(t))$

POLR(t)	0	10	20	30	40	50	60
FMP(t)	1.02	0.9	0.65	0.35	0.2	0.1	0.05

$$\mathrm{POLR}(t) = \mathrm{POL}(t)/\mathrm{POLS},$$
$$\mathrm{POLS} = 3.6 \times 10^9,$$
$$\mathrm{POL}(t) = \mathrm{POL}(t - \Delta t) + \Delta t(\mathrm{POLG}(t - \Delta t) - \mathrm{POLA}(t - \Delta t)),$$
$$\mathrm{POL} = \mathrm{POL}_1 = 0.2 \times 10^9,$$
$$\mathrm{POLG}(t) = P(t) \times [\text{IF THEN ELSE}(t < \mathrm{SWT}_6, \mathrm{POLN}_1, \mathrm{POLN})] \times \mathrm{POLCM}(t),$$
$$\mathrm{POLN} = \mathrm{POLN}_1 = 1。$$

表 6.20　表函数 $\mathrm{POLCM}(t) = f_{10}(\mathrm{CIR}(t))$

CIR(t)	0	1	2	3	4	5
POLCM(t)	0.05	1	3	5.4	7.4	8

$$\text{POLA}(t) = \text{POL}(t)/\text{POLAT}(t)。$$

表 6.21 表函数 POLAT(t) = f_{11}(POLR(t))

POLR(t)	0	10	20	30	40	50	60
POLAT(t)	0.6	2.5	5	8	11.5	15.5	20

$$\begin{aligned}\text{CIAF}(t) =& \text{CIAF}(t-\Delta t) + (\Delta t/\text{CIAFT}) \\ & \times (\text{CFIFR}(t-\Delta t) \times \text{CIQR}(t-\Delta t) - \text{CIAF}(t-\Delta t)),\end{aligned}$$

$$\text{CIAF} = \text{CIAF1} = 0.2, \quad \text{CIAFT} = 15。$$

表 6.22 表函数 CFIFR(t) = f_{12}(FR(t))

FR(t)	0	0.5	1	1.5	2
CFIFR(t)	1	0.6	0.3	0.15	0.1

$$\text{QL}(t) = \text{QLS} \times \text{QLM}(t) \times \text{QLC}(t) \times \text{QLF}(t) \times \text{QLP}(t),$$

$$\text{QLS} = 1。$$

表 6.23 表函数 QLM(t) = f_{13}(MSL(t))

MSL(t)	0	1	2	3	4	5
QLM(t)	0.2	1	1.7	2.3	2.7	2.9

表 6.24 表函数 QLC(t) = f_{14}(CR(t))

CR(t)	0	0.5	1	1.5	2	2.5	3	3.5	4	4.5	5
QLC(t)	2	1.3	1	0.75	0.55	0.45	0.38	0.3	0.25	0.22	0.2

表 6.25 表函数 QLF(t) = f_{15}(FR(t))

FR(t)	0	1	2	3	4
QLF(t)	0	1	1.8	2.4	2.7

表 6.26 表函数 QLP(t) = f_{16}(POLR(t))

POLR(t)	0	10	20	30	40	50	60
QLP(t)	1.04	0.85	0.6	0.3	0.15	0.05	0.02

表 6.27 表函数 CIQR(t) = f_{18}(QLM(t))/QLF(t)

FR(t)	0	0.5	1	1.5	2
QLF(t)	0.7	0.8	1	1.5	2

模型中的变量、常量定义及量纲：

P：人口数 (人)；

BR：年出生人口 (人/年)；

DR：年死亡人口 (人/年)；

P_1：人口初始值 (人)；

BRN：正常情况下的出生率 (百分数/年)；

BRFM：出生率的食物因子 (无量纲)；

BRMM：出生率的物质因子 (无量纲)；

BRCM：出生率的拥挤因子 (无量纲)；

BRPM：出生率的污染因子 (无量纲)；

MSL：物质生活水平 (无量纲)；

ECIR：人均有效资本 (资本单位/年)；

ECIRN：正常情况下的人均有效资本 (资本单位/年)；

CIR：人均资本 (资本单位/年)；

CIAF：农业资本比重 (无量纲)；

CIAFT：农业资本比重调整时间 (年)；

NREM：自然资源采掘因子 (无量纲)；

CIAFN：正常情况下农业资本比重 (无量纲)；

NRFR：自然资源剩余率 (无量纲)；

NR：自然资源 (自然资源单位)；

NR_1：自然资源初始值 (自然资源单位)；

NRUR：自然资源年消耗量 (自然资源单位/年)；

NRUN：正常情况下自然资源人均消耗量 (自然资源单位/(人 · 年))；

DRN：正常情况下的死亡率 (百分数/年)；

DRMM：死亡率的物质因子 (无量纲)；

DRPM：死亡率的污染因子 (无量纲)；

DRFM：死亡率的食物因子 (无量纲)；

DRCM：死亡率的拥挤因子 (无量纲)；

POLR：污染指数 (无量纲)；

FR：食物指数 (无量纲)；

CR：拥挤指数 (无量纲)；

LA：土地面积 (平方公里)；

PDN：正常情况下人口密度 (人/平方公里)；

FRCI：从人均资本角度来看潜在人均年食物占有量 (食物单位/(人 · 年))；

FCM：食物的拥挤因子 (无量纲)；

FPM：食物的污染因子 (无量纲)；

FCI：食物系数 (无量纲)；

FN：正常情况下的人均年食物占有量 (食物单位/(人·年))；

CIRA：人均农业资本指数 (资本单位/年)；

CI：资本 (资本单位)；

CIG：投资 (资本单位/年)；

CID：折旧 (资本单位/年)；

CI_1：资本初始值 (资本单位)；

CIM：投资因子 (无量纲)；

CIGN：正常情况下的人均投资 (资本单位/(人·年))；

CIDN：正常情况下的折旧率 (百分数/年)；

POL：污染量 (污染单位)；

POLS：污染基准量 (污染单位)；

POLG：年污染排放量 (污染单位/年)；

POLA：年污染治理量 (污染单位/年)；

POL_1：污染初始值 (污染单位)；

POLN：正常情况下的人均污染排放量 (污染单位/(人·年))；

POLCM：资本的污染因子 (无量纲)；

POLAT：污染治理时间 (年)；

CFIFR：从食物指数考虑的农业资本比重因子 (无量纲)；

$CIAF_1$：农业资本比重初始值 (无量纲)；

QL：生活质量 (满意单位)；

QLS：基准的生活质量 (满意单位)；

QLM：生活质量的物质因子 (无量纲)；

QLC：生活质量的拥挤因子 (无量纲)；

QLF：生活质量的食物因子 (无量纲)；

QLP：生活质量的污染因子 (无量纲)。

在建立世界模型 Ⅱ 全部仿真方程后，可以通过 Vensim 软件进行仿真，得到一系列结果，图 6.21 和图 6.22 为 5 个流位变量和一个增补变量的仿真结果。

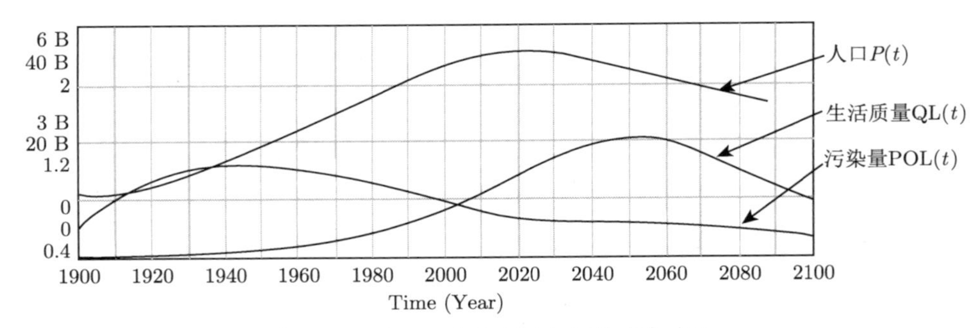

图 6.21　人口、生活质量与污染仿真结果

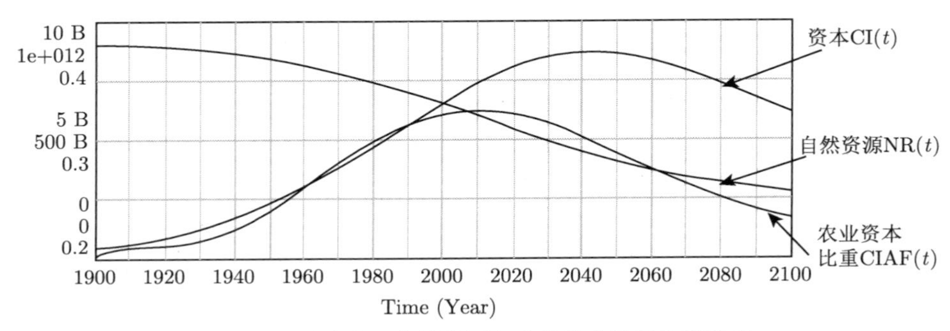

图 6.22　总资本、自然资源与农业资本比重仿真结果

图 6.21 和图 6.22 所示结果是世界模型 Ⅱ 研究小组在 1970 年对当时的社会经济结构的仿真结果。当时通过仿真得出世界经济增长的势头存在极限，如果不调整社会经济结构这个所谓的“增长的极限”将在 21 世纪达到，其后果将引起人口总数及生活水准的下降。造成这种情况的原因主要是：

(1) 再生资源的储量是有极限的，然而其消耗却日益增长。

(2) 地球上人类的生存空间是有限的，而全世界人口却以指数或超指数的形式增长。

(3) 伴随工业化而来的污染日趋严重，威胁到人类的生存环境和农作物的生长。

当年 Forrester 等就认为：人类应该放弃对增长的传统要求，节制生育，追求能满足每个人生活需求的均衡。同时，这个仿真结果也提示了必须实行可持续发展战略，调整整个世界的社会经济结构。

6.3.3　确定世界模型 Ⅱ 人口关键变量主导结构

1. *确定系统关键变量人口数 $P(t)$ 主导基模*

首先，确定系统关键变量人口数 $P(t)$ 主导结构允许的误差范围。

研究中，确定系统关键变量人口数 $P(t)$ 主导结构的精确度 $\varDelta=90\%$ 。

其次，计算世界模型 Ⅱ 的全体反馈基模集，确定关键变量主导基模。

以 $(L_i(t), R_i(t))(i=1,2,\cdots,5)$ 分别表示资本量及其变化量、污染量及其变化量、自然资源量及其变化量、农业资本比重及其变化量和人口数及其变化量，根据模型中流位变量对流率变量控制关系分析，构造树向量行列式并计算，可得含有流位变量 $L_5(t)$ 的反馈基模的集合为

$$\{G_{1235}(t), G_{1245}(t), G_{1345}(t), G_{2345}(t), G_{135}(t), G_{235}(t), G_{125}(t), G_{145}(t),$$
$$G_{245}(t), G_{345}(t), G_{15}(t), G_{25}(t), G_{35}(t)\}。$$

步骤 2 中，按含关键变量基模阶数从大到小的顺序，仿真模拟关键变量的行为。在以上基模集合中，先分别模拟阶数最大的四阶反馈基模，再分别模拟三阶反馈基模，然后分别模拟二阶反馈基模，直到确定满足精确度要求的阶数最小的反馈基模，即为关键变量人口数 $P(t)$ 的主导基模。

通过上述仿真模拟顺序，求得关键变量人口数 $P(t)$ 的主导基模为 $G_{1235}(t)$。此主导基模 $G_{1235}(t)$ 确定方法是：令流入率 POLG(t) 的方程为 $0\times$ POLN$(t)\times$ POLCM$(t)\times P(t)$，流出率 POLA(t) 的方程为 $0\times$ POL(t)/POLAT(t)，令流位变量污染量 POL(t) 的初始值为 0，可隔离流位变量 POL(t) 对人口数 $P(t)$ 的作用。

其中，$0\times$ POLN$(t)\times$ POLCM$(t)\times P(t)$, $0\times$ POL(t)/POLAT(t) 中的 0 是为了隔离流位变量 POL(t) 在模型中的作用，污染量 POL(t) 的初始值为 0，为消除污染量为常量时对人口数 $P(t)$ 的影响。

删除流位变量 POL(t) 对人口数 $P(t)$ 的作用，得到基模 $G_{1345}(t)$ 可以模拟系统整体行为的精确度达 90%左右，基模 $G_{1345}(t)$ 中 $P(t)$ 行为变化趋势与世界模型 Ⅱ 中 $P(t)$ 的行为变化趋势也是一致的。仿真模拟结果揭示了，在世界模型 Ⅱ 中，污染对于关键变量人口数的影响比较小，其原因如下：

(1) 污染对人口数的影响，主要是通过环境影响人的健康、出生率与死亡率。然而医学的进步与卫生事业的发展，可有效降低人口死亡率、延长人口平均寿命，使人口数量增加，极大削弱了环境污染对人口数的影响。在世界模型 Ⅱ 研究的情形中，医疗卫生因素对人口数的影响，远大于污染对人口数的影响。

(2) 体现在世界模型 Ⅱ 中，影响人口数的主要因素为经济因素。经济因素决定了人口的繁殖条件和生存条件，人口再生产随经济发展对劳动力的需求增加而增加，受经济发展所能提供的消费总额制约。模型中资本、自然资源与农业资本比重都与经济发展密切相关，因此关键变量人口数 $P(t)$ 的主导基模中含 CI(t), NR(t), CIAF(t)。同时，经济发展水平决定医疗卫生发展水平，医疗卫生发展又削弱了环境污染对人口数的影响。

继续仿真模拟三阶与二阶反馈基模，没有符合条件的更小阶数基模，故基模 $G_{1345}(t)$ 为世界模型 Ⅱ 关键变量人口数 $P(t)$ 的主导基模。基模 $G_{1345}(t)$ 的入树

模型为图 6.20 中删除流率变量 NRUR(t) 入树、删除图 6.20 模型中 NR(t) 及其为尾的枝后的模型结构。

基模 $G_{1345}(t)$ 与未删除污染子系统的世界模型 Ⅱ 系统的行为比较见图 6.23。

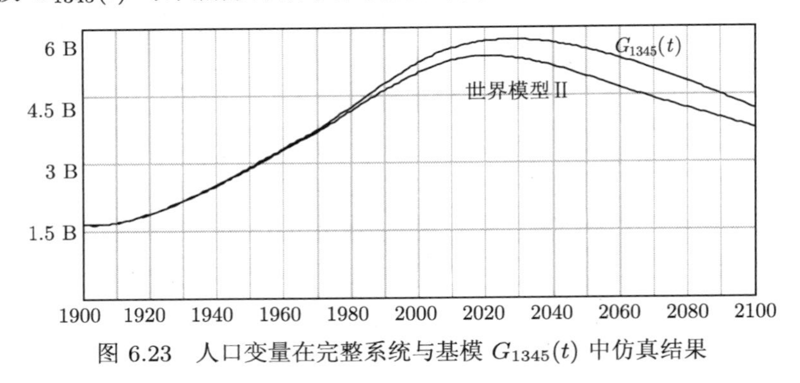

图 6.23 人口变量在完整系统与基模 $G_{1345}(t)$ 中仿真结果

从 1900 年到 2100 年，删除污染子系统前后，模型模拟的具体数据如下。

世界模型 Ⅱ 完整系统中人口变量仿真数据 (表 6.28)，仿真区间为 1900 年至 2100 年，对应的仿真数据为表 6.28 中每行从左至右，再至下一行从左至右。

表 6.28 完整系统中人口变量仿真数据

1.65 B	1.641 B	1.635 B	1.633 B	1.632 B	1.634 B	1.638 B	1.644 B	1.652 B
1.661 B	1.673 B	1.686 B	1.701 B	1.717 B	1.734 B	1.753 B	1.773 B	1.794 B
1.817 B	1.840 B	1.864 B	1.889 B	1.915 B	1.942 B	1.969 B	1.997 B	2.025 B
2.055 B	2.085 B	2.115 B	2.146 B	2.178 B	2.211 B	2.244 B	2.277 B	2.311 B
2.346 B	2.381 B	2.417 B	2.453 B	2.489 B	2.526 B	2.564 B	2.602 B	2.640 B
2.678 B	2.717 B	2.757 B	2.796 B	2.836 B	2.876 B	2.916 B	2.957 B	2.997 B
3.038 B	3.079 B	3.120 B	3.161 B	3.202 B	3.243 B	3.284 B	3.325 B	3.366 B
3.406 B	3.445 B	3.484 B	3.523 B	3.561 B	3.599 B	3.638 B	3.680 B	3.723 B
3.768 B	3.814 B	3.861 B	3.909 B	3.956 B	4.004 B	4.052 B	4.100 B	4.148 B
4.195 B	4.242 B	4.289 B	4.334 B	4.380 B	4.425 B	4.469 B	4.513 B	4.556 B
4.599 B	4.641 B	4.682 B	4.722 B	4.762 B	4.802 B	4.840 B	4.877 B	4.914B
4.949 B	4.983 B	5.016 B	5.048 B	5.079 B	5.108 B	5.136 B	5.162 B	5.188 B
5.212 B	5.234 B	5.253 B	5.271 B	5.287 B	5.300 B	5.312 B	5.322 B	5.330 B
5.336 B	5.341 B	5.344 B	5.346 B	5.346 B	5.345 B	5.342 B	5.338 B	5.333B
5.326 B	5.319 B	5.310 B	5.300 B	5.289 B	5.277 B	5.265 B	5.251 B	5.236 B
5.221 B	5.204 B	5.187 B	5.169 B	5.150 B	5.130 B	5.110 B	5.088 B	5.066 B
5.044 B	5.021 B	4.998 B	4.974 B	4.950 B	4.925 B	4.900 B	4.876 B	4.850 B
4.825 B	4.800 B	4.775 B	4.749 B	4.724 B	4.698 B	4.673 B	4.648 B	4.623 B
4.598 B	4.573 B	4.548 B	4.524 B	4.500 B	4.475 B	4.451 B	4.428 B	4.404 B
4.381 B	4.358 B	4.335 B	4.312 B	4.289 B	4.267 B	4.245 B	4.223 B	4.201 B
4.180 B	4.158 B	4.137 B	4.115 B	4.094 B	4.073 B	4.052 B	4.032 B	4.011 B
3.989 B	3.968 B	3.946 B	3.923 B	3.900 B	3.877 B	3.854 B	3.831 B	3.808 B
3.784 B	3.761 B	3.737 B						

基模 $G_{1345}(t)$ 中人口变量仿真数据 (表 6.29)，仿真区间为从 1900 年至 2100 年，对应的仿真数据为表 6.29 中每行从左至右，再至下一行从左至右。

表 6.29 基模 $G_{1345}(t)$ 中人口变量仿真数据

1.65 B	1.642 B	1.636 B	1.634 B	1.634 B	1.636 B	1.640 B	1.647 B	1.655 B
1.665 B	1.677 B	1.691 B	1.705 B	1.722 B	1.740 B	1.759 B	1.779 B	1.801 B
1.824 B	1.848 B	1.872 B	1.898 B	1.924 B	1.951 B	1.979 B	2.007 B	2.036 B
2.066 B	2.097 B	2.128 B	2.159 B	2.192 B	2.225 B	2.258 B	2.292 B	2.327 B
2.362 B	2.398 B	2.435 B	2.471 B	2.509 B	2.546 B	2.584 B	2.623 B	2.662 B
2.701 B	2.741 B	2.781 B	2.821 B	2.862 B	2.903 B	2.944 B	2.985 B	3.026 B
3.068 B	3.110 B	3.151 B	3.193 B	3.235 B	3.277 B	3.319 B	3.361 B	3.402 B
3.442 B	3.482 B	3.522 B	3.561 B	3.600 B	3.640 B	3.683 B	3.728 B	3.774 B
3.822 B	3.871 B	3.922 B	3.972 B	4.023 B	4.075 B	4.126 B	4.178 B	4.230 B
4.281 B	4.333 B	4.385 B	4.437 B	4.489 B	4.540 B	4.591 B	4.641 B	4.692 B
4.741 B	4.790 B	4.839 B	4.887 B	4.934 B	4.981 B	5.028 B	5.073 B	5.118 B
5.161 B	5.203 B	5.242 B	5.280 B	5.316 B	5.351 B	5.383 B	5.414 B	5.444 B
5.471 B	5.497 B	5.521 B	5.544 B	5.565 B	5.585 B	5.603 B	5.619 B	5.634 B
5.648 B	5.661 B	5.672 B	5.682 B	5.690 B	5.698 B	5.704 B	5.709 B	5.713 B
5.715 B	5.717 B	5.717 B	5.717 B	5.715 B	5.712 B	5.708 B	5.704 B	5.698 B
5.692 B	5.684 B	5.676 B	5.667 B	5.657 B	5.646 B	5.634 B	5.622 B	5.609 B
5.595 B	5.580 B	5.565 B	5.549 B	5.533 B	5.516 B	5.498 B	5.480 B	5.461 B
5.442 B	5.422 B	5.402 B	5.381 B	5.360 B	5.338 B	5.316 B	5.294 B	5.271 B
5.248 B	5.224 B	5.201 B	5.176 B	5.152 B	5.127 B	5.102 B	5.077 B	5.052 B
5.026 B	5.000 B	4.974 B	4.948 B	4.921 B	4.894 B	4.867 B	4.840 B	4.811 B
4.783 B	4.753 B	4.724 B	4.693 B	4.663 B	4.632 B	4.602 B	4.571 B	4.539 B
4.508 B	4.477 B	4.446 B	4.414 B	4.383 B	4.352 B	4.321 B	4.289 B	4.258 B
4.227 B	4.196 B	4.165 B						

为了分析删除污染子系统后世界模型 Ⅱ 中的反馈环变化情况，可以构造关于污染子系统的对角线元素置 0 枝向量行列式计算得删除掉的全部反馈环，计算得到全部反馈环为 36 条，其中一阶反馈环为 2 条。全部反馈环如下 (带下标的反馈环表示含相同流位变量、流率变量的反馈环，按下标从小到大依次排列)：

反馈环 1：POL → POLA → $\mathrm{POL}_{<1>}$；

反馈环 2：POL → POLA → $\mathrm{POL}_{<2>}$；

反馈环 3：POL → DR → P → POLG → POL；

反馈环 4：POL → BR → P → POLG → $\mathrm{POL}_{<1>}$；

反馈环 5：POL → BR → P → POLG → $\mathrm{POL}_{<2>}$；

反馈环 6：POL → BR → P → POLG → $\mathrm{POL}_{<3>}$；

反馈环 7：POL → BR → P → POLG → $\mathrm{POL}_{<4>}$；

反馈环 8：POL → BR → P → POLG → $\mathrm{POL}_{<5>}$；

反馈环 9：POL → DR → P → POLG → $\mathrm{POL}_{<1>}$；

反馈环 10：POL → DR → P → POLG → $\mathrm{POL}_{<2>}$；

反馈环 11：POL → BR → P → CIG → CI → POLG → $\mathrm{POL}_{<1>}$；

反馈环 12：POL → BR → P → CIG → CI → POLG → $\mathrm{POL}_{<2>}$；

反馈环 13：POL → BR → P → CIG → CI → POLG → $\mathrm{POL}_{<3>}$；

反馈环 14：POL → DR → P → CIG → CI → POLG → POL；

反馈环 15：POL → CIAFR → CIAF → DR → P → POLG → $\mathrm{POL}_{<1>}$；

反馈环 16：POL → CIAFR → CIAF → DR → P → POLG → $\text{POL}_{<2>}$；

反馈环 17：POL → CIAFR → CIAF → DR → P → POLG → $\text{POL}_{<3>}$；

反馈环 18：POL → CIAFR → CIAF → DR → P → POLG → $\text{POL}_{<4>}$；

反馈环 19：POL → CIAFR → CIAF → BR → P → POLG → $\text{POL}_{<1>}$；

反馈环 20：POL → CIAFR → CIAF → BR → P → POLG → $\text{POL}_{<2>}$；

反馈环 21：POL → CIAFR → CIAF → CIG → CI → POLG → POL；

反馈环 22：POL → BR → P → NRUR → NR → CIG → CI → POLG → POL；

反馈环 23：POL → CIAFR → CIAF → BR → P → CIG → CI → POLG → POL；

反馈环 24：POL → CIAFR → CIAF → DR → P → CIG → CI → POLG → POL；

反馈环 25：POL → CIAFR → CIAF → DR → P → POLG → POL；

反馈环 26：POL → DR → P → NRUR → NR → POLG → POL；

反馈环 27：POL → CIAFR → CIAF → CIG → CI → POLG → $\text{POL}_{<1>}$；

反馈环 28：POL → CIAFR → CIAF → CIG → CI → POLG → $\text{POL}_{<2>}$；

反馈环 29：POL → CIAFR → CIAF → BR → P → POLG → POL；

反馈环 30：POL → DR → P → NRUR → NR → CIG → CI → POLG → POL；

反馈环 31：POL → CIAFR → CIAF → BR → P → CIG → CI → POLG → POL；

反馈环 32：POL → DR → P → CIAFR → CIAF → CIG → CI → POLG → $\text{POL}_{<1>}$；

反馈环 33：POL → DR → P → CIAFR → CIAF → CIG → CI → POLG → $\text{POL}_{<2>}$；

反馈环 34：POL → BR → P → CIAFR → CIAF → CIG → CI → POLG → $\text{POL}_{<1>}$；

反馈环 35：POL → BR → P → CIAFR → CIAF → CIG → CI → POLG → $\text{POL}_{<2>}$；

反馈环 36：POL → BR → P → NDRUR → NR → CIG → CI → POLG → POL。

此部分内容的作用如下：

(1) 给出世界模型 II 系统动力学核心仿真实例。

(2) 提供一个删除 (污染) 子系统运行比较的方法。

(3) 给出仿真结果联系实际分析方法。其中，世界模型 Ⅱ 人口数仿真曲线在删除 (污染) 子系统人口数仿真曲线下面，揭示由于世界模型 Ⅱ 中存在污染子系统，曲线在下面，人口减少；删除 (污染) 的子系统后，模型为含人口、自然资源、资本、农业的系统，此主导基模仿真曲线在上面，表明了无污染，人口增加。此理论仿真研究结果与实际实现了紧密结合。

2. 确定系统关键变量人口数 $P(t)$ 主导基模的主导反馈环

在确定主导基模的基础上，可以继续隔离不属于主导结构的反馈环。对主导基模 $G_{1345}(t)$，构造包括含有重复变量枝向量的对角置 1 枝向量行列式得

$$\begin{vmatrix}
1 & (R_1,<2>,L_3) & (R_1(t),<2>,L_4(t)) & (R_1,L_5)+(R_1,<2>,<1>,L_5) \\
(R_3,<2>,<1>,L_1) & 1 & (R_3(t),<2>,L_4(t)) & (R_3,L_5)+(R_3,<2>,<1>,L_5) \\
\begin{gathered}2(R_4,<3>,<1>,L_1)\\+(R_4,<2>,<1>,L_1)\end{gathered} & (R_4,<2>,L_3) & 1 & \begin{gathered}2(R_4,<3>,L_5)+2(R_4,<3>,<1>,L_5)\\+(R_4,<2>,<1>,L_5)\end{gathered} \\
\begin{gathered}2(R_5,<2>,<1>,L_1)\\+2(R_5,<3>,<1>,L_1)\end{gathered} & 2(R_5,<2>,L_3) & \begin{gathered}2(R_5,<2>,L_4)\\+2(R_5,<3>,L_4)\end{gathered} & 1
\end{vmatrix}。$$

说明：$< 1 >$ 表示重复辅助变量 $\mathrm{CIR}(t)$，$< 2 >$ 表示重复辅助变量 $\mathrm{MSL}(t)$，$< 3 >$ 表示重复辅助变量 $\mathrm{FR}(t)$。

计算此行列式，得全部二阶及二阶以上反馈环共 28 条分别为

$2(R_5(t),<3>,L_4(t),R_4(t),<2>,L_3,R_3,L_5(t))$；

$2(R_5(t),<2>,L_3(t),R_3(t),L_5(t))$；

$4(R_4(t),<3>,L_5(t),R_5(t),<2>,L_4(t))$；

$4(R_4(t),<3>,<1>,L_5(t),R_5(t),<2>,L_4(t))$；

$2(R_5(t),<3>,L_4(t),R_4(t),<2>,<1>,L_5(t))$；

$2(R_5(t),<3>,<1>,L_1(t),R_1(t),<2>,L_3(t),R_3(t),L_5(t))$；

$2(R_4(t),<3>,<1>,L_1(t),R_1(t),<2>,L_4(t))$；

$2(R_5(t),<2>,<1>,L_1(t),R_1(t),L_5(t))$；

$2(R_5(t),<3>,<1>,L_1(t),R_1(t),L_5(t))$；

$4(R_5(t),<2>,L_4(t),R_4(t),<3>,<1>,L_1(t),R_1(t),L_5(t))$；

$2(R_5(t),<3>,L_4(t),R_4(t),<2>,<1>,L_1(t),R_1(t),L_5(t))$。

计算出主导基模的全体二阶及二阶以上反馈环后，根据构成反馈环的变量信息，可通过隔离流位变量关联路径，即令流位变量到流率变量的辅助变量恒为 0，隔断反馈回路的作用删除不属于主导结构的反馈环。

在多次尝试后，令 $E1(t) = (0 \times \mathrm{QLM}(t))/\mathrm{QLF}(t)$，隔断流位变量人口数 $P(t)$、流位变量农业资本比重 CIAF(t) 到流位变量农业资本比重 CIAF(t) 的作用。此时，模拟的结果满足精确度的要求。

此时，可隔离世界模型 Ⅱ 中 24 条反馈环的作用 (可以用 Vensim 软件求出此 24 条反馈环)。其中，隔离 2 条农业资本比重 CIAF(t) 到农业资本比重 CIAF(t) 的一阶反馈环，为

反馈环 1：CIAF → ECIR → MSL → QLM → E_1 → CIQR → CIAFR → CIAF；

反馈环 2: CIAF → CIRA → EPCI → FR → QLE → E_1 → CIQR → CIAFR → CIAF。

同时，隔离 9 条含污染量 POL(t) 的反馈环 (重复隔离)。

在上述 28 条反馈环中，通过 $E_1(t)$ 又新隔离 13 条反馈环的作用。

(1) 隔离了 $2(R_5(t), <3>, L_4(t), R_4(t), <2>, L_3, R_3, L_5(t))$ 的 2 条含农业资本比重 CIAF(t)、人口数 $P(t)$、自然资源 NR(t) 的三阶反馈环，分别为

反馈环 3：CIAF → CIRA → FPCI → FR → BRFM → BR → P → NRUR → NR → NRFR → NREM → ECIR → MSL → QLM → E_1(t) → CIQR → CIAFR → CIAF;

反馈环 4：CIAF → CIRA → FPCI → FR → BRFM → DR → P → NRUR → NR → NRFR → NREM → ECIR → MSL → QLM → E_1(t) → CIQR → CIAFR → CIAF。

(2) 隔离了 $4(R_4(t), <3>, L_5(t), R_5(t), <2>, L_4(t))$ 的 2 条含农业资本比重 CIAF(t)、人口数 $P(t)$ 的二阶反馈环，分别为

反馈环 5：CIAF → ECIR → MSL → BRFM → BR → P → CR → FCM → FR → QLF → E_1(t) → CIQR → CIAFR → CIAF;

反馈环 6：CIAF → ECIR → MSL → DRFM → DR → P → CR → FCM → FR → QLF → E_1(t) → CIQR → CIAFR → CIAF。

(3) 隔离了 $4(R_4(t), <3>, <1>, L_5(t), R_5(t), <2>, L_4(t))$ 的 4 条含农业资本比重 CIAF(t)、人口数 $P(t)$ 的二阶反馈环，分别为

反馈环 7：CIAF → CIRA → EPCI → FR → DRFM → DR → P → CIR → ECIR → MSL → QLM → E_1(t) → CIQR → CIAFR → CIAF;

反馈环 8：CIAF → ECIR → MSL → DRFM → DR → P → CIR → CIRA → FEPCI → FR → QLM → E_1(t) → CIQR → CIAFR → CIAF;

反馈环 9：CIAF → ECIR → MSL → BRFM → BR → P → CIR → CIRA → FEPCI → FR → QLM → E_1(t) → CIQR → CIAFR → CIAF；

反馈环 10：CIAF → CIRA → EPCI → FR → BRFM → BR → P → CIR → ECIR → MSL → QLM → E_1(t) → CIQR → CIAFR → CIAF。

(4) 隔离了 $2(R_4(t), <3>, <1>, L_1(t), R_1(t), <2>, L_4(t))$ 的 1 条含资本 CI(t)、人口数 $P(t)$ 的二阶反馈环，为

反馈环 11：CIAF → ECIR → MSL → DRFM → DR → P → CR → FCM → FR → QLF → E_1(t) → CIQR → CIAFR → CIAF。

(5) 隔离了 $4(R_5(t), <2>, L_4(t), R_4(t), <3>, <1>, L_1(t), R_1(t), L_5(t))$ 的 4 条含资本 CI(t)、农业资本比重 CIAF(t)、人口数 $P(t)$ 的三阶反馈环，分别为

反馈环 12：CIAF → ECIR → MSL → DRFM → DR → P → CIG → CI → CIR → CIRA → FPCI → FR → QLF → E_1(t) → CIQR → CIAFR → CIAF；

反馈环 13：CIAF → CIRA → FPCI → FR → DRFM → DR → P → CIG → CI → CIR → ECIR → MSL → QLM → E_1(t) → CIQR → CIAFR → CIAF；

反馈环 14：CIAF → ECIR → MSL → BRFM → BR → P → CIG → CI → CIR → CIRA FPCI → FR → QLM → E_1(t) → CIQR → CIAFR → CIAF

反馈环 15：CIAF → CIRA → FPCI → FR → BRFM → BR → P → CIG → CI → CIR → ECIR → MSL → QLM → E_1(t) → CIQR → CIAFR → CIAF。

删除主导基模 $G_{1345}(t)$ 的 15 条反馈环后，可以模拟系统整体行为的精确度达 90%左右，行为变化趋势与世界模型 Ⅱ 中 $P(t)$ 的行为变化趋势也是一致的。仿真模拟结果揭示了：

(1) 在世界模型 Ⅱ 的研究时期，人口的增长主要受人口子系统自身的影响，即由总人口基数、出生率和死亡率决定，由于出生率远大于死亡率 (在一代人死亡的周期中，伴随几代人的出生)，因此人口是总体快速增长的。

(2) 自然资源、投资、农业资本比重对人口的增长是有重要影响的，所以不能完全隔离这 3 个子系统在关键变量人口主导结构中的作用。

自然资源对人口的影响主要体现在新资源开发速度、替代资源的开发速度与人口增长速度不一致，按照世界模型 Ⅱ 的仿真技术背景，“资源枯竭”的到来之时，人口数必达到增长的上限。

投资、农业资本比重对人口数的影响主要体现在经济方面的作用。农业发展不仅为增长人口提供食物，也为工业、服务业发展提供原材料，因此，不能全部删除含农业资本比重的反馈环。但在科技持续发展的背景下，较小的农业生产投资可为更多人提供食物保障，因此，可删除含农业资本比重中的 15 条反馈环。当前非洲、印度及中国的发展中，人口数仍持续增长，从实践上验证了删除此 15 条反馈环的实际意义。

删除主导基模 $G_{1345}(t)$ 的 15 条反馈环后，关键变量人口数 $P(t)$ 在世界模型Ⅱ完整系统与删除 15 条反馈环后的主导基模 $G_{1345}(t)$ 中仿真结果比较如图 6.24。

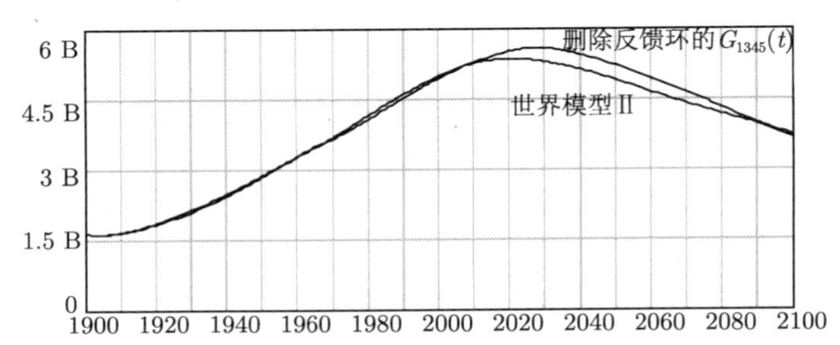

图 6.24　人口变量在完整系统与删除部分反馈环的基模 $G_{1345}(t)$ 中仿真结果

世界模型Ⅱ完整系统的仿真数据同表 6.28，删除 15 条反馈环后基模 $G_{1345}(t)$ 中人口变量仿真数据 (表 6.30)，仿真区间为 1900 年至 2100 年，对应的仿真数据为表 6.30 中每行从左至右，再至下一行从左至右。

表 6.30　删除部分反馈环后基模 $G_{1345}(t)$ 中人口变量仿真数据

1.65 B	1.631 B	1.616 B	1.604 B	1.596 B	1.590 B	1.587 B	1.587 B	1.589 B
1.593 B	1.599 B	1.607 B	1.617 B	1.629 B	1.642 B	1.657 B	1.673 B	1.690 B
1.709 B	1.728 B	1.749 B	1.771 B	1.793 B	1.817 B	1.841 B	1.867 B	1.893 B
1.920 B	1.948 B	1.978 B	2.008 B	2.038 B	2.070 B	2.103 B	2.136 B	2.170 B
2.205 B	2.241 B	2.278 B	2.315 B	2.354 B	2.392 B	2.432 B	2.473 B	2.514 B
2.555 B	2.598 B	2.641 B	2.685 B	2.729 B	2.774 B	2.820 B	2.866 B	2.912 B
2.959 B	3.007 B	3.054 B	3.100 B	3.145 B	3.189 B	3.232 B	3.275 B	3.317 B
3.358 B	3.398 B	3.438 B	3.477 B	3.516 B	3.554 B	3.592 B	3.630 B	3.670 B
3.711 B	3.755 B	3.799 B	3.844 B	3.891 B	3.938 B	3.986 B	4.035 B	4.084 B
4.133 B	4.183 B	4.233 B	4.283 B	4.333 B	4.383 B	4.433 B	4.482 B	4.531 B
4.580 B	4.628 B	4.675 B	4.722 B	4.768 B	4.812 B	4.856 B	4.899 B	4.941 B
4.981 B	5.021 B	5.060 B	5.097 B	5.133 B	5.168 B	5.202 B	5.234 B	5.266 B
5.296 B	5.325 B	5.352 B	5.378 B	5.403 B	5.427 B	5.450 B	5.471 B	5.491 B
5.510 B	5.527 B	5.544 B	5.559 B	5.573 B	5.585 B	5.596 B	5.603 B	5.606 B
5.606 B	5.604 B	5.599 B	5.591 B	5.582 B	5.571 B	5.558 B	5.544 B	5.528 B
5.511 B	5.492 B	5.473 B	5.453 B	5.431 B	5.409 B	5.386 B	5.362 B	5.338 B
5.312 B	5.286 B	5.260 B	5.233 B	5.205 B	5.177 B	5.149 B	5.120 B	5.091 B
5.061 B	5.031 B	5.001 B	4.971 B	4.940 B	4.909 B	4.878 B	4.847 B	4.815 B
4.784 B	4.752 B	4.720 B	4.687 B	4.655 B	4.622 B	4.589 B	4.556 B	4.523 B
4.490 B	4.457 B	4.423 B	4.390 B	4.355 B	4.320 B	4.285 B	4.250 B	4.215 B
4.180 B	4.144 B	4.109 B	4.074 B	4.038 B	4.003 B	3.968 B	3.934 B	3.899 B
3.865 B	3.830 B	3.796 B	3.762 B	3.729 B	3.695 B	3.662 B	3.629 B	3.597 B
3.564 B	3.533 B	3.505 B						

3. 删除不进入主导结构的非主导因果链

世界模型 Ⅱ 无外生变量，并且任何调控参数的隔离都严重地影响系统行为的精确度。故 2. 中的结果即为系统关于关键变量人口数 $P(t)$ 的主导结构。

世界模型 Ⅱ 中 (含一阶反馈环) 共有 80 条反馈环，经研究，删除 51 条反馈环后的结构可以保证达到大于 $\Delta = 90\%$的精确度。

6.4 逐树设对应值仿真检验建模法与仿真评价

6.4.1 逐树设对应值仿真检验建模法的内涵与步骤

1. 逐树仿真检验建模法的背景及内涵

系统动力学通过因果关系图至流图建立仿真模型的方法，同时建立几十个变量的仿真方程，常常出现只要某一变量方程出错，则整个仿真结果不符合实际，而从几十个变量、几十条因果链、几十个方程查找问题困难，常常不知从何处入手。因此需要建立更规范操作性更强的方法，分解整体建立仿真方程的复杂性。本研究提出建立流率基本入树模型的逐树仿真检验建模法，通过还原论与整体论结合，分解整体建立仿真方程及整体仿真调试的复杂性。

逐树仿真检验建模法定义为：分枝/分层逐步建树、逐树建立仿真方程、通过设对应值逐树组合仿真检验是否符合实际三结合，实现逐树设对应值组合仿真检验分析与整体仿真分析相结合，此建立流率基本入树模型的方法称为逐树设对应值仿真检验建模法。

2. 逐树设对应值仿真检验建模法步骤

通过科学理论、数据、经验和专家判断力四结合进行实际系统分析，进行如下步骤。

步骤 1：建立研究系统的流位流率系 $\{(L_1(t), R_1(t)), (L_2(t), R_2(t)), \cdots, (L_n(t), R_n(t))\}$。

步骤 2：从实际意义或树尾流位少的入树开始，按建树、建仿真方程、仿真检查三步程序，进行逐树深入仿真。

假设从流率 $R_1(t)$ 为根的流率基本入树 $T_1(t)$ 开始进行逐树深入仿真。

(1) 建立 $R_1(t)$ 受流位变量、其他流位变量、环境变量控制的二部分图，用逐枝或逐层建模法建立以流率 $R_1(t)$ 为根的流率基本入树 $T_1(t)$。

(2) 建立流率基本入树 $T_1(t)$ 模型的全部变量仿真方程。

(3) 对流率基本入树 $T_1(t)$ 设参数值进行仿真检验。

其中，若树尾存在 $T_2(t)$ 至 $T_n(t)$ 后建树的流位变量 $L_i(t)$、流率变量 $R_j(t)$ 为树尾，则设 $L_{i1}(t)$, $R_{j1}(t)$ 为 $L_i(t)$, $R_j(t)$ 的调控参数，且对已设的调控参数

$L_{i1}(t)$, $R_{j1}(t)$ 分别根据实际设置有意义的对应调控参数值。然后，仿真流率基本入树 $T_1(t)$，获得仿真结果。通过仿真结果是否符合调控参数下的实际输出，检查入树 $T_1(t)$ 建树及变量仿真方程的正确性。

步骤 3：同理，建入树 $T_2(t)$，建 $T_2(t)$ 仿真方程。但进行 $T_1(t), T_2(t)$ 仿真组合检验，具体步骤为：

(1) 建立 $R_2(t)$ 受流位变量、其他流位变量、环境变量控制的二部分图，用逐枝或逐层建模法建立以流率 $R_2(t)$ 为根的流率基本入树 $T_2(t)$。

(2) 建立流率基本入树 $T_2(t)$ 模型的全部变量仿真方程。

(3) 对流率基本入树 $T_1(t)$ 设调控参数进行 $T_1(t), T_2(t)$ 组合仿真检验。

其中，对 $T_2(t)$ 进行逐步仿真条件分析：① 向后分析，若入树 $T_2(t)$ 的 $L_i(t)$, $R_j(t)$ 树尾为未建树 $T_3(t)$ 至 $T_n(t)$ 后建树的流位、流率，则分别设为 $L_i2(t), R_{j2}(t)$ 调控参数，根据实际，设为有意义的对应调控参数，② 向前分析，若 $T_1(t)$ 的仿真方程中原有流位变量 $L_2(t)$、流率变量 $R_2(t)$，改原已设的调控参数恢复为对应的流位变量 $L_2(t)$、流率变量 $R_2(t)$；然后，进行 $T_1(t), T_2(t)$ 组合仿真。

步骤 4：设已完成了 $T_1(t), T_2(t), \cdots, T_{i-1}(t)(3 \leqslant i \leqslant n)$ 组合检验。同理，建立 $R_i(t)$ 二部分图、建 $Ti(t)$ 入树、建 $T_i(t)$ 仿真方程。用向后分析设置参数，向前看撤参数的方法进行 $T_1(t), T_2(t), \cdots, T_{i-1}(t), T_i(t)$ 组合仿真检验。

步骤 5：在全入树逐步仿真基础上，进行整体流率基本入树模型仿真分析。

3. 建立逐树设对应值仿真检验建模法的意义

(1) 实现了还原论与整体论的有效结合。此方法以还原论思想为指导，通过分别建树，分别建仿真方程，逐步仿真，然后，整体仿真，有利于用整体论与还原论相结合的思想方法对问题进行有效研究。

(2) 分解了整体建仿真方程及整体仿真的复杂性。分别建立各入树中变量的方程，得整个仿真模型方程组，有利于仿真方程建立，并逐步仿真，分解了整体建仿真方程及整体仿真的复杂性。

(3) 提高了复杂系统仿真模型建模效率。逐一建入树、建立仿真方程、仿真检查三步程序提高了仿真模型特别是仿真方程的可靠性，提高了线段性思考的集中度与精确度。

6.4.2 德邦生态经济区系统逐树设对应值仿真检验建模法建模

1. 德邦生态经济区实现规划目标的管理对策

在对德邦生态经济区的实践研究中，系统发展规划为：

(1) 在 2015 年年出栏生猪 3500 头的基础上，规划 2020 年年出栏 4000 头生猪，规划 2025 年年出栏 5000 头生猪；

(2) 实现规模养殖增收；

(3) 养殖种植结合开发粪尿生物质资源，消除环境污染，生产绿色农产品，促进周围经济社会发展。

根据研究中提出的系统发展基本原理，必须通过农业企业、农户、政府、院校研究部门实现目标责任制，最终实现系统发展的规划目标。经反复研究提出以下两条管理对策，促进系统实现规模养种循环与节能减排可持续发展。

管理对策 1：养殖场以猪尿为原料充分开发沼气能源，并在周边养种循环充分开发沼液资源，实施养殖区沼气与沼液充分开发为主体的典型生态农业模式。

管理对策 2：以养殖场的猪粪为原料 (猪粪运输方便) 促进全乡户用沼气池开发，且各农户实施沼液种植，实施养殖场促进全乡沼气池开发为主体的典型生态农业模式。

2. 基于逐树仿真技术建立仿真入树模型

通过科学理论、数据、经验和专家判断力四结合进行系统分析，建立流位流率系 (表 6.31)。

表 6.31 德邦生态经济区发展系统流位流率系

流位变量	流率变量
年出栏 $L_1(t)$(头)	年出栏变化量 $R_1(t)$(头/年)
规模养殖利润 $L_2(t)$(万元)	规模养殖利润年变化量 $R_2(t)$(万元/年)
日均存栏 $L_3(t)$(头)	日均存栏年变化量 $R_3(t)$(头/年)
年猪尿量 $L_4(t)$(吨)	猪尿年变化量 $R_4(t)$(吨/年)
场猪尿年产沼气量 $L_5(t)$(米^3)	场猪尿产沼气年变化量 $R_5(t)$(米^3/年)
年猪粪量 $L_6(t)$(吨)	猪粪年变化量 $R_6(t)$(吨/年)
户猪粪年产沼气量 $L_7(t)$(米^3)	户猪粪产沼气年变化量 $R_7(t)$(米^3/年)

根据实际意义，将流位流率系分为两部分：

第一部分：生产、销售与利润流位流率系。

{(年出栏 $L_1(t)$，年出栏变化量 $R_1(t)$)，(规模养殖利润 $L_2(t)$，规模养殖利润年变化量 $R_2(t)$)，(日均存栏 $L_3(t)$，日均存栏年变化量 $R_3(t)$)}。

第二部分：生物质资源开发流位流率系。

{(年猪尿量 $L_4(t)$，猪尿年变化量 $R_4(t)$)，(场猪尿年产沼气量 $L_5(t)$，场猪尿产沼气年变化量 $R_5(t)$)，(年猪粪量 $L_6(t)$，猪粪年变化量 $R_6(t)$)，(户猪粪年产沼气量 $L_7(t)$，户猪粪产沼气年变化量 $R_7(t)$)}。

依据流位流率系两部分，分两部分进行逐枝建树逐树仿真。

(1) 年出栏变化量 $R_1(t)$ 仿真流率基本入树 $T_1(t)$(图 6.25)。

流率基本入树 $T_1(t)$ 中变量的方程为

$$R_1(t) = A_{11}(t) \times M_{11}(t)\ L_1(2005) = 0,$$

$$A_{11}(t) = B_1A_{11}(t) + B_3A_{11}(t) + B_2A_{11}(t)。$$

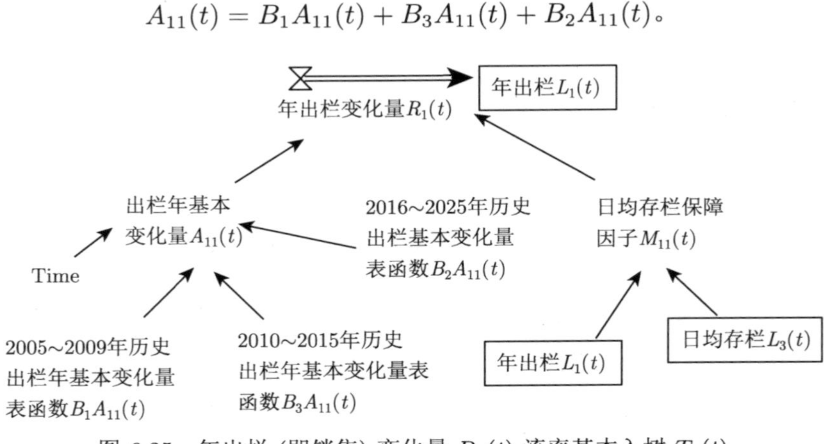

图 6.25　年出栏 (即销售) 变化量 $R_1(t)$ 流率基本入树 $T_1(t)$

表函数方程的建立依据以下发展规划 (表 6.32)。

表 6.32　德邦未来年出栏规划目标

Time	2010	2015	2020	2025
规划出栏/头	3000	3500	4000	5000

① 根据 2005~2009 年的生猪出栏数历史数据，建立 2005~2009 年历史出栏年基本变化量表函数 $B_1A_{11}(t)$(表 6.33)。

表 6.33　(历史年) 出栏年基本变化量表函数 $B_1A_{11}(t)$

Time	2005	2006	2007	2008	2009
$B_1A_{11}(t)$	346	484	600	604	600

② 根据德邦规模养殖场在 2010 年年出栏生猪 3000 头基础上，规划 2015 年年出栏 3500 头生猪，再结合养猪市场猪价不断波动，产生“高—高—低—低—高”周期波动，而且周期时间不一样，各五年也不一样，现结合场实际建立了 2010~2015 年规划出栏年基本变化量表函数 $B_3A_{11}(t)$(表 6.34)。其中，2013 年为 −100 头，减少 100 头，2014 年为 −110 头，减少 110 头。

表 6.34　2010~2015 年出栏年基本变化量表函数 $B_3A_{11}(t)$

Time	2010	2011	2012	2013	2014	2015
$B_3A_{11}(t)$	400	240	220	−100	−110	100

③ 根据规划 2020 年年出栏 4000 头生猪，2025 年年出栏 5000 头生猪的目标，再结合养猪市场的猪价波动规律和养殖场实际，建立了 2016~2025 年规划出

栏年基本变化量表函数 $B_2A_{11}(t)$(表 6.35)。

表 6.35　2016～2025 年规划出栏年基本变化量表函数 $B_2A_{11}(t)$

Time	2016	2017	2018	2019	2020	2021	2022	2023	2024	2025
$B_2A_{11}(t)$	200	−100	−130	240	290	100	200	400	200	100

日均存栏保障因子 $M_{11}(t)$ 刻画出栏 (即销售) 年基本变化量表函数是在日均存栏 (即日生产) 保障条件下才成立的。因此，日均存栏保障因子 $M_{11}(t)$ 的方程为

$$M_{11}(t) = \text{IF THEN ELSE}(\text{日均存栏 } L_3(t) > 0.57 \times \text{年出栏 } L_1(t), 1, 0.95)。$$

此选择函数中 0.57 为日均存栏 (即日生产) 与年出栏 (即销售) 比的平均值，0.95 为调控参数。

其中，比值平均参数值 0.57 确定研究过程：

养殖场一般每头肉猪养殖 6 个月，即 180 天。假设场年出栏 1000 头，则场年养殖存栏为：1000 头 × 180 天。

一年 365 天，则场日均存栏养殖：1000 头 × 180 天/365 天 = 1000 头 × 0.4931506849。那么场日均生猪存栏头数与年出栏头数比的平均参数为 bz = 0.4931506849。

结合实际，母猪养殖数近似为年出栏头数的 8%，取场日均生猪存栏头数与年出栏头数比的平均参数值：

$$\text{bz} = 0.4931506849 + 0.08 = 0.5731506849, \quad \text{四舍五入, 取 bz} = 0.57。$$

取 DT = 0.25，仿真区间为 [2005, 2025]，对 $T_1(t)$ 设调控参数进行仿真检验。

由逐树深入仿真步骤 3，现对年出栏 (即销售) 变化量 $T_1(t)$ 的仿真方程中含 $T_3(t)$ 的流位日均存栏 $L_3(t)$，设日均存栏 $L_3(t)$ 为调控参数 (因为 $T_3(t)$ 未建，不妨设 $L_3(t)$ 为调控参数，对 $T_1(t)$ 不能仿真)，设日均存栏 $L_3(t) = 4000$。然后，对 $T_1(t)$ 进行参数调控仿真，获得以下仿真结果曲线 (图 6.26)。

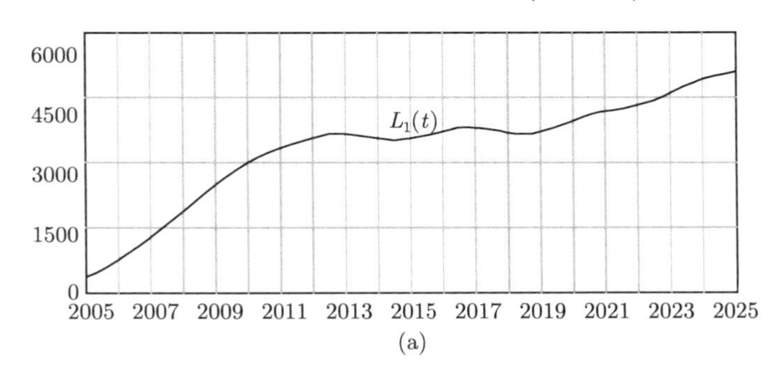

(a)

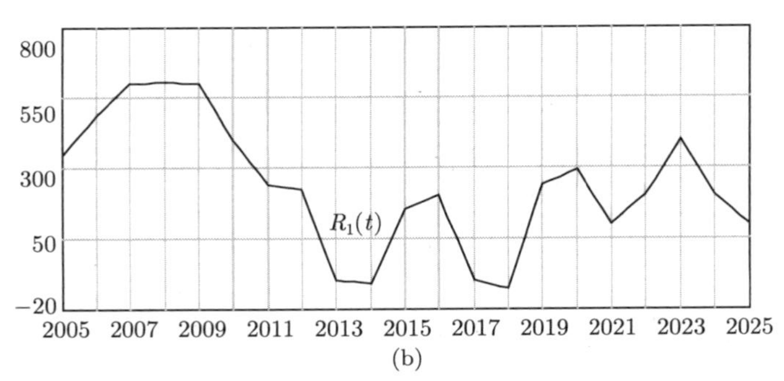

图 6.26　2005～2025 年出栏 $L_1(t)$ 及年出栏变化量 $R_1(t)$

年出栏 (即销售) 仿真定量结果可靠性定性评价分析：① 符合历史年实际变化规律，2010 年出栏 3000 头；② 符合规划值规律，2015 年出栏 3556 头，2020 年年规划是年出栏 3969 头，2025 年年规划是年出栏 5087 头；③ 四个五年规划期皆符合“高—高—低—低—高”周期波动规律。

(2) 规模养殖利润年变化量 $R_2(t)$ 仿真流率基本入树 $T_2(t)$(图 6.27)。

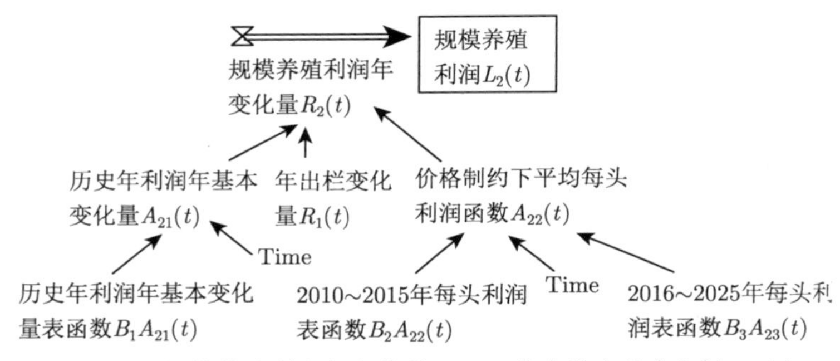

图 6.27　规模养殖利润年变化量 $R_2(t)$ 仿真流率基本入树 $T_2(t)$

流率基本入树 $T_2(t)$ 中变量的方程为

$$R_2(t) = A_{21}(t) + R_1(t) \times A_{22}(t)/10000, \quad L_2(2005) = 4.89。$$

$A_{21}(t)$ 的方程根据历史年利润值设计为表函数 $B_1A_{21}(t)$(表 6.36)。

表 6.36　2005～2009 年平均每头猪利润表函数 $B_1A_{21}(t)$

Time	2005	2006	2007	2008	2009
$B_1A_{21}(t)$	72	77.5	101	97	77

2010～2025 年为依赖市场“高—高—低—低—高”规律,设计表函数为 $B_2A_{22}(t)$ (表 6.37)，$B_3A_{23}(t)$ (表 6.38)。

表 6.37 2010～2015 年规划年平均每头猪利润表函数 $B_2A_{22}(t)$

Time	2010	2011	2012	2013	2014	2015
$B_2A_{22}(t)$	79.1	211	104	80	78	63.72

表 6.38 2016～2025 年规划年平均每头猪利润表函数 $B_3A_{23}(t)$

Time	2016	2017	2018	2019	2020	2021	2022	2023	2024	2025
$B_3A_{23}(t)$	79.73	12.24	14.20	77	210	102	96	202	82	75

进行 $T_1(t)$ 与 $T_2(t)$ 的组合仿真检验：向后分析，由于流率变量 $R_2(t)$ 方程未含 $T_3(t)$ 至 $T_7(t)$ 各入树的流位、流率变量，所以不需设后流位、流率对应调控参数；向前分析，流率变量 $R_1(t)$ 未设 $T_2(t)$ 的流位、流率对应调控参数，不需解原已设的调控参数。进行 $T_1(t)$ 与 $T_2(t)$ 组合仿真，$T_1(t)$ 与 $T_2(t)$ 两树构成的模型仿真结果曲线 (图 6.28)。

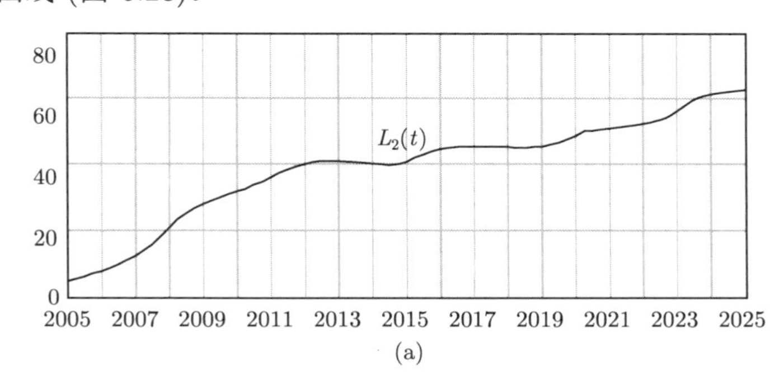

(a)

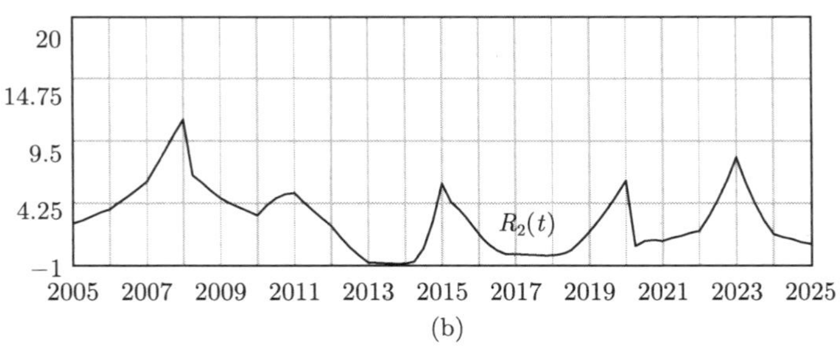

(b)

图 6.28 规模养殖年利润 $L_2(t)$ 及规模养殖利润年变化量 $R_2(t)$

规模养殖利润仿真定量结果可靠性定性评价分析：① 符合历史年实际变化规律；② 符合种猪价周期的“低—高—低—高—低—高”规律。

(3) 日均存栏年变化量 $R_3(t)$ 仿真流率基本入树 $T_3(t)$(图 6.29)。

流率基本入树 $T_3(t)$ 中变量的方程为

$$R_3(t) = A_{31}(t) + A_{32}(t) \times R_1(t) \times M_{31}(t) \times M_{32}(t) \times M_{33}(t)$$

$$\times M_{34}(t) \times M_{35}(t), \quad L_3(2005) = 197.$$

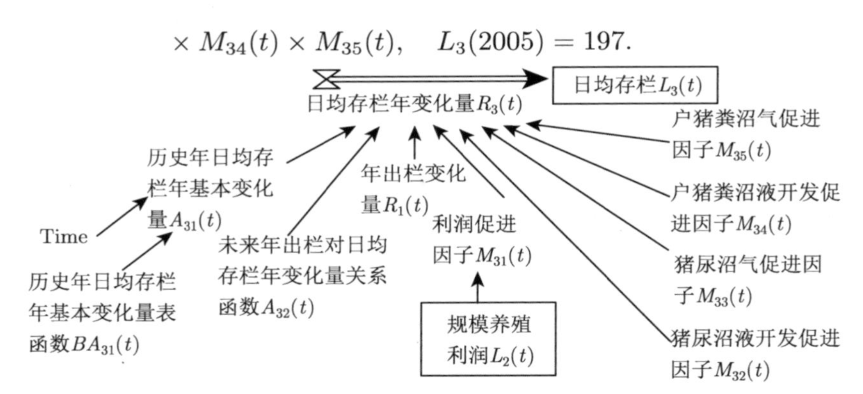

图 6.29　日均存栏年变化量 $R_3(t)$ 流率基本入树 $T_3(t)$

$A_{31}(t)$ 为时间的表函数 $BA_{31}(t)$ 如表 6.39 所示。

表 6.39　历史年日均存栏年基本变化量表函数 $BA_{31}(t)$

Time	2005	2006	2007	2008	2009
$BA_{31}(t)$	211	222	340	310	290

$A_{32}(t)$ = STEP(0.57, 2009)。STEP(0.57, 2009) 为阶跃函数，2009 年后为 0.57，前期为 0, 0.57 为养殖场日均存栏头数与年出栏头数的比参数值。

$M_{31}(t)$ = IF THEN ELSE($L_2(t) > -1, 1, 0.99$)。选择函数中 -1，即刻画规模养殖，猪价跌年稍亏也发展，因为未来年份的猪价会有上涨。

进行 $T_1(t)$, $T_2(t)$ 与 $T_3(t)$ 的组合仿真检验如下。

向后分析，分析 $T_3(t)$ 的仿真方程是否存在以未建树流位流率为自变量。$T_3(t)$ 流率变量仿真方程存在以 $T_4(t)$ 至 $T_7(t)$ 各入树的流位变量为自变量，为了 $T_1(t)$, $T_2(t)$ 与 $T_3(t)$ 的组合仿真检验创造条件，令 $T_3(t)$ 中依后部分流位变量变化的四个促进因子等于常数 1.0，即令 $M_{32}(t) = 1$, $M_{33}(t) = 1$, $M_{34}(t) = 1$, $M_{35}(t) = 1$。因为，规划一定将通过种养结合，开发沼气能源和沼液资源。

向前分析，分析 $T_3(t)$ 前已建各入树的仿真方程中是否设 $T_3(t)$ 的流位流率为调控参数。$T_1(t)$ 的 $R_1(t)$ 仿真方程含 $T_3(t)$ 的流位日均存栏 $L_3(t)$ 的调控参数，原设日均存栏 $L_3(t) = 4000$，现改回 $T_3(t)$。

进行 $T_1(t)$, $T_2(t)$ 与 $T_3(t)$ 组合仿真，三棵树构成的模型仿真结果曲线见图 6.30。

三棵树模型可靠性定性评价分析：① 仿真定量结果符合历史年实际变化规律；② 仿真定量结果符合规划值规律 (2020 年年规划是年出栏 (即销售) 4000 头，2025 年年规划是年出栏 (即销售) 4500 头)；③ 仿真定量结果符合种猪价五年一个周期的 “高—高—低—低—高” 规律。

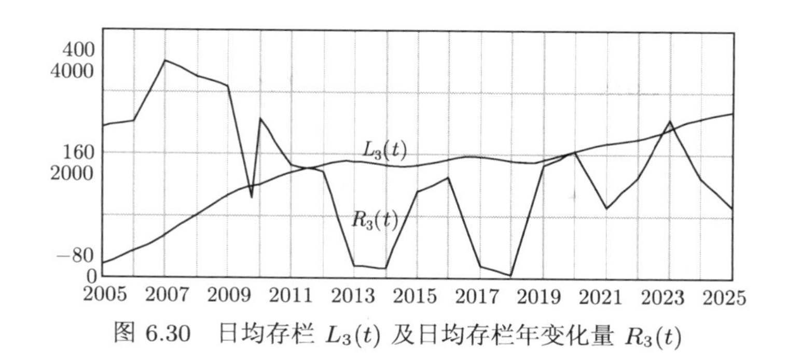

图 6.30 日均存栏 $L_3(t)$ 及日均存栏年变化量 $R_3(t)$

根据以上仿真结果，实施新管理对策下日均存栏 (生产) 和年出栏 (即销售) 同步，年利润和年出栏 (即销售) 同步，两两同步揭示实现了日均存栏和年出栏及利润三同步的反馈促进关系。

(4) 猪尿年变化量 $R_4(t)$ 仿真流率基本入树 $T_4(t)$(图 6.31)。

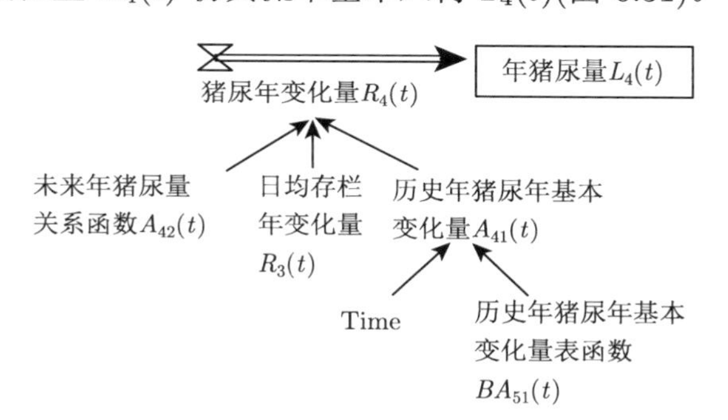

图 6.31 猪尿年变化量 $R_4(t)$ 仿真流率基本入树 $T_4(t)$

流率基本入树 $T_4(t)$ 中变量的方程为

$$R_4(t) = A_{41}(t) + R_3(t) \times A_{42}(t), \quad L_4(2005) = 52.74。$$

$A_{41}(t)$ 为时间的表函数 $BA_{41}(t)$ 如表 6.40 所示。

表 6.40 历史年日均存栏年变化量表函数 $BA_{41}(t)$

Time	2005	2006	2007	2008	2009
$BA_{41}(t)$	201	212	320	300	276

$A_{42}(t) = \text{STEP}(2.6, 2010) \times 365/1000$。STEP(2.6, 2010) 为阶跃函数，2010 年后为 2.6，前期为 0，2.6 为 2005~2010 年猪场每头每天产猪尿的实测的平均值。

进行 $T_1(t), T_2(t), T_3(t)$ 与 $T_4(t)$ 的组合仿真检验如下。

向后分析，分析 $T_4(t)$ 的仿真方程是否存在以未建树流位流率为自变量。考察 $T_4(t), T_4(t)$ 仿真方程没有以 $T_5(t), T_6(t), T_7(t)$ 的三棵树流位及流率为自变量，所以，不必设依后流位及流率的调控参数。

向前分析，分析 $T_4(t)$ 前已建各入树的仿真方程中是否设 $T_4(t)$ 的流位流率为调控参数。入树 $T_3(t)$ 的"猪尿沼液开发促进因子 $M_{32}(t)$"依赖 $L_4(t)$，原设调控参数 $M_{32}(t) = 0.98$，现建立 $M_{32}(t)$ 以 $L_4(t)$ 为自变量的仿真方程。

建立 $M_{32}(t)$ 的子因果链图 (图 6.32)，通过实际分析，以管理对策 1 实行猪尿沼液种植实施为条件，建立由三层三枝的 24 条因果链构成的猪尿沼液开发促进因子 $M_{32}(t)$ 的子因果链图如下：① 于右边的第一枝，第一层为以管理对策 1 实行猪尿沼液种植实施为条件的猪尿沼液氮开发促进因子 $M_{321}(t)$ 枝，第二层为年开发猪尿中的 $N_1(t)$ 枝，第三层为年猪尿量 $L_4(t)$ 及氮相关信息变量枝；② 于中间的第二枝，第一层为以管理对策 1 实行猪尿沼液种植实施为条件的猪尿沼液磷开发促进因子 $M_{322}(t)$ 枝，第二层为年开发猪尿中的 $P_1(t)$ 枝，第三层为年猪尿量 $L_4(t)$ 及磷相关信息变量枝；③ 于左边的第三枝，第一层为以管理对策 1 实行猪尿沼液种植实施为条件的猪尿沼液钾开发促进因子 $M_{323}(t)$ 枝，第二层为年开发猪尿中的 $K_1(t)$ 枝，第三层为年猪尿量 $L_4(t)$ 及钾相关信息变量枝。

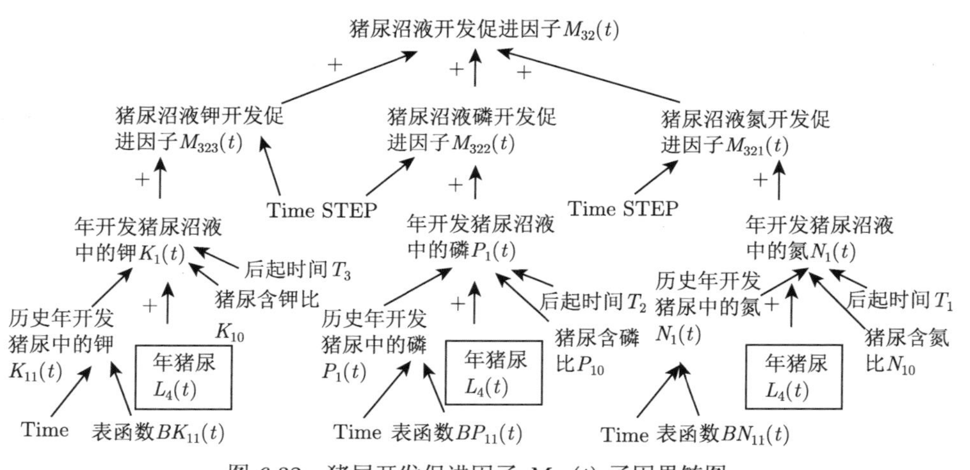

图 6.32 猪尿开发促进因子 $M_{32}(t)$ 子因果链图

建立猪尿沼液开发促进因子 $M_{32}(t)$ 仿真方程：

$$M_{32}(t) = (M_{321}(t) + M_{322}(t) + M_{323}(t))/3。$$

建立实行管理对策 1，猪尿沼液氮开发促进因子 $M_{321}(t)$ 仿真方程：

$M_{321}(t)$=IF THEN ELSE($N_1(t)$>DELAY$_{11}$($N_1(t)$, Time STEP, 0) −1.0608, 1, 0.98)。Time STEP 为仿真步长，此刻画管理对策 1 实施，每年开发猪尿中的

氮 $N_1(t)$ 比上年多。此时，$M_{321}(t)=1$，否则，$M_{321}(t)=0.98$，其中 0.98 为调控参数。

$$N_1(t)=N_{11}(t)+L_4(t)\times N_1\times T_1。$$

历史年开发猪尿中的氮 $N_{11}(t)$ 为时间的表函数 $BN_{11}(t)$ 如表 6.41 所示。

表 6.41 历史年开发猪尿中的氮表函数 $BN_{11}(t)$

Time	2005	2006	2007	2008	2009
$BN_{11}(t)$	0.72	10.056	11.384	12.39	15.761

$N_{10}=0.0156, T_1=\text{STEP}(1,2010)$，即 2010 年开始为 1，前为 0。

其中，猪尿中的氮减少 1.0608 吨，是根据德邦规模养殖场在 2010 年年出栏生猪 3000 头基础上，规划 2015 年年出栏 3500 头生猪，规划 2020 年年出栏 4000 头生猪。再结合养猪市场猪价不断波动，产生“高—高—低—低—高”周期波动，建立规划年出栏基本变化量表函数中，2013 年为 −100 头，减少 100 头；2014 年为 −110 头；减少 110 头；2017 年为 −100 头，减少 100 头；2018 年为 −130 头，减少 130 头。出现四年负数，产生一阶延迟后，猪尿量 $L_4(t)$ 对应延迟年也减少，使年开发猪尿沼液中的氮 $N_1(t)$ 对应延迟年也减少，这样，有四年不能满足比前一年高，此四年不能满足 $M_{321}(t)=1$。然而实际规划猪减少的四年，猪尿沼液中的氮 $N_1(t)$ 同样保证开发，此四年同样应满足 $M_{321}(t)=1$，为了实现此结果，经过仿真计算就确定减少 1.0608 吨。

建立实行管理对策 1，猪尿沼液磷开发促进因子 $M_{322}(t)$ 仿真方程：

$$\begin{aligned}M_{322}(t)=&\text{IF THEN ELSE}(P_1(t)>\text{DELAY}_{11}(P_1(t),\text{Time STEP},0)-0.12254,\\&1,0.98)。\end{aligned}$$

此刻画管理对策 1 实施，每年开发猪尿中的磷 $P_1(t)$ 比上年多 0.12254 吨时，$M_{322}(t)=1$，否则，$M_{322}(t)=0.98$。

$$P_1(t)=P_{11}(t)+L_4(t)\times P_1\times T_2。$$

$P_{11}(t)$ 为时间的表函数 $BP_{11}(t)$ 如表 6.42 所示。

表 6.42 历史年开发猪尿中的磷表函数 $BP_{11}(t)$

Time	2005	2006	2007	2008	2009
$BP_{11}(t)$	0.104	1.167	1.284	1.42	2.612

$P_{10}=0.00179$，$T_2=\text{STEP}(1,2010)$，即 2010 年开始为 1，前为 0。

其中，猪尿中的磷减少 0.12254 吨，与氮方程同理。

建立实行管理对策 1，猪尿沼液钾开发促进因子 $M_{323}(t)$ 仿真方程：

$$M_{323}(t) = \text{IF THEN ELSE}(K_1(t) > \text{DELAY}_{11}(K_1(t), \text{Time STEP}, 0) - 0.0672, 1, 0.98)。$$

此刻画管理对策 1 实施，每年开发猪尿中的钾 $K_1(t)$ 比上年减少 0.672 吨。此时，$M_{323}(t) = 1$，否则，$M_{333}(t) = 0.98$。

$$K_1(t) = K_{11}(t) + L_4(t) \times K_1 \times T_3。$$

$K_{11}(t)$ 为时间的表函数 $\text{BK}_{11}(t)$ 如表 6.43 所示。

表 6.43　历史年开发猪尿中的钾表函数 $BK_{11}(t)$

Time	2005	2006	2007	2008	2009
$BK_{11}(t)$	0.193	4.525	5.376	6.364	8.537

$K_{10} = 0.00975, T_3 = \text{STEP}(1, 2010)$，即 2010 年开始为 1，前为 0。

进行 $T_1(t)$, $T_2(t)$, $T_3(t)$ 与 $T_4(t)$ 的组合仿真，得图 6.33 仿真反馈变化曲线。

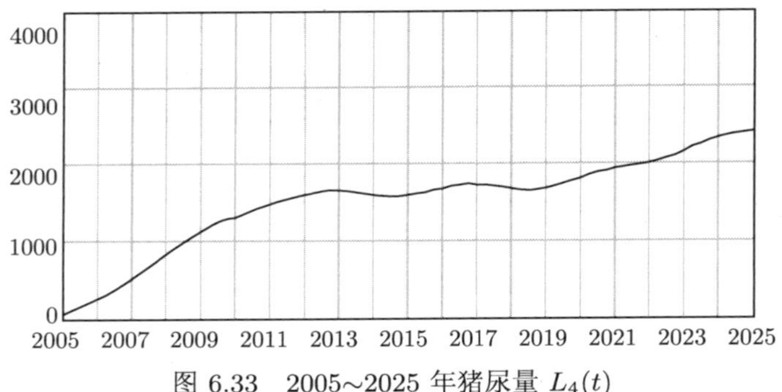

图 6.33　2005~2025 年猪尿量 $L_4(t)$

仿真反馈变化结果显示：仿真结果与基本发展规律一致。

(5) 场猪尿产沼气年变化量 $R_5(t)$ 仿真流率基本入树 $T_5(t)$ (图 6.34)。

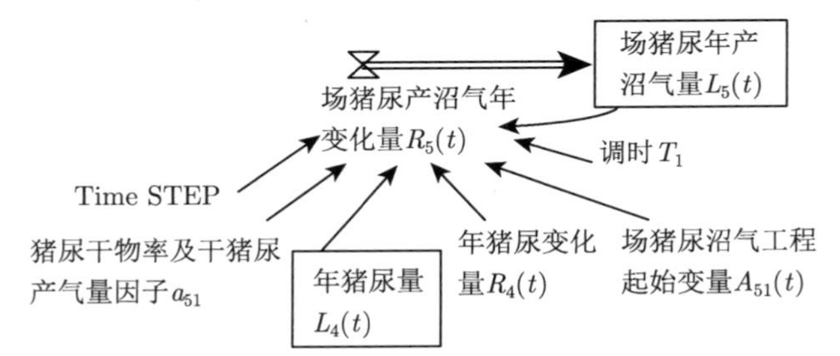

图 6.34　场猪尿产沼气年变化量 $R_5(t)$ 仿真流率基本入树 $T_5(t)$

流率基本入树 $T_5(t)$ 中变量的方程为

$$R_5(t) = (L_4(t) + \text{Time STEP} \times R_4(t) \times a_{51} \times A_{51}(t) - L_5(t))/T,$$
$$T = 1,\quad L_5(2005) = 0。$$

$a_{51} = 3\%$(干物率)×257.3 (干猪粪产气量)，此为长期积累已有的实际理论通用公式。

$A_{51}(t) = \text{STEP}(1, 2009)$，即 2009 年开始为 1，前为 0。

进行 $T_1(t)$, $T_2(t)$, $T_3(t)$, $T_4(t)$ 与 $T_5(t)$ 的组合仿真检验如下。

向后分析，分析 $T_5(t)$ 的仿真方程是否存在以未建树流位流率为自变量。考察 $T_5(t)$，$T_5(t)$ 仿真方程没有以 $T_6(t)$，$T_7(t)$ 的两棵树流位及流率为自变量，所以，不必设依后流位及流率的控参数。

向前分析，分析 $T_5(t)$ 前已建各入树的仿真方程中是否设 $T_5(t)$ 的流位流率为调控参数。入树 $T_3(t)$ 的“场猪尿沼气促进因子 $M_{33}(t)$”依赖 $L_5(t)$，原设对应值 $M_{33}(t) = 1$，删掉方程 $M_{33}(t) = 1$，现建立 $M_{33}(t)$ 以 $L_5(t)$ 为自变量的仿真方程。

通过实际分析，场猪尿沼气促进因子 $M_{33}(t)$ 的子因果链图见图 6.35。

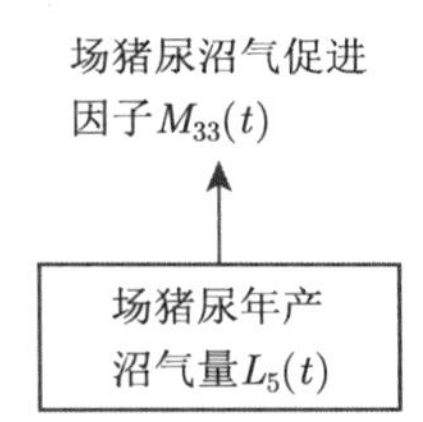

图 6.35　前期反馈参数的反馈函数 $M_{33}(t)$ 子因果链图

建立实行管理对策 1，实行场猪尿沼气充分开发为条件下，场猪尿沼气促进因子 $M_{33}(t)$ 仿真方程：

$$M_{33}(t) = \text{IF THEN ELSE}(L_5(t) + 1 > 0, 1, 0.98)。$$

刻画场猪尿沼气全部开发利用。

进行 $T_1(t)$, $T_2(t)$, $T_3(t)$, $T_4(t)$ 与 $T_5(t)$ 的组合仿真，仿真反馈变化结果见图 6.36。

仿真结果与基本发展规律一致。

(6) 猪粪年变化量 $R_6(t)$ 仿真流率基本入树 $T_6(t)$(图 6.37)。

流率基本入树 $T_6(t)$ 中变量的方程为

$$R_6(t) = A_{61}(t) + R_3(t) \times A_{62}(t) \times 365/1000,\quad L_6(t) = 23.6。$$

$A_{61}(t)$ 为时间的表函数 $BA_{61}(t)$ 如表 6.44 所示。

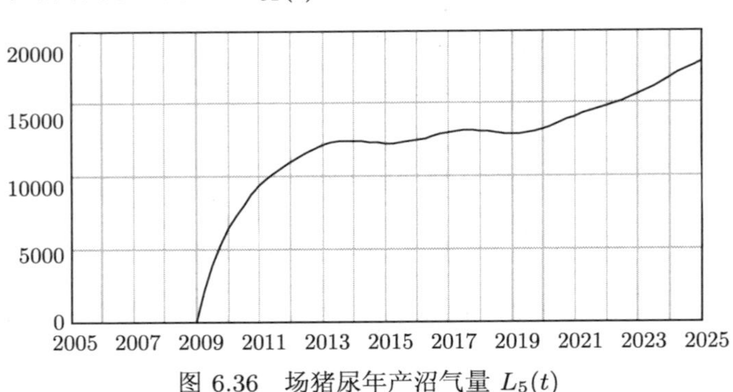

图 6.36　场猪尿年产沼气量 $L_5(t)$

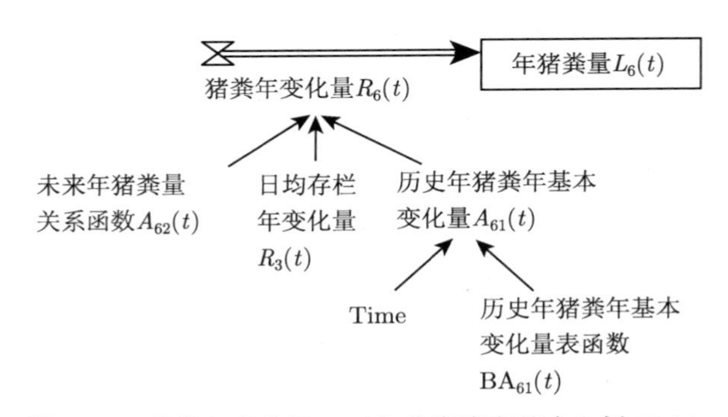

图 6.37　猪粪年变化量 $R_6(t)$ 仿真流率基本入树 $T_6(t)$

表 6.44　历史年猪粪年基本变化量表函数 $BA_{61}(t)$

Time	2005	2006	2007	2008	2009
$BA_{61}(t)$	23.6	142	216	192	179

$A_{62}(t) = \text{STEP}(1.5, 2010)$，即 2010 年开始为 1.5，前为 0，1.5 为 2005 ~ 2010 年养殖场每头每天产猪粪的实测平均值。

进行 $T_1(t), T_2(t), T_3(t), T_4(t), T_5(t)$ 与 $T_6(t)$ 的组合仿真检验如下。

向后分析，分析 $T_6(t)$ 的仿真方程是否存在以未建树流位流率为自变量。考察 $T_6(t)$，$T_6(t)$ 仿真方程没有以 $T_7(t)$ 的流位及流率为自变量，所以，不必设依后流位及流率的调控参数。

向前分析，分析 $T_6(t)$ 前已建各入树的仿真方程中是否设 $T_6(t)$ 的流位流率为调控参数。入树 $T_3(t)$ 的"猪粪沼液开发促进因子 $M_{34}(t)$"依赖 $L_6(t)$，原设调控参数 $M_{34}(t) = 1$，现建立 $M_{34}(t)$ 以 $L_6(t)$ 为自变量的仿真方程。

猪粪沼液开发促进因子 $M_{34}(t)$ 的子因果链图 (图 6.38)，通过实际分析，以管理对策 1 实行猪尿沼液种植实施为条件，建立由三层三枝构成的 24 条因果链构成的猪粪沼液开发促进因子 $M_{34}(t)$ 的子因果链图如下：① 于右边的第一枝，第一层为以管理对策 1 实行猪粪沼液种植实施为条件的猪粪沼液氮开发促进因子 $M_{341}(t)$ 枝，第二层为年开发猪粪中的 $N_2(t)$ 枝，第三层为年猪粪量 $L_6(t)$ 及氮相关信息变量枝；② 于中间的第二枝，第一层为以管理对策 1 实行猪粪沼液种植实施为条件的猪粪沼液磷开发促进因子 $M_{342}(t)$ 枝，第二层为年开发猪粪中的 $P_2(t)$ 枝，第三层为年猪粪量 $L_6(t)$ 及磷相关信息变量枝；③ 于左边的第三枝，第一层为以管理对策 1 实行猪尿沼液种植实施为条件的猪粪沼液钾开发促进因子 $M_{343}(t)$ 枝，第二层为年开发猪粪中的 $K_2(t)$ 枝，第三层为年猪粪量 $L_6(t)$ 及钾相关信息变量枝。

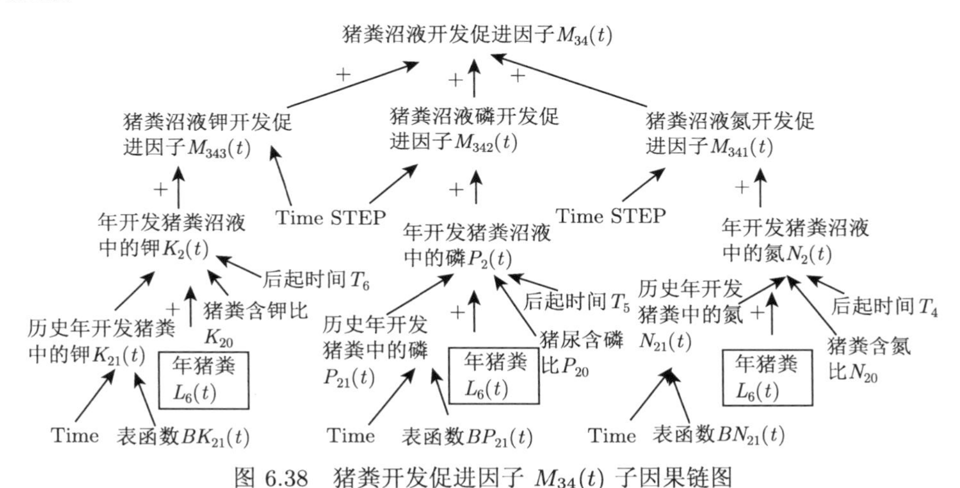

图 6.38 猪粪开发促进因子 $M_{34}(t)$ 子因果链图

建立猪粪沼液开发促进因子 $M_{34}(t)$ 仿真方程：

$$M_{34}(t)=(M_{341}(t)+M_{342}(t)+M_{343}(t))/3。$$

建立实行管理对策 2，猪粪沼液氮开发促进因子 $M_{341}(t)$ 仿真方程：

$M_{341}(t)=\text{IF THEN ELSE}(N_2(t)>\text{DELAY}_{11}(N_2(t),\text{Time STEP},0)-1.029,1,0.98)$。此刻画管理对策 2 实施，每年开发猪粪中的氮 $N_2(t)$ 比上年减少 1.029 吨多。此时，$M_{342}(t)=1$，否则，$M_{342}(t)=0.98, 0.98$ 为调控参数。

$$N_2(t)=N_{21}(t)+L_6(t)\times N_2\times T_4。$$

$N_{21}(t)$ 为时间的表函数 $BN_{21}(t)$ 如表 6.45 所示。

表 6.45 历史年开发猪粪中的氮表函数 $BN_{21}(t)$

Time	2005	2006	2007	2008	2009
$BN_{21}(t)$	0.222	5.08	6.921	8.29	10.7

$N_{20} = 0.02534$，$T_4 = \text{STEP}(1, 2010)$，即 2010 年开始为 1，前为 0。

其中，猪粪中的氮减少 1.029 吨，与猪尿氮方程同理。

建立实行管理对策 2，猪粪沼液磷开发促进因子 $M_{342}(t)$ 仿真方程：

$M_{342}(t)$=IF THEN ELSE$(P_2(t) > \text{DELAY}_{11}(P_2(t), \text{Time STEP}, 0) - 0.15823, 1, 0.98)$。此刻画管理对策 2 实施，每年开发猪粪中的磷 $P_2(t)$ 比上年减 0.15823 多。此时，$M_{342}(t) = 1$，否则，$M_{342}(t) = 0.98$。

$$P_2(t) = P_{21}(t) + L_6(t) \times P_2 \times T_5。$$

$P_{21}(t)$ 为时间的表函数 $BP_{21}(t)$ 如表 6.46 所示。

表 6.46　历史年开发猪粪中的磷表函数 $BP_{21}(t)$

Time	2005	2006	2007	2008	2009
$BP_{21}(t)$	0.029	0.877	1.086	1.289	1.711

$P_{20} = 0.0039$，$T_5 = \text{STEP}(1, 2010)$，即 2010 年开始为 1，前为 0。

建立实行管理对策 2，猪粪沼液钾开发促进因子 $M_{343}(t)$ 仿真方程：

$M_{343}(t)$=IF THEN ELSE$(K_2(t) > \text{DELAY}_{11}(K_2(t), \text{Time STEP } 0) - 0.39763, 1, 0.98)$。此刻画管理对策 2 实施，每年开发猪粪中的钾 $K_2(t)$ 比上年减 0.39763 多。此时，$M_{343}(t) = 1$，否则，$M_{333}(t) = 0.98$。

$$K_2(t) = K_{21}(t) + L_6(t) \times K_2 \times T_6。$$

$K_{21}(t)$ 为时间的表函数 $BK_{21}(t)$ 如表 6.47 所示。

表 6.47　历史年开发猪粪中的钾表函数 $BK_{21}(t)$

Time	2005	2006	2007	2008	2009
$BK_{21}(t)$	0.039	0.835	1.001	1.207	4.1

$K_{20} = 0.0098$，$T_6 = \text{STEP}(1, 2010)$，即 2010 年开始为 1，前为 0。

进行 $T_1(t)$, $T_2(t)$, $T_3(t)$, $T_4(t)$, $T_5(t)$ 与 $T_6(t)$ 的组合仿真，得图 6.39 仿真反馈变化曲线。

(7) 户猪粪产沼气年变化量 $R_7(t)$ 仿真流率基本入树 $T_7(t)$(图 6.40)。

流率基本入树 $T_7(t)$ 中变量的方程为

$$R_7(t) = (L_6(t) \times a_{71} \times A_{72}(t) - \text{DELAY}_{11}(L_7(t), \text{Time STEP}, 0))/T_2。$$

$T_2 = 1$,　$L_7(2005) = 0$。

图 6.39 年猪粪量 $L_6(t)$ 仿真结果图

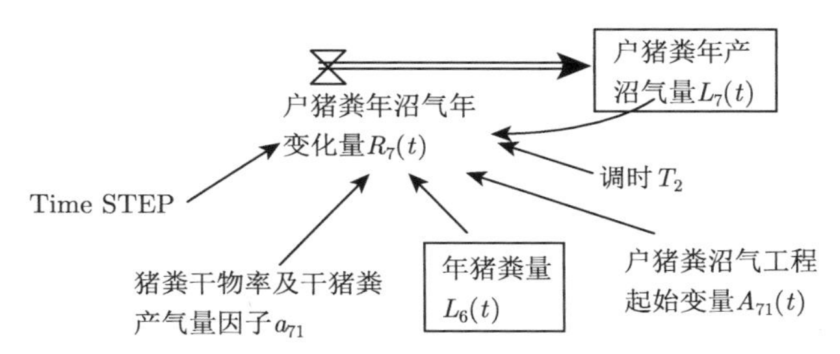

图 6.40 户猪粪产沼气年变化量 $R_7(t)$ 仿真流率基本入树 $T_7(t)$

$a_{71} = 18\%$(干物率)$\times 257.3$ (干猪粪产气量)，此为长期积累已有的实际理论通用公式。

$A_{71}(t) = \text{RAMP}(1, 2006, 2011)/5$。RAMP 是斜坡函数，函数从点 (2006, 0) 到点 (2011, 5) 是斜率为 1 的直线，2011 年起恒为 5，所以除以 5。

$A_{71}(t) = \text{STEP}(1, 2007)$，即 2007 年开始为 1，前为 0。2007 年开始有农户用养殖场猪粪为户用沼气池原料，以后用户直线上升。

进行 $T_1(t), T_2(t), T_3(t), T_4(t), T_5(t), T_6(t), T_7(t)$ 的组合仿真检验如下。

向前分析，分析 $T_7(t)$ 前已建各入树的仿真方程中是否设 $T_7(t)$ 的流位流率为调控参数。入树 $T_3(t)$ 的“户猪粪沼气促进因子 $M_{35}(t)$”依赖 $L_{71}(t)$，原设调控参数 $M_{35}(t) = 1$，现建立 $M_{35}(t)$ 以 $L_7(t)$ 为自变量的仿真方程。

通过实际分析，户猪粪沼气促进因子 $M_{35}(t)$ 的子因果链图见图 6.41。

建立实行管理对策 2，户猪粪沼气促进因子 $M_{35}(t)$ 仿真方程：

$M_{35}(t) = \text{IF THEN ELSE}(L_7(t) + 1 > 0, 1, 0.98)$。此函数刻画管理对策 2 实施，每年开发户猪粪年产沼气量全部应用。$M_{35}(t) = 1$，否则为调控参数 0.98。

进行 $T_1(t), T_2(t), T_3(t), T_4(t), T_5(t), T_6(t), T_7(t)$ 的组合仿真，仿真反馈变化结果见图 6.42。

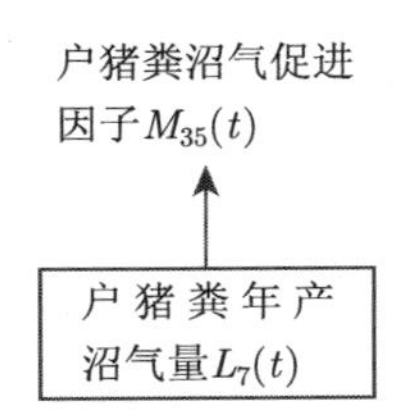

图 6.41　前期反馈参数的反馈函数 $M_{35}(t)$ 子因果链图

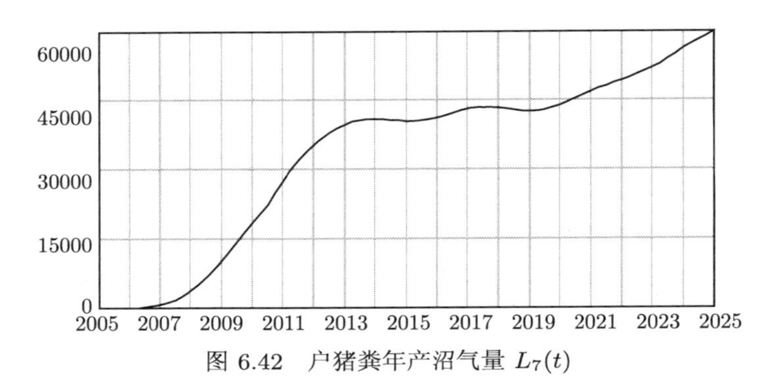

图 6.42　户猪粪年产沼气量 $L_7(t)$

仿真结果与基本发展规律一致。

6.4.3　德邦生态经济区对策实施效应的仿真评价

1. 仿真结果揭示，可实现年出栏规划目标

年出栏不断增加，由 2005 年 346 头，2015 年达 3538 头，2020 年达 3919 头，2025 年达 5004 头 (表 6.48、图 6.43)。

表 6.48　年出栏 $L_1(t)$ 仿真数据表

Time	2005	2010	2015	2020	2025
仿真 $L_1(t)$	346	3000.25	3537.35	3919	5003.77
规划 $L_1(t)$	346	3000	3500	4000	5000

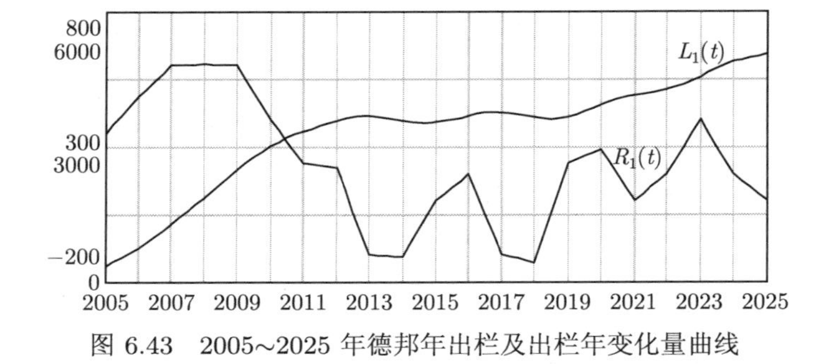

图 6.43　2005~2025 年德邦年出栏及出栏年变化量曲线

2. 仿真结果揭示，可实现规模养殖增收

年利润不断增加，由 2005 年 4.89 万元，2015 年达 40.719 万元，2025 年达 61.3492 万元 (表 6.49、图 6.44)。

表 6.49 年利润 $L_2(t)$ 仿真数据表

Time	2005	2010	2015	2020	2025
仿真 $L_2(t)$	4.89	31.7898	40.719	47.2905	61.3492

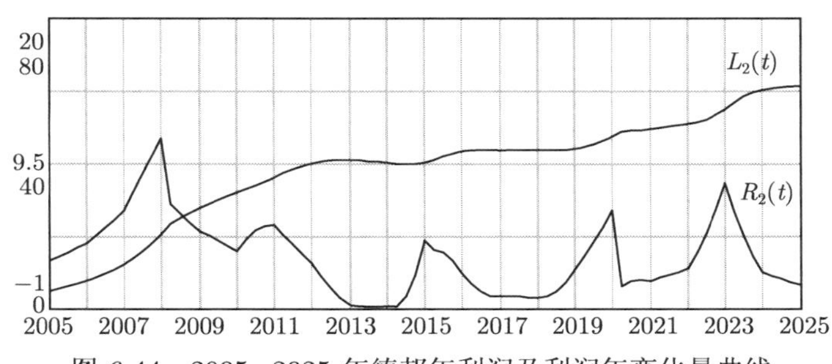

图 6.44 2005~2025 年德邦年利润及利润年变化量曲线

3. 仿真结果揭示，可实现规模养殖

日均存栏不断增加，由 2005 年 197 头，2015 年达 1798 头，2025 年达 2657 头 (表 6.50、图 6.45)。

表 6.50 日均存栏 $L_3(t)$ 仿真数据表

Time	2005	2010	2015	2020	2025
$L_3(t)$	197	1490.88	1797.25	2014.56	2656.25

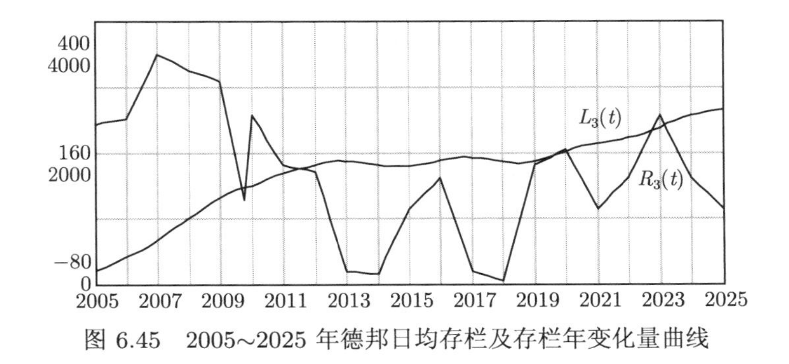

图 6.45 2005~2025 年德邦日均存栏及存栏年变化量曲线

4. 仿真结果揭示，可有效开发猪粪尿中氮磷钾资源

年开发猪尿沼液中的氮磷钾资源不断增加 (表 6.51、图 6.46)，年开发猪粪沼液中的氮磷钾资源不断增加 (表 6.52、图 6.47)。

表 6.51 年开发猪尿沼液中氮磷钾资源仿真数据表

Time	2005	2010	2015	2020	2025
猪尿沼液中 $N_1(t)$	10.056	20.0667	24.6024	27.8105	37.2601
猪尿沼液中 $P_1(t)$	1.167	2.30252	2.82232	3.19147	4.27471
猪尿沼液中 $K_1(t)$	4.525	12.5417	15.373	17.3837	23.2841

表 6.52 年开发猪粪沼液中氮磷钾资源仿真数据表

Time	2005	2010	2015	2020	2025
猪粪沼液中 $N_2(t)$	5.08	17.7437	21.9942	25.0092	33.6562
猪粪沼液中 $P_2(t)$	0.877	2.73088	3.38506	3.84908	5.2107
猪粪沼液中 $K_2(t)$	0.835	6.86221	8.50606	9.67205	13.0936

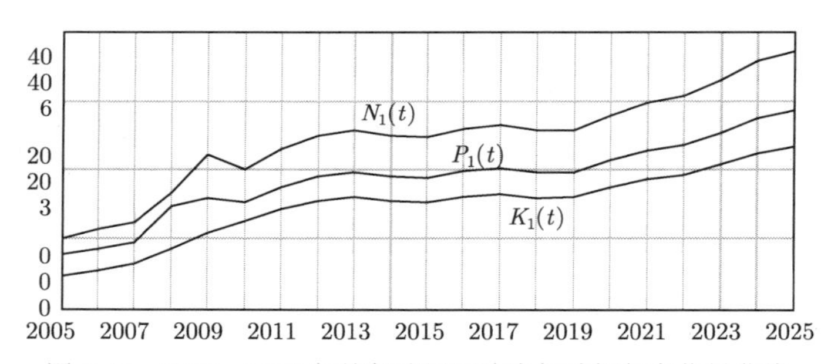

图 6.46 2005~2025 年德邦猪尿沼液中氮磷钾年变化量曲线

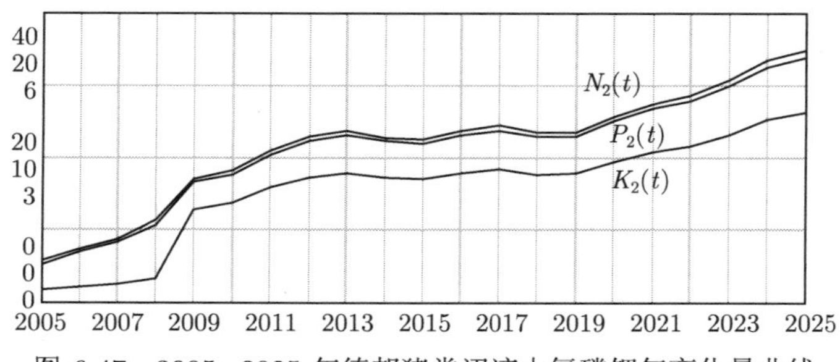

图 6.47 2005~2025 年德邦猪粪沼液中氮磷钾年变化量曲线

5. 仿真结果揭示，可有效开发猪粪尿沼气能源

年场猪尿产沼气能源、户猪粪产沼气能源不断增加 (表 6.53、图 6.48)。

表 6.53 年开发猪粪尿的沼气能源仿真数据表

Time	2005	2010	2015	2020	2025
场猪尿年产沼气量 $L_5(t)$	0	6426.53	12242.6	13000	17615.2
户猪粪年产沼气量 $L_7(t)$	0	18354.4	40407.1	43060.1	59035.7

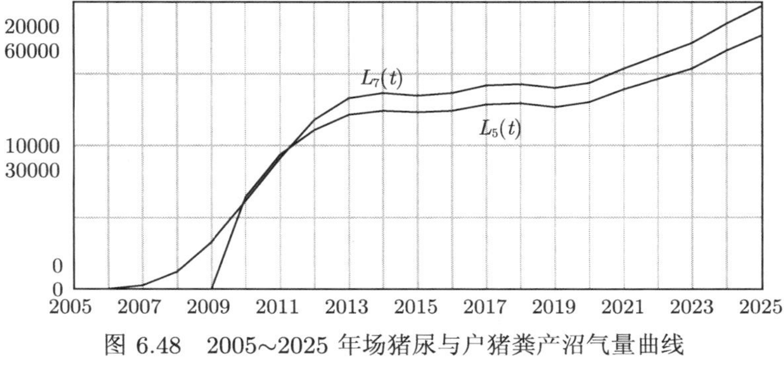

图 6.48 2005~2025 年场猪尿与户猪粪产沼气量曲线

6. 发展与研究建议

建议 1：生猪规模养殖和粪污有机肥种植融合是乡村振兴和防返贫重要途径。

粪污有机肥种植是生猪规模养殖发展的必要条件，不然，生猪规模养殖污染环境，必须关闭。粪污有机肥种植可开发乡村土地资源，还可开发农村劳动力资源，解放生产力，所以，有必要实施乡村粪污有机肥种植，生产有机农产品，可实现农民增收，这是乡村振兴和防返贫的重要途径。

建议 2：逐树设对应值仿真检验建模法是可提高模型的可靠性的新方法。

建立规划仿真模型对规划未来实施分析很有必要，两者结合，应用逐树检验建立法建立系统动力学规划仿真模型，对规划任务未来实施进行仿真评价是科学的选择。

建议 3：规划系统动力学模型仿真是规划制定和实施的重要技术。

制定规划已是中国促进经济社会发展的一个重要方面，国家通过制定中长期规划促进发展，各个部门也制定对应规划，中共中央对“十四五”规划制定和实施非常重视，中国共产党第十九届中央委员会第五次全体会议对此进行专题研究。规划是刻画一个各元素互相促进、互相关联复杂系统未来发展规划，应该通过建立系统动力学模型刻画此复杂关系，还应该通过参数调控仿真揭示规划目标实现满足的条件，通过仿真揭示各阶段的具体措施。

建议 4：实施政府调控社会主义市场生猪价格保底价政策，才能确保生猪产业稳定发展。

猪肉食品是中国人民的主要肉类食品，生猪产业周期比较长，单靠市场竞争发展，保障不了供应。在供不应求时，实施政府对养殖企业临时补助措施，不如实施政府调控社会主义市场生猪价格保底价政策，实施政府调控社会主义市场生猪价格保底价政策有利于养殖企业生猪养殖产品技术创新发展开发。

第 7 章　系统动力学反馈理论实践应用创新

7.1　泰华二次污染治理系统实践应用创新

7.1.1　泰华二次污染治理系统研究背景

泰华牧业科技有限公司地处萍乡市湘东区排上镇兰坡村，兰坡村低碳经济生态区系统内的主要经济活动是生猪养殖、稻谷种植，以及少量的旱地自给蔬菜种植。生猪养殖以泰华牧业科技有限公司规模养殖为代表，生猪规模养殖是当地农民在农业生产领域增收的一条重要途径。泰华牧业科技有限公司实行自繁自养，其沼气工程原料来源于猪场的猪粪尿等养殖废弃物。兰坡村低碳经济生态区系统发展前期存在四大严重污染问题 (图 7.1)，制约系统发展。

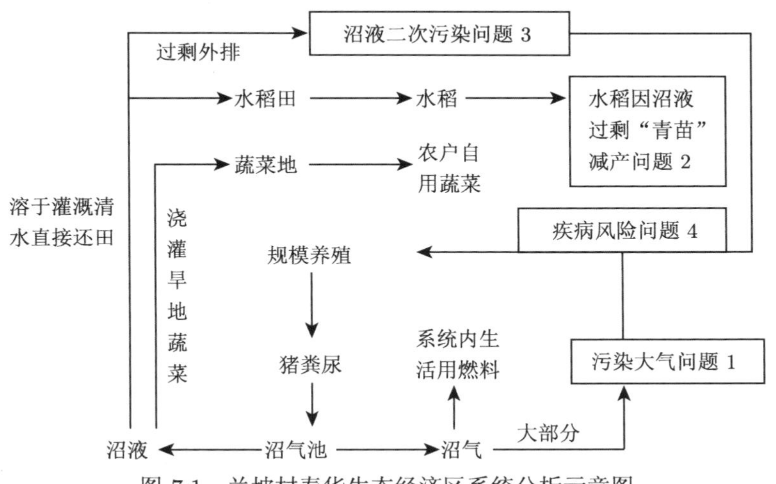

图 7.1　兰坡村泰华生态经济区系统分析示意图

如图 7.1 所示：由于资金与自有农地不足，沼液与灌溉用水混流不断流入沿途稻田，水稻由于过肥而出现“青苗”减产问题；且剩余沼液还通过水沟排入下游水域，对沿途及下游水域造成严重的沼液二次污染问题。由于区域内用户不足，沼气剩余部分直接排放污染大气。水体、土地与大气污染使得疾病风险增大，严重影响生猪规模养殖。上述四个问题构成一个复杂的反馈信息系统，需用系统科学的方法进行研究。

7.1.2 泰华二次污染治理系统开发实践

结合实践，利用系统动力学创新分析技术对泰华二次污染治理系统进行研究，取得以下系列成果。

1. 设计泰华二次污染治理系统工艺流程

根据泰华猪场的地理位置及其自身经济条件，开发图 7.2 所示的工艺流程，整个猪场沼气工艺分为五个模块化流程：一是养殖污水的前处理流程 (图 7.2(a))，包括固液分离和废水预处理；二是沼气池厌氧发酵流程 (图 7.2(b))；三是沼气净化储存和利用流程 (图 7.2(c))；四是生产固体有机肥料流程 (图 7.2(d))；五是厌氧消化液即沼液后处理和利用流程 (图 7.2(e))。

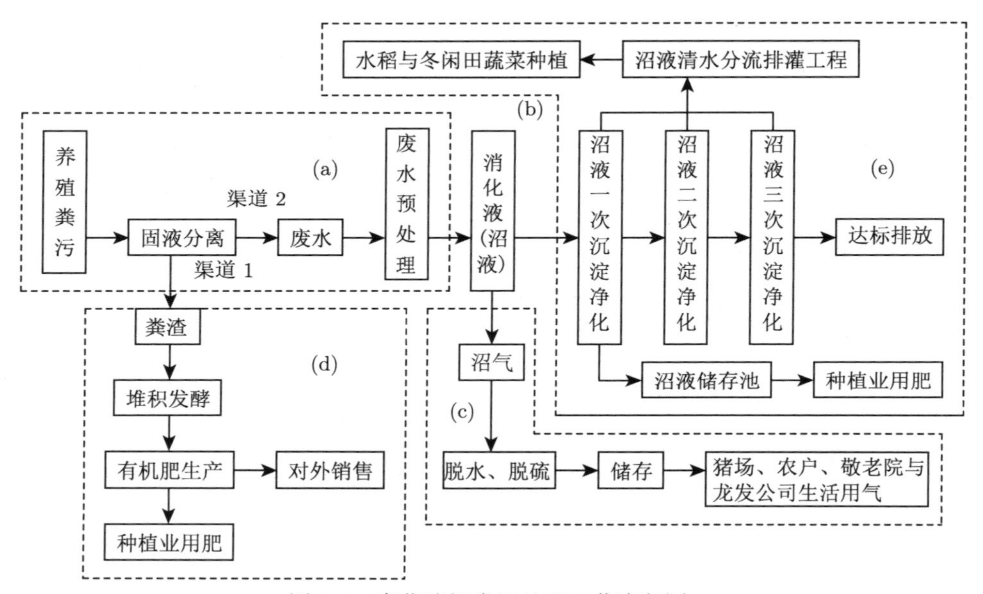

图 7.2 泰华猪场粪污处理工艺流程图

2. 新建沼气复合式开发管理技术

进行沼气池工程建设，泰华养殖场新建立稳定产气的地下式沼气池 1200 立方米与地上式沼气池 800 立方米，构成复合式沼气开发工程。将第一个工艺流程中固液分离的废水预处理后，为沼气工程提供发酵原料。沼气发酵产出物沼气实现沼气发电和供炊事沼气能源双产出，沼气发电为养殖场提供照明、保暖和生活用能，沼气池脱硫储存的沼气为猪场、周边农户、敬老院与龙发公司提供生活用气。实现充分开发利用泰华养殖场规模养殖的生物质沼气能源，消除环境一次污染和沼气对大气的二次污染。

3. 新建沼液三阶延迟分流技术

基于系统动力学多阶物质延迟理论，在养殖场 200 亩农田流经区域内，利用种植区地势条件，建设具有沼液延迟、过滤、自然流好氧处理、储存四项功能的三级延迟过滤池与分流排灌工程，其工程原理见图 7.3。工程的建设利用了南方山丘地区坡度地形，是吸收氧化塘、生物过滤池与人工湿地等工程技术信息综合研究的成果。通过实施分流排灌工程，为旱地蔬菜、果树提供种植业用肥，为水稻与冬闲田开发蔬菜种植提供种植业用肥，消纳过剩沼液。且工程的实施解决了过度向水稻田排放沼液的问题，防止水稻"青苗"减产。开发三级延迟净化与分流排灌工程，解决了沼液二次污染问题。

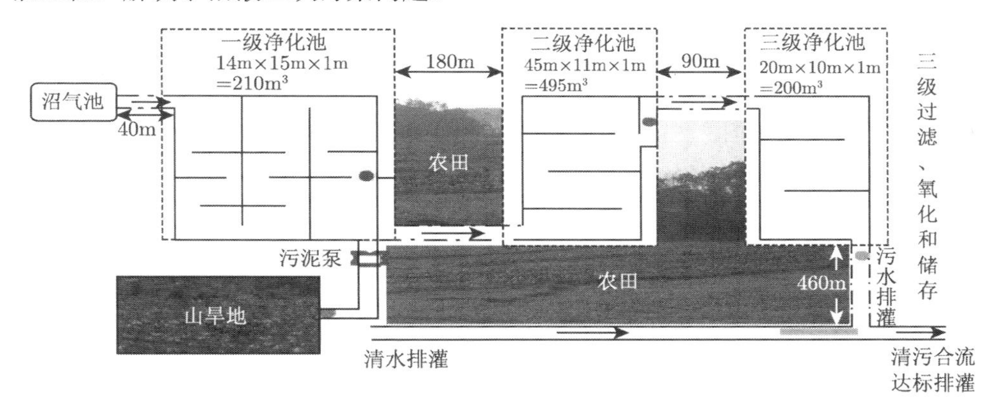

图 7.3 沼液三级延迟过滤池的分流排灌工程原理图

4. 开发冬闲田并新建五项养种生物链工程技术

由于农业用肥的季节性，虽然在非用肥季节冬季养殖场的厌氧消化液经三次沉淀净化，但因沼液排放量大的原因，净化后效果不佳，排放后仍对下游水域形成二次污染。另外，冬季农田长达五个月的闲置，对农地资源是一种巨大浪费。因此，养殖场与周边农户签订冬季农田使用合同，开展冬闲田复种开发工程，种植无公害蔬菜。并基于分流排灌功能与种植模式的优化研究，创建五项养种生物链工程技术："猪—沼液—水稻"工程技术、"猪—沼液—冬闲田/旱地蔬菜"工程技术、"猪—沼液—旱地红薯—生物质饲料"工程技术、"猪—沼液—鱼饲料"工程技术与"猪—沼液—果"工程技术，创建了一个高效农业生物质能产业系统。

5. 设计有机肥生产销售长期发展规划

泰华生态经济区二次污染的有效治理，消除了污染对养殖业规模发展的制约，推动养殖业规模持续增加。但长期的持续规模发展，又将受养殖区环境承载力的限制，无法完全利用随养殖规模增加而增加的沼液资源。因此，基于泰华生态经济区长期发展远景，设计了将来有机肥生产销售发展规划，即建设有机肥生产线，向生态经济区外提供生物质有机肥，消除沼液二次污染的同时实现销售有机肥增收。

7.2　德邦场户合作发展模式系统实践应用创新

7.2.1　德邦场户合作发展模式系统研究背景

德邦牧业有限公司地处江西省鄱阳湖地区九江市德安县高塘乡，德邦生态能源经济区由公司、大学、政府、农户共同参与建设，建设面积 66.67 公顷。德邦养殖场 2009 年出栏生猪 8255 头，养殖场生猪日排放猪粪尿 3.79 吨，当年猪粪尿未能充分开发利用，生态经济区规模养殖过程中面临场猪粪尿严重污染环境问题。在 2009 年，德邦规模养殖系统制定未来规划发展具体目标是：① 至 2015 年，实现年出栏 15000 头生猪的目标；至 2020 年，实现年出栏 20000 头生猪的目标。② 在实现规模养殖增收的同时，消除环境污染，生产绿色农产品，促进生态经济区经济社会发展。

因此，德邦生态能源经济区在 2009 年与未来，都面临消除场猪粪尿环境污染问题。

与此同时，为改善人居环境、降低污染、为农户提供清洁能源，政府支持高塘乡建立 300 余户地下式沼气池。但由于家庭养殖不断减少，再加上秸秆还田等措施，直接导致大部分户用沼气池因缺乏原料未能正常运行，农户生活用能与农业生产用肥依赖系统外输入。

因此，生态经济区面临“场猪粪尿严重污染”与“农户沼气池发酵原料严重短缺”矛盾，此问题当时在中国具有普遍性。

7.2.2　德邦场户合作发展模式系统开发实践

结合实践，利用系统动力学创新分析技术对德邦场户合作发展模式系统进行研究，取得以下系列成果。

1. 两条系统开发管理对策与对策实施管理原理

(1) 两条系统开发管理对策。

两条管理对策为：① 养殖场主要以猪尿为原料开发沼气沼液资源；② 农户主要以猪粪为原料开发沼气沼液资源。

实施两条管理对策，以建设沼气工程消除场猪粪尿污染，由于猪粪便于运输，因此农户主要以猪粪为沼气工程发酵原料。

德邦场户合作发展模式系统研究以消除“场猪粪尿严重污染”与“农户沼气池发酵原料严重短缺”的“双严”矛盾为突破点，结合德邦规模养殖系统规划目标，明确管理对策的实施目标为：创建消除“双严”矛盾的场户合作发展模式，养殖场与高唐乡实现消除环境与农产品双污染、生产生物质能源与绿色农产品双产品，建设现代生态能源经济区。

(2) 对策实施管理原理。

长期的理论研究与实践相结合，提出生态能源经济区系统发展对策实施的管理原理。

管理原理：通过各子系统目标责任的实现，实现系统发展的总目标。

具体到德邦生态经济区，对策实施的管理原理为：通过养殖企业、农户、政府、校院研究部门的各目标与责任的实现，实现生态经济区建设的总目标。

德邦生态经济区对策实施的管理原理反馈环结构图 (图 7.4) 如下。

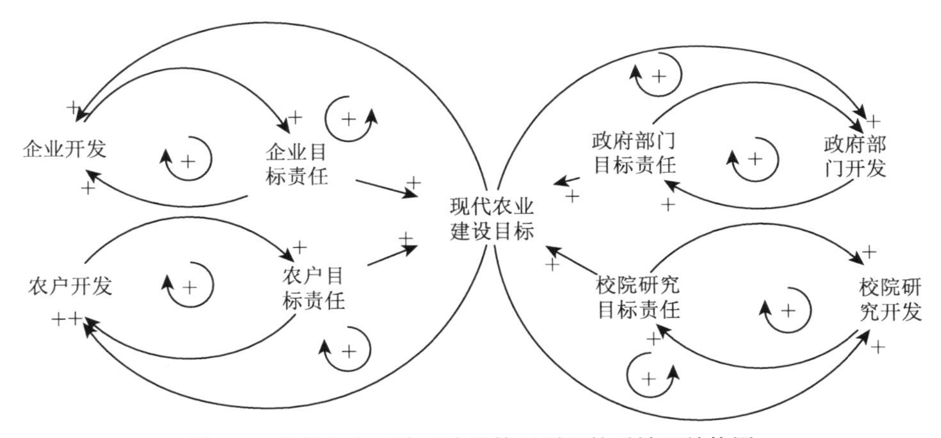

图 7.4 德邦生态经济区建设管理原理的反馈环结构图

此 8 个正反馈环构成正反馈环管理原理结构图揭示 2 条重要结论：

(1) 由正反馈环的变量反馈的同增性，可得通过农业企业、农户、政府部门、校院研究部门开发的各利益目标责任的实现，可实现德邦生态经济区建设的总目标。通过德邦生态经济建设的总目标的实现，可推动农业企业、农户、政府部门、校院研究部门加大开发力度，实现农业企业、农户、政府部门、校院研究部门目标责任；实现综合整体发展。

(2) 由正反馈环的变量反馈的同减性，又可得农业企业、农户、政府部门、校院研究部门四个子系统有一个子系统不开发，有一个子目标责任未实现，德邦生态经济区建设的总目标不可能实现。反之，德邦生态经济区建设的总目标未实现，农业企业、农户、政府部门、校院研究部门各个子系统的开发目标责任不能实现。

此 2 条重要结论论证了通过养殖企业、农户、政府部门、校院研究部门的各利益目标和责任的实现，实现德邦生态经济区建设总目标的管理原理具有重要意义。

2. 系统开发管理对策实施内容

1) 管理对策 1 的实施内容

(1) 已开发且不断运行场猪尿资源沼气生产、传送、应用供应链子系统工程。养殖场以猪尿资源为主要原料建立了 800 米^3 立式和 1200 米^3 塑料沼气池分级生产子系统；建立 200 米^3 立式储气柜和 150 米^3 塑料储气柜及 1.6 公里山地沼气管道储存和输送沼气；建立 40 千瓦沼气发电站，开发沼气发电与沼气炊事能源双产品。

(2) 已建且不断运行沼液三级储存、传输、沼液农作物种植系统工程。建立了一级 100 米^3、二级 80 米^3 与三级 70 米^3 的三个同类圆形沼液净化池，2.7 公里山地沼液管道，构成沼液三级储存、净化、延迟传输子系统。利用沼液生物质资源种植红薯、蔬菜、水稻、板栗、苗木、棉花等，建立“猪—沼液—苗木”“猪—沼液—粮”“猪—沼液—蔬菜”等沼液种植工程子系统。

2) 管理对策 2 的实施内容

农户参加沼气沼液开发利用专业合作社，会员每年支付 40 元会费 (作为原料运费) 即可免费获得德邦牧业猪粪发酵原料，由合作社统一免费运输至户用沼气池。农户主要以场猪粪资源为原料，开发户用沼气池系统，以沼气为生活能源，以户沼气池沼液为资源进行 “猪—沼液—水稻/蔬菜/棉花/果” 等种植。

3. 对策实施管理的目标责任制

1) 落实政府目标责任制

政府的目标是保护生态环境，促进农民增收与区域经济社会发展；政府的责任是建立农户沼气沼液开发利用服务系统，落实政府部门职责。

江西省农业厅非常重视生态农业典型模式建设，2008 年将德邦牧业有限公司的建设列入国家立项，批准中央投资 105 万元 “江西省德邦牧业有限公司大型沼气工程项目建设” 项目，并为高塘乡沼气沼液开发利用专业合作社配备进料专车、一套沼气池进出料设备、检测设备，配备一套沼液优质肥料合理使用工具和技术。

2) 落实企业目标责任制

企业的目标是扩大养殖规模、增收、消除环境污染、生产绿色农产品；企业的责任是污染治理，为农户沼气沼液开发利用提供猪粪发酵原料，实现农户和公司双赢。

德邦牧业有限公司将高塘乡农户沼气沼液开发利用列为国家项目 “江西省德邦牧业有限公司大型沼气工程项目建设” 和江西省有关项目的重要研究内容，在德邦牧业有限公司建设一个原料发酵储存池，无偿为合作社 300 户中不养殖农户和临时缺料农户提供发酵原料。

3) 落实高校的目标责任制

高校的目标是争取科研项目和研究出创新成果，高校的责任是为生态经济区建设提供新工程实施方案和管理技术。

在对德邦生态经济区建设研究过程中，高校为生态经济区建设提供了两条具体管理对策，在提出对策实施管理原理基础上落实各主体目标责任制，为养殖场与农户综合开发沼气、沼液资源提供实施方案。

4) 落实农户的目标责任制

农户的目标是改善居住环境、使用清洁能源和生物质资源，农户的责任是与养殖场合作消除猪粪尿污染。

高塘乡 300 余户中不养殖农户使用场猪粪资源，加入合作社缴纳 40 元/年的会费，享受合作社提供的服务。综合开发利用户用沼气池产出物沼气能源与沼液资源，共同参与生态经济区污染治理，生产绿色农产品。

7.3 银河杜仲有机农产品开发系统实践应用创新

7.3.1 银河杜仲有机农产品开发系统研究背景

江西省银河杜仲开发有限公司地处江西萍乡市芦溪县银河镇，是农业产业化国家龙头企业，生产特色农产品的全国乡镇企业创名牌特色农产品生产企业，公司主营业务是利用当地特色资源自主研发杜仲饲料进行生猪养殖和销售。银河杜仲公司规模养殖基地占地 40 公顷，2011 年年出栏生猪数已达到 3.5 万头，规模养殖在带来可观经济收入的同时，也带来了日产猪粪尿和冲洗水合计近 60 吨。在沼气工程治污的帮助下，银河杜仲公司基本消除了因猪粪尿引起的一次污染，但经厌氧发酵后每年产出的沼液有 2 万多吨，已远远超出该公司养殖区域土地的消纳能力，由此引发的二次污染，又造成了生态能源资源的极大浪费。

2008 年至今，研究团队创建以消除“特色产品原料短缺”与“养种脱节严重污染”矛盾为切入点进行系统研究。针对银河杜仲生猪特色农产品生产意义重大，但日排大量猪粪尿和冲栏水资源未充分开发，迫切需要山地杜仲等生物质种植循环农业支持，用系统工程的方法进行创新研究，创建规模养殖增收、特色农产品开发、生物质种植的生态农业典型模式。

7.3.2 银河杜仲有机农产品开发系统开发实践

结合实践，利用系统动力学创新分析技术对银河杜仲有机农产品开发系统进行研究，取得以下系列成果。

1. 设计银河杜仲养种结合生态循环农业模式

设计银河杜仲养种结合有机农产品开发系统结构 (图 7.5)，此系统包括杜仲生猪生产销售子系统、沼气能源开发子系统与沼液生物质种植子系统。

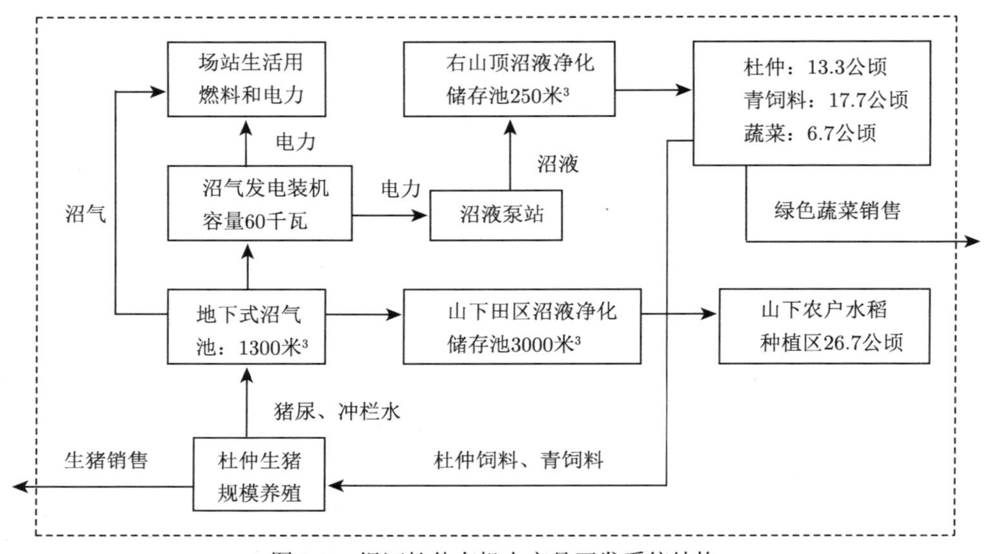

图 7.5　银河杜仲有机农产品开发系统结构

2. 杜仲生猪生产销售子系统

银河杜仲开发有限公司有群山环绕的 24 栋生猪养殖猪舍、杜仲有机饲料生产场、近 32 位养殖生产技术人员、猪肉加工销售分厂，构成杜仲生猪生产销售子系统。年出栏生猪 3 万头，杜仲生猪销售至全国多个省市，还为国际运动会提供过专用猪肉食品。

3. 沼气能源开发子系统

已建的 1300 米^3 地下式沼气池，以公司每日产生猪粪尿和冲栏水共 60 吨的资源为原料，日产沼气 800 米^3，利用 60 千瓦沼气发电站，实现冬天正常发电的突破，构成同时生产炊事沼气用能和沼气发电双产品子系统。

4. 沼液生物质种植子系统

此子系统包括三层沼液种植区：① 第一层沼液种植区内含 2 级沼液净化池和 3 级沼液净化池，以右山上容积为 250 米^3 的 2 级沼液池的沼液浇灌右山上种植的杜仲、苜蓿和紫珠。此层的第二个沼液种植区以 2640 米^3 的 3 级沼液净化池沼液浇灌田区种植蔬菜、苜蓿和紫珠；② 将建第二层沼液种植区内含 4 级沼液净化池和 5 级沼液净化池，其中，以 4 级和 5 级沼液净化池沼液浇灌种植蔬菜、苜蓿和紫珠，5 级沼液净化池主要任务是为下面第三层水稻种植存输沼液；③ 第三层为沼液水稻种植区内含 6 级沼液净化池，其中 4 村用 6 级沼液净化池沼液种植水稻 180 亩，9 村用 6 级沼液净化池沼液种植水稻 220 亩。

7.4　明鑫农产品供给侧结构性改革系统实践应用创新

7.4.1　明鑫农产品供给侧结构性改革系统研究背景

明鑫农场地处湘赣两省老关镇、东富镇交界处，创建于 2005 年 7 月，农场成立时，先后投入 6000 多万元通过转让方式，获得 5200 余亩具体土地使用权，其中山地 4200 亩，水库、水塘 42 口 1000 余亩。同时农场横跨湘赣两省，可以得到两省的支持，是一家集养殖、种植、科研为一体的农业产业化龙头企业；建有猪舍 87 栋，建筑面积 38000 米^2，年出栏商品猪 8000 头。明鑫农场具有土地资源、水资源、规模养殖的粪污资源三大资源，适合利用三大资源进行农产品供给侧结构性改革。但农产品供给侧结构性改革面临以下三大问题。

问题 1：4200 亩山地为贫瘠山地，不利于种植；

问题 2：种植狗牯脑茶叶试验 50 亩不能达标结果失败，种植中药材试验销售困难结果失败；

问题 3：生猪养殖和种植与乡村振兴联系不紧，劳动力成本高，未开发乡村生产力。

针对以上三大问题，明鑫农场进行以下三大任务。

任务 1：选何种农产品进行供给侧结构性改革；

任务 2：沼肥鱼饲料种植，生产有机鱼，改变 1000 亩水库、水塘不生产有机鱼的现状；

任务 3：沼肥生猪饲料种植，生产有机猪。

7.4.2　明鑫农产品供给侧结构性改革开发实践

1. 开发沼肥雷竹笋产业

基于 8 个山头各建 100 米^3 沼液储存池的管道输送工程，进行沼肥雷竹笋产业开发。明鑫农场示范基地于 2015 年 6 月中下旬已经用沼肥种植雷公竹 30 亩。但是，至 2019 年，基地 5 年没有产笋销售。团队对此进行研究，得出结论：明鑫农场示范基地没有开发生产力，经理主要工作是规模养殖，临时请农民工种植雷竹，农民工干好干坏一个样，积极性低。然而此雷竹是在水、肥、土质、间距、温度、无病害各方面都需要科学精耕细作。针对此短板，2019 年建立了新沼肥雷竹笋产业开发管理制度。

(1) 建立雷竹笋产业开发领导和专业管理人员双重管理责任制。

公司主要领导是管理第一责任人，要对雷竹笋产业开发管理通盘考虑，在人员、资金、技术等方面做出统筹安排。公司指定一名具有专业管理资格的人员。该管理人员要有很强的责任心，熟练掌握雷竹笋产业开发技术，用主要精力和时间承担起具体管理责任。

(2) 建立水、肥、土质、间距、温度、无病害科学精耕细作制度。

按照其生产规律，每年三、六、九月要集中各施肥一次，并做到满地施。猪粪或沼肥要经过堆沤发酵后再施用。平时要视雷竹生长状况予以补施。到 2021 年，全部雷竹种植山土要变为肥土。雷竹种植基地要铺设浇水管道，每年夏季要勤浇水。为保证雷竹生长不受干旱影响，至少每三天要浇水一次；要及时铲除杂草，清除死竹和开花雷竹。每年春季或冬季，要进行间伐和补栽，使雷竹生长均衡。

(3) 建立健全管理制度。

建立专业管理人员责任落实奖励制度。专业管理人员管理责任落实得好的，予以奖励；落实不好的，不予奖励；实施按劳分配制度；建立“干中学”培训制度。成立专业管理人员“干中学”培训班，落实培训人员、指导教师和组织人员，依据需求确定主办内容和时间；

2. 沼肥生猪饲料、鱼饲料种植系统

(1) 明鑫生猪饲料、鱼饲料沼肥种植必要性。① 要使沼肥不污染环境，必须用沼肥种植。② 要改造 4200 亩贫瘠山地，必须用沼肥种植。③ 要生产有机猪，必须用沼肥种植猪饲料。④ 要生产有机鱼，必须用沼肥种植鱼饲料。

(2) 沼肥猪饲料种植。基于 8 个山头各建 100 米^3 沼液储存池的管道输送网络，实施沼肥猪饲料种植。在现有已种植菊苣 100 亩的基础上，2016 年牧草扩种达到 150 亩，2017 牧草扩种达到 200 亩。考虑到牧草种植和生长具有一定的季节性，为确保绿色生猪一年四季有牧草供应，选择适合南方气候的如菊苣、紫苜宿、苦菜。

(3) 沼肥鱼饲料种植。基于 8 个山头各建 100 米^3 沼液储存池的管道输送网络，实施沼肥鱼饲料种植。除以上有的牧草可适合鱼饲料外，重点是黑麦草分块栽种，已种植黑麦草 100 亩。

结果：明鑫通过建立高地粪尿资源开发沼肥输送网络，通过开发沼肥雷竹笋产业，通过沼肥猪饲料、鱼饲料种植，实现了系统出水达标。

3. 进行沼肥猪饲料养猪及有机猪供给侧结构性改革

明鑫用沼肥猪饲料养猪。开发两种生猪养殖区：

(1) 开发放养全沼肥猪饲料有机生猪养殖区。有机生猪养殖区的养殖时间长，一般 10 个月，肉为有机猪肉，价格贵，满足部分购买者，现年出栏近 1000 头。

(2) 圈养部分沼肥猪饲料生猪养殖区。圈养生猪养殖区的养殖时间短，一般 6 个月，市场普通价格，年出栏近 9000 头。

明鑫实施养殖环境得到有效改善，系统出水达标，沼液生猪饲料种植发展，促进生猪饲养量增加年出栏 1200 头，按每头猪销售收入 1600 元计算，增加收入 192 万元。

4. 进行有机鱼供给侧结构性改革

明鑫逐步延伸用沼肥种植的鱼饲料养鱼，进行有机鱼供给侧结构性改革。农场有大、小水库、山塘 42 口，水面 1000 亩。目前约有三分之一养殖了草鱼、鳙、鲢、鲫等家鱼，从 2016 年起，逐步做到水面充分利用沼肥种植的鱼饲料养鱼，品种得到优化。除了对部分山塘、水库进行整修外，引进能饲养、可观赏、有市场的鱼种，如罗氏沼虾、肉红鲫、锦鲤等，达到水产养殖与美化环境、休闲观赏、垂钓健身等协调发展有机鱼产业。

参考文献

彼得•圣吉. 1998. 第五项修炼: 学习型组织的艺术与实务. 郭进隆, 译. 上海: 上海三联书店.

贾仁安, 丁荣华. 2002. 系统动力学: 反馈动态性复杂分析. 北京: 高等教育出版社.

贾仁安, 刘静华, 邓群钊, 涂国平, 张南生. 2011. 反馈系统发展规划的对策实施效应仿真评价. 系统工程理论与实践, 31(9): 1726-1735.

贾仁安, 涂国平, 邓群钊, 贾晓菁, 贾伟强. 2005. "公司 + 农户" 规模经营系统的反馈基模生成集分析. 系统工程理论与实践, 25(12): 107-117.

贾仁安, 王翠霞, 涂国平, 邓群钊. 2007. 规模养种生态能源工程反馈动态复杂性分析. 北京: 科学出版社.

贾仁安, 伍福明, 徐南孙. 1998. SD 流率基本入树建模法. 系统工程理论与实践, 06: 18-23.

贾伟强, 陈凌惠. 2015. 区域规模养种低碳循环农业发展模式系统研究. 系统科学学报, 23(3): 84-87.

贾伟强, 贾仁安, 兰琳, 张黎明. 2012. 消除增长上限制约的管理对策生成法: 以银河杜仲区域规模养种生态能源系统发展为例. 系统工程理论与实践, 32(6): 1278-1289.

贾伟强, 贾仁安. 2006. 公司与农户双重违约行为的系统反馈基模分析. 农业系统科学与综合研究, 22(1): 5-8.

贾伟强, 贾仁安. 2008. 逐步删除法确定复杂系统主导结构及其应用. 数学的实践与认识, 38(17): 28-36.

贾伟强, 罗明. 2008. 系统关键变量反馈基模层次生成法及应用. 系统科学学报, 16(3): 7-12.

贾伟强, 孙晶洁, 贾仁安, 严明洋, 张南生. 2016. SD 模型的系统极小反馈基模集入树组合删除生成法: 以德邦规模养种系统发展为例. 系统工程理论与实践, 36(2): 427-441.

贾伟强, 王雯, 贾仁安. 2018. 德邦规模养种系统发展对策的关键变量关联反馈环分析. 中国管理科学, 26(1): 186-196.

贾伟强, 朱文渊. 2005. 系统入树反馈基模生成系向量生成法. 系统工程, 23(7): 100-104.

贾伟强. 2008. X-0-1 行列式反馈基模计算法及其应用. 数学的实践与认识, 38(23): 21-29.

贾伟强. 2007. "公司 + 农户" 组织模式的合作机制研究. 南昌: 江西人民出版社.

贾伟强. 2008. "公司 + 农户" 组织模式系统结构模型及其分析: 基于泰华牧业科技有限公司的案例研究. 科技进步与对策, 25(11): 68-71.

贾晓菁, 贾仁安, 王翠霞. 2010. 自然人造复合系统的开发原理与途径: 以区域大中型沼气能源工程系统开发为例. 系统工程理论与实践, 30(2): 369-375.

钱学森, 许国志, 王寿云. 2011. 组织管理的技术: 系统工程. 上海理工大学学报, 33(6): 520-525.

沈小龙, 贾仁安. 2013. 转型期电力供应系统应用基本入树三步逐层建模法建模及其功能研究. 系统工程理论与实践, 33(10): 2555-2566.

陶在朴. 2005. 系统动力学: 直击《第五项修炼》奥秘. 北京: 中国税务出版社.

涂国平, 贾仁安, 王翠霞, 贾晓菁, 邓群钊, 彭玉权. 2009. 基于系统动力学创建养种生物质能产业的理论应用研究. 系统工程理论与实践, 29(3): 1-9.

汪应洛. 2009. 系统工程简明教程. 3 版. 北京: 高等教育出版社.

王翠霞, 贾仁安. 2006. 中国中部规模养殖沼气工程系统顶点赋权图分析. 南昌大学学报 (理科版), 30(6): 538-544.

王其藩. 1995. 高级系统动力学. 北京: 清华大学出版社.

徐南孙, 贾仁安, 伍福明. 1998. 王禾丘能源系统生态工程主导结构流率基本入树序列. 系统工程理论与实践, 07: 84-88.

徐南孙, 贾仁安. 1998. 王禾丘农村能源系统生态工程研究. 南昌: 江西科学技术出版社.

许国志. 2000. 系统科学. 上海: 上海科技教育出版社.

钟永光, 贾晓菁, 李旭. 2009. 系统动力学. 北京: 科学出版社.

钟永光, 贾晓菁, 钱颖. 2016. 系统动力学前沿与应用. 北京: 科学出版社.

Bleijenbergh I, Vennix J, Jacobs E, et al. 2016. Understanding decision making about balancing two stocks: The faculty gender balancing task. System Dynamics Review, 32(1): 6-25.

Forrester J W. 1971. Word Dynamics. Cambridge: Mass-Allen PressInc.

Forrester J W. 2007. System dynamics: The next fifty years. System Dynamics Review, 23(2/3): 359-370.

Guan C, Hu J, Jia R. 2005. Feedback marketing based on system dynamics. Proceeding of the 2005 Conference of System Dynamics and Management Science: 764-768.

Haywarda J, Boswell G P. 2014. Model behaviour and the concept of loop impact: A practical method. System Dynamics Review, 30(1): 29-57.

Jia R, Jia Q P, Tuo G, et al. 2003. The analytic hierarchy on in-tree equation model in system. Journal of Systems Science and Information, 1(3): 371-382.

Jia X, Jia R. 2006. The analysis of newly gaind feedback loops after introduction the salary grade-incitement system to HR management. Journal of Systems Science and Information, 4(2): 331-349.

Kumar P, Chalise N, Yadama G N. 2016. Dynamics of sustained use and abandonment of clean cooking systems: Study protocol for community-based system dynamics modeling. International Journal for Equity in Health, 15(1): 1-8.

Richardson G P. 2011. Reflections on the foundations of system dynamics. System Dynamics Review, 27(3): 219-243.

Tuo G, Jia R. 2005. SD emulation analysis on the agriculture energy circular economy of Jiangxi. Proceeding of the 2005 Conference of System Dynamics and Management Science: 212-215.

Villa S, Gonçalves P, Arango S. 2015. Exploring retailers' ordering decisions under delays. System Dynamics Review, 35(1/2): 1-27.

Wang C. 2006. Systems dynamic digraph analysis of scale pig production development in center China. Journal of Systems Science and Information, 4(4): 811-824.

Wunderlich P, Größler A, Zimmermann N, et al. 2014. Managerial influence on the diffusion of innovations within intra-organizational networks. System Dynamics Review, 30(1): 161-185.

Zhang X, Xie F, Jia R. 2012. Hybrid genetic algorithm for minimum saturated flow in emergency network. International Journal of Advancements in Computing Technology, 4(21): 133-144.

索　引

Y

Z